THEORIE

ET PRATIQUE

DU COMMERCE

ET

DE LA MARINE.

THEORIE

ET PRATIQUE

DU COMMERCE

ET

DE LA MARINE.

TRADUCTION LIBRE SUR L'ESPAGNOL

DE DON **GERONYMO DE USTARIZ,**

Sur la seconde Edition de ce Livre à Madrid en 1742.

A PARIS,

Chez la Veuve Estienne & Fils, rue S. Jacques, à la Vertu.

M. DCC. LIII.

AVEC APPROBATION ET PRIVILEGE DU ROI.

A MONSEIGNEUR

DE

MACHAULT,

GARDE DES SCEAUX DE FRANCE

ET

CONTROLLEUR GÉNÉRAL DES FINANCES.

*ONSEIGNEUR,*

L'ESTIME que les Nations commerçantes accordent à cet Ouvrage, m'en a fait entreprendre

la traduction: & j'ose la présenter à VOTRE
GRANDEUR, *parce que rien de ce qui peut
être utile ne lui paroît indigne de ses regards.
L'Auteur de ce Traité,* MONSEIGNEUR,
*étoit un Ministre Espagnol, aussi distingué par l'é-
tendue de ses connoissances, que précieux à sa patrie par son amour pour elle, & par son zéle pour
la gloire de son Prince. A ces titres,* MONSEI-
GNEUR, *l'hommage vous en étoit dû.*

Je suis avec un très-profond respect,

MONSEIGNEUR,

DE VOTRE GRANDEUR,

Le très-humble & très-
obéissant Serviteur
V. D. F.

PRÉFACE

DU

TRADUCTEUR.

Depuis environ un siécle l'esprit de calcul a plus contribué au bonheur de la terre, que ne l'avoient fait les leçons des Philosophes dans tous les siécles précédens : il a en quelque sorte multiplié les liens de chaque société particuliere en perfectionnant les arts ; les besoins introduits par les arts ont forcé ces sociétés à communiquer davantage entr'elles. Si l'esprit de calcul n'a pas corrigé les passions des hommes, s'il n'a pas détruit l'ambition, il a réformé le plan de sa politique : ce ne font plus les conquêtes, le carnage, & l'effroi qui décident de la supériorité d'un Empire ; c'est le bonheur de ses Sujets. La richesse, le nombre d'un peuple font la mesure de l'empressement & de la confiance de ses alliés, du respect & du ménagement de ses rivaux : l'étendue de ses domai-

nes déferts ou appauvris, ne feroit qu'une propriété ftérile, fouvent funefte & toujours incer-
taine; l'induftrie feule ne lui peut être arrachée,
c'eft la plus forte & la plus riche de fes Provinces.

C'eft au Commerce, pere de l'induftrie, que le
monde eft redevable de ces heureux changemens; il peuple les Etats, lui feul les enrichit;
fa préfence eft toujours l'époque d'une grandeur
qui paffe avec lui. Ami de la paix & de la liberté, puifqu'il ne fubfifte que par elles, il affure
aux hommes les deux premiers biens dont ils
puiffent jouir. La politique nouvelle des Nations
n'a donc pour objet que de l'attirer à l'envi par
des fecours puiffans, de le fixer par des faveurs
conftantes : & fi cet intérêt les divife quelquefois, l'équilibre & la paix font le but néceffaire
de la victoire.

Aux premiers rayons que le Commerce ré-
pandit fur l'Europe vers le douziéme fiécle, on
n'apperçut point toute l'influence qu'il auroit fur
les affaires politiques. Le développement de fes
principes n'eft dû qu'à la concurrence & à l'émulation générales. Venife, Gênes, Florence, Pife
s'enrichirent par fon moyen, & figurerent quelque tems parmi les Puiffances, malgré les bornes
étroites de leurs territoires; mais ces Républi-
ques connoiffoient elles-mêmes fi peu la nature
& les conféquences de ce Tréfor, qu'elles en dé-
couvrirent la mine. La Flandre dont elles firent
imprudemment

imprudemment l'entrepôt de leurs arts, de leurs manufactures, les imita & ébranla leur commerce dans ses plus solides fondemens. A peine la route des Indes Orientales fut-elle ouverte par les Portugais, que le commerce & le rang de l'Italie se trouva réduit à ce qu'elle avoit conservé d'industrie. Presqu'au même instant l'Univers s'étendit pour les Espagnols ; ils moissonnerent l'or & l'argent dans leurs nouveaux Domaines ; mais ils se contenterent d'être riches, ainsi que les Portugais ; & bientôt ils ne le furent plus assez pour payer l'industrie des autres. Celle de la Flandre & du Brabant continuoit de lever un tribut sur le reste de l'Europe, lorsqu'effrayée de la révocation de ses franchises, & chassée par le tumulte des séditions, elle chercha des asyles plus sûrs. En Hollande elle soutint la liberté naissante, & s'accrut sous les auspices de la liberté ; en Angleterre elle récompensa la confiance d'E-lisabet dans le fameux Gresham. Cette grande Princesse voulut & sçut régner ; secondée par son Ministre, elle fonda la puissance de son peuple sur l'industrie ; l'admiration de son siécle est la moindre partie de sa gloire.

La France quoiqu'encore peu industrieuse dans ces tems, & accablée sous le poids de ses guerres intestines, ne laissa pas d'entrer dans le partage que les grandes Nations firent des domaines de l'Amérique ; le hazard la servit bien.

L'illustre Colbert parut enfin : notre commerce encouragé, favorisé, annonça ses progrès par les prodiges de ce régne.

L'usage heureux que nous fîmes des grands principes du Commerce leur donna un nouveau dégré d'importance; ce fut alors qu'ils devinrent véritablement l'objet des études politiques. La combinaison des richesses réelles & relatives par le Commerce, décida de la force des Etats; chacun d'eux se fit un systême conforme à sa position, & le suivit avec une attention aussi scrupuleuse que nécessaire, dans tous les changemens que produit l'instabilité ordinaire des choses humaines. Ainsi les usages particuliers, les caprices du luxe sont devenus des objets importans; toute nouvelle exportation est une victoire. Les hommes abondent partout où ils trouvent de l'aisance & du travail, & les efforts des Souverains tendent à les fixer par leur félicité.

L'Espagne cependant restoit toujours dans l'yvresse où l'avoient plongée ses richesses imaginaires. Elle avoit échangé ses hommes contre des métaux; sa tranquillité apparente étoit un engourdissement, & l'expulsion des Maures la priva de leur secours dans le tems où elle en avoit le plus de besoin.

Elle ne connut ses maux qu'à leur excès: à son réveil elle compta avec elle-même; ses trésors étoient disparus, ce n'étoit qu'un dépôt passager

dont l'éclat imposteur l'avoit abusée. Pauvre &
dénuée de ressources, elle ne trouva que des expédiens ruineux ou momentanés; la voix des loix
fut impuissante contre les abus, l'oubli des premiers principes convertit en poison des remédes salutaires en d'autres tems.

En effet, on voit par les loix de l'Espagne
qu'elle avoit eu de très-bonne heure les bons
principes; elle avoit eu des Manufactures & un
commerce actif; ses finances étoient fondées sur
le principe le plus juste & pratiqué par les Nations les plus intelligentes. Les impôts se percevoient sur les consommations; mais l'ame de ces
consommations, le commerce & l'aisance manquoient.

On augmenta les droits pour remédier aux
non-valeurs, l'abus de l'impôt le détruisit: en le
perpétuant on s'éloigna du but où l'on vouloit
atteindre.

La multiplicité des tributs les rendit person-
nels, la régie devint un cahos, la perception un
désordre, toute industrie, toute émulation s'é-
clipserent; les priviléges des laboureurs & des
manufacturiers furent insuffisans contre les vices
& les ravages de la finance corrompue.

L'Auguste maison de Bourbon porta sur le
Trône d'Espagne les lumieres qu'elle a toujours
puisées dans son amour pour les peuples: le Roi
Philippe V raprocha le gouvernement des maxi-

mes falutaires autant que le pouvoient permettre les circonftances & même le préjugé. Car la plus grande infortune d'une Nation appauvrie & abaiffée par la corruption des principes, c'eft l'opiniâtreté de fon ignorance.

Un citoyen zélé, d'une très-grande pénétration & d'un fens admirable, diftingué d'ailleurs par fes emplois, Don Geronymo de Uftariz, entreprit le premier d'éclairer fes compatriotes. Il compofa l'ouvrage que j'ai fait paffer dans notre langue: il y diftingue les deux fortes de Commerce que peuvent faire les Nations ; il prouve à la fienne que celui qu'elle fait eft ruineux. Après en avoir approfondi les caufes, il propofe en détail les remédes propres à chaque inconvénient, & trace un plan pour le rétabliffement des manufactures, de la marine , & la réforme des finances.

Ces objets font inféparables , & fuppofent eux-mêmes une excellente culture des terres , bafe fondamentale de tout commerce & de toute manufacture. Ces trois grands refforts, l'agriculture, le commerce, & les finances, font mouvoir un Etat: leur force eft comparable à celle de trois roues qui s'aident & fe foutiennent mutuellement dans leur marche ; fi l'action de l'une diminue, les forces des autres ne font plus entieres, & l'inaction totale fuccédera au déclin imperceptible des mouvemens.

Ce Livre parut en 1724, & l'on en tira très-peu d'exemplaires. Un Gentilhomme Espagnol, Don Bernardo de Ulloa travailla en 1740 sur ses principes, que les circonstances commençoient à faire oublier; il entra dans des détails particuliers relatifs à l'Espagne, que Don Geronymo de Ustariz n'avoit pas traités avec la même étendue. En 1742 on vit paroître une seconde édition de l'ouvrage de ce dernier; & elle est assez rare aujourd'hui.

Les Anglois qui sont en possession de fournir aux autres Nations des exemples & des leçons sur cette matiere, ne dédaignerent pas de prendre connoissance de ce Livre. La traduction en parut avec applaudissement à Londres en 1751, dédiée au Prince de Galles.

L'exemple des Anglois ne doit pas être le seul motif de notre curiosité sur cet ouvrage : nos liens avec l'Espagne sont tels, que sa situation, ses forces & ses succès ne peuvent être indifférens à notre Nation. Comme citoyens du monde, le bonheur d'autrui nous intéresse, & comme François nous verrons avec plaisir le plan de réforme commencé dans cette Monarchie, par un Prince né parmi nous du sang précieux de nos Rois, suivi par un fils héritier de son Trône, ainsi que de ses vertus & de son attachement pour nous, exécuté par les soins vigilans d'un grand Ministre. Cet intérêt cependant ne doit pas être oisif;

PREFACE

une noble émulation ne peut altérer nos liaisons, & les rendront plus respectables.

L'ouvrage de Don Bernardo de Ulloa forme une espéce de supplément à celui-ci : j'annonce avec plaisir qu'il est tombé dans de meilleures mains que les miennes, & qu'il paroîtra incessamment.

Nous avons si peu de Livres dans notre langue sur le Commerce, que j'ai regardé les détails de celui-ci comme très-utiles à l'instruction de ceux qui veulent étudier cette grande partie. Souvent faute d'un guide pour conduire ses premiers pas, l'on s'égare en systêmes , ou l'on abandonne la carriere. Les arts ne se conservent dans un état que par les moyens mêmes qui les y ont attirés : il y a plus de vrai mérite à bien saisir l'esprit des bons principes connus & à les suivre, qu'à en imaginer de nouveaux qui n'ont qu'un régne passager; & l'habileté consiste à bien saisir la maniere dont on peut appliquer les principes généraux aux circonstances particulieres de chaque pays. La connoissance des pratiques employées par les Etrangers, est la voie la plus courte & la plus sûre pour y parvenir , puisqu'elle présente au jugement des expériences & des objets de comparaison. Le découragement dans les études n'est gueres moins funeste à la patrie que les systêmes, puisqu'il la prive de la concurrence des talens; les connoissances ne peuvent être trop multipliées pour le bonheur public.

J'ai peu de chose à dire de ma traduction ; j'ai cherché à y mettre la clarté & la précision qui conviennent à ces matieres, & que je n'ai pas toujours rencontrées dans mon auteur : la langue Espagnole est très-noble , mais un peu verbeuse ; & des conjonctions répétées pendant des pages entieres forment souvent des transitions. Je ne préviens de ces choses que pour demander grace dans les endroits où l'imitation m'aura entraîné.

J'ose répondre de la fidélité du sens & des choses ; mais je me suis quelquefois dispensé de rendre les tours, les longueurs & les répétitions inutiles. Don Geronymo écrivoit sur une matiere inconnue & parmi des hommes prévenus ; il ne laissoit échapper aucune occasion de rappeller ses principes & ses maximes, même aux dépens de l'ordre & de l'économie du discours : j'ai cru n'avoir pas besoin des mêmes précautions, & je suis sûr qu'elles auroient déplu au plus grand nombre des Lecteurs.

Si quelques-uns, contre mon attente, m'en sçavent mauvais gré , je les prie de m'accorder quelque indulgence en faveur du courage qu'il faut à un homme pour traduire des détails assez longs sur des matieres séches , & qu'il a souvent repassées.

J'ai joint quelques Chapitres ensemble , lorsque j'ai cru que l'ordre & la clarté l'exigeoient. Je n'ai pas non plus copié servilement plusieurs

de nos tarifs qui font à la portée de tout le
monde; ceux de Hollande ont changé, ç'eût été
un travail fuperflu. Je me fuis contenté de rapporter l'efprit des uns & des autres, & de donner quelques exemples de l'application des maximes générales. Ces libertés font en très - petit
nombre, & j'efpere qu'elles ne feront pas défap-
prouvées.

J'ai réduit mes notes à ce qui m'a paru indifpenfable ou commode pour le Lecteur.

THÉORIE

THÉORIE ET PRATIQUE
DE COMMERCE
ET DE MARINE.

CHAPITRE I.

Des causes de l'abaissement du Commerce en Espagne, & des voies fondamentales par lesquelles on parviendra à le rétablir, l'animer & le conserver.

TOUT homme raisonnable conçoit l'importance du Commerce ; beaucoup d'Auteurs & de grands Politiques parmi les Espagnols & les autres nations en ont expliqué & pesé les avantages ; ainsi ce seroit une chose superflue que de s'étendre sur cette matiére. Je ne m'appliquerai donc qu'à rechercher & à dévoiler les causes de sa décadence & de

A

fon anéantiffement dans cette Monarchie; je propoferai les moyens qui me paroiffent les plus convenables pour le rétablir, l'augmenter & le conferver; & je finirai par rapporter les précautions dont les autres Nations font ufage, foit pour le faire fleurir chez elles, foit pour s'en affurer la poffeffion.

Quoique dans plufieurs circonftances du gouvernement politique & œconomique, il fuffife ordinairement d'expofer l'origine des abus afin de les détruire dans leur principe; j'ai cru qu'il étoit à propos d'entrer dans quelques détails fur la recherche, la nature, l'ufage des principes & des moyens que nous pourrions employer pour parvenir au but que nous nous propofons. Mon deffein eft qu'entre les mêmes expédiens nous foyons en état de choifir ceux qui feront les plus propres, les plus juftes & les plus efficaces; & que nous puiffions bien connoître le tems & la façon de les employer : cette connoiffance eft quelquefois auffi effentielle que celle du fond même des affaires.

Il eft évident que fans un Commerce étendu & lucratif, aucun état ne peut être fort peuplé; qu'il n'aura ni abondance, ni éclat; qu'il ne pourra entretenir les armées, les fortereffes dont il a befoin pour fa défenfe & qui le rendent refpectable au dehors. Mais il ne peut y avoir de Commerce confidérable & utile fans le concours de beaucoup de bonnes Manufactures, particuliérement de foie & de laine. Il eft impoffible de les établir ou de les conferver fans l'appui des franchifes & des exemptions, au moins fur quelques-unes des denrées comeftibles qui fervent à la nourriture de l'Ouvrier; fur les matieres premieres qui entrent dans la fabrication; & fur la vente des marchandifes fabriquées : tout cela doit être accompagné de tarifs bien réglés des droits d'entrée & de fortie. Sans cette prudente difpofition, les ouvrages ne pourroient avoir un libre cours, foit au dedans foit au dehors du royaume; & fi le débit leur manque, la deſtruction des Manufactures eſt inévitable. Ainſi le reméde qu'il faut apporter au mal dont nous nous plaignons , & les précautions qui aſſureront la vente de nos ouvrages, doivent avoir pour premier principe, l'examen & l'établiſſement des franchiſes dont j'ai parlé; ou au moins des modérations proportionnées , ſur-tout ſur les droits exceſſifs & ſi répétés , appellés *Alcavalas & Cientos* ; [a] enfin un bon réglement des droits d'entrée & de ſortie. Enſuite on traitera des diſpoſitions qui paroîtront les plus convenables au progrès, à la perfection & au débouché de nos Fabriques. Ce ne ſera point par des régles générales dont les livres des ſpéculatifs ſont remplis ; elles ſont faciles à donner , mais rarement ſe peuvent-elles adopter ſurement dans la pratique. Autant que mes foibles lumieres me le permettront, j'indiquerai le reméde propre à chaque mal , eu égard au tempérament, & à la ſituation de ce corps politique qui languit; car il ſeroit ſuperflu d'en découvrir les infirmités, ſi l'on ne propoſoit en même tems les moyens pratiquables de le guérir.

Pour l'intelligence de ceci il faut ſçavoir que les droits exceſſifs payés tant par les Fabriquans & les Marchands, que dans les Douanes [b] lors de l'extraction, ſont la cauſe du haut prix de nos étoffes; c'eſt une conſéquence naturelle , qu'étant plus cheres par cette raiſon que celles des autres pays , les nôtres ne trouvent que peu ou point

---

a Droit ſur chaque vente dans l'intérieur du Royaume.

b Les droits de Douane proprement après pluſieurs variations ſont ordinairement réduits à 10 pour cent de la valeur au paſſage de chacune; il y en avoit quelquefois pluſieurs à paſſer avant de pénétrer dans l'intérieur des Provinces ; quelques-unes ſubſiſtent, d'autres ont été changées,comme on le verra dans le cours de l'Ouvrage. On a d'ailleurs par divers Traités de Commerce , exempté les marchandiſes étrangeres d'un ſecond droit de Douane en repréſentant l'acquit du premier. Ce droit de Douane fut appellé *Diezmos* dans ſon origine , parce qu'il étoit de dix pour cent de la valeur : il n'exempte point de celui d'*Alcavala*. Dans les ſeules Provinces de Guipuſcoa, de Biſcaye, & de Navarra qui ne ſont point ſujettes aux loix de la Caſtille , les droits d'entrée & de ſortie ſe perçoivent différemment ; ils ſont très-médiocres.

A ij

de débouché tant en Efpagne qu'ailleurs; & que par intérêt on recherche les étoffes étrangeres, d'où réfulte néceffairement la ruine de nos Manufactures & le progrès de celles des autres Nations : ce double inconvénient ne vient que de notre négligence ou de notre indifférence fur ces objets importans.

CHAPITRE II.

Il faut diftinguer le Commerce utile du Commerce ruineux. Et premierement du Commerce ruineux.

AVANT que de parler des mefures que nous avons à prendre , des raifons & des expériences dont j'efpere les appuyer; je crois qu'il faut diftinguer deux genres de Commerce , l'un utile & l'autre ruineux.

Le Commerce confiftant principalement dans l'achat, la vente & l'échange des Marchandifes, ou des productions d'un pays par mer ou par terre, hors ou dans le royaume; il eft évident que l'Efpagne a toujours eu du Commerce : elle n'a jamais manqué d'Acheteurs & de Vendeurs pour fes denrées; celles des autres pays y ont toujours été introduites , foit par les Efpagnols mêmes, foit par les Etrangers. Mais de la façon dont ce Commerce s'eft conduit, il a été fi nuifible à cette Monarchie, qu'elle en eft appauvrie, dépeuplée & affoiblie au point que l'on voit, & que le publient les autres nations jufques dans leurs Livres. Cela fe remarque particuliérement dans un Ouvrage intitulé *le Commerce de Hollande,* dont l'Auteur n'eft point nommé. On croit cependant qu'il eft d'un [a] Miniftre de France, homme zélé & d'une grande capacité. Don Francifco Xavier de Goyeneche

a Il eft de M. Huet Infpecteur Général des Manufactures.

Miniftre du Confeil des Indes l'a traduit en 1717, par amour pour fa patrie qu'il vouloit éclairer. On y lit ce qui fuit :

" Le principal Commerce de la Hollande avec l'Efpa-
" gne fe fait à Cadix ; c'eft dans ce fameux port que
" s'arment & reviennent les Galions [a] qui font le riche
" Commerce du Pérou, ainfi que les Flottes [b] qui vien-
" nent du Mexique & de la Nouvelle-Efpagne, qui
" ont apporté & apportent encore prefque tout l'or &
" l'argent que l'on voit en Europe : cependant on peut
" dire avec vérité que quoique les Efpagnols foient les
" maîtres de ces Provinces où l'on tire l'or & l'argent en
" fi grande abondance, ils ont beaucoup moins de ces
" métaux que les autres Nations; ce qui démontre que
" les mines d'or n'enrichiffent pas un Etat auffi fure-
" ment que le Commerce. " Cet Auteur s'en explique
plus clairement dans un autre endroit.

" Pour achever, dit-il, de faire voir que le Com-
" merce feul enrichit les Etats, il fuffira de dire qu'il
" n'y a point de Nation qui manque autant d'or &
" d'argent que la nation Efpagnole ; quoique ces deux
" métaux foient une production de fes vaftes domaines,
" cependant les autres Etats en ont beaucoup plus par
" la grande confommation de leurs marchandifes en
" Efpagne, & dans toutes les Provinces qui en dépen-

a On donnoit autrefois ce nom aux plus grands vaiffeaux de guerre ; aujourd'hui c'eft le nom des navires qui vont à Porto-Belo & Cartagene faire le Commerce du Pérou & de la Caftille d'or. On tranfporte à dos de mulet les marchandifes de Porto-Belo à Panama, où elles s'embarquent pour Lima. Lorfque la Foire de Porto-Belo eft finie, les Galions vont hiverner à Cartagene dont le port eft excellent ; & ils achevent d'y faire leur vente. Ces vaiffeaux partent de Cadix au prin-tems.

b Par la Flotte proprement dite, on entend les vaiffeaux qui vont por-ter les marchandifes d'Europe à la Vera-Cruz dans le golfe du Mexique. Elle ne part que dans le mois d'Août à caufe des coups de vent qui regnent en Septembre fur cette côte. Au retour la Flotte & les Galions fe joignent à la Havane, d'où après avoir débou-qué le canal de Bahama, & remonté aux Açores, tous ces vaiffeaux revien-nent de conferve à la faveur des vents alizés.

A iij

» dent. Enfin il paroît que cette grande Monarchie
» n'eft tombée que pour avoir négligé le Commerce &
» l'établiffement de beaucoup de Manufactures dans la
» vafte étendue de fes royaumes. La France ne doit les
» richeffes qu'elle poffède aujourd'hui qu'au foin qu'elle
» a eu de faire fleurir chez elle l'induftrie ; & tant qu'elle
» a commercé avec l'Efpagne, elle n'a jamais manqué
» d'argent , même dans le tems des guerres les plus
» couteufes & les plus difficiles.

Un autre endroit du Livre infifte encore fur ce fait.
On y lit :

» C'eft le Commerce feul qui peut procurer à un
» Etat l'abondance de l'or & de l'argent, les premiers
» mobiles de toutes les actions ; cela eft fi certain, que
» l'Efpagne qui poffède les mines de ces deux métaux,
» en manque elle-même beaucoup, parce qu'elle a mé-
» prifé le Commerce & les Manufactures. A peine tou-
» tes les mines de l'Amérique fuffifent-elles pour payer
» les marchandifes & les denrées que le refte des peu-
» ples porte aux Efpagnols.

Quoique ce qu'on vient de lire, foutenu par l'expérience du tort que nous a fait le Commerce avec les
autres Nations depuis un grand nombre d'années, fuffife pour découvrir la fource du mal ; j'ajouterai, pour
ne laiffer aucun doute, que cette fource eft dans la différence de nos ventes , & de nos achats : les Etrangers nous ont vendu de leurs denrées pour une plus grande fomme , que nous ne pouvions leur en fournir des
nôtres ; & cette différence monte à des millions de piaftres par an. Il s'en faut bien que les droits d'entrée
qu'ont payés leurs marchandifes foient un motif de con-
folation pour nous ; ils ne font à charge qu'à nous mêmes ; car fans compter les remifes & les fraudes, avant
que ces droits confidérés l'un dans l'autre fur le pied
de huit pour cent de la valeur ayent rapporté un million de piaftres , il faut néceffairement qu'il en forte

du royaume en subſtance plus de douze millions. Ainſi quoiqu'on tire quelques denrées du produit de l'Eſpagne ou des Indes , il faut remarquer que la majeure partie conſiſte en laines , en ſoies crues , en cochenille , en ſoude de barille , en paſtel , en fer & autres matériaux ; & ce ſont malheureuſement autant d'armes que nous leur fourniſſons contre nous : je prouverai par la ſuite qu'il vaudroit mieux en empêcher la ſortie ; de plus, que la valeur de ces productions n'approche pas de beaucoup de la valeur des importations qu'on nous fait : il eſt par conſéquent d'une néceſſité abſolue d'y ſuppléer par l'extraction de l'or & de l'argent comme on le fait tous les jours, ce qui nous épuiſe, & nous laiſſe ſans force, même dans le cas d'une défenſe néceſſaire. De ce qu'on vient de dire, on doit conclure que l'augmentation de nos finances & le bien public ne conſiſtent point en ce que les Douanes rapportent cent ou deux cens mille doublons par an, à moins que ſur cet article on ne ſe gouverne par des tarifs & avec des meſures plus convenables au Commerce utile de ces royaumes, & ſur-tout à l'augmentation & la conſervation de nos Manufactures. Elles ne prendront jamais le deſſus, tant qu'elles reſteront chargées comme elles le ſont ; leur cherté facilitera l'entrée des Fabriques étrangeres , autant au moins que le fait la baiſſe exceſſive des droits que nous impoſons ſur ces dernieres, & la fraude exorbitante qui ſe fait tous les jours ſur-tout à Cadix. Enfin c'eſt un principe conſtant que plus l'importation des marchandiſes étrangeres excédera l'exportation des nôtres, plus notre miſere & notre ruine ſont inévitables, & que les ſuites de ce déſordre ſont beaucoup plus grandes que celles des plus cruels fléaux. Les autres Etats ont ſans ceſſe l'œil ſur ces inconvéniens, particuliérement la France, l'Angleterre & la Hollande : pour en prévenir les funeſtes conſéquences, ils employent avec beaucoup d'art la ſage précaution d'augmenter les droits d'entrée fur les marchandifes étrangeres ; autant que le permettent les Traités de paix, & fouvent plus ; fans confentir à aucune réduction, ni à aucune grace : en même tems ils moderent les droits de fortie fur leurs productions ; quelquefois même ils les affranchiffent entiérement. Je m'étendrai davantage fur cette démonftration dans d'autres chapitres : dans celui-ci je me contente d'en rapporter quelques exemples.

Suivant les tarifs établis par Louis XIV dans les années 1664 & 1667, dans le tems qu'il confioit cette partie à l'habileté de M. Jean-Baptifte Colbert, ce fage & laborieux Miniftre, les draps étrangers payoient d'entrée plus de quinze pour cent de leur valeur, tandis que ceux de France ne payoient de fortie que demi pour cent ; d'autres articles fortoient francs de tous droits fuivant les circonftances, & cela eft conftaté par les tarifs & les autres ordonnances. Je puis ajouter encore que pour mieux favorifer les manufactures de la grande & abondante Province de Languedoc, le gouvernement de France avoit établi une récompenfe d'un doublon par chaque piéce de drap fin que le Fabriquant feroit fortir du Royaume.

On obferve à l'égard des matieres premieres une régle toute contraire & très convenable ; on exige à leur fortie, des droits confidérables, & quelquefois on l'interdit entiérement fous des peines rigoureufes ; cela fe pratique en Angleterre fur les laines, afin que le grand bénéfice de leur travail refte dans le pays. Pour l'entrée des matieres dont les Manufactures ont befoin, les droits font médiocres ; fouvent elle eft franche, comme en Hollande l'entrée des laines d'Efpagne, fuivant les tarifs imprimés à Amfterdam en 1710 : ce réglement fait bien voir qu'habiles comme le font les Hollandois, & attentifs au bien de leur Etat, ils font perfuadés que cette mine eft plus riche & plus abondante que celles du Potofi. En effet une quantité de laine qui coûte un doublon, en vaut cinq quand elle eft employée ; & ils font

leur

leur compte de façon, que la laine fait ordinairement le cinquieme de la valeur d'une aulne de drap fin ; le surplus revient à la main d'œuvre, à la teinture & autres aprêts ; ainsi les quatre cinquiemes restent en bénéfice au Manufacturier , & avec un million en matiere , ils en font cinq par leur travail. Tout cela démontre combien il est important de soutenir les Manufactures , afin de faire notre Commerce avec nos propres denrées , au moins pour la plus grande partie.

CHAPITRE III.

On prouve qu'il est sorti d'Espagne pour des milliards d'or & d'argent depuis la découverte de l'Amérique , ce qui démontre encore mieux combien le Commerce avec les autres Nations de l'Europe nous est ruineux.

DE la grande inégalité qu'il y a entre nos achats & nos ventes avec les étrangers , comme aussi de divers autres principes que tout le monde connoît , on peut conclure que chaque année l'une dans l'autre , il sera sorti d'Espagne pour quinze millions de piastres en or ou en argent. Si quelqu'un en doute , qu'il se demande à lui-même ce que sont devenus tant de milliards de piastres transportées dans nos ports depuis la découverte de l'Amérique ? il ne nous reste à peine que du [a] *Billon quelque menue monnoie* , d'une

---

[a] Les Monnoies effectives d'Espagne sont d'or, d'argent ou de plate, & de billon ou de veillon suivant les termes consacrés dans le Commerce.

Les especes d'or sont la pistole , les doublons , les quadruples & la demie pistole.

Les Monnoies de plate sont les piastres de huit réaux ; les réaux , demi-réaux ; des pieces de quatre & de deux réaux. Les réaux de huit pesent vingt-deux deniers huit grains & tiennent de fin onze deniers deux grains , à la réserve de ceux qui furent fabriqués en Aragon en 1611. Ceux là sont du poids de vingt un deniers neuf grains , & ne tiennent de fin que dix deniers , vingt-deux grains. Les réaux au moulin de

B

valeur intrinsèque fort au-dessous de la valeur qu'on lui donne, & dont le transport est difficile ; une médiocre quantité de réaux , demi-réaux *de plate légers , des réaux de deux , des réaux Sincillos de la nouvelle fabrique , qu'on appelle de province , de bas titre , ou foibles d'environ vingt-cinq pour cent.* Ce n'est qu'à leurs défauts, sans doute , qu'on doit attribuer la conservation du peu d'especes qui nous restent encore en Espagne , pour nous aider à payer les droits du Roi & à trafiquer entre nous ; sans ce petit secours tout se feroit par échange comme cela se pratique en quelques endroits. L'on doit encore craindre avec fondement que ce que nous pouvons regarder comme nos ventes , ne devienne pour nous le plus grand des malheurs , dans l'état fâcheux où nous sommes réduits ; & que cet argent ne serve de facilité aux Extracteurs , pour acquerir à peu de frais les especes fortes ou de meilleur titre qui nous restent , & celles qui nous viennent continuellement de l'Amérique , en les échangeant pour les foibles. Cette extraction exige les plus sérieuses réflexions & des mesures proportionnées au préjudice que souffrira nécessairement cette Monarchie , si elle se laisse dépouiller de ses especes : car il est nécessaire , si cela arrive , qu'elle s'affoiblisse de tout point , tandis qu'elle augmentera les forces de ses

1620 ne pesent que vingt-un deniers douze grains , & ne prennent de fin que dix deniers vingt-un grains.

Les monnoies de billon font les maravedis ; les ochavo qui valent deux maravedis ; les quarto qui en valent quatre.

Les comptes se tiennent en piastres de vieille plate à Cadix & presque dans toute l'Espagne : à Madrid, Saint-Sebastien , Bilbao , ils se tiennent en piastres de nouvelle plate, plus foible que la vieille de vingt-cinq pour cent.

Les divisions de la piastre de compte font les réaux & les maravedis d'argent. Les comptes de finances se tiennent en écus de veillon, réaux de veillon monnoies imaginaires,& en maravedis de veillon.

L'écu de veillon vaut dix réaux de veillon , & trente-quatre maravedis font un réal de veillon ; la différence de la monnoie de plate à celle de veillon est de près de moitié ; les quinze réaux de veillon font un écu de plate ou piece de huit ; les trente-quatre maravedis de veillon ne valent que dix-huit maravedis de plate. Par conséquent la piastre de huit réaux deux cens soixante-douze maravedis de plate & cinq cens dix de veillon.

ennemis chez qui ſes richeſſes ſe répandent ; même chez les Turcs & les Infideles qui ſont conſtamment les ennemis de notre foi. Pour appuyer ce que j'ai dit ſur l'extraction de l'or & de l'argent d'Eſpagne, je raporterai ce qu'en ont dit quelques Auteurs de réputation.

Le Docteur Don Sanche de Moncade, Lecteur de l'Ecriture-Sainte à Alcala, dit dans le troiſieme Diſcours du chapitre premier de ſon Traité publié en 1619, que l'on avoit repréſenté il y avoit déja 24 ans à Sa Majeſté, que depuis la découverte des Indes Occidentales en 1492, juſqu'à l'année 1595, il étoit entré en Eſpagne deux mille millions d'or ou d'argent des Indes ſeulement ; ce que ſur cet eſpace de 103 ans répond à environ vingt millions par an : qu'il en étoit au moins entré une même quantité ſans regiſtre, & que de tant d'or & d'argent il ſeroit difficile d'en trouver deux cens millions en Eſpagne, cent en monnoie & cent en meubles. Si l'on fait enſuite le compte depuis 1595 juſqu'à préſent 1724, & ſi l'on ſuppoſe qu'il en ſoit entré ſeulement douze millions pendant chacune de ces 129 années, cela forme une ſomme de quinze cens trente-ſix millions, & les deux parties jointes enſemble forment celle de trois mille cinq cens trente-ſix millions de piaſtres.

Don Pedro Fernandez de Navarette dans ſon vingt-unieme Diſcours de la conſervation des Monarchies, dit que ſans compter l'argent qu'il y avoit en Eſpagne, ni celui qu'on avoit tiré des mines de Guadalcanal, on avoit apporté des Indes par regiſtre quinze cens trente-ſix millions depuis l'an 1519 juſqu'à l'an 1617, ce qui fait plus de quinze millions par an dans cet eſpace de 98 années. Si nous ſuppoſons qu'on en ait apporté douze millions par année dans les 27 qui ſe ſont écoulées depuis la découverte en 1492 juſqu'à l'an 1519 que Navarette commence ſon compte ; & que nous ſuppoſions un pareil produit pendant les 107 ans qui ſe ſont écoulés depuis 1617 juſqu'à préſent 1724, nous aurons une autre somme de quinze cens quatre-vingts-seize millions ; & les deux calculs feront un montant de trois mille cent trente-deux millions : ajoutons-y la quantité de ces métaux qui sera venue des Indes sans registre, & ce qu'il y en avoit dans le royaume ; le tout passera cinq milliards de piastres en or, ou en argent, même suivant le calcul de Navarette qui est le plus foible. Loin de diminuer ces supputations générales, anciennes & modernes, il paroît qu'on devroit au contraire les augmenter, sur ce que nous avons vû arriver d'especes à Cadix de nos jours ; particuliérement depuis 10 à 12 ans, malgré le trouble des guerres, la suspension des flottes & des galions de Terre-ferme ; puisque pendant quinze à seize ans, il n'en est arrivé qu'une seule flotte heureu‑sement.

Considérons à présent ce qui reste d'or & d'argent en Espagne tant en monnoie qu'ouvragé ; je me persuade que ceux qui en parleront le plus legerement ne feront pas monter la masse à cent millions, même y compris ce qui sert aux Eglises & aux particuliers. C'est donc une conséquence claire que tout le surplus a sorti du Royaume, & l'extraction annuelle va à vingt millions par chacune des 232 années qui se sont écoulées depuis 1492 jusqu'en 1724, de façon que je n'ai point outré les choses lorsque je l'ai fait monter à quinze millions de piastres par an : car entre deux extrêmes qui peuvent s'écarter du vrai, je n'ai pas tant à craindre le blâme d'un parti mitoyen, que le reproche d'une exagération qui dégénére facilement en hyperbole.

Une des choses qui contribuent à cette stérilité d'or & d'argent dans la Monarchie dont ces métaux sont cependant les productions ; c'est la quantité de millions qui passent à Rome tous les ans ; la plus grande partie pour des usages établis par la Daterie, & qu'on regarde communément comme abusifs : cependant je ne m'étendrai point sur ces inconvéniens, ni sur les précautions que prennent d'autres Etats

catholiques pour y remédier ; l’entreprise est trop au dessus de mes forces, & d’ailleurs étrangere à ma profession.
Indépendament de ces raisons je me dispenserois d’en
parler, parce qu’il n’y a rien à ajouter aux représentations
imprimées, qui furent faites à Rome en 1633 au nom &
par ordre du Roi Philippe IV par ses Ambassadeurs, l’Evê-
que de Cordone, & Don Juan Chamauro du Conseil
de la Chambre de Castille ; ces représentations contenoient le mémoire que les Etats de Castille assemblés en
Cour remirent au Roi sur divers droits qu’on perçoit à
la Cour de Rome ; tous les points étoient appuyés sur
les Décrets des Conciles & les saints Canons dont on
demandoit l’exécution.

CHAPITRE IV.

*Du Commerce utile, & quelle est la régle générale
pour l’établir ou le conserver.*

APRÈS tous les faits que l’on vient de voir, il n’est plus
possible de douter que le Commerce que nous avons
entretenu depuis un grand nombre d’années avec les autres
nations ne nous ait été fort onéreux en général. On a vû
en même tems quelle est la véritable origine de ce préjudice ; ainsi pour que le Commerce nous soit utile, & qu’il
nous apporte les grands avantages dont nous avons parlé ;
il est aisé de comprendre qu’il faut que nous fassions usage de l’abondance & de l’excellente qualité de nos matériaux : enfin il est nécessaire d’employer avec rigueur tous
les moyens qui peuvent nous conduire à vendre aux
étrangers plus de nos productions, qu’ils ne nous vendront
des leurs ; c’est-là tout le secret & la seule utilité du Commerce. Si nous pouvions au moins rester de pair pour l’é-
change, ce seroit encore assez pour conserver en Espagne
la majeure partie des richesses qui viennent des Indes occi-

dentales à Cadix , au lieu qu'elles ne peuvent aujourd'hui nous être d'aucun foulagement, d'aucune utilité. Au contraire, ces tréfors deviennent funeftes à la Monarchie , fi dès le port même où ils arrivent, ils paffent dans les mains des peuples rivaux de cette Couronne , qui les portent en grande quantité dans les pays de la domination des Turcs : nos piaftres du Mexique & du Perou y font fi eftimées par malheur pour nous, que les Commerçans d'Europe pour y en porter les achetent, 6 , 8 , & 10 pour cent au deffus de leur valeur intrinféque, parce qu'ils favent par expérience que cette monnoie gagne à Conftantinople & au Caire jufqu'à cinquante pour cent. Ainfi outre le malheur d'être dépouillés de notre argent dès qu'il arrive à Cadix par les Flottes ou les Galions , & le defagrément de le voir enlevé par des Nations peu affectionnées, qui s'en fervent à accroître leur Commerce & leur opulence ; nous avons la douleur de favoir qu'une grande partie de ces millions paffent chez les Turcs & les autres Infideles pour augmenter leurs forces & nos pertes. Ils fe font fouvent prévalus de ces mêmes tréfors pour faire de fanglantes guerres aux chrétiens & fur-tout à la Monarchie d'Efpagne ; car outre le grand Commerce qui fe fait à Smirne, au grand Caire, & dans les autres ports de la Natolie , de la Paleftine & de l'Egypte avec nos monnoies fi recherchées ; il eft évident qu'il en paffe de très grandes quantités à Conftantinople , où fe font les principaux armemens contre la chrétienté : ces funeftes conféquences méritent la plus grande attention & les mefures les plus fures pour les prévenir.

　　Toutes ces confidérations & d'autres encore me conduifent à douter au moins , fi l'arrivée en Efpagne des richeffes qu'apportent nos vaiffeaux des Indes, doit nous réjouir ou nous affliger ; je fuis plus porté à dire le vrai vers de triftes réflexions. Notre intérêt nous les dictera, fi nous examinons avec quelque attention les fuites fâcheufes & préjudiciables qu'a pour nous cette abondance ; fi nous

envifageons que pour quelque petite partie d’argent qui
entre pour le moment dans le Royaume, il en fort peu
de mois après une plus grande quantité pour payer les
marchandifes que nous achetons des étrangers. Ces puiffans motifs doivent nous encourager à travailler avec vigueur au rétabliffement d’un Commerce qui retienne
notre argent parmi nous : c’eft à ce foin fondamental
qu’eft attaché notre falut ; car c’eft une fauffe idée que
celle de ceux qui penfent que les lettres de change dif-
penfent de la fortie de l’argent. Elles ne font qu’un gage
fur lequel on avance par forme de prêt, & par le moyen
duquel quelques particuliers anticipent la délivran-
ce d’une fomme où ils ont befoin de la faire entrer ; mais
enfin il faut toujours que le correfpondant qui acquitte
cette lettre de change fe rembourfe de fon avance, foit
en marchandifes, foit en efpeces effectives. Aujourd’hui
que les productions de l’Efpagne ne fuffifent pas pour fes
échanges avec les autres pays, il faut que par une main
ou par l’autre, on fupplée en argent effectif la fomme
que l’on n’a pu acquitter en marchandifes : ce fujet eft fi
clair, qu’il n’a pas befoin d’une autre explication.

Il eft encore un défordre digne de la plus férieufe attention ; c’eft le tranfport d’une grande quantité de nos
efpeces chez les Mahometans des côtes de Barbarie, dans
les villes de Salé, de Tétuan, d’Alger, de Tunis, de
Tripoli, qui s’en fervent pour nous faire une guerre très
obftinée & pour faire captifs un grand nombre d’Efpagnols dont le rachat nous coutant chaque année des
fommes confidérables, leur fournit de nouvelles forces
contre nous. Ces défordres font d’une telle conféquence
& fi délicats pour la confcience, qu’ils exigent un examen
particulier de la part de ceux qui gouvernent, & les remedes les plus prompts. Je propoferai dans la fuite les
expédiens que je crois les plus utiles & les plus convenables, tant pour arrêter le cours du mal, que pour
foutenir notre navigation de côte en côte ; elle eft effentielle au rétabliffement d’un Commerce utile.

CHAPITRE V.

*Du peu de fondement qu'il y a à dire que la conceſ-
ſion des franchiſes, ou la modération des droits de
Douane, en faveur des Manufactures, diminue les
revenus de l'Etat.*

CE principe une fois admis que pour avoir un Commerce utile, il eſt néceſſaire de vendre aux étrangers plus que l'on n'achete d'eux ; il nous reſte à préſent à
parler des moyens les plus ſurs, les plus efficaces & les
plus convenables pour parvenir à ce but important. Ce
ſera reſſuſciter en quelque façon la Monarchie, lui donner un nouvel être, que de lui rendre la force, la ſplendeur, l'opulence, & la conſidération dûes à la grandeur de ſes domaines, à la valeur & à la fidélité de ſes
ſujets.

On a déja dit que l'on ne peut avoir un Commerce
utile ſans beaucoup de bonnes manufactures ; mais il eſt
également impoſſible qu'elles s'établiſſent ou ſe ſoutiennent, ſans des franchiſes, ou des modérations de droits ;
ſans des tarifs bien réglés dans les douanes, & d'autres
ſecours proportionnés qu'on ne peut attendre que d'une
protection déclarée & continue du Prince, ſecondée par
le zéle & l'application des Miniſtres que regarde cette
partie. Ainſi ces franchiſes ou ces modérations de droits
& ces réglemens de tarifs étant le premier mobile, & le
fondement de ces établiſſemens ; il eſt bon de traiter de
ces deux points pour en démontrer l'utilité. Je ſais que
toute propoſition ſur ces deux objets a coutume d'éprou-
ver de fortes contradictions. Pluſieurs perſonnes quoique
très zélées pour le ſervice du Roi & pour le bien public,
s'obſtinent dans leurs avis, ſans doute pour n'avoir pas
pris l'eſprit de quelques diſpoſitions qui de peu de conſéquence au premier aſpect, conduiſent cependant de la

façon

façon la plus sure à l'augmentation du Commerce, & dès lors à celle des revenus publics & de la population. Ces personnes au contraire les croyent préjudiciables aux revenus publics & à ceux des villes; c'est ce qui a fait échouer en Espagne plusieurs propositions faites en faveur des Manufactures & du Commerce. Il est important d'empêcher que celles qu'on pourroit faire à l'avenir à Sa Majesté sur cet article n'ayent le même sort; je vais démontrer clairement que les franchises qu'on a accordées jusqu'à présent à un petit nombre de ces ouvriers, & de plus grandes qu'on pourroit accorder en proportion, ne diminuent & ne diminueront jamais ni les revenus publics, ni les revenus municipaux; qu'au contraire ces franchises les augmenteront, ainsi que tout ce que j'ai à proposer sur les droits d'entrée & de sortie. Si après avoir mis ces principes dans la plus grande évidence, les préjugés qui ont rendu sans effet, & même odieux ce qui a été projetté en faveur du Commerce ne s'évanouissent pas; toute représentation à Sa Majesté sur cet objet important sera désormais infructueuse. Car tant que ce faux principe de la diminution des revenus publics par les franchises subsistera, ceux qui sont de cet avis trouveront à l'appuyer sur des vûes publiques & se prévaudront du nom du service du Roi. Pour mieux effacer cette idée, je vais en peu de mots expliquer comment les revenus royaux & municipaux n'en souffriront point, & je remets à d'autres chapitres à exposer quels avantages en résulteront pour les revenus du Prince & pour le soulagement des villes.

La ville de Madrid s'est opposée à la continuation de l'exemption de droits sur le vin, l'huile & le savon accordée à un Fabriquant d'étoffes de soie d'or & d'argent, & autres, qui vint s'y établir en 1719; il travailloit avec un privilége de Sa Majesté qui régloit ce qu'il feroit entrer chaque année franc de droits à 10 *arrobes* ª de vin, 10 d'huile, 10 de savon pendant l'espace de vingt ans,

ª L'arrobe pese environ poids de marc 2 3 livres un huitiéme & 2 5 d'Espagne.

par chaque métier qu'il établiroit, & qu'il entretiendroit. On compte aujourd'hui douze de ces métiers qui étant la majeure partie d'étoffes fines, occupent beaucoup de monde. Sur ce pied la franchise se réduira en tout à 120 arrobes de vin, autant d'huile & de savon par an, & le total des droits sur ces trois articles n'ira pas à cinquante doublons, ce qui revient à un peu plus de quatre doublons par chaque métier; encore est-ce sur le pied du tarif de Madrid qui est exorbitant; car on ne croit pas que dans aucune autre ville d'Espagne la franchise allât à plus de deux doublons pour chaque métier.

Mais cette petite somme de cinquante doublons par an, n'est pas même une perte pour les revenus royaux & municipaux, puisque cette franchise ne fait que répondre à la plus grande consommation qu'occasionne cette manufacture : c'est elle qui a fait venir dans la ville ces ouvriers à raison de leurs fabriques; des enfans & d'autres personnes que cette même manufacture fait travailler, n'apportoient auparavant aucune augmentation aux droits d'entrée sur les objets en question ; avant d'avoir du travail, leur principale nourriture consistoit en pain & dans quelques légumes grossiers mal assaisonnés : il est donc certain que si ces douze métiers n'eussent point été établis, la consommation des denrées qui payent des droits n'eût point augmenté; & par conséquent, en remettant les droits sur cette consommation nouvelle, on n'en diminue point le produit. Ainsi il ne paroît pas que la ville ait eu un juste sujet de se plaindre, ni que sur ce prétexte, on dût accorder une réfraction au Fermier des entrées. Pour prévenir toute réplique on pourroit leur objecter l'ordre donné par Sa Majesté le 25 Novembre 1719, sur l'avis du Conseil de Castille du 30 Octobre précédent. Voici comme s'en explique ce Prince :

» Considérant que ces franchises ne diminuent point
» le produit des entrées de Madrid ; & que loin d'y
» porter préjudice, les fabriques qui s'établissent dans

» cette ville, font d'un grand avantage pour elle, indé-
» pendamment de celui qui en revient à mes autres
» fujets, ainfi qu'il eft expliqué dans les Patentes, dont
» je remets copie au Confeil; je déclare & j'ordonne que
» les franchifes que j'accorde à cet Entrepreneur &
» celles que je pourrai accorder à l'avenir fur de pareils
» motifs foient obfervées, & ayent auffi leur entier effet
» en ce qui regarde les octrois de la ville de Madrid à qui
» mon ordre fera communiqué avec les Patentes, afin
» qu'il foit exécuté; & afin que les Fermiers ne puiffent
» prétendre de dédommagemens, on fera de ces franchi-
» fes une condition expreffe dans leurs traités.

Il eft fuffifamment prouvé par ce que l'on vient de
lire, que ces franchifes ne diminuent point les revenus
publics; & il fera facile de démontrer avec la même
clarté qu'ils font augmentés d'un autre côté par les avantages qui réfultent de l'établiffement des Manufactures.

CHAPITRE VI.

Premier avantage qui réfulte des franchifes & des
fecours donnés aux Manufactures, en faveur
des revenus publics.

LA franchife dont nous avons parlé dans le Chapitre
précédent ne s'étend que fur le vin, l'huile, & le
favon.

Mais ces Fabriquans confomment auffi du mouton, du
bœuf, du lard, du poiffon frais & falé, du fromage, des
légumes, des épiceries, du fel, du vinaigre, de l'eau-de-
vie, du tabac & d'autres denrées, ainfi que les chofes
néceffaires pour les vêtir & les meubler : ils payent fur
tout cela les droits qui y font attachés pour les revenus
du Prince & pour ceux des villes. Cette augmentation

de Fabriquans dans les villes dépendant du bon traitement qu'on leur fait ; il eſt évident qu'il faut le leur conſerver, & que la conſommation qu'ils font augmente réellement le produit des entrées.

CHAPITRE VII.

Second avantage qui réſulte des ſecours donnés aux Manufactures en faveur des revenus publics.

CETTE franchiſe accordée pour chaque Métier battant, s'étendra à peine ſur la conſommation du Fabriquant, au moins en ce qui regarde le vin & l'huile ; & un ſeul métier occupe pluſieurs perſonnes, pour le ſervice même du métier ; pour les divers aprêts qu'exigent la ſoie, l'or & l'argent qui entrent dans l'étoffe ; pour le deſſein, pour la fabrication des divers inſtrumens ; il s'enſuit que toutes ces perſonnes que la fabrique fait vivre, & qui ne jouiſſent point de la franchiſe, payent tous les droits d'entrée ſur les choſes comeſtibles, y compris le vin, le ſavon, & l'huile ; enfin ſur toutes les denrées dont ils ſe ſervent pour ſe vétir ou pour d'autres uſages. Cette ſeconde augmentation du produit des entrées occaſionnée par les Manufactures, eſt réelle & de la plus grande évidence.

Ce produit augmenteroit avec la Manufacture ; tout homme qui ſe ſert de ſa raiſon doit le ſentir ; & ſurtout, ſi développant cette idée on veut faire attention combien ces maximes contribueroient à rétablir nos villes. Prenons Seville pour exemple ; ne lui verroit-on pas ſon ancienne ſplendeur, cette multitude d'habitans qu'elle avoit autrefois, & ſes richeſſes ſi vantées ? Si au lieu de trois ou quatre cens métiers tant en laine qu'en ſoie qui y reſtent encore, il s'y en établiſſoit ſeize mille, comme les remontrances de cette ville atteſtent qu'ils y ont été pendant long-tems : ces métiers étant montés d'étoffes fines ou ordinaires occuperoient au moins chacun trois perſonnes l'un dans l'autre, ce qui feroit quarante-huit mille Ouvriers, & environ ſoixante mille perſonnes, en y comprenant les familles de ceux qui ſeroient mariés. Dans cette ſuppoſition la franchiſe ſur le vin, l'huile & le ſavon, évaluée à dix arrobes de chacune de ces denrées, à raiſon de ſeize mille métiers, ne ſeroit pas un objet comparable à celui que feroit l'entrée ſur les autres denrées que conſommeroient ces ſeize mille Ouvriers principaux, & les quarante-huit mille Ouvriers dépendans de leur travail, qui ne jouiroient d'aucune franchiſe.

CHAPITRE VIII.

Troiſiéme avantage des Franchiſes.

L'Accroissement de nos Manufactures préſente une infinité d'avantages pour l'Etat & les revenus publics. Pour les détailler, ſuppoſons que les ſeize mille métiers qu'on a vûs autrefois à Seville y ſubſiſtent encore; l'on ſent que le nombre des Ouvriers qu'ils occuperoient iroit à quarante-huit mille, & qu'en y comprenant les familles des Ouvriers mariés, ce ſeroit au moins ſoixante mille perſonnes ou douze mille feux à cinq perſonnes par feu.

Outre la conſommation néceſſaire au ſervice des métiers, toutes ces perſonnes en ont une indiſpenſable à faire pour les beſoins de la vie; dès lors le nombre des habitans augmentera avec celui des Marchandiſes & des Artiſans de toute eſpece qu'employera l'approviſionnement de ces ſoixante mille perſonnes. Tout ce peuple payera en entier les droits d'entrée ſur ſa conſommation; il confommera plus de fel & de tabac au profit du Roi; & les Manufactures qui occupent une fi grande multitude, auront augmenté par ce moyen les revenus publics. Ces faits inconteftables prouvent encore que quand même on accorderoit une franchife entiere au Fabriquant & à tous les Ouvriers qui en dépendent, fur les matériaux néceffaires à la fabrique, ainfi que fur l'exportation des marchandifes, les revenus publics loin d'en fouffrir, en feroient confidérablement accrus.

CHAPITRE IX.

Quatriéme avantage confidérable qui réfulte des franchifes, en faveur des Fabriques.

QUELQUE grands que foient les avantages dont nous avons parlé, il en réfulteroit de plus confidérables encore pour les revenus du Prince, pour la ville de Seville, pour fa dépendance, & pour plufieurs autres villes d'Efpagne par la valeur intrinféque des Fabriques. On évalue à 700 piaftres la valeur de ce que fabriqueroient en laine où en foie chacun de ces feize mille métiers par an l'un dans l'autre, y compris les matériaux, la main d'œuvre & la teinture, & dans cette proportion, l'ouvrage de tous les feize mille feroit évalué à onze millions de piaftres par an. Suppofons à préfent qu'il fe confommât de ces ouvrages tant dans la ville que dans fon diftrict pour trois millions de piaftres, ce feroit toujours s'épargner l'extraction pour cette même fomme, d'étoffes étrangeres qui y entrent aujourd'hui & qui s'échangent contre notre argent & nos productions. Les Etrangers à qui nos denrées font prefque néceffaires ne laifferont pas de les confommer & de les acheter.

Le furplus des étoffes de Seville fe pourroit vendre

aux Indes & dans le Nord ; dès lors il entreroit & circule-
roit tous les ans huit millions de piaftres dans cette Province ;
dont quatre à la vérité fortiroient fuivant ce qu'on en peut
juger pour payer les matériaux de la Fabrique, la foie, la
laine , le fil dor & d'argent, & la valeur des teintures.
On tireroit les foies crues de Valence , de Murcie , &
des autres Provinces d'Efpagne , outre la confommation
de ce que la Province même en recueille ; la Caftille
fourniroit fes laines fines ; & de cette façon toutes les
parties du Royaume fe reffentiroient des avantages de
ces Manufactures ; elles fe donneroient fans ceffe du fecours l'une à l'autre. Les villes feroient plus peuplées ;
en état de mieux payer les impôts, même d'en fupporter
de plus forts. En échange de l'or , de l'argent & des
drogues pour la teinture que l'Amérique fourniroit aux
Manufactures , elles donneroient une partie de leurs étoffes , foit en les envoyant à droiture , foit en les vendant à ceux qui font le Commerce de ce pays-là.

Toutes ces différentes parties déduites de onze millions auxquels nous avons évalué le revenu des Fabriques
fuppofées dans Seville ; il en refteroit encore plus de
trois de bénéfice à cette ville & à fa Province : ajoutons à ce revenu celui de fes vins , de fes eaux-de-vie,
de fes huiles qu'on peut eftimer à 500000 piaftres ; fon
produit feroit donc de plus de trois millions cinq cens
mille piaftres par an.

Les befoins de cette Province pourroient lui couter
deux millions en toiles , en morue féche, & autres poiffons falés , épicerie , cacao , fucre , tabac & autres denrées
qui lui viennent du dehors , ainfi ce feroit un million
& demi qui lui refteroit de bénéfice après avoir payé
tous fes befoins & fatisfait à tous fes échanges. Ainfi
non feulement Seville & fon diftrict cefferoient de s'ap-
pauvrir comme cela arrive aujourd'hui , puifqu'il en fort
plus d'argent qu'il n'y en entre ; mais encore ce pays fe
trouvant chaque année un million & demi de piaftres de

gain, s'enrichiroit confidérablement & feroit abondamment pourvu de tous fes befoins. La circulation continuelle du produit de ces Manufactures affureroit aux
villes une augmentation de revenu qui influeroit fur ceux
du Roi; puifque les villes feroient alors en état de lui
donner des fecours plus puiffans, & de l'aider dans les
befoins extraordinaires de l'Etat.

Tous les lecteurs fentiront aifément que ces calculs
ont été faits en gros fuivant la probabilité; fur un pareil
fujet il n'y a point de régles certaines : il fuffit pour mon
principe, que je prouve d'une façon vraifemblable, &
avec une certitude morale, que fi l'on rétabliffoit à Seville & dans fes environs les feize mille métiers qui y étoient
autrefois; que fi on faifoit valoir les avantages de la fertilité de fes terres, de leur fituation, & ceux d'une grande riviere navigable; cette Province vendroit au dehors
pour beaucoup plus d'argent de fes denrées qu'elle n'en
recevroit. C'en eft affez pour conclure que cette ville
& fa Province feroient riches & opulentes, au lieu
qu'elles font dans la pauvreté & dans la mifere. Que
le Commerce fe rétabliffe & fe faffe de la façon & par
les mains de qui l'on voudra; l'argent du capital rentre
toujours au premier propriétaire de la marchandife; &
fon profit eft toujours plus grand que celui qu'on fait à
acheter & à revendre. Cela eft confirmé par l'exemple
de plufieurs villes riches de la Méditerranée & du Nord;
le nombre de celles qui fleuriffent par leurs Manufactures eft plus grand que le nombre de celles qui s'enrichiffent à acheter & à revendre. Prenons pour exemple
la ville de Lyon en France; cette ville fi riche, fi peuplée, eft connue par l'excellence & le nombre de fes
Manufactures; fi les villes qui s'enrichiffent à revendre
fes étoffes, avoient l'adreffe, ou le génie de les fabriquer, elles jouiroient d'un double bénéfice, comme
Seville l'a fait autrefois. Il n'y a point de doute à cela;
car ce qu'on propofe a été & a fubfifté long-tems tant

à

à Seville, que dans d'autres endroits de l'Espagne, &
rien absolument n'empêche d'y rappeller ces avantages
comme on le dira par suite.

CHAPITRE X.

*Considération sur l'augmentation des avantages dont
on a parlé, si les établissemens supposés dans la
Province de Seville, étoient faits dans toutes les
autres Provinces d'Espagne.*

QUOIQUE toutes les suppositions faites ci-dessus
pour prouver l'importance des Manufactures,
n'ayent été appliquées que sur le rétablissement des
16000 métiers que Seville avoit autrefois, il faut entendre que tout ce qu'on a dit pour lui rendre son opulence & son éclat, convient également à toutes les autres
villes & Provinces d'Espagne ; sur-tout à celles de Segovie, Toléde, Cordoue, Grenade, Murcie, Valence,
Sarragosse, Valladolid, Medina-Delcampo, Burgos, &
autres qui dans des tems qui ne sont pas fort reculés,
ont fleuri par leurs Manufactures & par d'autres Commerces. L'utilité seroit commune à toutes, en proportion
respective, de la grandeur, du nombre du peuple, de
l'abondance, & de la qualité des matieres premieres, des
productions, & de l'industrie de chacune. Cependant
en fait de Manufactures, le succès ne dépend pas entierement de la quantité & de l'abondance des denrées
ou des matieres que produit un pays ; car il est des di-
settes, des manques de certaines choses auxquelles l'industrie & l'application suppléent. On en pourroit apporter plusieurs exemples, s'il ne suffisoit pas d'alléguer
ceux de Gesnes & de la Hollande. Quoique leur territoire ne produise point de soies, ni de laines, ni d'in-

grédiens propres à la teinture ; il ne laiffe pas d'y avoir
des Manufactures nombreufes & excellentes dans l'un
& dans l'autre genre. L'Efpagne eft abondamment pour-
vûe des meilleures qualités de ces matieres premieres &
d'autres ; elle a autant d'hommes en état de travailler ;
elle a en abondance les vivres néceffaires pour leur fubfiftance , ce que la Hollande & Gefnes n'ont pas. Enfin
les peuples de cette Monarchie font les mêmes qu'ils
étoient autrefois ; & l'on doit croire qu'en cela, comme
en tout le refte, ils feront ce qu'ils ont pû faire, toutes
les fois que le gouvernement aura foin de les y exciter ,
de les encourager & de les aider. Le point capital eft
de lever les obftacles que nous avons mis nous-mêmes
au fuccès des Manufactures & à leur vente , tant au
dedans qu'au dehors ; ces obftacles font les droits exceffifs
fur les vivres que confomme l'ouvrier, fur les matieres
qu'il emploie ; le droit exorbitant & répeté d'Alcavala
fur chaque vente , celui de quinze pour cent que doivent
payer nos étoffes à la fortie du Royaume, contre les maximes naturelles & politiques pratiquées dans toutes les
Nations ; je l'ai dit dans les chapitres précédens , & je
me réferve encore à m'étendre par la fuite fur cette ma -
tiere ; car deux objets fur lefquels je ne puis me réfoudre
à être court, ou à ne pas répéter, ce font l'établiffement
des Manufactures & la réforme des Tarifs. Telle eft
la vraie recette du feul reméde que nous puiffions apporter à nos maux, lui feul rendra la vigueur à cette Monarchie ; l'excès de ces différens droits, eft, il n'en faut pas
douter, la caufe fondamentale de la deftruction de nos
Manufactures , d'où ont réfulté néceffairement la perte
du Commerce utile qui a paffé aux étrangers ; la dépopulation & la foibleffe de l'Efpagne.

Pour éclaircir davantage ce raifonnement & les grandes conféquences qui en dépendent, je fuppofe que l'on
rétabliffe dans ces Royaumes foixante mille métiers, par
exemple , qui remplaceroient la plus grande partie de ce
qu'on dit qu'il y en avoit dans les fiécles paffés.

Je fuis affuré que dans le Royaume de Valence les
métiers fubfiftans tant en foie qu'en laine paffent le nombre de deux cens : dans la principauté de Catalogne il
y en a plus de cinq cens : dans le Royaume de Grenade
il y en a mille des deux genres : il y a encore quelques Manufactures de foie, moins nombreufes à la vérité dans quelques autres Provinces ; mais dans toutes
il y en a de diverfes étoffes de laine, comme draps
ordinaires, grofferies, bayettes, ferges, étamines, dro-
guets, &c. Ainfi je crois pouvoir avancer fans témérité
que le nombre des métiers travaillans en Efpagne aujourd'hui va à dix mille qui joints aux foixante mille
que je fuppofe qu'on rétabliroit, formeroient en tout
foixante-dix mille métiers. La cinquieme partie en pourroit être emploiée à la foie, le refte employeroit des
laines fines, moyennes & des plus inférieures dont la
confommation n'eft pas moindre que celle des autres
qualités. [a]

J'ai dit dans le chapitre précédent que chaque métier
de foie & de laine l'un dans l'autre, pourroit fabriquer
pour la fomme de fept cens piaftres par an, y compris
le cout des métiers & de la teinture ; j'en avois réduit
la valeur à deffein, pour qu'on n'héfitât point, foit fur
les faits foit fur mes raifonnemens ; une exactitude
fi précife n'étoit pas néceffaire alors à mon calcul &
à fes conféquences : cependant comme j'ai befoin
pour le préfent & pour la fuite d'une eftimation plus
fure, je vais rapporter celle qui fut faite il y a quelques années par l'Alcade, & par les Infpecteurs de la
Manufacture de Séville.

» Dans chaque métier de tiffu, il s'employe tous
» les ans cent livres de foie, & deux cens vingts onces

---

a Ce n'eft pas la fineffe ni le haut
prix des étoffes, qui fait le profit d'un
Etat commerçant, c'eft la quantité
des fabrications lucratives qui s'exportent. Les grofferies exigent moins d'art,
& dès lors occupent plus de pauvres ;
objet principal des Manufactures.

» d'or ou d'argent en feuille environ : ces matieres four-
» niſſent environ cent cinquante vares [a] d'étoffes qui
» eſtimées ſeulement trois doublons chaque, font une
» ſomme de quatre cens cinquante doublons.

» Chaque métier de demi tiſſu peut employer cent
» cinquante livres de ſoie & cent cinquante onces de
» métal pour faire par an cent quatre-vingts-dix vares,
» qui à raiſon de deux doublons chaque, feront une
» ſomme de trois cens quatre-vingts doublons.

» Chaque métier de brocard peut employer par an
» deux cens livres de ſoie & ſoixante-dix à quatre-vingts
» onces de métal pour faire trois cens vares, qui à rai-
» ſon d'un doublon & demi par vare, font la valeur de
» quatre cens cinquante doublons.

» Chaque métier de taffetas double peut fournir par an
» dix-huit cens vares, où il entre deux cens quatre-vingts
» onces de ſoie, & chaque vare valant dix réaux de
» veillon; ce ſera un produit de trois cens doublons.

» Chaque métier de taffetas ſimple conſomme deux
» cens onces de ſoie à peu près pour trois mille vares
» qu'il peut faire par an ; & chaque vare à ſix réaux
» de veillon; la valeur du total eſt de trois cens dou-
» blons.

» Chaque métier de ſatin uni ou raié employe par
» année deux cens onces de ſoie pour fabriquer douze
» cens vares, qui à raiſon de ſeize réaux la vare, qua-
» lités pour qualités, font une valeur de plus de trois
» cens doublons.

» Chaque métier de damas employe par an deux cens
» quatre-vingts onces de ſoie pour fabriquer douze cens
» vares, qui à raiſon de vingt réaux, qualités pour qua-
» lités, font une valeur de quatre cens doublons.

Quand même quelques perſonnes auroient des doutes
ſur ces évaluations & voudroient en rabbattre la cin-

---

[a] La Vare eſt une eſpece d'aulne || & demie meſure de Paris; comme la
d'Eſpagne, ordinairement d'une aulne || Canne de Toulouſe.

quieme ou la fixieme partie ; il fera toujours démontré
que chaque métier en foie fabrique l’un dans l’autre pour
plus de mille piftoles par an ; en y comprenant le prix
des matieres. Ainfi fuppofant que des foixante-dix mille
métiers travaillans tant en laine qu’en foie , il y en auroit quatorze mille employés à la foierie, ce feroit déja
un produit de quatorze millions de piaftres ; on doit
cependant obferver que les prix changent d’une année
à l’autre, fuivant la récolte des foies, des vivres & divers autres accidens qui font hauffer ou baiffer les marchandifes.

On fçait par le rapport de perfonnes pratiques, que
chaque métier en laine l’un dans l’autre , peut travailler pour plus de fept çens piaftres par an, y compris les
matériaux, & eu égard à la différence des étoffes fines,
moyennes & communes : le revenu des cinquante-fix
mille métiers fuppofés feroit donc de trente-neuf millions, qui ajoutés aux quatorze millions des Manufactures de foie, feroient en tout cinquante-trois millions
de piaftres.

Je ne puis me difpenfer de répéter que les calculs
qu’on fait fur des principes qui ne font pas fixes & déterminés, font toujours fujets à l’erreur & à l’incertitude ; mais ne laiffent pas d’éclaircir & de donner une
probabilité morale pour approcher de la vérité ; fur-tout
lorfque les fondemens fur lefquels ils font établis font
furs & reconnus pour tels.

Enfin, à la vûe des principes certains qu’on propofe,
& des reftrictions dont on fe fert dans les chofes dou-
teufes, chacun pourra adopter, ou difcuter ce qui lui
paroîtra plus évident, ou plus vraifemblable. Ce font
ces confidérations qui m’engagent à m’étendre fur d’autres calculs, dont les principes font encore plus douteux que ceux que j’ai avancés : ainfi je n’entreprendrai
pas de difputer fur l’exactitude ou le défaut des fuppu-

tations que j'ai à donner , je connois moi-même le danger auquel ils font expofés.

Par ce que je dirai dans un autre chapitre du dénombrement de l'Efpagne, on trouvera qu'elle contient fept millions cinq cens mille perfonnes environ : quoique dans ce nombre il y en ait beaucoup qui confomment en étoffes de foie ou de laine ou de tous les deux pour plus de cent piaftres par an fans compter la toile ; on fçait cependant que la plus grande partie de l'un & de l'autre fexe eft vétue d'étoffes moyennes & communes ; que chaque habit leur dure ordinairement environ deux ans ; dans les habits des gens de campagne & des artifans, il entre fix vares de drap ordinaire plus étroit que le drap fin , qui à quinze réaux la vare font fix piaftres ; il entrera encore deux piaftres pour la valeur de la doublure, & tout le vétement coûtera huit piaftres : en fuppofant qu'il durèra deux ans , la confommation par an fera évaluée à quatre piaftres ; mais comme on fçait que le plus grand nombre des perfonnes de cette claffe, fe fert de capotes ou de manteaux, il paroît qu'on peut eftimer la confommation de draps, en queftion , fur le pied de quinze piaftres par an.

Je fens bien que les enfans du peuple ne dépenfent pas même quatre piaftres par an en vêtement, & qu'il en fera de même de beaucoup de femmes, ne parlant point du linge ; cependant fi l'on fait attention qu'un grand nombre de perfonnes des deux fexes dans le Royaume dépenfe en habits de vingt à cent piaftres & plus , je me perfuade qu'on peut apprécier par an la dépenfe de fept millions cinq cens mille habitans à quatre piaftres & demi chacun l'un dans l'autre ; ainfi la vente des étoffes de tous les genres monteroit à plus de trente-trois millions de piaftres. Si l'on déduit cette fomme de celle de cinquante-trois millions à quoi nous avons évalué le travail des foixante-dix mille métiers, il nous refteroit encore pour vingt millions de marchandifes de tous les genres avec lefquelles il paroît qu'on pourroit fournir les Indes Efpagnoles tant de foieries que de draps fins, car elles n'ont pas befoin des draps communs dont leurs propres Manufactures les fourniffent. Je penfe qu'après avoir pourvu aux be-foins de l'Efpagne & des Indes, nous aurions des quantités confidérables d'étoffes à envoyer dans les autres pays de l'Europe, fur-tout dans le Nord où l'on ne recueille point de foie, & affez peu de laine fine. Par ce moyen nous parviendrons à leur vendre pour plus d'argent que nous n'acheterions d'eux; puifqu'en réta-bliffant feulement ces foixante mille métiers, nous ferions en état de payer aux étrangers en marchandifes de nos fabriques, les épiceries, le linge, la morue féche, & les autres poiffons falés que nous ferions obligés d'acheter d'eux. Ce n'eft pas que l'on ne puiffe encore par des moyens dont nous parlerons, empêcher que cette importation ne foit auffi forte chez nous qu'elle l'eft aujourd'hui. Outre la vente que je fuppofe du fu-perflu de nos Fabriques, nous aurions encore le béné-fice des vins, des eaux-de-vie, des huiles, du fel, des raifins & autres denrées dont nous avons abondance, & que les autres peuples enlévent pour leurs befoins. Je ne parle point de la quantité de quincailleries dont nos excellentes forges de Bifcaye, & d'autres Provinces nous mettent à portée de faire un grand commerce au dedans & au dehors; des cryftaux, des favons dont nous pourrions avoir de bonnes Fabriques; nous avons en abondance les foudes de Cartagene & d'Alicant dont les qualités font fi eftimées, que toutes les Nations de l'Europe les enlévent à l'envi.

La production abondante du vif-argent, du cuivre & de l'étain dans les domaines de Sa Majefté, méritent encore une grande attention; ainfi que la propriété de plufieurs de nos contrées pour la culture du lin & du chanvre, deux objets avantageux pour les cordages &

les toiles dont nous avons befoin & dont nous ferions
encore en état de fournir d'autres peuples.

Ces établiſſemens naturels & faciles, non feulement
empêcheroient l'extraction de beaucoup de millions de
nos efpeces, mais encore nous apporteroient une grande quantité de l'argent des étrangers. Quand même
nous n'y trouverions d'autres avantages que de retenir
la totalité & même la moitié feulement de ces tréfors
immenſes qui nous viennent de l'Amérique & qui jufqu'à préfent n'ont été qu'entrepofés en Efpagne pour
fe répandre enfuite dans les autres Etats ; c'en feroit
aſſez pour voir renaître l'abondance, la force & la population dans ce Royaume ; fa foibleſſe & fon indigen-
ce ne viennent que de l'abandon & du découragement
où l'on a laiſſé les Manufactures, on ne peut les relever, les augmenter, les foutenir, que par des franchifes & par une réforme des tarifs des droits d'entrée
& de fortie. Car quoiqu'il s'exporte peu de marchandifes fabriquées en Efpagne, il en fortiroit alors de
grandes quantités ; & quand même on réduiroit les
droits à deux & demi pour cent de leur valeur, les droits
monteroient encore beaucoup plus haut qu'à préfent.
Un des fruits des Manufactures ce feroit une plus
grande multitude d'habitans, & par conféquent une
augmentation dans les revenus, puifque les ventes, les
achats, & les confommations fe multiplieroient ; enfin
les campagnes & tous les arts en recevroient une plus
grande culture. Ajoutons encore comme un principe
fûr & reconnu, que quand même le tréfor du Prince
n'augmenteroit pas avec l'opulence des fujets, il n'eft
pas poſſible que notre amour pour lui & notre obligation de fujets fouffriſſent qu'il fût pauvre lorfque
nous ferions riches.

Il faut encore fur cet article eſſentiel du rétabliſſement de nos Manufactures ne point fe laiſſer décourager par les raifonnemens des gens timides qui difent
fans

fans ceſſe qu'il n'y a pas aſſez de monde en Eſpagne pour remplir cet objet; on démontrera qu'avec ce que nous avons aujourd'hui de monde, & ce que le Commerce en attire toujours par lui-même, il y en a ſuffiſamment pour exécuter les projets propres à relever cette Monarchie de ſon abbaiſſement.

CHAPITRE
XI.

CHAPITRE XI.

Où l'on tâche de diſſiper ce préjugé reçu par pluſieurs perſonnes, qu'il n'y a pas aujourd'hui aſſez de monde en Eſpagne, pour fournir au ſervice d'un nombre de métiers auſſi conſidérable que celui qu'elle a eu autrefois.

BIEN des gens ſe perſuadent que l'Eſpagne n'étant plus auſſi peuplée qu'elle l'a été, on n'y trouveroit pas un nombre ſuffiſant d'Ouvriers pour le nombre de métiers qu'on propoſe de rétablir. Je réponds qu'on y remédiera avec un ſeul réglement ſur lequel je m'étendrai davantage par la ſuite, pour reſſerrer les pauvres, les oiſeux & les vagabonds qui vivent de la ſoupe des Couvents ᵃ ou d'autres aumônes, ſouvent même de rapines ; ces hommes-là ſont nuiſibles à l'Etat, comme le diſent les Loix mêmes du Royaume : ſi d'un autre côté on employe quelques orphelins & d'autres enfans abandonnés, avant que la miſere les faſſe périr, on aura une grande partie du monde qu'il faut. Les étrangers catholiques pourroient encore être attirés par de bons traitemens, & par la

---

ᵃ En Eſpagne l'on a coutume de diſtribuer de la ſoupe & du pain chaque jour à la porte des Couvents ; mauvaiſe eſpece d'aumône qui invite à l'oiſiveté. Outre les Mandians, il y a encore en Eſpagne des eſpeces de Bohémiens, qui vont par bandes, & ſe relevent : ils forment une eſpece de ſociété, & l'on n'a jamais pu les déraciner entierement.

E

certitude où ils feroient d'être occupés ; on en verroit
infailliblement arriver un grand nombre très au fait
des Manufactures, qui se marieroient & formeroient
des établissemens avec leurs familles ; moyen sûr pour
repeupler l'Espagne. Ce n'est pas que nous ayons besoin d'attendre pour les Manufactures, cette derniere
ressource qui seroit trop lente ; car le progrès même des
Manufactures & du Commerce, est ce qui contribue le
plus à l'accroissement du peuple & à son opulence ;
c'est le moyen le plus certain & même l'unique pour
y réussir. La Hollande en général en est une grande
preuve, & Amsterdam sur-tout ; cette ville en 1600,
étoit médiocre pour la grandeur, le nombre des habitans, & les richesses ; aujourd'hui c'est une des plus
peuplées & des plus riches de l'Europe, ou pour mieux
dire, c'est la premiere de toutes les villes commerçantes
par le nombre de ses citoyens, la magnificence de ses
édifices, par son argent, son crédit, & ses marchandises ; on peut l'appeller le magasin général du monde ; & si [a] Paris ou Londres disputent avec elle, ou
la surpassent, c'est principalement à la Cour qu'elles
doivent cette multitude d'habitans, & leur opulence.

Amsterdam n'est parvenue si promptement à ce haut
point d'élévation, que par le soutien de ses fabriques,
de son trafic, de sa navigation ; elle n'a même pas
l'avantage de pouvoir nourrir une cinquieme partie de
ses habitans, de ses propres fruits ; son territoire est
petit & stérile : une chose encore bien digne d'attention, c'est que les dix-sept Provinces des Pays-Bas qui
font dans le monde le grand Commerce qu'on sçait,
n'avoient pas plus de trois millions d'ames en 1556,
au rapport de Louis Guicciardin dans sa description
de la Belgique, dédiée au Roi Philippe II. Quoique

---

[a] L'Auteur, à ce qu'il paroit en divers endroits a eu peu de connoissance de
l'Angleterre.

ce nombre d'hommes ne fasse pas le tiers de ce qu'il y en a en Espagne, y compris le Portugal ; cette République a des hommes en abondance, tant pour beaucoup d'excellentes Manufactures de tous les genres, que pour l'agriculture, la milice & l'équipement des milliers de navires, grands ou petits, qu'elle employe tant dans ses armées navales que dans le Commerce des quatre parties du monde ; sur-tout les Provinces de Zelande & de Flandres. On pourra répliquer que depuis ce tems les sept Provinces de Hollande comprises dans les dix-sept Provinces des Pays-Bas, ont reçu un nombre considérable d'habitans ; cela est vrai, mais c'est à l'accroissement du Commerce & de la navigation qu'elles en sont redevables.

Pour revenir à l'Espagne, toutes ses Provinces ne sont pas dans une égale disette d'hommes ; il est notoire que la Catalogne, la Navarre, la Biscaye, les Asturies, la Galice, & les montagnes de Burgos sont très-peuplées & d'habitans fort laborieux : je remarque ensuite que l'Estramadoure & l'Andaloufie le sont assez passablement. On assure même que l'Italie [a] quoique riche & puissante a beaucoup moins de monde que l'Espagne ; cependant elle a une grande quantité d'Ouvriers pour les Manufactures de Turin, Milan, Gesnes, Luques, Venise, Florence, Naples, Messine, Palerme, & l'on ne voit pas qu'elle manque d'hommes pour la culture des terres, ni pour ses autres besoins.

L'Angleterre, l'Ecosse, & l'Irlande sont encore moins peuplées que l'Espagne, puisque suivant des Ecrivains célèbres, les habitans de ces trois Royaumes ne mon-

---

a L'Italie paroît presqu'aussi peuplée que la Catalogne, excepté dans l'Ombrie & le reste de l'Etat Ecclésiastique jusqu'aux frontieres de Naples le long des côtes ; dans quelques marêmes de Toscane & dans les montagnes de l'Apennin. En revanche le Piémont, le Plaisantin, le Milanois, l'Etat de Venise, la Toscane, le Boulonnois, Naples, la Calabre renferment plusieurs villes très-peuplées, & les campagnes sont bien cultivées,

tent pas à *cinq millions* [a] : Cet Etat cependant ne manque d'hommes ni pour l'agriculture, ni pour équiper ses flotes nombreuses, ni pour la navigation de la prodigieuse quantité de ses navires qui commercent dans les quatre parties du monde, ni pour ses colonies dans les Indes orientales & occidentales, ni pour le grand nombre de ses excellentes Manufactures qui enrichissent le Prince & les sujets. Pourquoi donc pense-t-on que l'Espagne, qui est plus peuplée, n'auroit pas assez d'habitans pour tous ces objets ?

Pour fortifier encore davantage mon principe par des exemples, qu'on fasse attention que tout l'Etat de Gesnes n'a pas la moitié des habitans que contient le Royaume de Galice ; cependant il lui reste du monde pour ses fameuses Manufactures de soie, de papier, & autres dont il fournit d'autres pays, outre sa propre consommation. L'article seul du papier dont nous manquons absolument pour l'Espagne & pour les Indes lui rapporte tous les ans plus de cinq cens mille piastres de notre argent ; l'Etat de Gesnes ne manque point d'ailleurs de Matelots, pour la navigation utile & assez considérable qu'il fait ; ils se répandent même en quantité en divers Etats de l'Europe.

Cet exemple, celui de l'Angleterre & de la Hollande, d'autres encore qu'on pourroit rapporter, nous prouvent que d'établir des Manufactures dans un pays, y soutenir la navigation & le commerce, c'est nécessairement le peupler, l'enrichir, soulager les sujets, & augmenter les forces de l'Etat. Enfin nous ne manquons pas d'hommes en Espagne pour les services les plus pénibles ; nous en avons un grand nombre pour la garde de nos troupeaux, l'occupation la plus dure, la plus fatiguante qu'il y ait : car les pastres sont con-

---

a L'Auteur se trompe assurément ; le Chevalier Petti fait monter leur nombre à dix millions, d'autres seulement à neuf. Les Auteurs du Livre intitulé *The British Merchant*, l'évaluent à sept millions d'hommes.

tinuellement expofés aux injures de l'air & des faifons ; mal nourris, plus mal vêtus ; ils n'habitent que
des déferts, où les rochers leur fervent d'afiles & de
lits, où ils n'ont de compagnie que leurs troupeaux.
Il nous faut beaucoup de ces hommes qui n'ont aucune des commodités de la vie, nous en trouvons cependant ; & à plus forte raifon en aurions-nous pour
le fervice des Manufactures auxquelles on travaille à
couvert, fans une grande fatigue, fans fe priver de
la fociété des autres hommes, où l'on gagne affez pour
avoir de bons alimens, des vêtemens honnêtes &
des commodités ? Difons plus, nous n'avons tant de
paftres que parce que nous avons beaucoup de troupeaux ; dès lors nous devons croire que fi nous éta-
tabliffions un grand nombre de métiers, & que les
droits fuffent fupprimés ou moderés, nous aurions en
abondance des ouvriers de tous les genres dès qu'il y
auroit un falaire fuffifant à gagner ; on ne verroit point
les hommes s'abandonner à la mifere & périr dans fon
fein : au contraire ils fe marieroient, dès qu'ils fe verroient en état de nourrir, d'élever & d'inftruire des
enfans : c'eft le principal moyen de peupler & de faire
profpérer un Etat.

Je ne parlerai point ici des autres emplois pénibles
pour lefquels il fe préfente fans ceffe des bras en abondance. Je remarquerai feulement qu'il s'en trouve en
quantité qui s'offrent de bon gré à fervir fur les galeres avec les mêmes fatigues, & la même rigueur
que ceux que la Loi y condamne.

On pourra juger du grand nombre de perfonnes qui
font employées en Efpagne à la garde des troupeaux, par ce que j'ai lu dans un mémoire que me
communiqua il y a quelques années un Miniftre diftingué & digne de foi. Après s'être étendu fur les
différens motifs qui devoient porter à conferver, &
même à augmenter le nombre des troupeaux de mou-

tons, il avançoit qu'il en fortoit au commencement de chaque hiver, de la montagne pour paſſer dans l'Eſ-tramadoure, quatre millions de têtes; que cent per-fonnes plus ou moins fuivant la diſtance des pâtura-ges étoient employées à la garde de vingt mille mou-tons; ce qui feroit en tout vingt mille paſtres. [a]

Pluſieurs perſonnes au fait aſſurent, que le nombre des troupeaux de moutons qui reſte, eſt plus confidé-rable encore que celui qui defcend dans l'Eſtramadou-re; ainſi ce feroit quarante mille hommes emploiés à la garde des moutons; & même beaucoup plus au-jourd'hui, puiſque ces troupeaux ont augmenté à la fa-veur de la paix, & de l'heureufe température d'air qui a regné dans ces dernieres années; la cherté des her-bages dans l'Eſtramadoure en eſt une preuve.

Si le nombre de quarante mille paſtres pour les moutons feulement, quoique évalué fur un calcul mo-deré, paroît trop fort, on pourra remplir le vuide en y ajoutant le nombre de ceux qui gardent le reſte du bétail, les jumens, les mules, dans les montagnes & dans les pâturages; & je penfe que le tout fera plus de cinquante mille perſonnes.

---

a L'on a coutume en Eſpagne de faire hiverner les moutons dans les plaines; au printems on les reconduit à la montagne. Ce font ces moutons qui donnent la belle qualité de laine; on les appelle *Ovejas merinas.* La fe-conde qualité eſt celle des brebis qui reſtent toute l'année dans les mêmes endroits, que l'on appelle *Ovejas ribe-* riegas. La derniere eſt celle des mou-tons gras appellés *Ovejas churras.* En Provence on defcend les moutons dans la plaine de *Crau* pendant l'hiver. Il paroît que l'égalité de température eſt très-favorable à la qualité des laines, outre que l'animal aime beaucoup à changer d'air.

CHAPITRE XII.

Où l'on tâche de prouver que la dépopulation de quelques Provinces d'Espagne & la pauvreté de cette Monarchie en géneral, ne viennent pas tant de la découverte & de la possession des Indes, que de quelques autres causes intestines.

JE crois qu'il est convenable de démontrer ici que la dépopulation & la pauvreté de quelques Provinces d'Espagne ont d'autres causes que le passage des habitans dans leurs Colonies : la Biscaye, la Navarre, les Asturies, les montagnes de Burgos, la Galice sont les Provinces d'où il part le plus d'Espagnols pour ces contrées. C'est aussi un fait notoire, qu'il sortoit pour les récrues de Flandres plus de monde de Galice que des autres Provinces, cependant c'est la plus peuplée du Royaume [a]. Une des choses qui contribue à les soutenir, c'est que ceux qui font fortune dans les Colonies facilitent les mariages de beaucoup de parens & de parentes qui peut-être faute de dots ou de facultés n'y auroient pas songé ; ils les mettent en état par leur secours de faire valoir des terres qui restoient

---

[a] Ce ne seroit pas un raisonnement bien conséquent, si on le prenoit dans toute son étendue. Il n'est pas douteux que les hommes abondent par-tout où ils trouvent plus de travail & d'aisance : s'il sort beaucoup d'hommes de Galice, comme cette Province a des Manufactures, des ports, ses besoins y appellent bientôt d'autres hommes, que la misere chasse de l'intérieur des Provinces. Ainsi c'est toujours un peu aux dépens de la population d'un Etat que se peuplent ses colonies ; à moins que l'on n'y transporte des familles étrangeres, & que l'on ne restreigne la liberté d'y passer, pour un grand nombre d'hommes, qui s'embarquent sans autre objet que celui d'une fortune imaginaire, & très-réellement par la crainte du travail. Ils y périssent tous faute de secours, sur-tout dans les colonies voisines de la ligne : ce sont celles où il passe le plus de monde inutile.

incultes faute d'argent pour en faire la dépenfe ; c'eft ce que j'ai moi-même obfervé en divers endroits.

Il faut encore remarquer que la plupart de ceux qui dans les tems pafferent aux Indes étoient de jeunes gens & d'autres fans facultés, fans reffources pour vivre décemment, hors d'état enfin d'entretenir une famille ; quand même ces gens-là feroient reftés en Efpagne, il y a apparence qu'ils ne s'y feroient pas mariés, & s'ils l'euffent fait, ils s'expofoient à périr de mifere, eux, leurs femmes, & leurs enfans. Ces familles fe feroient éteintes fans laiffer que très peu ou point de poftérité. Ce n'eft pas fur eux que nous devons rejetter la dépopulation préfente ; au contraire ils ont étendu & affermi par eux & par leurs defcendans la domina-tion de la foi dans l'Amérique ; ils y ont établi le fang Efpagnol & fa fidélité ; en même tems que beau-coup d'entr'eux en donnant un état à leurs parens d'Efpagne, ont augmenté la population de leur pa-trie ; cela prouve que l'Amérique n'a pas dépeuplé ce Royaume, & l'expérience confirme que les Provinces les plus peuplées font celles dont il eft forti le plus de monde.

Ce n'eft pas qu'il ne foit très à propos dans le fond de retenir cette quantité exceffive de perfonnes qui paf-fe pour faire fortune à l'Amérique ; les unes avec per-miffion, les autres en fe cachant jufqu'à ce qu'on ait perdu le port de vûe, & dont la majeure partie périt dans ces contrées.

Il paffe fort peu de monde aux Indes occidentales des cantons de Tolede, de Lamanche, de Guadala-xara, de Cuenca, de Segovie, de Valladolid, de Sa-lamanque & autres, des deux Caftilles, cependant ce font les moins peuplés de toute l'Efpagne. C'eft donc une autre caufe qui les dépeuplé ; & la principale que je trouve, c'eft la pauvreté qui réfulte de la deftruc-tion du Commerce & des Manufactures qui fleuriffoient

foient autrefois dans ces Provinces, & dans celles de
l'Andaloufie beaucoup plus qu'en toutes les autres de
la Couronne de Caftille. Une feconde caufe de dépopulation, c'eft que malgré la chute de leur Commerce, ces pays ont continué d'être furchargés des mêmes impôts avec une infinité d'extorfions & d'abus
dans le recouvrement. Tout cela a été fuivi de l'anéantiffement des uns & de l'extrême mifere des autres,
qui elle même détruit chaque jour la population. C'eft
un fait & c'eft même le propre de l'humanité, que la
mifere extrême décourage les efprits, qu'elle bannit
toute inclination au mariage ; & lorfque ceux qui
ont embraffé cet état, ne peuvent élever une famille,
elle périt prefque dès la mammelle. Quelle nourriture en
effet peut donner à fes enfans le fein d'une mere qui
ne vit que de pain & d'eau, qui lutte fans ceffe contre l'accablement du travail & du defefpoir? De ceux
qui échapent dans un âge fi tendre, très-peu atteignent
celui où ils peuvent fe foutenir par leur travail ; ils
périffent dans cet intervalle, faute d'aliment. Combien
encore n'avancent-ils pas le terme de leurs jours par l'excès
de leurs fatigues, par le défaut de bonnes nourritures,
réduits comme ils font à de mauvais pain & à l'eau,
fans lits, fans vétemens, fans abri contre l'inclémence
des faifons, fans fecours dans leurs infirmités? Et
pourquoi chercher fi loin la caufe de la dépopulation,
lorfqu'elle eft fi naturelle & fous nos yeux?

Puifque la mifere des fujets eft fi grande & fi notoire & que leur diminution en eft une fuite, qui peut
nier que l'anéantiffement des revenus du Roi n'en
foit auffi une conféquence néceffaire? On fçait qu'ils
confiftent principalement dans les droits fur les marchandifes comeftibles: or fi le nombre de ceux qui font la
confommation diminue; fi la mifere interdit à la plupart l'ufage des denrées qui payent, en les réduifant au
feul ufage du pain & de l'eau, & à aller prefque nuds,

F

il s'enfuit que les revenus royaux doivent diminuer ainfi que les octrois des villes, les cens & le labourage, enfin toutes les rentes tant publiques que particulieres. Le mal s'étend même fur les biens du Clergé & fur les charités qu'il réduit à rien. Si au contraire le peuple eft à fon aife; cent écus, par exemple, que poffede un Laboureur ou tout autre homme qui vit de fon travail, peuvent paffer & circuler par tant de mains, par la répétition des achats & des ventes, qu'ils produiront foixante ou foixante-dix écus au tréfor royal & aux octrois dans une année : car rarement ces cent écus pafferont d'une main dans une autre, fans payer huit à dix pour cent de droits; & comme il eft naturel que cet argent circule dix ou douze fois dans une année, il rapportera au Roi une *valeur égale à fon capital*: bénéfice qu'on n'aura point, s'il ne refte pas au Laboureur ou à l'artifan, outre les frais de fon travail, un gain honnête pour l'entretien de lui & de fa famille. Si nous confidérons à préfent ce bénéfice répandu & multiplié dans chaque ville, dans chaque Province par le Commerce & la modération des impôts, il donneroit aux peuples le foulagement dont ils ont befoin; il rendroit commun l'argent dont ils manquent pour leur trafic, & qui, après plufieurs circulations, revient toujours à fon premier maître par une fucceffion continuelle de Commerce.

Une autre preuve, que c'eft avec peu de fondement qu'on rejette la dépopulation d'Efpagne fur la découverte & la poffeffion de l'Amérique; c'eft que la France, l'Angleterre & la Hollande ont des colonies & des poffeffions dans les Indes orientales & occidentales fans s'être dépeuplées. La Hollande fur-tout a un grand domaine en Orient; elle occupe à cette navigation auffi longue que difficile plus de cent cinquante navires de trente à foixante canons, au moins vingt-cinq mille hommes pour leur fervice tant Soldats, qu'Officiers & Matelots;

en outre douze mille hommes de troupes réglées de
leur Nation pour la garde des places; sans compter un
nombre infini de personnes employées dans ses comptoirs
à diverses fonctions, & ceux qui composent les différentes colonies; avec tout cela la Hollande sans se dé-
peupler en Europe tire avantage non seulement de ses
possessions dans l'une & l'autre Inde, mais encore
des nôtres; ses peuples sont riches & puissans en argent, en marchandises, en forteresses, en palais, en
jardins, en meubles & en bijoux précieux. Ce ne
sont donc pas les Indes qui nous énervent & nous
dépeuplent; ce sont les marchandises avec lesquelles
les Etrangers s'emparent de notre argent; c'est la destruction de nos Manufactures, & la pesanteur des
charges publiques. D'où je conclus que si nous réta-
blissions notre Commerce utile; que si nous diminuions
les impôts, & s'ils étoient répartis entre un plus grand
nombre de contribuables, l'opulence & les forces dans
la Monarchie renaîtroient en peu de tems.

CHAPITRE XIII.

Autres motifs chrétiens & politiques, qui doivent

exciter à soulager le peuple, à l'accroître

& à l'augmenter.

QUOIQUE les considérations rapportées ci-dessus
nous dictent avec quelle vigilance on doit se
porter au soulagement des peuples, tant en favorisant
leur Commerce qu'en modérant les impôts; & combien cette vigilance est essentielle au service du Prince & à la gloire de l'Etat; je trouve cet objet si important, que je ne puis me résoudre à le quitter sans

l'avoir mis dans tout son jour. Ce ne sera même pas d'après mon propre raisonnement, & je vais placer ici celui d'un Ecrivain François auquel je ne veux point dérober le mérite de ses sages réflexions. Mon but au contraire est de fortifier mon opinion par le crédit & la sûreté de la sienne. Je parle de M. de Vauban, Ingénieur Général & Maréchal de France, aussi recommandable par son habileté dans les armes, que par son zéle pour le service du Roi Louis XIV son maître, & de son Etat. Cet excellent Citoyen avoit parcouru la France pendant quarante ans, & après avoir examiné la situation intérieure des peuples, leur nombre, leur commerce, leurs manufactures, leurs troupeaux, leurs pâturages, leurs denrées, enfin toutes leurs manieres de vivre, il composa un livre intitulé *la Dixme Royale*. Cet ouvrage est un monument éternel de sa grande capacité, & sur-tout de son amour pour le bien de sa patrie; chaque page, chaque phrase, la moindre idée, tout tend au soulagement des sujets, à l'aggrandissement & à la conservation de l'Etat, & par conséquent au service & à la gloire du Roi, dont l'intérêt est inséparable de celui de ses peuples.

Tel est le dessein de ce grand homme, lorsqu'il avertit de l'attention qu'on doit avoir à ne jamais opprimer, ni mépriser le bas peuple.

» C'est, dit-il, cette partie basse du peuple qui par
» son travail & son commerce, & par ce qu'elle paye
» au Roi l'enrichit & tout son Royaume. C'est elle qui
» fournit tous les soldats & matelots de ses armées de
» terre & de mer, & grand nombre d'Officiers; tous
» les marchands & les petits Officiers de Judicature:
» C'est elle qui exerce & qui remplit tous les arts &
» métiers : c'est elle qui fait tout le commerce & les
» manufactures de ce Royaume; qui fournit tous les
» Laboureurs, Vignerons, & Manœuvriers de la campa-
» gne; qui garde & nourrit les bestiaux, qui seme les

» bleds, & les recueille, qui façonne les vignes & fait
» le vin ; en un mot, c'eſt elle qui fait les gros & me-
» nus ouvrages de la campagne & des villes.

» Voilà, continue-t-il, en quoi conſiſte cette partie ſi
» utile & ſi mépriſée, & qu'il eſt ſi abſolument néceſ-
» ſaire de ſoutenir, de ſoulager : car quand les peu-
» ples ne ſeront pas ſi oppreſſés, ils ſe marieront plus
» hardiment ; ils ſe vêtiront & ſe nourriront mieux ;
» leurs enfans ſeront plus robuſtes & mieux élevés,
» ils prendront un plus grand ſoin de leurs affaires ;
» enfin ils travailleront avec plus de force & de coura-
» ge, quand ils verront que la principale partie du
» profit qu'ils feront leur demeurera.

» Il eſt conſtant que la grandeur des Rois ſe meſure
» par le nombre de leurs ſujets, c'eſt en quoi conſiſte
» leur bien, leur bonheur, leurs richeſſes, leurs for-
» ces, leur fortune, & toute la conſidération qu'ils
» ont dans le monde. On ne ſauroit donc rien faire
» de mieux pour leur ſervice & pour leur gloire que
» de leur remettre ſouvent cette maxime devant les yeux:
» car puiſque c'eſt en cela que conſiſte tout leur bon-
» heur, ils ne ſauroient trop ſe donner de ſoin pour
» la conſervation & l'augmentation de ce peuple qui
» leur doit être ſi cher.

C'eſt ainſi que ce digne Auteur termine ſon diſcours
pour paſſer à d'autres points qui tendent au même
but. Mais afin que l'on ne croie pas que ſon zéle & ſon
amour pour ſon Prince & pour ſa patrie l'ont emporté trop
loin ſur l'importance dont il eſt de ſecourir le peuple, de
le protéger, de l'aider ; je vais rapporter ce que dit ici
parmi nous ſur la même matiere le célébre Don Diego-
de-Saavedra dans ſes reflexions politiques & chrétiennes. [a]
Voici comme il s'explique :

a Les titres des chapitres de ce Li- en françois dans le ſiecle dernier par
vre, ſont des emblêmes qui ſervent M. * * * Avocat au Parlement de
de texte au diſcours. Il a été traduit Paris.

» La force des Etats confiste dans le nombre des
» fujets ; le Prince qui en a le plus fous fes loix eft
» le plus grand ; ce n'eft pas l'étendue de fes Royau-
» mes qui le fera tel , puifqu'il n'attaque & ne fe dé-
» fend que par fes fujets dont le nombre eft fa gloire
» & fa fûreté : auffi l'Empereur Adrien difoit-il qu'il
» importoit plus à l'Empire d'être peuplé que d'être
» riche. En effet , les richeffes attirent la guerre dans
» un pays s'il manque de bras pour le défendre ; au
» lieu que la multitude du peuple lui donne des for-
» ces & de l'opulence : c'eft en elle (dit l'Efprit faint
» par la bouche de Salomon) que confifte la dignité
» du Prince ; la dépopulation eft fa honte. C'eft à ce
» fujet que le Roi Alfonfe furnommé le fage , dit que
» le gros d'un Etat doit être compofé d'une bonne
» efpece d'hommes , plutôt de naturels , s'il fe peut , que
» d'étrangers ; mais fur-tout de Gentilshommes , de La-
» boureurs & d'Artifans. A dire vrai , des gens de
» mœurs & de religion différentes feront moins des
» voifins que des ennemis ; les étrangers apportent leurs
» vices & leurs croyances , & trament facilement con-
» tre le repos des naturels du Pays. Cependant lorfque
» l'on attire feulement les étrangers pour la culture des
» terres & pour les arts , il n'y a pas grand inconve-
» nient , au contraire. Selim , Empereur des Turcs ,
» envoya du Caire à Conftantinople un grand nombre
» de gens de métier. Lorfque les Polonois élurent pour
» leur Roi Henri Duc d'Anjou , une de leurs condi-
» tions fut qu'il ameneroit avec lui des familles d'arti-
» fans. Nabuchodonofor , lorfqu'il détruifit Jérufalem ,
» emmena en captivité mille ouvriers.

Le même Auteur , ce grand Confeiller des Rois ,
ajoute dans fon foixante-feptieme emblême , *intitulé*
Elague fans abattre.

» Le berger dont les devoirs & les foins font l'image
» du devoir & de l'emploi des Rois , fe fert du lait

» & de la laine de son troupeau : mais il a l'attention
» de ne pas effleurer la peau de ses brebis , & de ne
» pas les tondre de si près qu'elles ne puissent se défen-
» dre de la chaleur , ou du froid. De même , dit Al-
» phonse le sage , un Prince doit plus consulter l'in-
» térêt de ses peuples que le sien même , parce que
» leur bien & leurs richesses sont son plus beau domai-
» ne. Le Laboureur, s'il a besoin de bois, ne coupe point
» l'arbre par le pied ; il en élague seulement quelques
» branches afin que le tronc revêtu bientôt de nouvel-
» les feuilles puisse l'année suivante satisfaire les mêmes
» besoins. C'est une attention que n'a point le Traitant ;
» il n'est point retenu par l'amour de la propriété , il
» s'occupe seulement des recoltes dont il doit jouir,
» dût le fond rester inutile à son maître. Mais le Mo-
» narque doit veiller à la conservation de son hérita-
» ge ; son Royaume est le plus sûr dépôt de ses ri-
» chesses ; il les y retrouvera dans ses besoins. C'est ce
» que disent les Loix d'Alphonse le sage, d'après une
» leçon qu'Aristote avoit donnée à Alexandre le Grand :
» que le meilleur trésor d'un Roi & celui qui se garde
» mieux , est son peuple , s'il a soin de lui. C'est ce que
» confirme encore cette maxime de l'Empereur Justi-
» nien , qu'un Prince avoit de grands trésors lorsque
» ses sujets étoient riches & les terres de l'Etat bien
» cultivées.

» Il ne convient pas d'imposer des droits sur les
» choses de premiere nécessité, mais sur celles qui ne
» sont que de luxe , de parure , ou de curiosité :
» alors le droit est une juste peine de l'excès qu'on
» fait de ces choses-là, il ne retombe que sur le ri-
» che & l'opulent, le Laboureur & l'Artisan sont sou-
» lagés, & c'est cette partie du peuple qui doit être chere
» à la République : c'est en partie réformer le luxe que
» de le rendre cher.

» Le plus grand mal qu'occasionnent les impôts,

» vient des Receveurs & des Exacteurs qui font fou-
» vent plus à charge que le tribut même ; la violence
» du recouvrement eft tout ce que le peuple fouffre de
» plus impatiemment. » Telles font les maximes les plus
convenables à mon fujet que j'ai ramaffées dans ce
grand politique.

CHAPITRE XIV.

*Réflexions fur l'introduction des Etrangers catholi-
ques en Efpagne, fur les travaux & les motifs
qui doivent faire défirer & favorifer leur établiffement.*

APRÈS avoir traité dans les chapitres précédens
de la néceffité de conferver & d'augmenter le
nombre du peuple, il eft à propos d'entrer dans le
détail d'un des principaux moyens qui peuvent conduire à
l'exécution de cet objet important.

Quelques Auteurs anciens & modernes difent que
toutes les manieres de gagner parmi les étrangers ne
confiftent pas dans la vente de leurs marchandifes,
puifqu'il y en a beaucoup qui s'enrichiffent en Efpagne, fans acheter, ni vendre, comme les Traitans,
& les Banquiers ; qu'il y en a des milliers qui exer-
cent d'autres métiers dans ces Royaumes ; que pour
cette raifon leur établiffement eft nuifible.

Je réponds à cette difficulté que parmi les Traitans
& les Pourvoyeurs, il y a fort peu d'Etrangers aujourd'hui ; les Efpagnols ont ouvert les yeux, & fe
font tellement appliqués à ces objets, qu'ils fe font rendus maîtres de prefque toutes les affaires de ce genre :
ils y font devenus fi habiles, que les nations les plus
fubtiles

fubtiles ont peu d'avantage fûr eux , & à cet égard nous n'avons befoin de perfonne. Il y a beaucoup d'E-trangers qui font la banque à la vérité, mais ceux-là je les regarde comme des Nationaux ; leurs capitaux & leurs profits circulent en Efpagne , beaucoup d'entre eux y font établis avec leurs enfans , & quelques-uns avec leurs petits enfans.

Quant à cette multitude d'Etrangers qui exerce en Efpagne différens arts & métiers , je dirai que leur pro-fit eft le plus fouvent le falaire de leur journée ; profit très-modéré & néceffaire, on peut le dire, pour les fou-tenir fans incommodité eux & leurs familles , la plu-part étant mariés. J'en connois même plufieurs dans la détreffe , & qui font très-laborieux. Ainfi l'on peut affu-rer que ce qu'ils gagnent refte prefque tout entier en Ef-pagne ; fi quelques-uns envoyent des fecours à leurs parens , c'eft un petit objet qui n'eft pas comparable au bénéfice que nous retirons de leur travail. Ils font caufe que nous tirons moins de marchandifes étrangeres dont la valeur entiere fortiroit du royaume. J'avoue , tant pour ces raifons, que pour gagner du tems dans la po-pulation de l'Efpagne , que je croirois très-avantageux fuivant le plan indiqué avec tant de prudence dans les Réflexions 66 & 67 de Saavedra, d'attirer en Efpagne jufqu'à deux cens mille Ouvriers étrangers & catholi-ques , outre ceux qui y font aujourd'hui au nombre de quelques mille. Je ne m'arrête point aux objections que font quelques autres Auteurs moins habiles que Saavedra , qui ont auffi écrit fur cette matiere, mais ce me femble avec plus de zéle que d'intelligence.

Ils fuppofent que l'introduction des Etrangers peut altérer la pureté de la foi ; que les enfans fuivant les inclinations de leurs peres , n'aimeront point le pays où ils feront nés, & que l'Etat ne trouvera chez eux ni l'amour, ni la fureté qu'il trouve dans fes propres fujets.

G

Cette idée ne me paroît point fondée ; parmi les Etrangers, il y en a dont la foi & les mœurs sont aussi pures que les nôtres : ceux qui sont établis en Espagne en sont la preuve ; ils menent une vie fort réglée dans leurs familles, assidus à leur ouvrage, & exacts à remplir leurs devoirs de Chrétiens. Nous ne voyons pas qu'ils attirent l'animadversion des ministres de l'Inquisition dont la vigilance s'étend sur eux comme sur les naturels. Le point capital de la Religion & celui des mœurs étant saufs, on ne doit pas craindre que les enfans ayent les inclinations de leurs peres, sur-tout à l'égard des pays dont ils sont originaires. On a remarqué pendant un grand nombre d'années que les enfans des Espagnols nés & élevés en Flandres ou en Italie, conservoient plus d'attachement pour ces pays que pour l'Espagne, & malgré la peine qu'en ressentoient leurs parens, ils suivoient plus naturellement le génie & les coutumes de ces Nations que de la nôtre. Je connois en mon particulier à Madrid des enfans nés de pere & mere étrangers, élevés sous leurs yeux, qui de cœur & de maniéres sont plus Espagnols que les naturels mêmes : j'ajouterai encore jusques dans l'idiome ; car le nôtre leur plaît plus que celui de leurs parens, quoiqu'ils n'en entendent point parler d'autre dans leurs maisons. Cela ne m'étonne point lorsque je considere l'attrait de la patrie ; l'influence de la premiere communication qu'on a avec les autres hommes, avec sa nourrice, avec les domestiques, les autres enfans de même âge dans les écoles. Cette inclination est encore plus forte, lorsque les meres de ces enfans sont Espagnoles ; & presque tous les Etrangers prennent leurs femmes de notre nation. Il paroît que ces expériences, & celles qu'on a faites dans les Indes, doivent prévaloir contre la Théorie de ceux qui se sont répandus en grands raisonnemens pour s'opposer à l'introduction des Etrangers qui pourroient repeupler ce royaume. Leur contradiction ne doit point avoir lieu au fujet de ceux qui viennent exercer les arts parmi nous & encore moins à l'égard de leurs enfans qui font natifs Efpagnols , & dès lors bons & fideles fujets du Roi. Ainfi l'établiffement des Etrangers ne peut avoir d'inconvéniens qu'à l'égard des finances & des fermes des revenus publics ; les Loix du royaume leur interdifent cette profeffion , parce qu'après avoir fait pour leurs befoins une confommation honnête , il peut encore leur refter des fommes confidérables qu'ils feroient fortir du roiaume. Je fens que ceux qui viennent en Efpagne faire la banque ou le Commerce en gros peuvent encore amaffer de grandes richeffes & les faire paffer dans leur patrie : cependant on ne peut les troubler dans leur établiffement & dans leur négoce fans contrevenir aux Traités ; le moyen le plus doux & le plus naturel , feroit donc que les Ouvriers qui fa- briquent dans les autres pays toutes les chofes que leurs Marchands nous importent , les fabriquaffent ici ; fur- tout les étoffes & la mercerie. Les profits de ces Ou · vriers feroient modérés pour chacun d'eux , & bornés au falaire de leur journée à peu près ; ces profits refteroient dans le royaume , parce qu'ils feroient néceffaires à l'en- tretien de ces Manufacturiers. Ainfi cette objection contre les Etrangers qui enlevent nos richeffes , eft une raifon de plus, pour fe procurer par de bons traitemens, fi cela fe peut , environ deux cens mille Ouvriers Ca- tholiques pour perfectionner les arts & les Manufactu- res parmi nous. Quand même quelques Etrangers con- tinueroient à y faire de groffes fortunes parmi nous , & à les faire fortir du royaume , cette perte feroit réparée par la pratique de cette importante maxime, de vendre plus aux Etrangers que nous n'achetons d'eux.

CHAPITRE XV.

*De la facilité qu'il y auroit en Espagne d'y retenir
tous les tréfors de l'Amérique, & d'y attirer
même ceux des autres royaumes, moyennant les
précautions qu'on verra dans ce chapitre & dans
les fuivans.*

LA facilité que je fuppofe à conferver nos richeffes & à attirer celles des Etrangers par le moyen
d'un bon nombre d'excellentes Manufactures, ne doit
point paroître étrange. Je ne fuppofe que ce qui arrive dans tous les Etats qui avec moins de reffources que le nôtre, protégent & favorifent le Commerce. Si vous vendez plus aux Etrangers que vous
n'achetez d'eux, les précautions les plus actives, &
l'économie la plus rafinée n'empêcheront jamais que
le folde ne vous foit payé en argent. Quelques exemples
le prouveront.

Il y a un grand Commerce entre Gefnes & la Sicile ;
ce Royaume eft fertile en grains & en foies ; & Gefnes
qui manque de ces deux articles en tire tous les ans
pour beaucoup d'argent. Mais comme ce qu'elle envoye de fes denrées en Sicile ne fuffit point pour
l'échange, il eft néceffaire que la balance fe paye en
argent. Les Génois fe dépouillent, quoiqu'avec répugnance, de ce qu'ils cherchent le plus à amaffer & à
conferver : tous leurs Navires portent en Sicile pour
des fommes confidérables de génouines, monnoie d'un
argent très-pur & fort recherchée en Italie. Il faut
qu'une Nation auffi économe & auffi intelligente foit
bien perfuadée de l'activité & de la force de la circulation du Commerce, pour fe réfoudre à cette expor-

tation. Cette feule réflexion confirme le principe que j'ai avancé ; & il eft tout à notre avantage : nous poffédons les foies, les laines, & d'autres matieres premieres en abondance & d'une excellente qualité, l'application de la Nation, fon aptitude ont été prouvées pendant des fiécles ; c'eft affez pour conclure que nous pourrions vendre aux Etrangers plus que nous n'acheterions d'eux, & recevoir le folde de notre Commerce avec eux en argent.

Les Hollandois font un grand Commerce en Mofcovie, en Norvege, & dans les ports de la Mer Baltique ; ils y portent beaucoup d'efpeces d'or & d'argent, parce que leurs achâts montent beaucoup plus haut que leurs ventes.

Les Anglois, les Hollandois, & d'autres peuples employent beaucoup d'argent dans leur Commerce du Levant, parce qu'il y achetent plus qu'ils n'y vendent. Leurs navires y portent des piaftres & des réaux d'Efpagne dont partie qu'ils achetent à Gefnes, Livourne, Marfeille où l'on les tranfporte ; & partie de la grande quantité qu'ils en tirent à droiture par leur Commerce avec nos colonies.

La Compagnie des Indes orientales d'Oftende achete en Hollande nos piaftres & nos doublons de bon poids, dont elle a befoin pour fon Commerce de la Chine, & de Bengale ; elle achete les écus de France à trois couronnes, & s'attache fur-tout à l'argent, moins commun à la Chine que l'or contre lequel on l'échange. Les Anglois entr'autres font beaucoup ce Commerce, où ils gagnent trente pour cent tous frais faits. Un livre intitulé le Commerce d'Amfterdam compofé par M. de Lepine & imprimé dans cette ville en 1710, fait une longue énumération de tout ce que la Hollande nous apporte de marchandifes, mais l'or & l'argent n'y font point compris. Au contraire dans le détail des retours il marque expreffément les perles, l'or en poudre, les lingots d'or & d'argent , les piaſtres, les réaux , c'eſt une preuve de plus de mon principe dont notre malheureuſe expérience ne nous permet pas de douter.

Beaucoup de perſonnes diront qu'il ne nous eſt pas poſſible de fournir nous-mêmes à la conſommation de nos colonies , & qu'il faudra toujours qué les Etrangers participent à nos tréſors en payement de l'excédent de leurs ventes ſur leurs achats en Eſpagne.

Quand même cela feroit ainſi & ſans pouvoir l'empêcher , au moins devrions nous tâcher de partager avec les autres Nations le bénéfice de notre Commerce. Si de douze millions de piaſtres qui peuvent nous venir tous les ans des Indes , il nous en reſtoit ſix ſeulement ; notre Monarchie reprendroit bientôt ſon éclat & ſa force. Mais nous ſommes bien éloignés de ce partage : de ces douze millions, huit au moins ſe verſent à l'arrivée ſur des navires étrangers ; nous n'avons qu'en entrepôt les quatre autres reſtans ; il en reſte à peine cent mille piaſtres en Eſpagne lorſque nous avons payé aux Etrangers notre conſommation. J'entens donc que nous pouvons nous ſouſtraire à ce tribut ruineux que nous payons à nos ennemis & à d'autres , toutes les fois que nous voudrons employer nos matieres pour pourvoir à notre propre conſommation , ſuivant ce que j'ai propoſé au chapitre dix. Il nous reſteroit des huiles , des vins , des ſavons , des raiſins ſecs , du ſel pour échanger contre les toiles , les morues , les épiceries , & quelque peu d'autres denrées dont nous ne pourrions nous paſſer : peut-être même nous reviendroit-il de l'argent ; car ſans nuire à la facilité des vivres , il feroit aiſé d'arrêter juſqu'à un certain point la conſommation des morues ſéches & autres poiſſons ſalés comme nous le dirons dans la ſuite.

Quant aux épiceries dont les Hollandois nous vendent une grande quantité pour l'Eſpagne & l'Amérique où elles parviennent après avoir fait plus de treize

mille lieues en divers trajets ; nous pourrions en diminuer la confommation parmi nous , ou faire nous-mêmes le Commerce de la plus grande partie ; comme je
le dirai dans la fuite.

CHAPITRE XVI.

Que l'abaiffement où fe trouvent aujourd'hui nos
Manufactures , n'eft point une raifon qui doive
nous décourager de leur amélioration.

IL eft des hommes qui avec de bonnes intentions &
une grande capacité dans certaines affaires , ne dé-
couvrent jamais dans d'autres le reméde néceffaire aux
maux les plus connus ; foit par incertitude, foit que
la nature ait partagé fes dons inégalement. Peu de
perfonnes en effet, raffemblent à la fois plufieurs connoiffances , & toutes les parties néceffaires au gouvernement. Il femble même que celles qui font les
plus favorifées de la nature, & qui ont le plus avancé
dans cette grande fcience , doivent fe contenter de
connoître bien à fond une ou deux parties ; fur les
autres elles doivent avoir des connoiffances affez étendues, pour favoir douter en quelque façon , & s'informer de ce qui convient à chacune d'elles ; même pour
s'appliquer à les approfondir, lorfque le devoir ou le
zéle pour le bien de l'Etat l'exigent. C'eft à quoi tout
bon fujet doit travailler après avoir rempli les fonctions
de fon état qui font fa premiere obligation.

Beaucoup de gens encore lorfqu'ils ne trouvent pas eux-
mêmes le moyen de réformer certains abus , oublient que
ce que l'un ignore , un autre quoique moins habile
en général, peut le favoir. D'ailleurs la vie eft fi courte
pour apprendre, que l'on croit les difficultés invinci-

bles, dès que l'on n'a pu les applanir, ou qu'on n'en a pas bien pris la peine ; alors on décourage & l'on refroidit par des raifonnemens vagues ceux qui s'appliquent à déraciner un mal invétéré. Ainfi on ne doit point être furpris que ces réflexions trouvent tant de contradicteurs, que l'on fuppofe des inconvéniens où il n'y en a point, que le difficile foit confondu avec l'impoffible ; c'eft ce qui m'oblige quelquefois de m'étendre, pour réfoudre, le plus qu'il m'eft poffible, toutes les objections.

Quoique j'aye déja cité des exemples qui doivent nous encourager au rétabliffement de nos Manufactures : quoique le genre de nos productions, & les difpofitions de notre Nation nous y invitent ; je vais encore préfenter de nouveaux motifs à ceux qui défefperent que nous puiffions retirer les arts de l'abaiffement où ils font parmi nous.

D'autres Nations avec de moindres avantages, & des commencemens encore plus foibles, ont rempli l'objet que je propofe. L'Angleterre en eft la preuve : ces excellentes Manufactures de laine dont elle abonde, n'y ont été introduites que fous la Reine Elifabeth fille du Roi Henri VIII, auquel elle fuccéda en 1558. Auparavant elle vendoit fes laines aux Flamands qui les employoient dans leurs Fabriques avec un fi grand bénéfice, que l'Auteur des intérêts de l'Angleterre mal entendus dans la guerre de 1704, affure que l'induftrie faifoit valoir jufqu'à cinq millions de piaftres, la valeur d'un million en laines. On fait que cette Reine auffi habile qu'attentive au bonheur de fon peuple fuivoit dans cette partie les avis d'un illuftre Négociant nommé Gresham, & qu'elle accorda une telle protection aux Manufactures, qu'un grand nombre d'ouvriers Flamands paffa dans fes Etats. Les foins de cette Princeffe & l'habileté de Gresham augmenterent & perfectionnerent confidérablement ces Manufactures ;

fa

fa patrie reconnoiffante lui érigea une ftatue dans la
bourfe de Londres, à laquelle fon nom fut donné comme celui d’un bienfaiteur de fon pays. Depuis ce tems
l’Angleterre a confervé l’avantage d’employer fes propres
laines & même celles des autres pays, entr’autres de l’Efpagne d’où elle en enléve tous les ans de fi grandes quantités, que l’Auteur que j’ai cité affure, qu’avec ces laines
on fabrique tous les ans trente mille pieces de draps;
ce qui, à raifon de cent piaftres par piece, fait un objet
de trois millions de piaftres.

Nous avons déja dit & nous expliquerons encore
dans la fuite combien le Commerce étoit négligé &
anéanti en France; fes Manufactures & fa navigation
n’ont jamais gueres fleuri avant le glorieux Regne de
Louis XIV, qui en 1660 les éleva à ce haut point de
grandeur que nous avons vû.

Les forces maritimes de la France n’étoient pas en
meilleur état dans les fiécles précédens; cependant ce
grand Roi les rétablit & les maintint long-tems fupé-
rieures à celles des Anglois & des Hollandois, qu’on
avoit jufques-là regardés comme les maîtres de la
mer.

Nous avons déja en Efpagne quelques commencemens affez heureux de Manufactures en foie, en
laine & d’autres efpeces : l’avantage de la qualité de
nos matieres eft connue; la capacité & les hommes ne
nous manquent point. Le Roi a montré dans plufieurs
occafions combien il eft réfolu de protéger ces établiffemens : nous n’avons donc plus befoin que d’une vigilance infatigable de la part des Miniftres, telle que
Louis XIV la trouva dans l’illuftre Jean-Baptifte Colbert. C’eft là le premier fondement de ce grand Ouvrage, c’eft de lui que dépend fa confervation, objet
encore plus difficile; on peut comparer les premieres
opérations en ce genre au grain que l’on feme dans la
terre; c’eft au Miniftre à la remuer, à la préparer;

H

le Prince du haut du trône répand la suprême influence de fa protection bienfaifante , comme le foleil par fes rayons échauffe , pénétre le fein des terres , & féconde la femence qu'elles renferment.

CHAPITRE XVII.

Que les défenfes , & les loix pénales ne fuffifent pas pour empêcher l'extraction de l'or & de l'argent ; que le rétabliffement du Commerce eft l'unique moyen d'y réuffir.

LES prohibitions & les loix pénales , même celles qui emportent avec elles la perte des biens & de la vie, n'empêchent póint la fortie de l'or & de l'argent d'un pays ; des fiécles entiers d'expérience nous prouvent leur infuffifance , tant en Efpagne que dans d'autres pays ; & l'on n'a encore pû parmi nous imaginer d'autre précaution un peu fure contre cette extraction , que d'empêcher que l'Efpagne ne fût débitrice des autres Etats. On ne peut y réuffir qu'en leur vendant plus qu'on n'acheteroit d'eux ; je répéte fouvent ce principe , parce que telle eft la fource du mal. En effet , la permiffion de fortir l'or & l'argent n'eft pas ce qui nous dépouilleroit , fi l'influence d'un Commerce tel que nous le faifons, ne nous arrachoit ces matieres. On fçait l'inutilité de nos loix à ce fujet , & des précautions que tant de Rois ou de Miniftres vigilans ont prifes. La raifon en eft fimple ; premierement, comment garder l'étendue de nos côtes & de nos frontieres qui tiennent fix cens lieues de tour : fecondement, quand même on pourroit le faire en plaçant des fentinelles de cent pas en cent pas, qui changeroient d'heure en heure fuivant l'ufage militaire, outre le coût & le nom-

bre prodigieux de Soldats , que cette garde exigeroit , on fçauroit les corrompre. Cela fe pratique tous
les jours avec les gardes des Douanes; on l'éprouva en
1722 & 1723 avec les Soldats & les Payfans employés
aux précautions contre la pefte. Lorfque la rufe ne fe
joüoit pas de leur vigilance, l'intérêt l'aveugloit : cependant il devoit être médiocre, eû égard à la valeur du
fucre, ou du cacao qu'on introduifoit, comparée à celle
de l'argent. L'introduction de ces marchandifes étoit
cependant prohibée fous peine de la vie ; un tribunal
de Miniftres zélés munis de pleins pouvoirs veilloit avec
la derniere exactitude & la plus grande févérité à
l'exécution de la loi.

On a vû dans ces tems & dans d'autres les bleds
paffer en Portugal , malgré les défenfes, lors même que
la charge ne valoit que cinquante réaux de veillon :
cependant avec un quinziéme ou vingtiéme de profit que
donnoit l'extraction d'une charge, on trouvoit à corrompre les Gardes. Que ne fera donc pas le bénéfice
que donne l'extraction de l'or & de l'argent? On fçait
que l'afpect de la loi eft terrible , mais qu'elle eft fans
force ; & fi fept à huit fiécles n'ont pû la rendre redou-
table, pouvons-nous efpérer de nos jours de la voir exécuter? Non, & c'eft par la voie d'un Commerce utile
que nous pouvons fûrement & naturellement arrêter
ce défordre. Je ne prétends pas que les précautions actuelles foient abandonnées; mais je prouve qu'elles feules font infuffifantes ; que le rétabliffement des Manufactures, leurs franchifes, & la réforme des tarifs nous
conduiront plus fûrement à notre but. J'ajoute même
que fi le Commerce fleuriffoit , malgré la liberté de
l'extraction des monnoies, il nous en viendroit plus
qu'il n'en fortiroit : c'eft ce qui arrive en Angleterre où
cette extraction eft permife. Il en fort des efpeces pour
les Indes orientales, pour la Hollande & d'autres endroits qu'on enregiftre à la Douane , & cependant ce

H ij

Royaume est toujours riche & pécunieux ; parce qu'il vend plus aux Etrangers, qu'il n'achete d'eux.

CHAPITRE XVIII.

Du dénombrement de l'Espagne.

LA population d'un Etat est tellement liée avec son Commerce, que j'ai cru devoir mettre sous les yeux l'extrait du dénombrement de chaque Province d'Espagne : cette connoissance servira, tant pour l'évaluation que chacun pourra faire de la consommation des denrées comestibles & autres, que pour d'autres conséquences importantes.

Extrait du dénombrement de l'Espagne.

		Nombre des Feux.
Années où le dénombrement a été fait. 1723.	La Ville de Madrid en 8082 Maisons sans compter les Couvens, les Hôpitaux, les Hospices, les Militaires, les Ministres étrangers.	30000
Depuis 1710 jusqu'en 1723.	District de Madrid, - - - - - - -	7680
	Royaume de Tolede & partie de la Manche, - - - - - - - - - - -	42987
	Province de Guadalaxara, - - -	16974
	Province de Cuença & partie de la Manche, - - - - - - - - -	40603
	Province de Soria, - - - - - - -	18068
	Province de Segovie, - - - - - -	16687
	Province d'Avila, - - - - - - -	10061
	Province de Valladolid avec quelques petits districts, - - - - -	26939
	Province de Palencia, idem - - - -	14581

1712.	Province de Salamanque, idem, -	19344
1717.	Province de Toro, - - - - - - - -	5525
1714.	Province de Zamora, - - - - - -	7336
Depuis 1710.	Province de Burgos avec quelques diftricts, - - - - - - - - - -	49282
	Royaume de Leon, - - - - - - -	28556
	Principauté des Afturies, - - - -	30524
1717.	Royaume de Galice, - - - - - -	118680
1716.	Province d'Eftramadure, - - -	60393
Depuis 1712.	La Ville de Seville fuivant l'évaluation faite pour les impofitions extraordinaires, - - - - - - - - -	13600
	Refte du Royaume de Seville, - -	68244
	Royaume de Cordoue, - - - - -	39202
	Royaume de Jaen, - - - - - - -	30157
	Royaume de Grenade, - - - - -	78728
1678.	Royaume de Navarre, - - - - -	35987
	Bifcaye, Guipufcoa, & Alara fuivant une évaluation particuliere,	35987
1717.	Principauté de Catalogne, - - -	103360
1712.	Royaume d'Arragon, - - - - - -	75244
1714.	Royaume de Valence, - - - - - -	63770
1713.	Royaume de Murcie, - - - - - -	30494
	Royaume de Mallorque, avec Irice fuivant une eftimation particuliere, y comprifes les garnifons d'Afrique, - - - - - - - - - - -	21110

TOTAL des feux, - - - - - - - - 1140103

Je n'avois trouvé aucun dénombrement exact & détaillé de Madrid; un feul en général évaluoit à trente mille le nombre des feux qu'elle renferme; ce qui à fix perfonnes par feu (attendu que les familles font plus nombreufes à la Cour) feroit cent quatre-vingts mille perfonnes : lorfqu'en 1723 un Eccléfiaftique de cette Cour eut la curiofité de faire un dénombrement

Paroiffe par Paroiffe , & le fit imprimer. Suivant fon travail , il n'y avoit que vingt-quatre mille trois cens quarante-quatre feux ; mais comme les familles font plus nombreufes à la Cour , & qu'elles vont bien à fix perfonnes l'une dans l'autre, je crois qu'on peut raifonnablement conferver le nombre de trente mille feux à cinq perfonnes chacun, ce qui fera cent cinquante mille.

Je me perfuade aifément que les rôles fur lefquels j'ai pris l'extrait des autres dénombremens ne renferment pas exactement tout ce qu'il y a de feux en chaque Paroiffe ; dans plufieurs Provinces , ces rôles ont été dreffés par les Juges des lieux qui craignoient que les milices & les impofitions extraordinaires ne fuffent exigées chez eux, à proportion du nombre des habitans ; il étoit donc très-naturel de diminuer les rôles ; puifque dans bien des endroits où l'on avoit de la peine à fupporter les charges actuelles, les impofitions extraordinaires auxquelles ils fe feroient expofés auroient tout ruiné. L'objet du bien public juftifioit à leurs yeux ces fauffes déclarations : le titre même annonce que l'on n'y comprend point les familles pauvres, & que l'on compte deux maifons de veuve pour une.

J'ai encore d'autres preuves de cette infidélité : j'ai vérifié moi-même le dénombrement en divers endroits des environs de Madrid ; & après d'exactes recherches j'ai trouvé que dans les uns on avoit omis un cinquiéme des habitans, dans d'autres un quart, & même un tiers. J'ai fait la même chofe en Andaloufie avec toutes les précautions poffibles, & j'y ai trouvé les mêmes erreurs ; je n'en citerai que deux exemples.

Le dénombrement du royaume de Seville ne donne que quatre mille quarante-trois feux de contribuables dans la ville de Cadix : & des relations fures dépofent qu'il y a quarante mille ames, ce qui feroit huit mille feux. Au port de Sainte-Marie, on ne compte que fept cens quarante-trois feux, & il y en a plus de quinze cens,

Tout cela me fait croire que fur le général on a omis un cinquieme, les quatre autres cinquiemes montant à un million quatre cens feux ; le nombre véritable fera d'un million quatre cens vingt-cinq.

Comme le but principal de cette recherche eft de connoître à peu près le nombre d'hommes qu'il y a en Efpagne pour juger de la confommation, & pour d'autres motifs ; j'ai cru devoir comprendre ici les troupes avec quelque détail ; d'abord les quatres garnifons d'Afrique doivent être réputées comme fi elles étoient dans le continent d'Efpagne ; elles font toutes compofées, ainfi que les habitans, de naturels ; ce qui s'y confomme, vient de ce Royaume pour la majeure partie.

Sa Majefté a foixante mille hommes d'infanterie en cent deux bataillons y compris les cinq des Galeres & des vaiffeaux de guerre ; différentes compagnies détachées pour la garde des forts en Afrique & en Efpagne ; plus de deux mille Invalides employés dans les places comme le refte des troupes ; les Officiers réformés à la fuite des régimens : les troupes de cavalerie montent à quinze mille hommes, en trois régimens de cavalerie & de dragons ; en trois compagnies de gardes du corps, une compagnie franche y compris le détachement de Centa [a], & les Officiers réformés, en tout huit mille hommes au fervice actuel. Ajoutons à cela fix mille hommes au moins pour les Officiers de l'Etat Major dans les places & dans les provinces ; les Officiers, Matelots, Canoniers qui fervent fur les vaiffeaux de guerre : en outre douze cens forçats pour le fervice des Galeres, ce font en tout quatre vingt-fept mille hommes.

A ce nombre il faut joindre huit mille hommes de milice à pied & à cheval pour la garde des côtes qui font foudoyés comme les troupes réglées lorfqu'elles fervent, & qui en outre ont des exemptions & un

_____

[a] Centa ville du Royaume de Fez en Afrique fur le détroit de Gibraltar.

entretien en tout tems : plus de trois mille invalides outre les deux mille qui font en détachement : fept cens criminels condamnés aux travaux des garnifons ; mille deux cens perfonnes entre veuves de militaires, & familles d'Oran [a], maures de paix & autres ; cinq cens employés fous la direction du Miniftre de la guerre. De façon que le Roi employe pour la guerre cent mille perfonnes qu'il paye toute l'année, excepté les huit mille hommes de garde-côte & les matelots de fes vaiffeaux qui ne le font que pendant leur fervice.

Suppofons que de ces cent mille hommes entre Miniftres, Généraux, Officiers employés, Soldats, il y en ait vingt mille de mariés, on peut ajouter à chaque famille au moins quatre perfonnes, attendu le grand nombre de domeftiques que plufieurs entretiennent : ce feroit quatre vingt mille perfonnes outre les cent mille ; ce qui revient à trente-fix mille feux ; & ceux-là joints aux autres font un total d'un million quatre cent foixante-un mille feux.

Entre Miniftres étrangers, Confuls, Commerçans de toute efpece de diverfes Nations qui ne font pas compris dans les rôles, parce qu'on les regarde comme des paffagers ; on peut compter huit mille feux : ces perfonnes, quoiqu'elles ne foient pas à demeure, ne laiffent pas de contribuer aux revenus publics par leur confommation.

De cinquante mille pâtres qui vivent dans les montagnes & les pâturages il y en a bien trente mille qui ne font pas compris dans les rôles, ce qui peut faire encore fix mille feux ; ces deux articles ajoutés feront un total d'un million quatre cent foixante quinze mille feux. On

a Oran petite ville en Barbarie fur la Méditerranée avec une Citadelle & un bon port ; elle eft à cent quarante milles de Telenfin capitale d'un petit royaume de ce nom. Il eft bon d'obferver que les Maures font en guerre continuelle avec l'Efpagne ; cependant il y a quelques familles aux environs de fes placesd'Afrique,qui communiquent avec elle, & font fous fa protection.

fçait

fçait que malgré la dépopulation de l'Espagne le Clergé, tant féculier que régulier, n'a pas diminué; il y a même des fondations [a] nouvelles; ainfi on peut évaluer leur nombre avec les hommes qu'ils employent à leur fervice ou qui vivent avec eux, & qui ne font pas compris dans les rôles à un trentiéme: ce font cinquante mille feux à ajouter; & l'Espagne en comprendra en tout un million cinq cens vingt-cinq mille, ce qui répond à fept millions fix cens vingt-cinq mille ames. Afin que le calcul ne foit pas foupçonné d'être exageré, nous réduirons le nombre des habitans à fept millions cinq cens mille en quinze cens mille feux. Les dénombremens dont j'ai donné la lifte font faits fur les rôles de chaque endroit; le furplus je l'évalue fur les connoiffances & les informations que j'ai prifes avec le plus d'exactitude qu'il m'a été poffible. On ne parviendra jamais à avoir des notions fures jufqu'à ce qu'on faffe un dénombrement général plus exact que l'ancien.

CHAPITRE XIX.

*Sur la nature, le détail, & le produit des revenus
du Roi.*

SI la connoiffance du dénombrement eft néceffaire pour celle du Commerce, il n'eft pas moins utile de connoître les revenus du Prince: en voici l'énumération, & le produit dans l'année 1722.

Droits d'Alcavala ou d'Aides.

Ce droit eft le plus ancien de ceux qui compofent les revenus du Roi: il fut établi en 1341. Quelques vil-

---

a Il n'y a gueres plus de Couvens en Efpagne qu'en France, mais ils font plus remplis.

les accorderent au Roi Alphonfe XIe du nom un droit de vingt pour cent fur toutes les ventes & les échanges. Depuis, les autres villes des vingt-une Provinces des deux Caftilles s'accorderent à payer le droit de dix pour cent, qui eft celui qui fubfifte & que paye le vendeur fur le prix de la vente.

Ce droit ne s'eft jamais exigé en entier, au moins depuis l'impofition des Cientos & Millones ; en général on en perçoit à peine la moitié. La régie du droit d'Alcavala fe fait pour le compte du Roi, ou bien on évalue la confommation d'un endroit fuivant le nombre des habitans ; & le général paye au Roi la valeur de cette eftimation. L'Etat Eccléfiaftique eft foumis en partie à ce droit : car malgré la franchife de ce qui provient du revenu de fes terres, comme le droit fe perçoit en général fur le vendeur, celui-ci charge d'autant le prix de fa marchandife ; par conféquent l'Eccléfiaftique qui achette paye le droit comme le Séculier. [a]

Les Dixmes Royales.

Les dixmes royales, ou fous un autre nom les deux neuviemes, font une partie de la dixme Eccléfiaftique que les fouverains Pontifes accorderent aux Rois de Caftille pour faire la guerre aux Maures vers l'an 1219 pour un tems limité ; ces dixmes furent prolongées jufqu'en 1487, que le Pape les accorda à perpétuité au Roi Ferdinand & à la Reine Ifabelle ; ce droit eft compris dans celui d'Alcavala, & eft réuni à fa valeur.

Les quatre Droits additionnelles d'un pour cent chacun.

Les Etats du Royaume affemblés accorderent aux

---

a Ce droit va toujours avec celui que l'on appelle *Cientos*, il fe perçoit à la fortie des Douanes fur les marchandifes qui y font entrepofées, lorfque l'on veut les vendre dans l'intérieur du Royaume, ou les y tranfporter plombées pour les vendre en gros : fic'eft pour les vendre en détail, il faut en outre payer les droits particuliers comme fur une feconde vente.

Rois un pour cent fur les confommations en diverfes fois ; ce qui compofe ce droit de quatre pour cent ; le premier en 1639, le fecond en 1642, le troifieme en 1656, le quatrieme en 1664 : ce droit eft de même nature que celui d'Alcavala, auffi s'en appelle-t-il l'augmentation, & il fe régit de la même façon.

Les Millions.

Le fervice des vingt-quatre millions fut accordé par les Etats en 1601. Ce droit confifte dans la huitie-me partie du vin qui appartient à Sa Majefté, & en ou-tre en foixante-quatre maravedis par chaque arrobe de vin & autres droits fur la viande, l'huile, le fuif, le favon. La perception de ce droit fe fait par les villes qui en font la régie, ou bien par une cottifation des ha-bitans, chacun en proportion de fa confommation. Il dépend d'elles de le faire, ou non, & c'eft la même régle que pour les droits d'Alcavala & des quatre pour cent. Les Eccléfiaftiques contribuent par une Bulle du Pape au fervice des dix-neuf millions & demi. Le droit des millions s'eft étendu depuis fur le papier, les poiffons falés & autres denrées ; ce droit & les précé-dens font affermés, parce que lorfqu'on les a régis pour le compte du Roi, l'expérience a prouvé que fes reve-nus & les villes mêmes en fouffroient par les dettes qu'elles étoient forcées de contracter, lorfque les Of-ficiers chargés de la perception du droit ne pouvoient pas payer : c'eft pourquoi on a permis de lever à la place fix pour cent. Le droit de million impofé fur le papier, le fucre & les poiffons falés fe perçoit à l'en-trée des Douanes.

Le fervice ordinaire & extraordinaire.

L'origine de ce droit eft fort ancienne ; il confifte dans une fomme de quatre cens quarante-un mille cent foixante feize écus qui fe répartit fur toutes les familles roturieres du Royaume, les Gentilshommes en font exempts, & ce droit est fixé sans augmentation ni diminution.

Le service des Milices.

C'est une répartition qui se fait dans la plus grande partie du Royaume d'un ducat de veillon sur chaque feu de l'Etat général, ce qui fait trois cens dix-huit mille écus de veillon : ce droit a été supprimé le 10 Janvier 1724, avec d'autres pour le soulagement des peuples ; il étoit destiné pour la subsistance des Régimens appellés provinciaux.

Le fidele Jaugeur.

C'est un droit de quatre maravedis sur chaque arrobe de vin à raison du jaugeage : il monte à trente-quatre mille écus.

Les droits dont j'ai parlé jusqu'à présent sont ceux qu'on appelle a provinciaux ; ils sont tous compris dans le Bail actuel des fermes où on les a réunis pour éviter la multiplicité des Régisseurs : c'est cette réunion qui a en partie occasionné l'augmentation du dernier Bail, & on verra dans le tableau général ce qu'ils ont rendu dans l'année 1722. Aucun des autres droits n'est en ferme, ils font perçus dans la forme qu'on verra.

Le Papier timbré.

Ce droit s'établit en 1637, avec défense de passer aucun acte en papier commun, comme cela se pratiquoit auparavant ; le prix a augmenté pendant la guerre de moitié, & il se perçoit en le vendant.

Demie Annate.

En 1631 le droit de demie annate sur les pensions

_____

a Il est bon d'observer qu'en Catalogne, & en Galice depuis quelques années, à la place de ces rentes provinciales, ou droits sur les consommations, on a établi une espece de taille réelle & proportionnelle sur les terres.

fut établi ; c'eſt la moitié des honoraires de la premiere année & le tiers des revenans-bons des places
ou offices que le Roi donne ; ce droit ſe perçoit
lorſque l'on délivre les brévets.

Les Douanes.

Le revenu des Douanes conſiſte dans un droit de
quinze pour cent qui ſe léve dans les Ports ſur toutes
les marchandiſes au moment de leur entrée ou de
leur ſortie.

Le tribut de la Montagne.

Ce droit fut établi en 1457 ; il eſt établi ſur les
troupeaux qui à la fin de l'hyver & de l'été entrent
dans les pâturages ou en ſortent, & auſſi ſur ceux qui
ſortent des villes où ils étoient entrés, quand même
ils retourneroient ſur leurs terres : ce droit eſt auſſi payé
par les pâtres qui vendent ou achettent dans les foires, les marchés, & dans tout autre endroit.

Les Salines.

Ce revenu conſiſte dans le prix auquel le Roi fait
vendre les ſels à raiſon de ſon droit de regale : leur
prix eſt actuellement en 1722 en Andalouſie & dans
la nouvelle Caſtille à trente-ſix réaux, la [a] fanegue,
dans la vieille Caſtille à trente-un réaux, en Galice
à vingt-ſept y compris les treize réaux d'augmentation nouvelle. Outre cela on charge de droits le tranſport du ſel, ce qui en augmente conſidérablement le
prix en divers endroits : autrefois ce revenu étoit en
ferme comme celui des Douanes, aujourd'hui ils ſont

[a] Les cinquante fanégues ſont comp-
tées à Seville pour un laſt d'Amſterdam,
& le laſt d'Amſterdam revient à dix-
neuf ſeptiers meſure de Paris ; la fanegue contient quatre cahys, & le cahys
douze amegras. La fanegue de Cadix
peſe environ quatre-vingt livres poids
de marc.

l'un & l'autre en régie, ce qui les a confidérablement accrus.

Le Tabac.

Ce revenu confifte dans une étape où le Roi fait vendre cette denrée pour le compte du tréfor royal ; la régie en eft faite par un Surintendant.

Les néceffités urgentes & momentanées. [a]

Des impofitions extraordinaires qu'avoit établies Sa Majefté en tems de guerre, il ne refte aujourd'hui que celle de la troifieme & de la dixieme partie des fourages , des prairies particulieres, & celles des entrées de Madrid.

Les Lances,

Le fervice des lances eft un droit de foixante doublons que paye chaque titre au lieu de vingt lances qu'il devoit fournir en tems de guerre, fuivant la réduction faite en 1631,

Les Meffageries & les Poftes d'Efpagne,

La plus grande partie des Poftes étoit engagée à la maifon du Comte d'Agnate ; Sa Majefté lui a donné un équivalent pour les rejoindre au domaine de la Couronne ; la régie s'en fait par un Surintendant,

Droit de la Couronne d'Arragon,

Depuis la réunion de la Couronne d'Arragon, & de la Couronne de Caftille , on a fait des répartitions dans les Royaumes qui compofoient la premiere, Celles

______
a En Efpagnol, *Valimientos.*

des années dernieres confiſtoient dans ces parties.

	Ecus de veillon.
En Catalogne, ...	1350.000
En Arragon, ...	500.000
Dans Valence, ...	750.000
Dans Majorque, ...	48.000
TOTAL,	2648000

On a auſſi établi dans ces Royaumes les droits du ſel , du tabac , du papier marqué , & les Douanes. Dans le tems de leurs Coutumes, avant la réunion générale, les Rois n'avoient que quelques dixmes, & quelques revenus appellés *patrimoniaux*.

Outre les revenus qu'on vient de voir, le Roi a ceux de la Croiſade , du ſubſide & du droit de Dixme [a] ſur les biens Eccléſiaſtiques : quelques droits d'entrée en Navarre , le Conſeil des Ordres & de Caſtille ; l'Aſſiento des [b] Negres , les indults ſur la flote & les galions , la Croiſade & le ſubſide des Indes ; tous droits que nous apprécierons , ſoit d'après un cours fixe , ſoit d'après une eſtimation raiſonnable.

Le produit des rentes appellées provinciales , eſt au total pour le royaume de Caſtille de ſept millions ſept cens dix-huit mille quatre cens trente-ſept écus de veillon , & en déduiſant le montant des [c] charges

[a] Droits que le Roi d'Eſpagne léve ſur les biens Eccléſiaſtiques , autoriſés par les Bulles des Papes , à raiſon de la guerre contre les Infidéles. Ce droit ſé léve en Amérique comme en Eſpagne.

[b] Traité général avec une Compagnie , pour la fourniture excluſive des Négres dans les Indes Eſpagnoles, moyennant une ſomme par tête de Negre qu'elle introduit : il n'y-en a plus aujourd'hui. *Voyez* le Dictionnaire du Commerce.

[c] Ces Charges & Penſions ſur les revenus Provinciaux , ſont des alié ations faites aux Créanciers de l'Etat , qui leur aſſigne pour le payement des intérêts de leurs capitaux une partie du produit d'un droit, tel qu'il ſe trouvera. De ces aliénations , quelquesunes ſont auſſi des graces accordées par le Roi.

& penfions, qui eft d'un million cinq cens trente-huit mille deux cens foixante-quatorze écus de veillon.

Ecus de veillon.

Le revenu, toutes Charges payées, eft de , 6180163
La répartition de la Couronne d'Arragon,
   eft de, ... 2648000
Les Douanes ou revenus généraux en
   adminiftration , ... 2264709
Les revenus généraux de moindres efpeces
   affermés , ... 237635
Le tabac produit , ... 2427803
Le fel , ... 1700000
Le papier timbré , ... 215436
Demie annate fur les Penfions, ... 89195
Les fourages des Ordres militaires , . . . 51117
La Charge de Grand-Maître , ... 4044
L'impofition des Prairies , ... 260212
Excifes de Madrid , ... 235296
Le fervice des Lances , ... 50000
Les Poftes , ... , ... 248406
Les tierces , dixmes , & rentes patri-
   moniales de Catalogne , Arragon ,
   Valence & Majorque , ... 182031
Effet de la Chambre par évaluation , . . . 30200
Revenus du Prieuré de Saint-Jean , ... 22907
Remonte de la Cavalerie des Ordres , . . . 20000
La Croifade , le Subfide & droits fur les
   biens Eccléfiaftiques , ... 1400000
Laffiento des Négres , ... 300000
                                         18567154

Ce qui fuit , eft par évaluation.

Service & tribut de la Montagne , ... 75000
Penfions Eccléfiaftiques pour les Hô-
   pitaux militaires , ... 18000
Les

Les Excifes de la Navarre, ... 100000
La Croifade, le Subfide, le produit du
   Vif-argent & autres Revenus qui viennent régulierement des Indes, ... 2000000
Les indults & frets des Galions, Vaiffeaux
   de regiftre pour l'aller & le retour, le
   droit de tonnelage & autres, lorfque
   le Commerce eft courant, ... 2000000
Ce que la Catalogne, l'Arragon, Valence,
   l'Eftramadoure & autres Provinces
   payent annuellement pour la fourniture des lits, meubles, lumieres, &
   du bois dans les Cafernes & Corps-de-
   Gardes, y compris les logemens des Officiers en Catalogne & la paille pour
   l'Artillerie, peut être évalué à 750000

     TOTAL, , ... 23510154

Je n'ai point compris dans ces revenus le droit de
feigneuriage & autres bénéfices fur la monnoie; non
plus que le droit de reconnoiffance. Ce droit fe paye
tous les fept ans au Roi pour reconnoître fa fouveraineté; il eft d'un médiocre produit, quoique très-à
charge au peuple par la façon dont on le leve.

Il eft bon d'obferver que dans cette année 1724,
il y aura eu quelque diminution fur ces produits, parce
que la bonté paternelle du Roi a fupprimé le droit
du tiers fur les prairies, le fervice des milices, & le
droit de reconnoiffance : ce Prince a même réuni tout
ce qui pouvoit être dû fur les arrérages de ces droits,
& peu de jours auparavant il avoit fupprimé le droit
d'augmentation fur les excifes de Madrid.

a La Croifade des Indes s'entend ordinairement de certaines bulles de difpenfes que le Roi d'Efpagne rend à fes fujets de l'Amérique.

Quoique ces graces ayent diminué les revenus publics, il faut efpérer que lorfque le peuple aura reffenti pendant quelque tems ce foulagement, l'abondance de fes confommations réparera cette diminution momentanée. Indépendamment de cette reffource, je crois qu'elle fe trouve compenfée par l'augmentation furvenue dans le produit du tabac : des perfonnes au fait de cette partie & zélées m'ont même affuré que fi on prenoit toutes les mefures convenables pour la vente de l'excellent tabac de la Havane, il feroit poffible de faire monter ce revenu jufqu'à cinq & fix millions d'écus, par la plus grande confommation qui s'en feroit en Efpagne & dans les autres Etats où l'on en fait grand cas, fur-tout de celui qui fe prépare à Seville. Je n'entrerai pas plus avant dans cette fuppofition : il me fuffit d'avoir raporté le fentiment des gens plus expérimentés que je ne le fuis.

Il eft également naturel de penfer que fi le Commerce d'Efpagne en Europe & en Amérique fe rétabliffoit, les revenus du Roi augmenteroient en même tems ; & au point que je ne ferois point furpris de les voir monter à quarante millions d'écus, quoique le peuple fût foulagé d'une partie des impôts actuels.

CHAPITRE XX, *jusqu'au* XXVII *inclusivement.*

Sur les Tarifs des droits d'entrée & de sortie dés Etats les plus commerçans.

QUOIQUE la proposition que je fais de réformer nos tarifs d'entrée & de sortie soit appuyée sur la raison naturelle, & sur des motifs pressans que j'ai rapportés ; elle court grand risque d'essuyer de violentes contradictions : c'est le sort de toutes les nouveautés même utiles au bien public ; l'envie, trop commune dans les Cours, se porte facilement à rejetter ce que les autres ont pensé. On y voit des hommes s'opposer avec chaleur à un avis par cette seule raison, qu'ils ne l'ont pas donné ; & convaincus intérieurement de sa bonté, ils étouffent la voix de leur conscience, ils sacrifient la probité, l'intérêt de l'Etat & du Roi à leurs passions particulieres : ces raisons & le peu de poids que peuvent avoir mes idées dans une matiere de si grande importance, m'engagent à raporter les précautions qu'ont prises sur cet article les autres Etats de l'Europe, sur-tout la France, l'Angleterre, & la Hollande. La force, la richesse & la prospérité de ces Etats justifient leurs Loix sur le Commerce, & font un puissant motif pour nous, de les imiter au moins en général ; car le triste état où nous sommes réduits mérite peut-être moins le nom de malheur que celui de châtiment. Notre négligence & notre aveuglement en matiere de Commerce nous l'attirent ; nous nous sommes liés nous-mêmes par le vice de nos tarifs, & de nos ordonnances qui imposent sur les marchandises les mêmes droits d'entrée & de sortie qui confondent les matieres, les genres & les espéces.

K ij

Le premier exemple que je dois raporter à tous
égards eft celui que Louis le Grand a laiffé à la poftérité pendant un Régne auffi long que glorieux : quoique les fiécles précédens euffent vû de grands Rois
fur le Trône des François, aucun d'eux n'égala le Monarque dont nous parlons dans fes vûes, & dans fon
habileté à favorifer le Commerce & la Navigation.
C'eft par-là qu'il poffeda long-tems l'Empire des
mers, où il vainquit en 1690 les flottes redoutables
de l'Angleterre & de la Hollande réunies ; que fans
épuifer fes fujets il entretint pendant un grand nombre
d'années trois cens mille hommes d'infanterie & quatre-
vingt mille hommes de cavalerie ; plus de cent vaiffeaux
de ligne, quarante galeres, & plus de cent places qu'il
bâtit & fortifia pour la défenfe de fes frontieres ; qu'il
établit des Arcenaux pour fa marine fur les deux mers,
& qu'il fournit avec une facilité prodigieufe aux frais
exorbitans de plufieurs guerres contre les plus puiffans
Etats de l'Europe. Tels font les effets de l'application d'un Roi bien fervi par fes Miniftres, dans un
Royaume moins grand que l'Efpagne : effets naturels du Commerce cependant, & attachés au foin
que chaque Monarque prendra de le faire fleurir.

» a L'Auteur parcourt enfuite tous les Edits de Louis
» XIV pour le réglement des droits d'entrée & de
» fortie ; il fait remarquer fon attention à favorifer
» l'exportation des Fabriques du Royaume & à char-
» ger l'importation des Fabriques étrangeres : à favo-

a J'ai cru rendre fervice au Lecteur de lui épargner la lecture infipide de l'extrait, quelquefois peu exact, de nos tarifs ; chacun peut les confulter. Si ç'eût été une collection générale de nos tarifs de l'intérieur & de l'extérieur, je me ferois fait une loi de la tranfcrire ; mais cet ouvrage n'exifta je crois nulle part, quoiqu'il fût très-intéreffant. Le but des ouvrages fur le Commerce parmi nous ne doit pas être de parler de ce que l'on fait, mais d'apprendre ce qui eft ignoré. D'ailleurs ce que j'omets ici fe trouve répété dans le refte du livre, lorfque l'on traite chaque partie en détail.

» rifer l'importation des matieres premieres qui man-
» quent en France, à charger de droits leur fortie, à
» prefcrire certains lieux par lefquels telles ou telles
» marchandifes devroient entrer, afin d'arréter la con-
» trebande & les abus : à accorder des honneurs & des
» penfions aux artiftes diftingués, à les attirer par des
» graces, des priviléges & des exemptions ; enfin les
» avances & les dépenfes que fit ce grand Prince pour
» l'établiffement de plufieurs Manufactures.

*J'ai paffé ces détails, parce qu'ils font connus de tous
ceux qui auront la curiofité de lire cette traduction ; fi-
non je les renvoye au Dictionnaire du Commerce d'où toutes ces chofes font tirées.* Mais voici le réfumé de tous
les chapitres précédens dans une approbation que Don
Geronimo-de-Uftariz donna à la traduction Efpagnole
d'un livre intitulé *le Commerce de Hollande*. Elle fut faite
en 1717, & renvoyée à l'examen de notre Auteur
par le Confeil Royal de Caftille.

Louis le Grand dans un de fes Edits de l'an 1664
fe plaignoit que fes fujets étoient la plupart naturellement portés à une vie oifive & pareffeufe. Telle
fut cependant la vigueur & l'influence de fon gouvernement, que fes fujets changeant en quelque façon
de nature, s'arracherent des bras de l'oifiveté. Bientôt dans toute l'étendue de fon Royaume ils fe mon-
trerent le peuple de l'Europe le plus appliqué, le plus
ingénieux, le plus laborieux, dans les Arts, les Manufactures & la Navigation. Rien n'avança plus un
fi grand deffein que le génie & le zéle avec lequel
Jean-Baptifte Colbert, Miniftre de ce Prince, exécutoit
fes ordres, & mettoit en pratique fes profondes maximes.

Ce prodigieux Monarque s'informoit par lui-même
de l'Etat de fes Finances ; il corrigea le défordre &
la confufion qui s'y étoient introduits. La fageffe de

ces réglemens augmenta confidérablement fes revenus ,
& il fe vit en état de foulager fon peuple de la dureté des impofitions ; il en fupprima quelques unes,
il en modéra d'autres : & fur-tout il éteignit ces petits
droits qui groffiffent peu le Tréfor Royal , quoiqu'ils
fatiguent beaucoup le peuple : enfin convaincu par
fes propres lumieres que rien ne pouvoit contribuer
plus que le Commerce au bonheur de fes fujets , il
mit toute fon application à le rétablir & à l'augmenter.

Il reconnut que les franchifes accordées aux foires
pour faciliter les ventes , les achats , & les échanges
tournoient abufivement au profit de l'étranger, ce qui
ruinoit le Commerce de fes fujets ; il corrigea ces abus
par la fageffe de divers réglemens. Il établit des Commiffaires dans fes Provinces pour examiner les dettes
& les charges de toutes les Communautés ; la nature, la
régie , & l'emploi de leur revenu ; les frais & les charges que l'on pouvoit fupprimer fur les connoiffances exactes qu'il en prit : il fit des réglemens généraux & particuliers pour remédier aux défordres , modérer les charges &
les dépenfes ; liquider les dettes , & établir à l'avenir un
payement réglé auquel il commit des Officiers intelligens & zélés ; les peuples foulagés par ces foins &
ces réglemens , fe trouverent en état de vaquer au Commerce.

Il fit réparer les ponts , les chauffées , les grands
chemins , & tous les ouvrages publics dont le mauvais état rendoit les communications difficiles & couteufes.

Il rétablit la fureté fur les grands chemins , par la
punition févere des voleurs qui les infeftoient, obligeant
les Prévôts & les Juges établis à remplir ponctuellement leurs fonctions.

Il ordonna de réparer , d'aggrandir , & de fortifier
fes Ports fur l'une & l'autre mer, d'en faire de nouveaux ;
& l'on peut voir dans quelle perfection il y réuffit.

Il établit différentes Ecoles fous la direction des plus habiles Ingénieurs pour enfeigner à la jeuneffe l'art de la Navigation, de la Fortification, même de la conftruction des vaiffeaux, enfin toutes les parties des Mathématiques qui ont raport à la guerre par terre & par mer.

Il fit dreffer plufieurs fages Ordonnances fur le fervice, la difcipline, la police, la paye & l'approvifionnement de fes armées navales, la conftruction de fes vaiffeaux, l'entretien & la confervation de fes Ports, pour l'établiffement & la direction des arcenaux, des chantiers, des magazins.

La navigation marchande attira auffi fes attentions; il donna des réglemens fur tout ce qui concerne fa police, fur le fret, les contrats maritimes, l'armement des vaiffeaux; fur la forme de trafiquer avec eux, les difcuffions qui peuvent furvenir à leur occafion, & fur la prompte définition des procès.

Plufieurs rivieres furent rendues navigables, plufieurs canaux furent ouverts pendant ce glorieux Régne, pour diminuer les frais de la communication au dedans & au dehors, & afin que les Provinces puffent fe fecourir entr'elles: enfin ce Prince par un projet digne de fa grande ame, établit la communication entre les deux mers, par le moyen d'un canal immenfe dans fa longueur & par fes dépenfes.

Il apporta en même tems tous fes foins au rétabliffement de la Navigation & du Commerce de dehors, parce qu'il reconnut que les Etrangers s'étoient emparés de tout le Commerce actif par mer, même de celui qui fe faifoit de Port en Port dans fon Royaume. Le peu de navires qui reftoient à fes fujets étoient enlevés chaque jour fur fes propres côtes par les Corfaires de Barbarie; ce motif & d'autres importans l'engagerent à entretenir de grandes forces par mer tant en vaiffeaux qu'en galéres; il réprima l'audace de ces barbares, les força de rentrer dans leurs Ports; & pour laisser à ces pirates un exemple mémorable de sa vengeance, il les fit attaquer dans leur propre pays où il s'empara d'un [a] poste important pour les tenir en respect.

Enfin ce Prince assura la navigation de ses sujets contre toute sorte de Corsaires, leur donnant des vaisseaux de guerre pour escorter les flottes marchandes. Pour les encourager à construire des vaisseaux, il les exempta du droit de cinquante sols par tonneau qu'il établit sur tous les navires étrangers qui commerceroient dans ses Ports.

Il fit augmenter, & fortifier les Colonies Françoises dans les Indes, en y établissant son autorité Royale, & en y donnant un nouvel être à la justice qui s'y trouvoit relâchée.

Il exhorta, il invita la Noblesse à faire le Commerce en gros ou à s'y intéresser; déclarant que cet acte n'étoit point [b] dérogeant.

Il forma un Conseil privé du Commerce composé de ses Ministres & d'autres personnes expérimentées en ces matieres : ce Conseil se tenoit tous les quinze jours en sa présence.

Il établit à Rouen, à Lyon, & dans les autres villes considérables de Commerce des Chambres particulieres, composées de personnes intelligentes & pratiques, dans lesquelles on discutoit ce qui étoit le plus avantageux pour l'augmentation du Commerce de chaque ville & de chaque Province suivant leur situation. On rendoit compte à Sa Majesté de tout ce qui résultoit de ces délibérations, elle renvoyoit les mémoires au Conseil général du Commerce; & c'est sur cette connoissance

---

a Le Bastion de France où l'on pêche le Corail.

b Le génie de la Nation étoit si peu porté à répondre aux soins extraordinaires de ce grand Prince, qu'aujourd'hui même la moitié de la Noblesse ignore encore les faveurs accordées au Commerce. J'en ai vû souvent regretter que la loi n'existe pas, & quand on la leur montre, ils continuent à se plaindre du préjugé qui la rend inutile,

générale

générale de l'Etat de chacune des Provinces dreffé par
des perfonnes habiles , revifé au Confeil général , que
ce Prince prenoit fes réfolutions fur l'augmentation &
la perfection du Commerce intérieur & extérieur avec
une attention particuliere pour les Manufactures.

Il communiqua fes intentions à tous les Tribunaux , à tous ceux qui le repréfentoient dans les
Provinces , aux Communautés des villes les plus confidérables, leur ordonnant d'employer leur autorité pour
aider & pour fecourir les Marchands & les Negocians,
de leur rendre une juftice promte par préférence à
tous autres , afin que les litiges & la lenteur des procédures ne les détournaffent point de leur trafic.

Il exhorta par des lettres circulaires tous les Négocians à lui faire part à droiture de tout ce qui feroit
utile à l'avancement du Commerce.

Il les invita à députer quelques uns d'entr'eux auprès
de fa perfonne pour lui préfenter leurs plaintes ou leurs
réflexions. Afin d'avancer cet arrangement & d'en affurer la durée, il voulut qu'un Miniftre eût auprès de
lui le département d'écouter leurs griefs , & d'y apporter promtement les remédes néceffaires.

Sa Majefté deftina un million par an pour les dépenfes qu'exigeoit le rétabliffement du Commerce &
des Manufactures,

Ce Prince véritablement grand bannit l'oifiveté ; il
employa utilement les pauvres & les vagabonds ; &
par un grand nombre d'autres réglemens auffi fages
il rendit fon Regne heureux & glorieux. Je n'ai pas
cru devoir parler de tout ce qu'il fit pour cela ; je me
borne feulement à ce qui regarde la matiere en queftion.

Ce qui donna l'ame & la vie à toutes ces ordonnances, ce fut la réputation du gouvernement ; la bonne foi qu'il établit & qu'il maintint ; l'exécution certaine & ponctuelle de fes projets, de fes réfolutions ;
l'obfervance exacte & fcrupuleufe de fes engagemens

avec les compagnies de Commerce, les gens d'affaires
& autres particuliers : le plus grand encouragement
fut encore de le voir pendant tout le cours d'une vie
laborieuse, le protecteur conftant du Commerce &
de la Navigation. A fon exemple les Miniftres qu'il
employoit dans cette partie ne ceffoient d'y veiller ;
ils y furent excités par fes bienfaits, & par le foin qu'il
eut de les foutenir contre les efforts de l'émulation & de
l'envie. En effet fans des fecours auffi puiffans tous ces
établiffemens, malgré leur utilité, leur folidité, leur
prudence, comme on en peut juger par le fuccès, n'euffent pas joui d'une longue durée.

A la vûe des réglemens de Commerce qu'un grand
Roi a fait pratiquer dans une Monarchie auffi voifine
& auffi femblable à la nôtre pour la forme du gouvernement, les Efpagnols doivent ne fe point laiffer
décourager par la défiance que l'envie des Etrangers
peut leur avoir infpirée, en répandant que cet Etat
ne peut point comporter les ufages qui font en vigueur dans d'autres Royaumes. Il eft évident que ce
n'eft pas encore tant l'application des particuliers qui
influe fur l'augmentation ou la diminution du Commerce, que la maniere dont le gouvernement le pro-
tége.

CHAPITRE XXVIII.

Des Douanes & Franchises d'Angleterre.

JE n'ai pas réuffi à me procurer, malgré mes recherches, des relations exactes & détaillées des tarifs
& des autres réglemens que le gouvernement d'An
gleterre a établis pour le grand & utile Commerce de
ce Royaume : ayant fait venir des livres de Londres
pour y prendre ces connoiffances je les ai trouvées
fort fuccinctes, outre qu'elles font écrites en Anglois;
je n'ai trouvé que quelques actes du Parlement fur
diverfes affaires & qui contiennent quelques réglemens
fur le Commerce, mais ils n'ont point l'étendue qui
conviendroit pour les tranfcrire ici avec la même exactitude que ceux de France. [a] Ainfi je ferai obligé de me
fervir de fragmens & d'extraits détachés, qui pour n'avoir
pas l'étendue qu'on pourroit défirer, n'en feront pas moins
inftructifs par la certitude dont ils font. Je commencerai par quelques morceaux d'un difcours que fit le
Roi d'Angleterre à fon Parlement le 21 Octobre 1721.

Milords & Meffieurs, je vous informai, lorfque nous
nous féparâmes la derniere fois, du renouvellement de
tous nos traités de Commerce avec l'Efpagne. Depuis nous
avons vû la paix heureufement rétablie dans le Nord
par la conclufion du traité avec le Czar & le Roi de

---

[a] Le recueil des loix d'Angleterre eft le feul dépôt des Tarifs & des Ordonnances en fait de Commerce quelconque. Ce n'eft que là que l'on peut véritablement trouver l'efprit de ce gouvernement. Mais les matieres font difperfées dans une très-vafte compilation, & ce feroit un grand travail que de les extraire. Les actes particuliers des Colonies forment un autre recueil. Il eft encore à obferver que pour les Manufactures, les Anglois ont affez peu de réglemens : aujourd'hui leur principe eft que chaque Ouvrier travaille fuivant le goût de l'achetteur, & que celui qui ne s'y conforme pas refte pauvre.

Suede ; & par celui que j'ai conclu avec les Maures. J'ai délivré de l'esclavage un grand nombre de mes sujets qui dorénavant pourront porter leur Commerce dans ces parages sans craindre de retomber dans cette affreuse calamité.

Dans la situation où sont les affaires, nous nous manquerions à nous mêmes, si nous négligions de mettre à profit les circonstances favorables que nous présente la tranquillité générale d'étendre notre Commerce, d'où dépendent principalement la grandeur & la richesse de cette Nation : il est évident que rien ne peut contribuer davantage à nous procurer ce bien général, que l'attention à faciliter autant qu'il sera possible l'exportation de nos Manufactures & l'importation des matieres premieres. C'est par ce moyen que nous conserverons la Balance du Commerce avantageuse pour nous, que nous accroîtrons notre Navigation, & que nous employerons un grand nombre de nos pauvres.

C'est pourquoi je vous recommande, Messieurs de la Chambre des Communes, de rechercher scrupuleusement les moyens d'exempter de droits ces deux branches de Commerce, & d'en remplacer les fonds sans violer la foi publique, & sans mettre, s'il se peut, sur mon peuple de nouvelles charges. Je me persuade qu'après une mûre considération sur cette matiere, le produit de ces droits comparé avec les avantages infinis qui reviendront à ce Royaume de leur suppression, paroîtra d'une si petite importance ; que l'on ne pourra rien opposer de solide contre la proposition que je vous fais.

Un objet qui paroît sur-tout mériter l'attention du Parlement, c'est de nous fournir nous mêmes d'une façon plus aisée & moins précaire nos provisions navales. Nos Colonies en Amérique abondent naturellement de tous les matériaux nécessaires pour cette partie essentielle de notre Commerce & de nos forces mariti-

mes. Si par les encouragemens néceſſaires nous parve-
nions à nous y fournir de toutes les choſes dont notre
marine a beſoin, au lieu de les tirer des pays étrangers; non ſeulement ce ſeroit augmenter conſidérablement la richeſſe, l'influence & le pouvoir de la Nation, mais encore par le bénéfice qui en réſulteroit
pour nos Colonies, nous les empêcherions de ſonger
à établir & à perfectionner des Manufactures qui
ſeroient nuiſibles à celles de la Grande Bretagne.

Dans le mois de Novembre de la même année 1721
on fit en Angleterre un examen du Commerce qui avoit
été fait avec la Moſcovie, la Suede, le Dannemarck,
& les villes Anſéatiques; & l'on trouva que dans les
années 1716 & 1717 ſeulement, l'Angleterre y avoit
perdu plus de deux millions de piaſtres pour avoir tiré
de ces pays plus de marchandiſes qu'elle n'y en avoit
vendu. En conſéquence pluſieurs perſonnes propoſe-
rent d'abandonner ce Commerce, de tirer des Colonies
Angloiſes de l'Amérique toutes les proviſions navales
que l'on avoit tirées juſques-là des côtes de la mer Baltique, de pourvoir avec plus de ſoin dans ces Colonies
à la conſervation des forêts de pins blancs, comme auſſi
d'y faire de meilleur [a] goudron.

Au commencement de l'année ſuivante 1722, le Parlement pour encourager l'exportation & la conſommation

---

a Par un huitieme Statut de la huitieme année du regne de George I, il eſt
défendu d'abbattre dans les colonies du
nord de l'Amérique, aucun pin ou ſa-
pin, qui n'ait été dépouillé au moins
pendant un an pour en retirer de la réſi-
ne. Il eſt auſſi défendu de couper aucun
arbre dans l'étendue du diſtrict des villes,
parce qu'ils ſont réſervés pour les vaiſſeaux de guerre. L'amende eſt de cinq
livres ſterling, pour les pins de douze
pouces de diamétre à trois pieds de terre,
& ainſi de ſuite, en doublant par chaque ſix pouces. Par un acte de la ſecon-

de année de George II, le Parlement
a accordé une gratification d'une livre
ſterling par tonneau ſur les mâtures
& bois de conſtruction des colonies,
deux livres quatre ſols ſterling par tonneau de goudron bien clarifié propre
aux cordages, une livre ſterling pour
la poix bien conditionnée, une livre
dix ſols ſterling par tonneau de téré-
bentine. Enfin la gratification eſt de
quatre livres par tonneau ſur les gou-
drons ſans mélanges, & faits ſuivant
l'inſtruction portée par les Statuts.

des Manufactures & des denrées du royaume, supprima les droits sur le sel employé à saler les harengs blancs & sur la sortie de ce poisson.

En même tems il supprima les droits qu'on percevoit à la sortie des Manufactures d'Angleterre ; il en fit autant de ceux qu'on percevoit à l'entrée des matieres premieres nécessaires aux Manufactures & aux Teintures du royaume, avec cette clause, que si ces matieres venoient à sortir d'Angleterre elles payeroient un droit égal à celui qu'on abolissoit.

Les bois apportés des colonies de l'Amérique furent en même tems déclarés francs de toute imposition.

Dans la même année l'on défendit par un acte l'usage des soieries des Indes à cause du préjudice qu'elles portoient aux Manufactures du royaume, dont la conservation est toujours le premier objet de l'attention du Prince & de son Parlement, comme la source de leurs richesses & de leurs forces ; elles sont telles qu'on en pourroit douter, si l'on n'en voyoit les effets.

Le Marquis de Monteleon Ambassadeur d'Espagne à Londres, écrivant au Ministre sur le Commerce, s'exprime ainsi, dans une lettre du 18 Avril 1715.

Il vient très-peu de navires Espagnols dans ces ports, & depuis la derniere paix, on n'y a encore vû que deux petits bâtimens de Bilbao chargés d'un peu de laine & de quelques denrées d'Espagne : cela vient de l'avantage qu'ont les navires Anglois sur ceux de toutes les autres Nations ; payant six pour cent de moins de droits d'entrée. Le Roi Guillaume fit cette loi pour animer toute la Nation au Commerce ; en outre, comme l'Anglois navige avec moins de monde & à meilleur marché que nous, il en résulte que le frêt de ses navires est moins cher. Un autre avantage, dont il jouit encore, c'est que lorsqu'il exporte les productions du royaume, comme le plomb, l'étain, le bled, le charbon de terre, il ne paye rien ; le Roi lui accorde même par un acte du

Parlement, une gratification de deux réaux & demi
de plate, pour chaque boiſſeau de bled qu'il exporte.
C'eſt ainſi que l'Angleterre parvient à faire elle-même
tout ſon Commerce avec l'Eſpagne; & en effet la Grande-
Bretagne voit peu de Navires étrangers dans ſes ports.

Il faudroit un chapitre fort étendu pour rendre raiſon des motifs ſupérieurs, qui engagent les Anglois à
permettre & même à récompenſer l'extraction des bleds;
la principale raiſon, eſt que lorſque le Laboureur en
trouve facilement la vente & à un prix proportionné;
il eſt bien plus en état de continuer la culture de ſes
terres, ce qui obvie à la diſette dans les années ſuivan-
tes. [a] Cependant comme cette coutume pratiquée en
Angleterre, & l'imitation que quelques perſonnes en
propoſent, paroîtroit extraordinaire à beaucoup de perſonnes à cauſe de ſa nouveauté & des inconvéniens
qu'elle ſemble préſenter au premier aſpect; je m'étendrai dans un autre écrit ſur les raiſons qu'apportent les
partiſans de cette police, pour prouver que rien n'eſt
plus propre à prévenir les famines & à entretenir l'abondance.

D'autres informations ſûres m'ont appris que cette
gratification ne s'accorde en faveur de l'extraction des
bleds, que lorſque le prix n'excéde pas celui qui eſt
fixé par la Loi. Cette même régle s'obſerve en Navarre
au grand avantage de ce pays; chacun peut en faire ſortir les grains, tant qu'ils n'excédent pas le prix porté
par la Loi du royaume.

L'Angleterre a auſſi des mines fort abondantes de
plomb & d'étain; & comme elle en retire beaucoup plus
qu'elle n'en a beſoin pour ſon uſage, que d'ailleurs il y

---

a Le Laboureur eſt auſſi plus en état de payer le prix de ſa Ferme : le Pro-
priétaire bien payé fournit plus promp-tement & plus ſurement ſa taxe, ſa conſommation augmente avec la fa-cilité qu'il a de dépenſer : ce ſont là les objets de l'impoſition en Angle-terre, où il n'y a point de taxe per-ſonnelle.

a peu de Manufactures qui puiffent donner une plus grande valeur à ces métaux avant leur exportation, l'Etat en facilite la fortie comme fi c'étoit une denrée en œuvre & non pas une matiere premiere, afin d'attirer plus d'argent. On fuit un principe tout différent fur les laines, qui fans être d'une qualité auffi parfaite que celles d'Efpagne, ne laiffent pas d'être très-bonnes; leur extraction eft défendue fous peine de la vie; parce que c'eft une matiere précieufe, dont l'emploi augmente la valeur d'un à cinq comme nous l'avons démontré dans les Chapitres précédens.

CHAPITRE XXIX.

Confidérations fur le grand bénéfice qu'apporte aux Anglois leur Commerce avec l'Efpagne, tant en Amérique qu'en Europe, particulierement par la vente du Poiffon falé ; réflexions fur les moyens propres à corriger cet abus en grande partie.

LE livre des intérêts de l'Angleterre mal entendus dans la guerre de 1704 que j'ai déja cité, fait l'énumération d'une grande quantité de marchandifes que l'Angleterre fournit à l'Efpagne & au Portugal ; mais fur-tout il infifte fur le poiffon falé dont les trois quarts font confommés en Efpagne, l'autre quart en Portugal ; avec cette différence cependant, que les retours de Portugal étant en denrées, comme vins, fucres, épiceries, tabacs, fels, font moins profitables aux Anglois que les retours d'Efpagne qui fe font en efpéces & en lingots, parce que les vins, les laines & autres productions qu'ils peuvent tirer de

l'Efpagne

l'Espagne ne suffisent pas à beaucoup près pour l'échange de ce qu'ils y[a] apportent.

On voit dans le même livre qu'un des principaux Commerces des Anglois dans l'Amérique est la contrebande qu'ils font dans les possessions Espagnoles en y introduisant leurs marchandises par la voye de la Jamaïque, & dont le rétour est en especes, en indigot, en cochenille ; on estime que dans ce Commerce seul ils gagnent six millions de piastres par an, & qu'ils tirent encore plus d'argent des possessions Espagnoles par la Jamaïque que par Cadix. Cela n'est point difficile à croire puisque dans le seul mois d'Août 1722 il arriva en Angleterre trente bâtimens chargés revenant de la Jamaïque ; sa stérilité est si connue que l'on doit penser que la majeure partie de ces chargemens étoit de denrées Espagnoles ; c'est le seul objet des nombreux & fréquens convois qui vont & qui viennent sans cesse de cette Isle en Europe. Cette Colonie n'est pas à beaucoup près assez peuplée pour consommer une petite partie de tout ce qu'on y porte, les Anglois eux mêmes en conviennent, [b] & le livre dont

a Les Paquebots Anglois font une extraction continuelle . es matiéres d'or & d argent du Portugal, parce que les denrées qu'ils en peuvent tirer ou consommer ne suffisent pas a l'échange, ce Commerce est un objet de trente millions de notre espece par an pour cette Nation qui y a presque donné l'exclusion à toutes les autres. On remarque même que la balance du Commerce médiocre que nous faisons aujourd'hui avec le Portugal, nous vient le plus souvent par voie d'Angleterre, ce qui empêche que l'on ne sache au juste la balance du Commerce entre les Anglois & nous.

b L'Auteur attribue le livre en question, à un Ministre Anglois attaché aux deux Couronnes, & Catholique dans le cœur ; bien des gens en Angleterre en furent la dupe dans le tems ; mais on sçait aujourd'hui qu'il est de M. l'Abbé Dubos. C'est faire l'éloge de l'ouvrage, où l'on voit, en effet, une très-grande connoissance de l'Etat de l'Angleterre en ce tems-la. Cependant on risqueroit de se tromper, si l'on recevoit sans examen tous ses principes ; c'étoit un ennemi qui parloit le langage d'un Citoyen ; il avoit ses raisons pour insister d'une façon plausible sur des articles qu'il ne croioit peut être pas lui même. Ce qu'il dit sur le Commerce des Anglois de la Jamaïque, est confirmé par plusieurs Ecrivains Anglois, & sur-tout par les Ecrits publiés en 1713, au sujet du nouveau Traité de Commerce intitulé *The British Merchant*, ils paroîtront bientôt en François.

je parle infifte fur le danger que couroit ce Commerce pendant le cours d'une guerre injuftement déclarée : puifqu'avec fix frégates en croifiere fur ces parages nous pouvions l'empêcher.

Les Anglois retirent deux avantages de leurs pêches ; l'un eft qu'elles fervent d'école à leurs Matelots ; l'autre eft qu'ils retirent de grandes fommes de la vente de leurs poiffons falés dans les pays catholiques. Sur quoi l'Auteur fait cette réflexion, que l'ufage de ces poiffons n'eft introduit que par l'interdiction des viandes & des nourritures ordinaires dans certains tems de l'année ; que cette interdiction dépendant du Pape & des Evêques, ils font les maîtres de la reftraindre & même de la fupprimer.

Il nous indique lui-même les moyens par lefquels nous pouvons diminuer la perte que nous faifons avec les Anglois ; puifqu'il nous avertit qu'avec quelques frégates en croifiere nous pouvons troubler leur Commerce en Amérique, & que les Evêques ainfi que le Pape peuvent nous permettre un ufage continuel de plufieurs denrées comeftibles, interdites dans des jours particuliers, & fubftituer d'autres abftinences moins à charge à l'Etat, & moins favorables aux ennemis des peuples & de la Religion[a] Catholique ; la confcience & la raifon d'Etat y font également intéreffées, & il pourroit fe trouver d'autres moyens de mortifier auffi efficacement nos paffions. L'indulgence dont je parle a déja un exemple parmi nous, puifqu'on a fupprimé l'interdiction de la viande les jours de famedi dans les Provinces du Royaume de Caftille.

[a] Il eft fûr qu'un pareil changement diminueroit la confommation mais il ne la fupprimeroit pas ; l'ufage du poiffon falé s'étend pour le peuple jufqu'aux jours gras, lorfqu'il eft affez aifé pour l'achetter, & que les droits de Province à Province n'en hauffent pas le prix trop confidérablement. Ce réglement feroit très-préjudiciable à nos pêches, que nous avons le même intérêt que les Anglois à étendre ; & fi Sa Sainteté croyoit devoir fe relâcher de l'ancienne Obfervance, pour ne pas accroître la puiffance des Hérétiques, nous aurions lieu de nous plaindre d'être confondus parmi eux.

CHAPITRE XXX.

Acte de Navigation d'Angleterre.

L'acte suivant fera voir la vigueur absolue avec laquelle les Anglois favorisent leur navigation, leur commerce, & font exécuter avec empire tous les réglemens qui leur plaisent, ou qui leur conviennent, sans s'arrêter aux Traités de Paix ni à d'autres égards.

Acte [a] *pour encourager & augmenter la Marine & la Navigation, passé en Parlement, le Jeudi 23 Septembre 1660.*

LE Seigneur ayant voulu par une bonté particuliere pour l'Angleterre que sa richesse, sa sureté & ses forces consistassent dans sa Marine, le Roi, les Seigneurs, & les Communes assemblées en Parlement, ont ordonné que pour l'augmentation de la Marine & de la Navigation l'on observera dans tout le Royaume les réglemens suivans, à commencer du premier jour de Décembre 1660. Il ne sera apporté ni emporté au-

---

[a] Ce fut Cromwell, qui fit dresser cet acte pour détruire le Commerce de la Hollande en Angleterre ; cette République en sentit toute l'importance, elle aima mieux s'exposer aux dépenses & aux malheurs d'une guerre, que de perdre tranquillement une si belle branche de son Commerce d'économie. Cette guerre fut malheureuse pour elle , la marine angloise étoit supérieure & Cromwell avoit eu soin d'appuyer par la force la sagesse de ses réglemens. L'acte de navigation subsista, & après le Rétablissement de Charles II, le premier Parlement assemblé sous ce Prince porta en sa présence un Bill, qui contenoit les mêmes dispositions que l'acte de navigation. La Nation Angloise avoit dès lors un si grand nombre de vaisseaux & de chantiers, que son Commerce n'en souffrit point.

cunes denrées ni marchandises dans toutes les Colonies appartenantes, ou qui appartiendront à Sa Majesté ou à ses successeurs, en Asie, Afrique, & Amerique, que dans ses vaisseaux bâtis en pays de la domination d'Angleterre, ou qui appartiendront véritablement & réellement aux sujets de Sa Majesté ; & des uns & des autres le maître & les trois quarts des matelots au moins seront Anglois. Les contrevenans seront punis par la saisie & confiscation de leurs vaisseaux & marchandises, dont le tiers appartiendra au Roi, l'autre tiers au Gouverneur de la Colonie où se fera la saisie, & l'autre aux Juges & Dénonciateurs : tous les Amiraux & Officiers ayant commission de Sa Majesté, pourront saisir les vaisseaux contrevenans par tout où ils les trouveront, & seront lesdits vaisseaux réputés prise faite sur les ennemis & partagée comme telle, la moitié de leur valeur appartiendra au Roi, & l'autre sera partagée entre le Capitaine & l'Equipage du vaisseau qui les aura arrétés.

Il est encore ordonné qu'aucune personne née hors des Etats de Sa Majesté qui ne sera pas naturalisée, ne pourra exercer, après le premier jour de Février 1661, aucun Commerce pour lui ou les autres dans lesdites Colonies, sous les peines ci-dessus mentionnées. Les Gouverneurs desdites Colonies seront tenus désormais de prêter serment publiquement, de faire observer les Loix ci-mentionnées, & ils seront déposés quand il y aura preuve qu'ils auront négligé en aucune façon de les faire observer.

Il est encore ordonné qu'aucunes marchandises du crû de l'Asie & de l'Amérique ne pourront être apportées en aucuns pays & terres de l'obéissance de Sa Majesté, que dans des vaisseaux tels que ci-dessus, sous peine de saisie & de confiscation contre les contrevenans.

Il est encore ordonné que les marchandises & denrées de l'Europe ne pourront être apportées en Angleterre par d'autres vaisseaux que par ceux qui sortiront des Ports des pays où se fabriquent les marchandises, & croissent les denrées, sous les peines ci-dessus exprimées.

Il est encore ordonné que le poisson de toutes especes, & même les huiles & fanons de Balcine, qui n'auront pas été pêchés par des vaisseaux Anglois, & seront apportés en Angleterre, payeront la Douane étrangere double.

Il est encore défendu à tous vaisseaux qui ne seront pas Anglois & conformes aux régles ci-dessus exprimées, de charger quoi que ce soit dans un Port d'Irlande ou d'Angleterre pour le porter en aucun autre endroit des Etats de Sa Majesté, le Commerce appellé de Port en Port n'étant permis qu'aux seuls vaisseaux Anglois, & sous les mêmes peines de saisie & de confiscation.

Il est encore ordonné que tous les vaisseaux qui jouiront de toutes les diminutions faites ou à faire, sur les droits de la Douane, seront des vaisseaux bâtis en Angleterre, ou que ceux qui seront de construction étrangere, appartiendront aux Anglois; les uns & les autres auront au moins le maître & les trois quarts de l'équipage Anglois. S'il se trouve qu'à l'arrivée de quelques vaisseaux, les Matelots étrangers y soient en plus grand nombre que le quart de l'équipage, il sera fait preuve que la maladie ou les ennemis auront été cause de l'altération, & ce par serment du maître & des principaux Officiers du vaisseau.

Il est encore ordonné qu'aucune denrée ni marchandise du crû ou Manufacture de Moscovie, non plus que les mâts & autres bois, le sel étranger, la poix, le goudron, la raisine, le chanvre, le lin, les raisins, les figues, les prunes, les huiles d'olives, toutes sortes de blés & de grains, le sucre, les cendres à savon, le vin, le vinaigre, les eaux-de-vie ne pourront après le dix d'Avril 1661 être apportés en Angleterre que dans des vaiſſeaux tels que ci-deſſus; la même choſe eſt ordonnée pour les raiſins de Corinthe & autres marchandiſes des Etats du Grand Seigneur après le onze Septembre 1661 ; nous exceptons ſeulement ceux des vaiſſeaux étrangers qui ſont bâtis dans les pays & lieux où croiſſent ces denrées, & où ſe fabriquent ces marchandiſes, ou bien où l'on a coûtume de les embarquer à condition toutes fois que le maître & les trois quarts des Matelots ſeront naturels du pays d'où viendra le vaiſſeau ſans quoi il ſeroit ſujet à ſaiſie & confiſcation.

Il eſt encore ordonné que pour prévenir les fauſſes déclarations que font les Anglois, en déclarant que les marchandiſes qui ſont à des Etrangers leur appartiennent, que tous les vins de France, & d'Allemagne qui ſeront apportés dans les Etats de Sa Majeſté après le trente Octobre 1660, ſur d'autres vaiſſeaux que des vaiſſeaux Anglois, tels que ci-deſſus, payeront les droits du Roi, & ceux des villes & ports où ces vins ſeront apportés, comme marchandiſes appartenantes à des Etrangers ; & tous les bois, ſels étrangers, poix, goudron, raiſine, chanvre, lins, vins d'Eſpagne & de Portugal, & autres marchandiſes mentionnées ci-deſſus qui ſeront apportées en Angleterre après le dix d'Avril 1661 ſur d'autres vaiſſeaux que des vaiſſeaux Anglois, les raiſins de Corinthe & autres marchandiſes du crû & Manufacture des Etats du Grand Seigneur après le dix Septembre 1661, ſeront réputées appartenir aux Etrangers, & payeront comme telles.

Et pour prévenir toutes les fraudes dont l'on pourroit ſe ſervir en achettant & déguiſant les vaiſſeaux étrangers, il eſt ordonné qu'après le dix Avril 1661 aucun vaiſſeau de conſtruction étrangere ne ſera réputé Anglois, & ne jouira des priviléges à iceux accordés, jufqu'à ce que les propriétaires defdits vaiffeaux ayent fait apparoître aux Directeurs de la Douane, de leur demeure, ou de la plus prochaine, fous leur ferment que lefdits vaiffeaux font leurs; difant la fomme qu'ils en auront payée, le tems & les lieux où fe fera fait l'achat, quels font leurs Bourgeois s'ils en ont, lefquels Bourgeois feront tenus de comparoître devant ledit Directeur, & tous enfemble jurcront que les Etrangers n'y ont aucune part ni portion directement ni indirectement; après quoi l'Officier de la Douane leur donnera un certificat, moyennant lequel lefdits vaiffeaux feront réputés de conftruction Angloife; fera fait un duplicata defdits certificats, & lefdits Directeurs qui feront en Angleterre envoyeront le double à Londres, & ceux qui font en Irlande à Dublin, pour y en être tenu bon & fidéle regître. Tous les Officiers qui auront contrevenu aux réglemens énoncés ci-deffus après le dix Avril 1661, perdront leurs places & gouvernemens comme ceux qui auront permis aux vaiffeaux étrangers les Commerces qui leur font prohibés.

Il fera permis cependant aux vaiffeaux Anglois, tels que ci-deffus, d'apporter dans tous les Etats de Sa Majefté, les denrées & marchandifes du Levant quoiqu'ils ne les ayent pas chargé dans le lieu où elles croiffent, ou font travaillées, quand lefdits vaiffeaux les auront embarquées dans un autre Port qui fera dans la Méditerranée, au delà du détroit de Gilbraltar.

La même chofe eft encore permife aux mêmes vaiffeaux pour les denrées & marchandifes des Indes Orientales, qui auront été embarquées dans un Port fitué au delà du Cap de Bonne-Efperance.

Il fera permis auffi auxdits vaiffeaux de charger en Efpagne les marchandifes des Canaries & autres Colonies d'Efpagne, & en Portugal celles des Azores & autres Colonies de Portugal.

Le préfent Acte ne s'étendra point aux denrées ni

marchandifes qu'il apparoîtra avoir été prifes fur les ennemis de l'Angleterre, fans intelligence ni fraude par les vaiffeaux Anglois, tels que ci-deffus, & porteurs d'une commiffion de Sa Majefté ou de fes Succeffeurs.

Ledit Acte ne s'étendra pas non plus aux vaiffeaux de conftruction Ecoffois, dont les trois quarts de l'équipage feront Ecoffois, lefquels apporteront en Angleterre du poiffon de leur pêche, du blé ou du fel d'Ecoffe, & lefdites Marchandifes ne payeront pas les Douanes comme appartenantes à des Etrangers. L'huile dite de Mofcovie, qui fera apportée d'Ecoffe par les vaiffeaux Anglois tels que ci-deffus, jouira des mêmes avantages.

Il eft encore ordonné, que tout vaiffeau François qui après le vingt Octobre 1660 abordera en quelques lieux d'Angleterre, & d'Irlande que ce foit pour y embarquer ou débarquer des paffagers & marchandifes, payera aux Receveurs du Roi cinq fchillings par tonneau, & le port dudit vaiffeau fera eftimé par l'Officier du Roi. Lefdits vaiffeaux François ne pourront fortir du Port ou Havre, avant d'avoir payé ledit impôt, qui continuera tant que l'impôt de cinquante fols par tonneau fera levé en France fur les vaiffeaux des fujets de Sa Majefté, & même trois mois après qu'il aura été fupprimé.

Il eft encore ordonné, qu'après le premier Avril 1661 les fucres, tabacs & toutes autres marchandifes provénantes du crû de nos Colonies, n'en pourront être apportees en Europe, que dans les lieux de l'obéiffance de Sa Majefté où l'on fera obligé de débarquer lefd. marchandifes, fous peine de faifie & de confifcation. Les vaiffeaux qui partiront des Ports de Sa Majefté en Europe pour les Colonies d'Afie, d'Afrique & d'Amérique, feront tenus de donner caution dans le lieu de leur départ, de mille livres fterlings s'ils ne paffent pas

cent

cent tonneaux, & de deux mille livres sterlings si le vaisseau est d'une plus grande charge, qu'ils apporteront leur retour dans un Port des Etats de Sa Majesté ; lesdits vaisseaux en partant des Colonies pour l'Europe, seront tenus de passer une déclaration contenant la qualité & quantité de leur chargement pardevant le Gouverneur, avec l'obligation de les débarquer en Angleterre, & les Gouverneurs, après le premier de Janvier 1661 ; seront obligés d'envoyer des copies de ces déclarations aux Directeurs de la Douane de Londres ; ne pourront aussi lesdits Gouverneurs donner pratique à aucun vaisseau, qu'il n'ait fait apparoître qu'il est Anglois & conforme aux réglemens, & produit ses congés expédiés par les Officiers de Sa Majesté.

CHAPITRES XXXI & XXXII.

Du Territoire & du Commerce de la Hollande.

JE comprens sous le nom de Hollande les sept Provinces unies des Pays-Bas, & quelques districts du Brabant, de la Flandre & du Limbourg : cependant le total des possessions de cette République n'est pas plus étendu que le Royaume de Galice, faisant abstraction des possessions des Etats Généraux dans l'une & l'autre Inde.

Les habitans de la Hollande sont si habiles dans la Théorie du Commerce, & si industrieux dans la pratique, que malgré le peu d'étendue & l'aridité de leur pays ils sont seuls aujourd'hui plus de Commerce dans les quatre parties du monde, que les grandes puissances de France & d'Angleterre, jointes ensemble. Pour y parvenir ils se servent de principes différens de ceux des autres Nations. Ils se sont fait un plan conforme à la nature

& à la stérilité de leur pays. Cependant le Commerce
l'a peuplé au point, que quand même on cultiveroit
toute la surface, que l'on convertiroit en campagnes
fertiles l'espace qu'occupent les canaux, les grandes
rivieres, les bras de mer, les golfes, les marais, on
n'y recueilleroit pas de quoi nourrir les habitans. La
moitié de ce pays est en eau, ou en terres qui ne
peuvent rien produire, & il n'y en a gueres qu'un
quart de cultivé tous les ans; aussi plusieurs Ecrivains assurent que la récolte du pays suffit à peine au
quart de la consommation qui s'y fait.

On sçait que le climat est trop froid, & le terrain
trop aride ou trop humide pour y recueillir du vin, de
l'huile, de la soie, de la laine; aucune sorte de bois,
ni presque aucune des commodités qui sont plus ou
moins communes dans les autres pays. Il n'y a point
de mines d'or, d'argent, ni d'aucun métal qui puisse
faciliter les échanges; ainsi cette République n'a pu
prendre pour principe, comme les autres Etats, de vendre plus de ses denrées aux autres peuples qu'elle
n'achette des leurs. Car quoique la Hollande ait beaucoup d'excellentes Manufactures de laine, de soie, &
de lin, des pêches considérables dont elle fait un
Commerce très utile & très étendu, ces parties ne
peuvent balancer la quantité immense d'importations
étrangeres dont elle a besoin; sur-tout celles des
grains dont la disette est telle, qu'au raport de gens
dignes de foi, ils en tirent tous les ans de la Pologne
& du Nord jusqu'à huit millions de fanegues, tant
pour le pain & le biscuit, que pour la bierre & l'eau-
de-vie. Cependant ce peuple est si prévoyant, qu'outre
l'abondance des provisions qu'il rassemble pour ses
besoins, il a des magazins de blés considérables dont
il fournit toutes les Nations de l'Europe dans les années de disette.

Quand même chaque fanegue de grains ne coute-

roit que quinze réaux de veillon, ce feroit une importation de la valeur de huit millions de piaftres par an
pour cette feule néceffité, fans compter le prix du vin,
de l'huile, du fucre, du fel, des fruits fecs, des laines,
des foies, des chanvres, du poil de chevre & de chameau, de la poix, du goudron, du falpêtre, des canons,
balles, fufils & autres munitions de guerre ; des épiceries, des ingrédiens néceffaires à la teinture & à la
médecine ; de l'acier, du fer, du cuivre, de l'étain, du
plomb ; des forêts pour ainfi dire qu'on y tranfporte
de la Norwerge & d'ailleurs pour le fervice journalier,
la bâtiffe des maifons, la fabrique des tonneaux, la
conftruction des milliers de bâtimens grands ou petits
dont ils ont befoin au dedans & au dehors. Je ne
parle point d'une quantité d'autres befoins de la Hollande, & cependant on peut voir combien il lui faudroit de millions tous les ans pour les payer, fi elle
n'avoit un autre Commerce que celui de fes Manufactures & de fes Pêches. Il faut même obferver que
les Manufactures ne peuvent y être auffi utiles qu'elles
le font dans les autres pays, parce que les matieres premieres viennent du dehors, ainfi qu'une partie des chofes
qui fervent à la nourriture des ouvriers ; la valeur de
toutes ces importations fortiroit donc du pays, fi l'on
n'y remédioit par l'activité d'un Commerce plus étendu
que celui des autres Nations, & par des réglemens
convenables. Les Hollandois fe font établis les voitu-
riers de la mer ; ils ont affuré leur principal profit fur
le fret de leurs navires, achettant les denrées d'une
Nation pour les revendre à une autre après avoir fourni leur pays des chofes qui lui font néceffaires. Leur
patrie n'eft qu'un entrepôt pour leur Commerce, & un
Port franc qui fert à magaziner les productions des
quatre parties du monde jufqu'à ce qu'ils retournent
eux-mêmes les y répandre fuivant les circonftances.

En effet, ils diftribuent dans toute l'Europe, non

feulement les épiceries dont ils font les feuls propriétaires, mais encore toutes les marchandifes que le
Commerce immenfe de leur Compagnie des Indes leur
raporte des côtes de l'Afrique, de la Perfe, de l'Inde,
de la Chine, du Japon. L'Europe & l'Amérique en
font remplies, & les poffeffions Efpagnoles beaucoup
plus que les autres pays. Nous ne leur fourniffons que
des vivres ou des matieres premieres, dont le fuperflu
de leur confommation eft exporté par eux en Allemagne & dans le Nord de l'Europe ; le favon eft la feule
de nos Manufactures qu'ils faffent valoir.

La France, l'Angleterre & l'Italie, outre les productions de leurs terres, vendent aux Hollandois beaucoup de leurs Manufactures, qui par leur induftrie
font également revendues dans le Nord en Allemagne, à leur propre confommation près, & à ce qu'ils
en apportent en Efpagne. Ils nous vendent auffi des
cires & des cuirs qu'ils tirent de la Mofcovie ; leurs
poiffons, des toiles peintes, beaucoup d'autres marchandifes qu'ils tirent prefque toutes des Pays étrangers.
Ils fourniffent non feulement l'Efpagne, mais même
nos flottes fous des noms Efpagnols, de leurs propres productions & de celles des autres pays : mais ce n'eft encore
qu'une partie de leur Commerce avec nous, puifque par
la voie de Curaçao & de leur Colonie de Surinam fituée
en terre ferme de l'Amérique à fept dégrés de latitude,
ils introduifent en fraude dans nos poffeffions encore plus
de marchandifes, qu'ils ne le font par la voie de Cadix.

La Mofcovie, la Norwege, la Suede, le Dannemark
& l'Allemagne donnent en retour aux Hollandois, des
canons, des fufils & autres provifions de guerre ; de
l'acier, du cuivre, du plomb, du fer blanc, des cires,
des cuirs, du brai, de la réfine, du falpêtre, des
mâts, des merrains, des bois de charpente & de conftruction ; des pelleteries, des lins, des chanvres, des
toiles de Silefie, du froment, de l'orge, de l'avoine,

& généralement toutes leurs productions, que les Hollandois diſtribuent à tous les peuples par un Commerce direct ou indirect; de façon que l'on pourroit croire qu'ils ont entrepris l'approviſionnement général du monde, ſans être effraiés des riſques, des frais & de la longueur des navigations les plus reculées.

J'obſerve que, quoique la navigation des Hollandois aux Iſles du Japon le long des côtes de l'Europe, de l'Afrique & de l'Aſie, ſoit de plus de onze mille lieues d'aller & de retour; c'eſt-à-dire trois fois au moins plus conſidérable que les voyages entiers de nos flottes & de nos galions, l'ordre & la prévoyance de ce peuple ſont tels, qu'il part tous les ans de leurs Ports une flotte pour les Indes Orientales, & qu'ils en reçoivent une. Les Portugais ont coûtume d'envoyer & de recevoir chaque année pluſieurs flottes pour le Commerce qu'ils font dans leurs Indes Occidentales; & nous cependant qui avons des poſſeſſions plus riches, plus étendues, plus voiſines, nous avons le malheur de ne pouvoir chaque année envoyer une flotte à la Nouvelle Eſpagne, ni en recevoir une. Au contraire on a ſuſpendu en 1722 l'expédition de la flotte, quoiqu'on n'en eût point envoyé depuis deux ans, parce que l'on vouloit laiſſer un intervalle de trois ans entre une flotte & une autre. Les retards de nos galions ſont encore plus conſidérables.

J'avoue que je n'en puis deviner la raiſon; car à juger des choſes par ce que l'on voit, on pourroit dire que nous prenons un ſoin particulier de contrarier le Commerce des ſujets de Sa Majeſté en Amérique, & d'y faciliter celui des [a] Etrangers.

a Il faut obſerver que toutes les ſaiſons ne ſont pas également favorables pour naviger dans certaines mers, ſoit à cauſe des vents aliſés, ſoit à cauſe des coups de vent qui régnent dans quelques parages dans des tems réglés. A cela près, on conviendra aiſément que les convois ſont pernicieux, & que leur retard facilite toujours néceſſairement le commerce Etranger dans une colonie. Lorſque l'Auteur écrivoit en 1724, les vaiſ-

Quelques perſonnes répliquent qu'une de nos flottes en vaut deux des Hollandois & trois de celles des Portugais; quand même cela ſeroit vrai, ils auroient toujours l'avantage, puiſqu'ils reçoivent trois flottes contre nous une; & je ne vois pas pourquoi nous nous contenterions d'un bénéfice moindre, même égal, puiſque nos poſſeſſions ſont plus riches & plus étendues.

CHAPITRE XXXIII.

*Des cauſes du bon marché du fret ſur les Navires des Hollandois, & des raiſons qui les portent à entrepoſer chez eux les produ

 des autres pays avant de les diſtribuer en Europe.*

ON a vû que les productions de la Hollande ne ſuffiſoient pas à ſa ſubſiſtance & au payement des denrées qui lui ſont néceſſaires; ainſi elle a fondé l'utilité de ſon Commerce ſur le fret de ſes vaiſſeaux. C'eſt un genre de Commerce différent de celui qui ſe fait dans les autres Etats; il n'y a que Génes qui ſe trouvant dans la même diſette ſuit à peu près les mêmes principes.

Quelques perſonnes font d'abord cette reflexion, qu'il ſeroit avantageux pour les Hollandois & pour les peuples auxquels ils diſtribuent leurs achats, que le tranſport en fût fait immédiatement du pays où ils

---

ſeaux Eſpagnols n'avoient pas coutume de paſſer le détroit de Magellan; le Commerce avec le Pérou ne ſe faiſoit que par terre avec le Panama, & de-là par mer à Lima : aujourd'hui pluſieurs vaiſſeaux paſſent le détroit, & la Cour d'Eſpagne accorde autant de permiſſions que l'on en demande pour les navires de regiſtre : cela donne à ce commerce à peu près la forme de celui que nous faiſons dans nos Colonies.

achettent au pays de la confommation, fans faire les frais d'une décharge & d'une recharge en Hollande, & fans payer les droits de Douane quoiqu'affez médiocres. A quoi je réponds qu'il eft ordinairement plus avantageux pour toutes les Nations d'achetter leurs befoins en Hollande que de les tirer de la premiere main ; & que malgré les frais qu'occafionne l'entrepôt en Hollande, il eft plus commode aux Négocians de les y apporter pour les en faire fortir une feconde fois.

L'avantage des autres Nations à tirer de la Hollande confifte dans le bon marché où y font prefque toutes les marchandifes qu'on y tranfporte malgré les frais & les droits d'entrepôt ; car fi l'un dans l'autre ces frais vont à fix ou fept pour cent, le bénéfice que donne le bon marché du fret des Hollandois compenfe cette perte. Ce bon marché a deux caufes ; l'une eft l'étendue du Commerce des Hollandois, qui étant établi & continuel dans tout le monde, fournit toujours un fret affuré à leurs vaiffeaux foit pour aller foit pour revenir ; & comme la dépenfe du fret fe partage entre la marchandife exportée & la marchandife importée, il fe trouve réduit fur chacune à la moitié de ce qu'il couteroit fi l'on faifoit un armement pour un feul de ces objets. C'eft dans un de ces derniers cas que fe trouvent les autres peuples, parce que leur Commerce n'eft pas auffi étendu. La feconde caufe du bon marché que font les Hollandois fur prefque toutes les marchandifes qu'ils revendent, procéde du peu de monde qu'ils mettent fur leurs vaiffeaux ; de ce que les gages & la nourriture de leurs Matelots font à meilleur marché qu'ailleurs ; pour favorifer le fret, l'Etat affranchit de droits quelques-unes des denrées qui fervent à la navigation des fujets, & modère les droits fur quelques ^a autres.

---

a Il eft bon d'obferver que la conf- | fes, la légéreté de leurs manœuvres ; truction des embarcations Hollandoi- | exigent moins de monde ; qu'en don-

Outre les facilités que l'Etat apporte en Hollande pour le Commerce d'œconomie, il est encore des circonstances qui les favorisent. C'est de là qu'il faut tirer les épiceries dont cette Nation est seule en [a] possession ; & leur Compagnie des Indes est si puissante, que le Commerce des autres Compagnies dans l'Inde est peu de chose en comparaison du sien.

A l'égard de l'avantage que trouvent les Hollandois à apporter dans leur pays les marchandises des autres Etats plutôt que de les transporter à droiture à leur destination, il est aisé de le concevoir. Je suppose qu'un navire Hollandois parte des Ports Méridionaux de l'Europe chargé de vins, d'huiles, de fruits secs, d'eaux-de-vie & autres productions, il est avantageux pour lui d'en vendre ce qu'il pourra pour la consommation même de son pays, & aux Etrangers qui viennent y chercher leurs besoins : le surplus attend les saisons propres à la navigation du Nord, & l'on distribue sur chaque vaisseau les assortimens & les quantités qui lui sont nécessaires suivant sa destination ; distribution qui ne pourroit se faire sans cette escale. C'est la même chose pour les vaisseaux qui reviennent du Nord. Lorsque je dis que la Hollande fait le Commerce de toute l'Europe, je n'ai pas besoin d'avertir que j'entens seulement la plus grande partie, puisque l'on voit des vaisseaux Danois, Suedois, & ceux des villes Anséatiques dans les Ports Méridionaux, comme il en part du Midi pour le [b] Nord.

---

nant de l'emploi aux Matelots de toutes les Nations, ils en ont toujours un grand nombre, & à bon marché ; que l'on se sert en Hollande de machines, toutes les fois que l'on peut épargner le service des bras ; que les formalités pour l'expédition des chargemens, ne sont pas si coûteuses ni si embarrassantes que dans d'autres Etats. Toutes ces choses contribuent au bon marché de leur navigation.

a Les peuples qui ont des Isles à sucre, pourroient diminuer cette consommation chez eux & même en Europe. Outre que la culture des arbres à épiceries, n'est peut-être pas impossible ; ces Isles fournissent des Canneliers sauvages, des graines de bois d'inde dont l'usage seroit moins cher, & à peu de chose près aussi bon.

b La nécessité, sans doute, apprit la premiere aux Hollandois à tirer parti

CHAPITRE

CHAPITRES XXXIV. XXXV. XXXVI.

Suite des considérations sur le Commerce de la Hollande.

DANS la position où se trouve la Hollande, il falloit qu'elle fût en quelque façon un Port franc & un entrepôt général des marchandises étrangeres destinées pour les quatre Parties du monde ; car si les droits sur ces marchandises étrangeres eussent été aussi forts qu'il convient aux autres Etats de les imposer, les différens peuples eussent trouvé plus d'avantage à négocier entr'eux à droiture. Aussi les droits d'entrée & de sortie sont si modiques, que la plupart sont depuis deux jusqu'à cinq pour cent ; il y a même des ar-

de leur situation ; & l'ignorance où l'Europe a long-tems été des vrais principes du Commerce, a facilité l'établissement du leur : se trouvant beaucoup d'argent & une grande marine, lorsque les autres peuples se contentoient encore de fournir des échanges pour avoir leurs besoins, & regardoient comme un avantage de s'épargner les risques de la navigation, il falloit qu'on eût recours à eux. Lorsque la concurrence s'éleva ; étant plus riches en argent, en vaisseaux & en occasions, ils devoient avoir la préférence du transport & du prix des denrées : pour conserver cet avantage, il étoit essentiel que l'entrepôt de la Hollande ne renchérît pas trop les marchandises, & que l'Etat en chargeant de droits la consommation intérieure, facilitât l'exportation par des franchises; aussi à mesure que l'Etat s'est éloigné de ce dernier principe, on a vû son Commerce diminuer.

Un peuple occupé d'un grand Commerce intérieur & extérieur de ses propres productions, s'est senti la force d'interdire à toutes les Nations le Commerce d'économie dans ses ports : son Commerce & sa richesse ont augmenté de ce qu'ont perdu les Hollandois.

Ces deux exemples suffisent pour prouver que dans un Etat où il y auroit des entrepôts faciles, des ports francs, une grande masse d'argent, à bon marché, & une police qui faciliteroit le Commerce d'économie ; le commerce de luxe n'empêcheroit pas le premier, comme quelques personnes le croient ; la marine d'un Etat n'est même jamais si puissante, que lorsqu'il s'y applique. Mais il faut observer que jamais les Ports francs ne remplissent le but de leur institution, lorsqu'ils ont la liberté d'employer leur marine au commerce de luxe directement.

O

ticles qui font abfolument francs foit à l'entrée foit à la fortie ; d'autres payent jufqu'à huit, neuf & dix pour cent.

Cette police me conduit naturellement à une réflexion en faveur du Commerce de l'Efpagne, c'eft qu'il feroit très-avantageux pour elle, que les droits d'entrée & de fortie fur les denrées de l'Amérique fuffent modérés. Ces denrées viendroient en plus grande quantité; entre autres le cacao, le fucre, les cuirs, le tabac, les bois de conftruction. La modicité des Tarifs faciliteroit l'exportation du fuperflu, & priveroit les Etrangers de l'occafion d'aller les chercher eux-mêmes dans nos poffeffions, en leur ôtant le bénéfice qu'ils y trouvent actuellement. Cependant les fujets de Sa Majefté profiteroient du fret & des autres avantages du Commerce ; le Tréfor royal percevroit trois droits fur les mêmes marchandifes, à la fortie des Indes, à l'entrée en Efpagne, & à leur fortie : ces droits ne fuffent-ils que de deux & demi pour cent en chaque endroit, ee feroit toujours fept & demi pour cent que Sa Majefté retireroit de ce Commerce, fans compter le bénéfice qu'il occafionneroit à fes fujets. Les Portugais jouiffent en partie de cet avantage dans leur Commerce : ils font par eux-mêmes celui de leurs Colonies de l'une & l'autre Inde, & les Etrangers envoient des flottes entieres chercher dans leurs ports les marchandifes de leurs Colonies.

Pour revenir à la Hollande, il eft bon de remarquer qu'elle ne laiffe pas de pratiquer dans certains cas les fages maximes de France & d'Angleterre : les Manufactures étrangeres payent de plus gros droits que celles du pays : les matieres premieres payent moins à l'entrée qu'à la fortie, & plufieurs font abfolument franches.

Les épiceries, par exemple, qu'apportent leurs vaiffeaux payent un droit d'entrée médiocre, & font franches à la fortie. Les harengs dont ils font un commerce si considérable dans l'Europe, ne payent aucun droit d'entrée ni de sortie, lorsqu'ils proviennent de leurs pêches & qu'ils s'exportent par leurs propres navires : les huiles de baleine qui sont apportées par des navires étrangers payent le double des droits. Il est même des marchandises prohibées dans l'occasion. Enfin sans entrer dans le détail, les Hollandois ont pour principe de leur tarif, de faciliter l'entrée & l'emploi des matieres premieres dont ils manquent, suivant le besoin qu'ils en ont ; de favoriser l'économie du commerce, de la navigation, & l'exportation de tout le superflu de ce qu'il est permis d'importer chez eux.

Baudouin le Jeune, Comte de Flandres, contribua beaucoup au progrès du Commerce de ses sujets par les foires franches qu'il établit en 960 en divers lieux de ses Etats ; la franchise des étoffes qui s'y fabriquoient, engageoit tous les peuples voisins à les achetter, & pendant trois siecles qu'elle dura, ce Commerce s'accrut sans cesse. Mais les successeurs de Baudouin, ayant imposé des droits sur les Manufactures, les Ouvriers en draps & en toiles se souleverent, & après la cruelle sédition de Gand en 1301, beaucoup passerent dans le Brabant.

La même cause a détruit les Manufactures en Espagne, à cela près, que la fidélité des Ouvriers les a contenus dans le devoir.

Les Ducs de Brabant ne sçurent pas profiter des pertes des Comtes de Flandres, & peu d'années après l'établissement des Manufactures, ils y imposerent des tributs qui souleverent encore les Ouvriers en divers endroits, & sur-tout à Louvain, où il y eut du sang répandu. Ces rebelles se refugierent partie en Angleterre, partie en Hollande. C'est d'eux que les Anglois reçurent les premieres leçons de l'art de la Fabrique, car auparavant ils vendoient leurs laines aux Flamands, dont ils recevoient des draps en payement.

Outre les Ouvriers du Brabant qui paſſerent en Hollande, il s'y en établit beaucoup de ceux de Flandres, ſur-tout à Leyde où la Manufacture des draps s'eſt ſoutenue juſqu'à préſent dans une grande réputation, ainſi que celles d'Angleterre. Ces deux Etats pour conſerver une ſi riche acquiſition, ont eu la plus grande attention à ne pas exiger de gros droits de leurs Manufactures.

Les Pays-Bas Eſpagnols qui autrefois étoient le centre d'un grand commerce, n'en font preſqu'aucun aujourd'hui par la grande attention des Hollandois, ſur-tout la ville d'Amſterdam, à empêcher qu'il ne s'y rétabliſſe, principalement à Anvers. Lors de la Tréve de 1609, les Eſpagnols exigeoient que les droits impoſés ſur la navigation de l'Eſcaut & des autres rivieres fuſſent levés; jamais la Hollande n'y voulut conſentir, dans l'intention où elle étoit d'anéantir le Commerce de ces Provinces pour s'en emparer.

Ils ſe ſont au contraire donné de garde de laiſſer établir la moindre impoſition ſur la navigation de l'Elbe, du Wezer, du Rhin, de la Meuſe, & de l'Ems, par leſquelles ils ſe procurent un commerce très-utile & qui recule en quelque façon les limites de leur territoire.

Les Hollandois ont une Compagnie de Commerce, connue ſous le nom de Compagnie des Indes occidentales, dont le Commerce ſe fait avec les Colonies de [a] Surinam en Terre-ferme, & de l'iſle de [b] Curaçao. Les

---

[a] La Terre ferme eſt une vaſte région de l'Amérique, compriſe entre le deuxieme degré de latitude méridionale & le douzieme de latitude ſeptentrionale. Elle eſt bornée au nord & au levant par la mer du nord, au ſud par les terres des Amazones & le Perou; au couchant par la mer du ſud & par l'Iſthme de Panama qui l'attache à l'Amérique ſeptentrionale. Les Eſpagnols n'ont rien dans toute la partie du levant qui comprend le long des côtes, la Caribane, & la Guiané dans les terres; dans cette derniere eſt la Colonie & le Fort de Surinam au nord de Cayenne Colonie Françoiſe.

[b] Curaçao, une des Iſles ſous le vent, ſituée par les 12 degrés 40 minutes latitude nord avec une ville de ce nom où il y a un très-beau Port. Cette Colonie n'eſt conſidérable que par ſon Commerce interlope avec l'Eſpagnol, & toutes les autres Nations.

habitans de ces Colonies, & le Commerce que la Compagnie fait avec eux, ont de grands privileges; le droit de tonnage su r les vaiſſeaux qui y vont, n'eſt que de cinq réaux de plate pour aller, & autant au retour; & le droit de Douane ſur les marchandiſes qu'on y envoie ou qui en reviennent, eſt de deux & demi pour cent de la valeur.

En Eſpagne on paye trente à quarante piaſtres par chaque tonneau ſur les navires qui vont en flotte & en galions, & juſqu'à quatre-vingt pour les navires de permiſſion, ſans parler des droits que perçoit le *Séminaire* de Seville.

On porte dans ces Colonies une quantité immenſe de marchandiſes, & les Hollandois conviennent eux-mêmes que la plus grande partie s'en conſomme dans l'Amérique méridionale, par le commerce qu'ils font avec les Eſpagnols de Terre-ferme : ils en rapportent des ſucres, des caffés, des piaſtres.

Il y a en Hollande une Chambre érigée pour la conduite du Commerce d'Italie & des côtes de la Méditerranée. Les navires qu'on y employe ne peuvent être armés de moins de vingt à vingt-cinq pieces de canon, & de ſoixante à ſoixante-dix hommes d'équipage. On expédie tous les ans trois ou quatre flottes pour ces parages ſous le convoi de deux vaiſſeaux de guerre au moins de quarante à cinquante canons chacun. Ces vaiſſeaux vont de Port en Port le long des côtes d'Italie chargeant dans l'un pour revenir dans l'autre, & delà ils font route pour le Levant. Le tems que ces vaiſſeaux doivent reſter dans chaque Port eſt fixé avant le départ. Les vaiſſeaux deſtinés pour Veniſe n'ont pas coutume de faire d'autre eſcale, que dans la mer Adriatique.

Les vaiſſeaux qui partent de Hollande pour l'Occident, le Sud, & le Nord, ne payent que cinq ſols d'Hollande pour droit de tonnage à la ſortie, ce qui ne revient pas à un réal de plate, & dix fols au retour, & cela pour toute une année quand même ils feroient plufieurs voyages pendant fon cours. Les barques & les vaiffeaux qui vont à la pêche du hareng & de la baleine ne payent rien.

Une des plus riches branches du Commerce des Hollandois eft la pêche des morues, des merlus, des harengs, des faumons, des foles, & des baleines, particulierement celles de la morue & du hareng dont ils vendent pour de grandes fommes dans les pays catholiques. Auffi ont-ils pris beaucoup de précautions pour fe conferver ces deux pêches & le Commerce qui en réfulte : fur-tout ils ont grand foin de deffécher les harengs qui ne paroiffent pas de bonne qualité ; que le refte foit falé dans fon tems ; que le fel foit bon & qu'il y en ait affez ; que les barrils n'ayent aucune mauvaife odeur ; enfin ils préviennent tous les défauts qui pourroient diminuer la réputation & la vente ordinaire de cette denrée. Cette pêche employe communément tous les ans fur les côtes d'Angleterre jufqu'à trois mille barques & quinze mille pêcheurs. Les Hollandois vendent tous les ans autour de trois cens mille tonneaux de ce poiffon, ce qui, à deux cens florins le tonneau, feroit foixante quinze millions de livres & plus de vingt millions de piaftres. Les deux tiers de cette fomme font en pur bénéfice pour le pays, & l'autre tiers pour la dépenfe. Si l'on confidere que toutes ces barques, les cordages, les voiles, les tonneaux font de fabrique Hollandoife, que c'eft le Commerce qui y apporte les vivres & le fel néceffaire pour cette pêche, on verra le nombre incroyable d'hommes que la pêche feule y fait vivre, fans compter ceux qui font employés à en porter le produit dans les autres Etats. Pour encourager encore plus ce Commerce, les harengs de leur propre pêche ne payent rien à l'entrée & feulement trois à trois & demi pour cent à la fortie,

Les Manufactures de foie, de laine, de chanvre &
de lin y occupent encore une grande multitude d'hommes : les trois premieres matieres leur manquent, & ils
ne laissent pas de tirer des lins étrangers quoique leur
pays en fournisse abondamment.

L'Imprimerie est encore un des grands objets de
Commerce de la Hollande, à la conservation duquel
ils apportent beaucoup d'attention.

Une des causes qui a le plus contribué à faire fleurir
la navigation des Hollandois, est la facilité qu'ils ont
de voiturer par mer à meilleur marché que les autres
peuples ; & c'est le prix modique de leur fret qui les met
en état de vendre à meilleur marché que les autres Négocians. Aussi beaucoup d'Etrangers exportent-ils leurs denrées fur des vaisseaux Hollandois par la convenance du
fret, la facilité de les trouver, & la sureté des ef-
cortes qu'on donne à leurs flottes marchandes.

La maison d'Autriche prévoyant quelle perte ce feroit
pour la Hollande que celle du Commerce de la mer Baltique, essaya sous le Regne de Ferdinand II de détruire leur
domination dans ces mers ; ce fut envain ; les Hollandois s'y font maintenus malgré les diverses tentatives
qu'on a faites pour les en dépouiller. Une des maximes fondamentales de leur gouvernement est d'empêcher par toutes les voies possibles les vaisseaux du
Nord de fréquenter en trop grand nombre les Ports
du Ponent & du Midi ; & réciproquement, cette République située au milieu, ne consentira jamais que le
Commerce de l'Europe se fasse fans elle, & elle y
réussira, tant que ses sujets auront le secret de vendre
les marchandises étrangeres presque à aussi bon marché que fur les lieux mêmes où elles s'achettent.

La Hollande tire une grande quantité de graine de
lin de la Curlande ; une partie se vend en France
& en Flandres ; ces pays étant obligés de renouveller

cette graine[a] dans leurs terrains parce qu’elle y dégénere : le reste se convertit en huile. Outre le Ministre que les Hollandois ont toujours à la Porte, ils entretiennent des Consuls & des Vice-Consuls dans toutes les échelles du Levant pour protéger leurs Négocians & administrer la justice entr’eux.

CHAPITRE XXXVII.

Du Commerce des munitions de guerre en Hollande & dans les autres pays.

LEs Hollandois font un Commerce considérable d’armes & de munitions de guerre, qu’ils tirent de Suede & d’ailleurs, pour les revendre même aux peuples leurs voisins sans craindre qu’ils s’en servent contr’eux : ils sçavent que ces peuples les recevroient d’une autre main si ce n’étoit pas de la leur, & qu’ils se priveroient par une prohibition du bénéfice que leur procure ce Commerce. L’argent est la munition la plus sûre pour la victoire; avec celle-là on trouve toutes les autres ; on entretient de grandes armées par mer & par terre, on négocie les alliances, les amitiés, & l’on ne manque de rien de ce qui est nécessaire à sa conservation, même à la conquête. Il paroîtroit donc convenable de permettre sous des passeports l’extraction des armes & des munitions de guerre, lorsque les armées & les magazins du Roi en sont pourvus. Mais indépendamment des raisons que j’ai alléguées, nous en avons une autre très-sensible dans la permission que

a Cette graine qui se convertit en huile en Hollande, est la nôtre ; nous n’avons pas un seul moulin en France pour la fabriquer.

nous

nous accordons aux Etrangers d'acheter nos fers de ᵃ Cantabrie si propres à la fabrication des armes & à d'autres usages : ils profitent même de la franchise dont jouissent ces Provinces pour la sortie de leurs productions. Ainsi ils nous donnent ordinairement quatre piastres pour la valeur d'un quintal de fer qui est dans ces Provinces de cent cinquante livres, tandis que si nous leur vendions cette même quantité de métal ouvragé en armes blanches, en armes à feu, ou en quincaillerie, elle nous seroit payée plus de seize piastres ; de façon qu'en supposant que nous leur vendons tous les ans pour trois cens mille piastres de fer, si nous le manufacturions en armes ou en autres ustenciles, nous en retirerions plus de douze cens mille piastres ; profit considérable pour les sujets & le commerce d'Espagne.

Ce ne seroit pas le seul avantage qui en résulteroit pour cette Monarchie ; mais je n'en citerai qu'un, ce seroit l'augmentation du nombre des forges & des ouvriers dont le service du Roi même peut avoir besoin. Il se fabrique aujourd'hui dans la Cantabrie & en Catalogne dix-huit ou vingt mille fusils par an, & quelques armes blanches pour la fourniture & le remplacement des troupes & des arcenaux tant d'Europe que d'Afrique & des Indes : il est à croire que le nombre des ouvriers qui y travaillent est proportionné à la consommation & à l'ouvrage que fournit le pays ; par conséquent dans un cas extraordinaire où le Roi auroit besoin d'une double quantité d'armes, il ne se trouveroit pas assez d'ouvriers pour les fabriquer. Si au contraire l'extraction des armes étoit permise sous un passe-port, leur fabrique employeroit plus d'hommes ; elle se perfectionneroit par la concurrence ; & le Roi dans une circonstance urgente, les faisant

ᵃ *Cantabrie*, nom donné à une étendue de pays considérable autrefois, | restraint aujourd'hui à la côte de Biscaye.

P

travailler uniquement pour lui, s'affureroit la quantité de munitions qui lui feroit néceffaire. Ses fournitures étant complettes, il paroît que même en tems de guerre, on pourroit fuivant l'abondance des munitions, en permettre la fortie fous les réferves & les modifications que la prudence dicteroit, & qu'employent les autres Etats. La feule exclufion que l'on pourroit donner feroit contre les infideles & les amis dont on fe défie ; mais je ne prononcerai pas fur cet article délicat & oppofé à nos loix, quoique portées dans un tems où la fituation de la Monarchie étoit bien différente par le féjour des Maures dans plufieurs de fes Provinces. Ma réflexion cependant eft appuyée par le contrat actuel qui a été fait pour la fonte de l'Artillerie & autres ouvrages, dans les atteliers de Lierganes & de Cabada ; il y eft expreffément ftipulé que toutes les fois que Sa Majefté n'aura pas befoin de toute l'Artillerie qui fe fabriquera, l'Entrepreneur obtiendra la permiffion du Roi, du Grand-Maître, ou du Miniftre que cela regarde, d'en vendre aux fujets & aux Alliés de cette Couronne, avec les balles afforties au qualibre, ainfi que cela avoit été accordé dans les contrats précédens..

CHAPITRE XXXVIII.

*Des causes du pouvoir & de la richesse immense
de la Compagnie des Indes orientales de Hollande,
de la chûte de celles des autres Etats, & des
dangers que court celle qu'on établit à* ª *Ostende.*

UNE des causes qui ont rendu la Compagnie des
Indes orientales de Hollande, la plus riche & la
plus puissante de toutes celles qui se sont établies,
c'est sa souveraineté absolue, tant dans sa direction,
que dans ses ports, ses comptoirs & ses colonies de
l'Inde. Elle y nomme encore elle-même les Magistrats,
les Amiraux, les Généraux & les Gouverneurs : elle envoye & reçoit des Ambassadeurs, fait la paix ou la guerre
quand il lui plaît, administre la justice sans appel &
en son nom, punit ou récompense, bat monnoie à son
coin, leve des troupes, construit des forts ; enfin,
quoique les Etats-Généraux conservent le droit de souveraineté, on peut dire qu'ils en laissent l'exercice à la
Compagnie. Ces grands priviléges furent nécessaires à
l'établissement de ce grand Commerce, & le sont encore à sa conservation ; c'est même la récompense des
risques, des pertes, & des dépenses qu'ont essuyés les
Intéressés : cependant ils auroient de grands inconvéniens dans une Monarchie. Tout essentiels qu'ils sont
pour une pareille Compagnie, il seroit difficile d'accorder à des particuliers un droit de Commerce exclusif
dans ces Provinces dont leur Souverain est en possession ;
celui de conquerir, d'établir des Colonies & des Commerces étrangers, sur-tout si ces établissemens sont aussi
étendus & peuvent porter ombrage à d'autres ᵇ Puissances.

a Son octroi étoit du 19 Décembre
1722, & l'Auteur écrivoit en 1724.

b L'expérience prouve que ce n'est
point la nature du gouvernement qui

A ces confidérations, il faut joindre l'atteinte que plufieurs de ces Compagnies ont donnée à leur crédit : comme cela eft arrivé en France à la Compagnie connue fous le nom de Mififfipi, dans laquelle étoient refondues les anciennes Compagnies d'orient & d'occident, avec de nouveaux privileges : l'ancienne Compagnie du Sud en Angleterre a eu les mêmes révolutions. L'une & l'autre ont tombé, & ont enfeveli quantité de malheureux fous leurs ruines, après avoir porté leurs efpérances jufqu'à la folie, par l'extrême légéreté du plus grand nombre, l'avare cupidité des uns, & l'habile méchanceté des autres. Plufieurs autres Compagnies moins confidérables & moins fameufes ont effuyé les mêmes revers en plufieurs endroits du Nord de l'Europe, furtout en France & en Angleterre. Les caufes de leurs défaftres ont toujours été, ou leurs mauvais fondemens, ou l'abus que les Directeurs & les Facteurs de ces Compagnies ont fait du gouvernement & de la manutention qui leur étoient [a] confiés. On pourroit compter en France plus de trente Compagnies qui fe font écrafées en divers tems, & fur divers objets.

Dans les Provinces de Flandres & de Brabant poffédées aujourd'hui par la Maifon d'Autriche, on acheve

nuit au progrès d'une pareille Compagnie. Qù'il eft aifé d'allier l'indépendance, en fait de Commerce, avec les droits de la fouveraineté. Peut-être même l'indépendance dans la juftice eft-elle très-contraire au bien d'un pareil établiffement ; les concuffions, la tyrannie en feroient une fuite néceffaire, & l'état des fujets feroit fi malheureux, qu'il faudroit prendre des précautions contr'eux autant que contre les ennemis. La fouveraineté qui n'exerce que fa protection avec une Compagnie de Commerce, affure fes progrès contre les puiffances jaloufes, & ne peut donner atteinte à fon crédit. L'Auteur eft plus heureux dans les autres caufes de décadence qu'il rapporte, & ces caufes mêmes prouvent la néceffité d'un tribunal fupérieur, qui juge rigoureufement les procédés des Gouverneurs & des Confeils établis dans les colonies.

a L'Auteur pourroit ajouter à ces caufes, l'ambition & la précipitation avec lefquelles on pouffe ordinairement ces fortes d'établiffemens ; celles de faire des répartitions & de montrer des profits, d'où il réfulte qu'une partie des travaux eft abandonnée avant d'avoir pû les finir ; la dépenfe en eft perdue lorfqu'on veut les reprendre, & de beaucoup d'établiffemens, aucun n'a un fondement folide.

d'établir une Compagnie pour le Commerce des Indes Orientales avec un fond d'entrée de six millions de florins qui font plus de deux millions & demi de piaftres. Les efpérances font grandes, mais je crains que ces heureux fuccès & même les capitaux ne s'évanouiffent en fumée ; ce feroit un fort bien trifte, & que ne méritent certainement pas la bonne foi, la candeur avec laquelle ces peuples fe font portés à faire les avances d'une entreprife fi difficile. Mais je trouve qu'ils fe font comportés avec plus de zele que de prudence. Ils n'ont pas réfléchi qu'outre le rifque ordinaire attaché à une navigation fi étendue, fi éloignée, les frais immenfes d'un établiffement fi confidérable, ils fe trouvent expofés à l'animofité des Hollandois, dont la puiffance formidable eft fi voifine, mais qui les troubleroient encore plus furement dans l'Inde, où ils ont fçu par leur induftrie, leurs alliances, leurs forces, fe conferver la fupériorité fur les Anglois, les Portugais & les autres nations Européennes qui y trafiquent. Les Hollandois y font eux feuls plus de commerce que tous les autres peuples enfemble ; & ils ont donné la loi aux Anglois mêmes en 1662, en terminant par une paix honorable & très-avantageufe à leur Compagnie des Indes Orientales, une guerre fanglante qu'avoient excitée leurs jaloufies mutuelles de commerce. Ainfi pour peu que l'on raifonne fur l'avenir par le paffé, il y a apparence que la Compagnie d'Oftende périra par les difficultés mêmes attachées à fon entreprife, ou par les efforts que feront les Hollandois pour l'écrafer : ils y travailleront d'abord par la voie des négociations publiques & fecrettes, & s'il le faut enfin par la force des armes. Il ne reftera donc aux Flamands que l'efpérance de voir l'Angleterre & la France ouvrir les yeux fur leurs véritables intérêts ; [a] ces deux Etats qui s'oppofent actuel ·

---

[a] L'Auteur écrivant en 1724 a fait une prédiction jufte, & que les régles du bon fens devoient indiquer: mais quant au fecours qu'il fuppofe que l'Angle-

lement au progrès de la Compagnie d'Oſtende ſont intéreſſés ainſi que le Portugal à la protéger par cette grande maxime d'Etat qui conſeille aux peuples de diminuer pour leur propre conſervation le pouvoir de ceux qui aſpirent à la Monarchie univerſelle. Quoique la puiſſance de la Hollande en Europe ne ſoit pas formidable pour ces Puiſſances, elle ne laiſſe pas d'uſurper une eſpece de monarchie univerſelle depuis l'Arabie juſqu'au Japon; & en fait de Commerce, elle fait en quelque façon la loi à la plupart des Puiſſances de l'Europe. Outre que cette ſujettion leur eſt peu honorable, elle eſt fort nuiſible à leurs intérêts; puiſque dans ces contrées les Hollandois après avoir fondé leur empire ſur les dépouilles des Portugais, ont reſſerré dans des limites fort étroites le Commerce des François & des Anglois. Il paroît donc que ces nations doivent ſe réunir pour favoriſer une Compagnie qui fera diverſion contre leur ennemi commun.

Quoique cette digreſſion paroiſſe d'abord étrangere à mon ſujet, pour peu que l'on réfléchiſſe ſur l'avantage que nous aurions à négocier dans l'Inde, en allant aux Philippines par la Nouvelle Eſpagne, ou à droiture le long des côtes d'Afrique, on verra combien il nous importe qu'il n'y ait dans ces mers aucune Puiſſance

terre & la France devoient prêter en bonne politique à la Compagnie d'Oſtende, il parle, comme on le faiſoit alors à Madrid. Le Traité de Vienne étoit un enchantement, & ſon preſtige répandu ſur tous les eſprits leur laiſſoit auſſi peu entrevoir les véritables intérêts des Etrangers que les leurs propres. C'eût été diminuer le Commerce de chaque Nation dans l'Inde que d'y appeller de noûveaux concurrens; & les jalouſies qui ne pourroient manquer de ſurvenir, euſſent offert à l'ennemi commun une occaſion de plus d'accabler facilement les uns par les autres. Le conſeil le plus naturel paroît donc de repréſenter aux François & aux Anglois, que leurs diviſions dans l'Inde ſont utiles au Commerce de la Hollande, & que tant que les uns & les autres y ſeront inférieurs à une troiſieme puiſſance, c'eſt contre celle-là qu'ils doivent employer leur activité. D'ailleurs, quand même il eût été de l'intérêt de la France de favoriſer la Compagnie d'Oſtende, ſon attachement aux Traités & à la bonne foi ne lui euſſent pas permis de ſe ſéparer des Hollandois.

defpotique en état de traverfer les opérations que nous
avons droit d'y faire.

CHAPITRE XXXIX.

*De la difficulté & des inconvéniens qu'il y auroit à
établir, & à conferver en Efpagne des
Compagnies de Commerce.*

QUOIQUE le Commerce de Hollande foit l'objet de cette partie de mon ouvrage, la matiere
me conduit fi naturellement à parler des Compagnies
de Commerce, que je vais quitter un inftant de vûe
celles de la Hollande pour parler des inconvéniens auxquels elles feroient fujettes en Efpagne.

J'entends beaucoup de perfonnes fouhaiter que notre
Commerce dans le nouveau monde fût confié à une
Compagnie, ce qui feroit en accorder le monopole à
quelques particuliers : j'ai vû même des projets manuf-
crits pour le plan & l'adminiftration de cet établiffement. Je crois qu'il nous feroit beaucoup plus ruineux qu'utile, tant parce qu'il me femble impoffible
d'accorder à cette Compagnie l'autorité prefque fouveraine que la Hollande accorde à celle des Indes ; que
parce que la vivacité de la nation ne fe ployeroit jamais aux lenteurs des mefures qu'exige la folidité d'un
pareil établiffement, ni à celle du bénéfice, parce que
dans les premieres années les dépenfes néceffaires excédent toujours les profits. a Mon fentiment eft con-

a L'Amérique Efpagnole eft interdite
à toutes les autres Nations, comme
le doit être toute colonie ; fa propriété
eft affurée, elle fe garde par fes propres forces ; le Roi d'Efpagne y entretient des troupes & des forts : perfonne ne feroit en droit d'y partager le
Commerce d'une Compagnie, elle feroit protégée par le Prince, ainfi elle
n'auroit pas befoin d'être guerriere ;
dès lors d'être fouveraine : ce n'eft
donc pas cette raifon qui devroit la

firmé par le mauvais succès de la Compagnie qui se forma en 1714 pour le Commerce des Hondures; par la confusion & les autres malheurs survenus peu auparavant dans les affaires de la Compagnie des Vivres; il paroît que cette derniere n'a encore pu jusqu'à présent liquider ses comptes, & que les intéressés ignorent leur sort, quoique toutes les apparences les menacent d'une grande perte, moins à cause des prises que par le peu d'ordre & de concert dans l'administration. Ainsi le succès des Compagnies étant lent, difficile & douteux, je crois que ce reméde est insuffisant à nos maux. J'ajouterai que l'utilité du Commerce ne procédera point de la forme dans laquelle il se fera : que ce soit par une Compagnie, par des flottes réglées, ou librement par tous les sujets du Roi qui voudront l'entreprendre, ce n'est point là l'objet immédiat; c'est de faire ce Commerce avec le plus de propres denrées que nous pourrons. C'est par là que nous augmenterons véritablement nos richesses & que nous les conserverons dans notre pays. Quand même une Compagnie exclusive feroit en Espagne le Commerce de nos Colonies; si elle tiroit des Etrangers la matiere de son Commerce, quelque étendu, quelque riche qu'il fût, ce seroient toujours les Etrangers qui emporteroient la majeure partie de son bénéfice, & notre argent passeroit nécessairement chez eux pour payer leurs denrées,

proscrire; les autres sont sans réplique, & l'on pourroit en ajouter de plus fortes encore. L'Inde au contraire est un pays ouvert à tous les Navigans, ses Souverains ont intérêt de faire leur Commerce avec toutes les Nations d'Europe. Mais ceux des Européens qui veulent se le rendre exclusif ou du moins s'y défendre contre les jalousies des autres peuples, doivent s'y mettre en force, avoir des vaisseaux de défense, des places fortes, des troupes pour y soutenir leurs opérations de Commerce, pour forcer même quelquefois les naturels du pays de les respecter, ou pour les protéger contre la violence de leurs ennemis communs. Ce systême une fois établi par une Nation, il a fallu que les autres le suivissent pour avoir les mêmes avantages; il ne pouvoit être exécuté qu'aux dépens de l'Etat ce qui eût alors rendu le Commerce libre; ou aux dépens d'une Compagnie, ce qui le rendoit nécessairement exclusif.

Il revient au même que ce commerce se fasse par une Compagnie d'Actionnaires ou par des particuliers qui sans être associés se soumettent aux régles d'une flotte: les uns ni les autres n'en consommeront pas plus de nos manufactures, & ne cesseront pas de recourir au meilleur marché comme tous les négocians du monde. Quand même on conviendroit avec cette Compagnie que tous ses chargemens seroient de marchandises d'Espagne, il est si contraire au droit naturel d'obliger quelqu'un d'achetter cher ce qu'on lui offre ailleurs à bon marché, qu'il est à craindre que cette clause ne demeurât sans exécution dans les chargemens; sur-tout dans la pratique où l'on est de les vérifier au Palme[a] sans reconnoître la qualité ni la quantité des marchandises de chaque caisse. Des négocians intelligens & de bonne foi assurent, ainsi que les commis préposés, que la visite exacte en seroit très-préjudiciable aux étoffes, & d'un embarras considérable. D'ailleurs tant que les marchandises étrangeres seront à meilleur marché que celles d'Espagne par l'excès des droits de sortie qui sont imposés sur les nôtres, les autres nations seront sures d'avoir la préférence de leurs manufactures dans nos Indes en les y portant, soit par Cadix, soit en interlope à droiture, ou à la faveur du voisinage de leurs Colonies. Ainsi tous les raisonnemens se réduiront toujours au rétablissement de nos manufactures, si nous voulons faire un commerce utile.

Quelques-uns de ceux qui croyent utile le projet d'une Compagnie s'appuient sur cette supposition, qu'une Compagnie employeroit plus de fonds dans ce commerce & l'étendroit davantage : mais je pense tout le contraire. On sçait que lorsqu'il se forme une société de Commerce quelconque, les fonds qui doivent y être employés sont déterminés & fixés par l'acte d'association ; & que la mise de ces fonds se fait par por-

[a] Les droits & le fret se perçoivent à tant par palmes cubiques.

Q

tions qu'on appelle actions ; on fixe un tems pendant
lequel ceux qui veulent prendre de ces actions se font
inscrire sur les livres, & y signent une obligation d'en
apporter l'argent au terme indiqué. Lorsque les fonds
sont en caisse on arrête les livres de souscription, & le
Commerce se trouve exclusif au nombre d'actionnaires
qui ont déboursé les fonds de la Compagnie ; la perte
ou le profit se repartissent sur chaque action, & personne n'est admis à s'intéresser à ce Commerce pendant
le cours de l'association ; par conséquent le capital ne
peut être augmenté, ni le Commerce recevoir d'accroissement. a Ordinairement les entreprises des premieres
années ne sont pas lucratives ; il est nécessaire de dé-
penser quelquefois la moitié ou les deux tiers du capital en constructions, armemens, avitaillemens de vaisseaux, en gages d'Officiers, de Matelots, d'Employés
& autres ; il faut des établissemens de magasins, de forts,
des transports de troupes, d'artillerie, enfin une quantité de dépenses préliminaires : cependant il reste peu
de fonds pour l'achat des marchandises qui font le
profit ou la perte du Commerce.

Si les années suivantes sont heureuses, le bénéfice en
est du moins fort lent. Au lieu que lorsque le Commerce est libre sous la protection du Souverain, chaque
sujet peut le faire ou s'y intéresser dès qu'il a de l'argent ou des denrées : ceux qui ne sont pas en état une année de s'intéresser dans le Commerce le font dans une
autre ; ce qu'ils ne peuvent faire avec une Compagnie
exclusive & qui n'admet point de nouveaux associés
lorsque le nombre fixé en est rempli. Les propriétaires
des denrées & des marchandises n'auroient donc que la
ressource de vendre à cette Compagnie qui seroit maî-
tresse du prix, & dans laquelle on ne pourroit pas empêcher que beaucoup d'Etrangers ne fussent intéressés,

a C'est en conséquence de ce principe | accordé de privilege perpétuel à aucune
évident que l'Angleterre n'a jamais | Compagnie.

tandis que les sujets de l'Etat seroient privés du bénéfice de ce Commerce : une pareille police est très-opposée aux véritables maximes d'Etat.

Une nouvelle preuve que l'argent est plus abondant dans le Commerce, lorsqu'il est libre, c'est qu'en 1720, la flotte qui partit pour la Nouvelle-Espagne, portoit pour dix millions de piastres de marchandises, au prorata de ce que rendirent les droits de la Douane : & comme en pareille circonstance, la précipitation, l'embarras des chargemens couvrent une infinité de fraudes & d'abus ; on peut hardiment évaluer à deux millions de piastres ce qui ne fut pas enregistré, sans compter les graces qu'on fait des droits aux Religieux, aux Missionnaires & autres ; ce qui fait au moins une valeur de douze millions de piastres. On sçait que les autres flottes ont eu ordinairement à peu près la même valeur , & aucune en Europe n'a sorti avec autant de richesses.

Ce n'est donc pas tant de l'étendue de notre Commerce dont nous pouvons nous plaindre, que de son peu d'utilité ; parce que nos vaisseaux ne sont chargés que de marchandises étrangeres.

CHAPITRE XL.

Autres observations sur la Compagnie Hollandoise des Indes Orientales.

LA Compagnie des Indes Orientales en Hollande, au milieu de ses succès & de ses richesses ne laisse pas d'essuyer quelquefois des disgraces, par la fraude & les malversations des Régisseurs. Elle ne pourroit même supporter ces pertes & l'augmentation de ses dépenses sans l'immensité de ses trésors, qui sont tels qu'aucune Nation jusqu'à présent n'en a possédé, ou

ne peut vraifemblablement en amaffer de pareils. Je transcrirai fur cet article ce que dit l'Auteur d'un livre déja cité intitulé *le Commerce de Hollande*. « Il eft aifé de
» juger que le Commerce des Indes, eft d'un bénéfice
» immenfe pour la Compagnie de Hollande, puifque
» outre les répartitions annuelles, il fournit encore aux
» frais exorbitans que la Compagnie eft obligée de faire
» dans les Indes & en Europe pour la paye de fes
» Officiers, Directeurs, Agens, Employés, Soldats,
» Matelots; pour les fortifications, les munitions des
» Places qu'elle occupe, la conftruction, & l'avitaille-
» ment d'un grand nombre de navires, pour la confer-
» vation & l'aggrandiffement de fes forces maritimes.

» Ce profit net, toutes charges déduites, monte cha-
» que année à trois millions d'or, y compris la valeur
» des retours, ce qui fait environ cinquante millions
» de livres. De fi belles moiffons inviterent les François
» à les partager en 1664, mais l'expérience prouva que
» ce qui eft bon pour les Hollandois ne l'eft pas tou-
» jours pour les autres. En effet ce Commerce qui a fi
» fort enrichi les Hollandois, parce qu'ils font maîtres
» des Ifles à épiceries, n'eft pas avantageux à un Etat,
» ni à fes fujets, lorfqu'il faut achetter en argent réel ces
» marchandifes de la feconde main, rencheries d'un
» profit de vingt pour cent, ou prendre des étoffes qui dé-
» truiroient les propres Manufactures du pays. C'eft pré-
» cifément ce qui eft arrivé en France; & dès que les
» toiles peintes y ont été prohibées, on y a vû revivre
» les [a] Manufactures.

» Pour revenir à ce qui regarde la Hollande, les
» profits de la Compagnie feroient beaucoup plus con-
» fidérables, fi elle étoit fervie dans l'Inde avec l'exactitude
» & la fidélité néceffaires : elle eft bien perfuadée que fes

---

[a] Tout le monde convient que le Commerce de l'Inde eft ruineux en lui-même; le luxe feul l'a rendu utile, & il étoit important de ne pas laiffer aux Etrangers le profit de notre confommation.

,, Officiers & fes Agens, tant grands que petits, quoi-
,, que très-bien payés ne laiffent pas de faire des fortu-
,, nes confidérables au préjudice de fes intérêts ; ce qu'il
,, eft aifé de reconnoître par tous ceux qui reviennent
,, de l'Inde, fur-tout s'ils ont eu quelque autorité ou quel-
,, que adminiftration.

,, Quelque grande que foit la diftance des lieux, il
,, ne feroit pas impoffible de réformer une partie des
,, abus qui s'y commettent par les Officiers de la Com-
,, pagnie. Mais la plupart font parens, alliés, ou créa-
,, tures des Directeurs ; c'eft ce qui fait qu'on les choi-
,, fit ordinairement incapables des emplois qui leur font
,, confiés, & que l'on n'exige pas d'eux un compte ri-
,, goureux : il eft même des gens qui prétendent que
,, les Directeurs protégent leurs malverfations par un in-
,, térêt perfonnel.

,, Les Officiers de la Compagnie en Europe ne font
,, pas moins avides que ceux de l'Inde, & l'on a lieu de
,, croire que les Directeurs chargés des achats, ou de
,, l'armement & de l'avitaillement des vaiffeaux ; enfin,
,, tous ceux qui y ont quelque adminiftration, augmen-
,, tent confidérablement leurs fortunes & leurs falaires.
,, Rien cependant ne nuit davantage à la bonne éco-
,, nomie de la Compagnie que le choix que l'on fait des
,, Directeurs dans le corps des Magiftrats, quoique par
,, les ftatuts de l'établiffement ils doivent tous être pris
,, parmi les Négocians fans aucun emploi dans le gou-
,, vernement général ou particulier de l'Etat. Malgré
,, ce réglement, dès qu'il vaque une place de Direc-
,, teur, les Magiftrats employent les plus fortes brigues
,, pour l'occuper, afin d'avoir les gages & l'autorité an-
,, nexés à cette place. De dix-fept places dont la ville
,, d'Amfterdam difpofe, ces Meffieurs en occupent
,, douze ; & comme ils ont d'ailleurs des affaires capa-
,, bles de les occuper, ils ne peuvent apporter leurs foins
,, à celles de la Compagnie. Les autres intéreffés mur-

» murent fans cefte contre ces abus fans que l'on y
» remédie.

J'ai cru devoir m'étendre fur ce fujet, parce qu'il eft important en lui-même, & que j'ai plufieurs fois remarqué dans nos Miniftres un defir de voir parmi nous une pareille Compagnie : je ferois bien fâché de voir employer à de mauvaifes entreprifes, l'attention, le tems & l'argent que nous pouvons donner à des difpofitions plus utiles & plus fures.

CHAPITRE XLI.

Des occafions où les Compagnies exclufives peuvent être utiles & même néceffaires ; des grands Commerces que les François & les Hollandois font fans Compagnies.

JE conçois que la régle générale que j'ai établie dans les chapitres précédens contre les Compagnies exclufives peut fouffrir quelques exceptions ; par exemple lorfque le Souverain n'a pas de poffeffions dans des lieux très-éloignés où l'on veut trafiquer, ni de vaiffeaux pour efcorter les navires marchands ; ou lorfqu'il ne juge pas à propos d'employer fes forces navales à une navigation éloignée pour protéger un Commerce fort hazardeux. Alors il faut que les particuliers qui veulent l'entreprendre fe réuniffent & forment un fond de plufieurs millions pour faire les frais de l'armement des vaiffeaux, des levées de Matelots, de Soldats, de leur avitaillement, de l'établiffement des colonies, du tranfport des familles, des fortifications comme ont fait les Compagnies des Indes en Hollande & ailleurs. Mais le commerce de la Nouvelle Efpagne n'a pas befoin de ces avances : le Roi emploie fes forces navales, à efcorter les vaiffeaux de fes fujets ; ce qui exerce fa marine même en tems de paix.

Cette dépenfe eft compenfée par l'utilité du fret, outre les grandes fommes que retire le Tréfor Royal des Douanes de l'Amérique & de l'Efpagne, & de la circulation des denrées. A l'abri de cette protection, le Commerce n'a aucune dépenfe de confervation à faire dans nos Colonies qui font établies par l'Etat, fortifiées par lui, gardées par fes foldats ; enfin il n'y a aucune raifon qui puiffe y favorifer une Compagnie exclufive.

La feule que nous pourrions permettre fans inconvénient, feroit pour établir une navigation & un commerce dans les Indes Orientales en cotoyant l'Afrique comme quelques Négocians ont projetté de le faire à leurs frais : ce Commerce feroit protégé dans l'Inde par les Ifles Philippines ; mais Sa Majefté ne hazarderoit pas fa marine & fes revenus dans une navigation fi éloignée & d'un fuccès auffi douteux que celle-ci pourroit l'être. En ce cas les intéreffés feroient fagement de prévenir autant qu'il dépendroit d'eux les inconvéniens dont j'ai parlé : & il conviendroit que ce Commerce fût réglé de façon à ne pas contrevenir aux traités, & à ne point nuire aux manufactures d'Efpagne. Après ces précautions le Gouvernement feroit bien de favorifer la Compagnie.

Il eft bon d'obferver que la majeure partie du grand commerce que font les François eft libre pour le compte & le rifque de qui veut l'entreprendre. Les autres branches confiderables du commerce de Hollande font également libres, & quoique celui du Levant & d'Italie foit foumis aux réglemens d'une Chambre particuliere, ce n'eft point par affociation qu'il fe fait ; chacun peut s'y intéreffer en fe foumettant aux décifions de la Chambre, ou s'en retirer fi elles ne lui conviennent pas. C'eft ainfi que nos flottes & nos ga-

lions navigent fous l'ordre du Commandant Général,
& conformément à l'inftruction qu'il a reçue ; mais chacun y a fes rifques indépendans.

CHAPITRES XLII. XLIII.*

*Des Tarifs d'Efpagne & des Réglemens en faveur du
Commerce , jufqu'au régne de Philippe V.*

APRÈS avoir rendu compte des difpofitions que
les Gouvernemens de France , d'Angleterre & de
Hollande ont faites faveur du Commerce , je voudrois bien pouvoir citer celles de l'Efpagne ; mais
quoiqu'en divers tems plufieurs de nos Rois ayent
donné des réglemens en fa faveur , ils n'ont ni l'étendue ni la force que la nouvelle politique a donné à ceux
des autres Nations dans la partie effentielle des Tarifs
des Douanes , pour faciliter la confommation de leurs
denrées. J'appelle cette politique nouvelle , parce que
les Puiffances dont le Commerce eft aujourd'hui le
plus floriffant , portoient autrefois peu d'attention à
cette partie : leur négligence étoit peu préjudiciable
dans un tems où elle étoit générale , où perfonne n'é-
toit affez clairvoyant pour profiter du malheur d'autrui ; mais le dix-feptieme fiécle ayant ouvert les yeux
des François , des Anglois & des Hollandois , ils ont
réformé chez eux tout ce qui n'étoit pas convenable
au progrès de leurs manufactures & de leur navigation. Nous feuls avons confervé nos anciennes maximes qui font prefque toutes oppofées au Commerce
utile , eu égard à la conduite des autres Etats. Les changemens dont les étrangers nous fourniffent l'exemple,
peuvent feuls nous fouftraire aux malheurs qui nous
environnent.

Je

Je crois que fi les véritables maximes d'Etat ont fait des progrès fi lents en Efpagne, ce n'eft qu'au malheur des tems qu'il le faut attribuer : notre Nation ne le cede à aucune autre pour le zéle envers fes Rois & fa Patrie ; elle eft propre à tous les Arts, fi nous en croyons les Hiftoires anciennes & modernes, & même nos ennemis. C'eft un grand motif pour moi d'efpérer que nous réparerons le tems perdu, & que tous concourreront à profiter des douceurs de la paix pour faire fleurir le Commerce ; la protection particuliere dont l'honore notre Glorieux Monarque nous y invite.

Avant de parler des Loix qu'il nous a données à ce fujet, je dirai un mot de quelques réglemens anciens, moins pour fervir d'inftruction que pour encourager.

L'Hiftoire occupée du récit des fiéges, des batailles, des révolutions des Etats & des faits bruians qui excitent feuls la curiofité du vulgaire, a pris peu de foin de nous conferver les détails de l'adminiftration intérieure du Gouvernement, & de ce qui intéreffe les Arts ou le Commerce. On fçait feulement que le Saint Roi Ferdinand après avoir repris la Ville & le Château de Seville fur les Maures en 1248 y établit un grand nombre d'excellens ouvriers. Il eft à croire que ce grand Prince ayant compris que les Manufactures font le princípe du Commerce utile, avoit pris des précautions pour leur progrès, mais elles ne font pas parvenues jufques à nous.

Je ne trouve rien de ftatué fur cet objet depuis ces tems jufqu'à ceux du Roi Ferdinand & de la Reine Ifabelle, qui en 1478 promettent par un réglement du 20 Mars une récompenfe à ceux qui feroient conftruire & naviger des vaiffeaux depuis fix cens jufqu'à mille ᵃ tonneaux.

---

a C'étoit une bien mauvaife police, fur-tout dans ces tems-là, d'encourager par préférence la conftruction des gros vaiffeaux ; c'étoit un moyen affuré de diminuer le nombre des Matelots.

R

Par une autre Ordonnance du 21 Juillet 1494 donnée à Medina del-Campo, leurs Majeſtés accordent au Préſident & Conſuls des Marchands de Burgos la connoiſſance des procès & diſcuſſions entre les Marchands, leurs compagnons, facteurs &c. ſur le fait de marchandiſe, échange, achat, vente, changes, comptes, affretemens de navires, commiſſions données à leurs facteurs au dedans & au dehors du Royaume ; afin que ces procès ſoient examinés promptement, ſommairement ſuivant le ſtile des Marchands, & terminés ſans plaidoieries, ſans délais, ſuivant les régles de la bonne foi & la connoiſſance de la vérité. Ces mêmes Lettres Patentes contenoient diverſes autres diſpoſitions très-favorables aux Négocians, particulierement à ceux de Burgos, Segovie, Victoria, Logrono, Valladolid, & Medina de Rioſeco ; elles ordonnoient auſſi aux ſujets de ne fretter que des navires Eſpagnols, avec défenſe de ſe ſervir de ceux des étrangers même à défaut de ceux des naturels. [a] Il y eſt fait mention des Conſuls & des Facteurs que les Négocians Eſpagnols avoient en Flandre, à Nantes [b], à la Rochelle, à Londres, à Florence : d'où l'on doit conclure qu'alors le commerce des Eſpagnols dans tous ces pays ſe faiſoit par eux-mêmes, & qu'ils en retiroient toutes les utilités du Com-

---

[a] Ces deux réglemens ſeuls prouvent que dans le quinziéme ſiécle cette Nation étoit la plus éclairée ſur le Commerce : & que l'inexécution des bonnes loix eſt toujours ſuivie de la décadence d'un peuple.

[b] Il y a eu autrefois une aſſociation entre la ville de Nantes & celle de Bilbao en Biſcaye, ſous le nom de *Contratation* ; c'eſt encore celui que l'on donne en Eſpagne au Conſulat. Il y a dans l'Egliſe des Cordeliers de Nantes une Chapelle qui porte ce nom, & ſur les vitraux de laquelle ſont peintes les armes d'Eſpagne : les négocians des deux Nations s'y aſſembloient dans certains jours de l'année. Les archives de Nantes n'ont preſque rien conſervé des titres de cette aſſociation, mais on prétend qu'ils exiſtent encore à Bilbao. La tradition eſt que les habitans des deux villes y étoient traités reſpectivement comme les naturels du pays. Le privilége a ſubſiſté pour les habitans de Bilbao a Nantes ; mais les Nantois payent aujourd'hui à Bilbao, comme tous les autres Etrangers ; les deux & demi pour cent du droit de Prevôté ſur toutes ſortes de marchandiſes comeſtibles & combuſtibles de leur conſommation, & le droit d'hôte d'un pour cent ſur toutes celles qui leur ſont adreſſées,

merce actif ; au lieu qu'aujourd'hui les Etrangers viennent enlever nos denrées & nous réduisent à la triste
condition d'un négoce paffif.

Dans d'autres Ordonnances de la même année on
voit encore des réglemens fur la qualité, le poids, la
mefure, la vente des brocards de foie & des draps.

Par une du troifieme Septembre de l'an 1500, dat-
tée de Grenade, il eft défendu de charger aucune marchandife ou production d'Efpagne fur des navires étrangers lorfqu'il y en auroit d'Efpagnols ; il eft ftatué que
les Juges ordinaires décideront les affaires de fret &
en taxeront le prix.

Par une de l'an 1501, il eft défendu aux naturels
du pays de vendre aucun navire ou autre embarcation
aux Etrangers même naturalifés.

Enfin le premier Juin 1511, le même Roi Ferdinand & la Reine Jeanne fa Fille étant à Seville firent
un réglement de 119 articles fur la fabrication, la teinture & la vente des draps & des autres étoffes de
laine ; dont chacun eft une inftruction pour perfectionner le travail de la préparation des materiaux, de leur
fabrique, & de la teinture.

Charles V. par fes Ordonnances des années 1528,
1529, 1549 & 1552, ayant fous les yeux les 119
articles primitifs de fon Augufte Prédéceffeur, y en ajouta
101 pour les étendre, pour éclaircir les doutes & les difficultés qu'ils pourroient rencontrer dans la pratique.

Le même Empereur dans une Ordonnance de 1525
permet à fes fujets d'armer en courfe contre les Maures, les Pirates, les Corfaires ; & pour les y encourager il leur fait remife du cinquieme des prifes qui
lui appartenoit.

Par une autre du 14 Août 1551 il s'explique ainfi,
» Nous ordonnons que toutes fois & quantes il aura été
» achetté une partie de laine pour la faire fortir du
» Royaume par nos fujets ou par des étrangers, fi quel-

» qu'un en demande la moitié , nos Juges la lui feront
» délivrer au même prix & conditions, après s'être fait
» donner toutefois bonne & valable caution comme
» lefdites laines feront employées & manufacturées dans
» notre Royaume:

Philippe II n'étant encore que Régent au nom de
l'Empereur fon Pere, dit dans une Ordonnance qu'ayant
été informé que la quantité de fer & d'acier que l'on
tranfporte du Royaume en épuife les mines , il défend
à toutes perfonnes de tranfporter fous aucun prétexte
ces métaux hors du Royaume jufqu'à ce qu'il y ait été
pourvû autrement.

L'an 1552, il ordonne que toute fomme en efpeces
donnée à quelqu'un pour la fortir du Royaume fera
perdue pour le propriétaire au profit de celui qui étoit
chargé de l'exporter , fi celui-ci la déclare aux Juges
ordinaires , fans que le Denonciateur puiffe être recherché pour caufe de connivence : en outre il ordonne
que celui qui denoncera & prouvera qu'un autre a forti
des efpeces du Royaume recevra le tiers de l'amende
payée par le délinquant.

Le même Prince étant monté fur le Trône con-
tinua de veiller par fes loix à la confervation du Royaume : celle de 1593 eft une des plus confidérables ; il y
défend l'introduction des verroteries étrangeres , des
poupées & autres femblables quincailleries , des philagrames , du clinquant de France , des aigrettes , des
colliers , rofaires & chapelets de pierres de compofition
ou de verres teints ; des épingles , des peignes & autres merceries fous peine de confifcation & d'une amende
de pareille valeur applicable par tiers au Fifc , au Juge
& au dénonciateur.

Le Roi Philippe IV, par une Ordonnance de 1624,
défend la fortie de l'or & de l'argent & l'introduction
des monnoies de cuivre fous peine de la vie & de
confifcation des biens.

Par l'article soixante-deux, il proscrit toutes les étoffes étrangeres en laine, soie, cotton, lin ; toute mercerie & quincaillerie étrangere à cause du préjudice que ces ouvrages portent aux manufactures du Royaume, dont les ouvriers restent sans travail ; & ce sous peine de confiscation, & d'une amende de trente mille maravedis pour chacun des complices : il permet cependant l'introduction des matieres premieres qui ne seroient pas déja défendues, à condition de les manufacturer dans le ^a Royaume.

CHAPITRE XLIV.

Ordonnances du Roi Philippe V, pour réformer les abus qui s'étoient introduits dans le Commerce entre les Canaries & les Indes Occidentales, ainsi que dans celui de la Nouvelle Espagne, avec les Philippines par Acapulco.

LEs Isles Canaries ayant la permission d'envoyer quelques vaisseaux dans certains Ports de l'Amérique pour y porter leurs denrées & en raporter quelques unes sous les restrictions convenables, Sa Majesté fut informée que sous ce prétexte les Etrangers y introduisoient en fraude beaucoup de leurs Manufactures, & en retiroient de grandes sommes en especes avec des marchandises fines , dont l'arrivée n'est permise que dans les Ports de l'Andalousie : elle apporta les

---

a La plupart de ces Loix sont fort sages en elles-mêmes ; mais il est bon d'observer que la rigueur des peines augmentoit sans cesse avec le mal ; & qu'enfin la peine de mort même devint impuissante. D'où l'on peut en général tirer deux conséquences importantes ; l'une que les arts ne se fixent qu'où ils sont libres ; l'autre que les prohibitions les plus séveres sont infructueuses, si l'intérêt ne les accrédite parmi les hommes, & qu'un bon principe est plus sûr que toutes les défenses.

remédes convenables à ces inconvéniens & régla la forme de ce Commerce en trente-un articles qui forment le Décret du six Décembre [a] 1718.

Le vingt de Juin de la même année, Sa Majesté informée des sommes considérables que coutoit à ses sujets l'importation des tissus & étoffes de soie de la Chine & de l'Asie, du tort que leur usage faisoit aux Manufactures de son Royaume, en défendit l'entrée & l'usage dans ses Etats par un Décret adressé aux Conseils de Castille, des Indes, de la Guerre & du Trésor Royal ; leur enjoignant de tenir la main à l'exécution, & d'ordonner les peines convenables en cas de contravention.

Malgré la force de ce Décret qui fut publié à la Cour le vingt Septembre, & les peines qui furent portées contre les contrevenans : sçavoir, la confiscation de la marchandise, & une amende de même valeur pour la premiere fois ; la confiscation de la moitié des biens, & un bannissement de dix ans pour la seconde fois, il est fort négligé. Les Anglois, les François, & les Hollandois les introduisent sous prétexte que ce sont des marchandises du Levant ou de leur Fabrique ; c'est une ruse grossiere. Il seroit à souhaiter qu'on renouvellât cette Ordonnance en l'étendant sur toutes ces especes de marchandises dans quelque partie du monde qu'elles soient faites ou imitées. Le Roi informé du préjudice que le Commerce d'Acapulco avec les Isles Philippines [b] portoit à celui de

---

a Il y a une collection des Loix des Indes en trois volumes *in-fol.* où l'on trouve toute la police de ce Commerce en divers tems : dans la collection des loix du Royaume en quatre volumes *in-fol.* on trouve tous les réglemens concernant les Manufactures & le Commerce intérieur.

b Acapulco Ville & Port de la mer du sud dans l'audience de Mexique à dix-sept degrés nord de la ligne. Les Isles Philippines ou Manilles composent un des cinq archipels de l'Ocean oriental. Elles sont entre les cinquieme & vingtieme degrés latitude septentrionale & le cent cinquante-septieme & cent soixante-unieme degré de longitude ; elles furent découvertes par Magellan en 1520, mais les Espagnols ne s'y établirent que sous le regne de

l'Eſpagne par l'introduction des étoffes de ſoie de la Chine & des autres pays de l'Aſie, donna les ordres les plus précis au Vice-Roi de la Nouvelle Eſpagne en datte des 8 & 11 Février 1718, & 27 Février 1719, à ce que le navire qui alloit tous les ans aux Philippines ne raportât pas d'autres marchandiſes que des toiles, des porcelaines, de la cire, du poivre, de la canelle, & du girofle; toutes denrées que l'Eſpagne ne fournit point à ſes Colonies; lui enjoignant de prohiber les étoffes de ſoie provenant de la Chine & de l'Aſie. Le Roi accordoit ſix mois pour l'exécution, paſſé leſquels tout ce qui en ſeroit trouvé devoit être brûlé ſans aucune reſerve. Le Vice Roi ſurſit l'exécution repréſentant les inconvéniens qui en reſulteroient & la difficulté qu'il y avoit à la maintenir. Le Roi fit examiner ſes raiſons par le Conſeil des Indes : enfin après une mûre délibération, inſtruit par les inconvéniens paſſés, & par les repréſentations du commerce de Seville ſur l'abus du Commerce des ſoieries de la Chine par le navire d'Acapulco; il prit le 23 Septembre 1720 une réſolution capable de déraciner le mal, en accordant cependant quelque choſe aux intérêts de ſes ſujets des Iſles Philippines. Il permit de faire partir tous les ans d'Acapulco pour ces Iſles deux vaiſſeaux de cinq cens tonneaux chacun, au lieu d'un ſeul qui y portoit le prêt; il fixa la valeur des retours de chacun à trois cens mille piaſtres qui ne ſeroient employées qu'en or, en canelle, en morfil, cires, porcelaines, poivre, gi-

Philippe II, dont elles prirent leur nom en 1546. Il y a un Commerce régulier de deux grands vaiſſeaux appellés Hourques, entre Acapulco, & Manille? là principale des Philippines : cette correſpondance eſt arrangée ſuivant les Mouçons, de façon que le vaiſſeau qui part d'Acapulco au commencement d'Avril, arrive aux Manilles au commencement de Juillet; & à la fin du même mois, le vaiſſeau de l'année précédente part pour arriver à Acapulco vers Noel. Les vents ſont ſi réguliers, que le retard n'eſt jamais de plus de huit jours.

rofles, toiles unies & peintes, foies torfes & écrues, cordages & autres marchandifes qui ne feroient point fabriquées avec la foie : défendant à l'avenir toute étoffe de foie de Chine, ou des Indes, pequins, gourgourans, fatins, brocards d'or ou d'argent, broderies, bas, ceintures, enfin tout tiffu quelconque fait avec la foie, à peine de confifcation de la marchandife pour être brûlée publiquement, d'une amende du triple de la valeur & d'un banniffement perpétuel des Indes contre chacun des contrevenans ou leurs complices : enjoignant aux Gouverneurs de publier fous un mois de la réception lefdites défenfes, & d'y tenir la main fous peine d'être privés de leurs offices, bannis à perpétuité de l'Amérique, & de confifcation de leurs biens.

CHAPITRE XLV.

Réglemens de Philippe V pour les flottes, les galions, les navires de regiftre, & autres objets pour l'augmentation & l'amélioration du Commerce entre l'Efpagne & l'Amérique.

LE Roi par fes Lettres Patentes du cinq Avril 1720, déclare que dans le défir qu'il a de profiter de la paix générale pour travailler au bonheur de fes fujets, & regardant le Commerce comme la principale fource des richeffes d'un Etat, il a réfolu de rétablir le plus promptement qu'il pourra le Commerce de l'Efpagne avec les Colonies de l'Amérique, & celui des Manufactures du Royaume : qu'un des points les plus néceffaires pour remplir ces vûes eft de rendre plus fréquente l'expédition des galions de Terre-ferme, des flottes de la Nouvelle Efpagne, & des navires de regiftre.

gître, a ſans permettre qu'aucune raiſon en retarde
la ſortie ou le retour dans les tems marqués ; puiſqu'il a
été obſervé que pendant ces longs retardemens à la ſortie
les étoffes ſe piquent, les vivres ſe corrompent, l'uſage,
le goût ou la ſaiſon des marchandiſes ſe paſſent, ce qui
en détruit la vente : que d'ailleurs pendant un ſi grand in-
valle le prix des denrées d'Europe augmente dans les
Colonies où les Etrangers attirés par l'eſpoir d'un gain
conſidérable répandent les leurs ; enfin, que les ſé-
jours trop longs dans les Indes portent un très grand
préjudice au Tréſor Royal & aux fortunes des particuliers ; que les navires s'y corrompent étant plus ſujets
aux vers dans ces climats qu'en Europe ; que beaucoup
de Matelots périſſant par la longueur du voyage, pluſieurs navires s'étoient trouvés ſans défenſe contre les
ennemis, ou avoient péri faute de monde pour faire
les manœuvres, qu'il en étoit même reſté aux Indes
ſans pouvoir continuer le voyage, attendant de nouveaux ſecours par les premiers vaiſſeaux que l'on ex-
pédieroit. Qu'à ces cauſes, Sa Majeſté, pour prévenir
tant de déſordres, veut déſormais tenir d'avance à Cadix avec les meſures les plus convenables un nombre
ſuffiſant de vaiſſeaux de guerre, pour aſſurer une expédition fréquente des galions, des flottes, aviſo, &
autres vaiſſeaux de regître, afin que les flottes des deux
Royaumes & les vaiſſeaux de regître puiſſent ſortir dans
le tems indiqué ; que dans le cas où les particuliers ne
ſe trouveront pas en état de profiter des permiſſions qu'il
plaira à Sa Majeſté d'accorder ſous les conditions con-

a Les navires de regître ſont des vaiſſeaux qui obtiennent pour des ſommes conſidérables la permiſſion d'aller trafiquer ſeuls à droiture de Cadix dans les ports de l'Amérique, ſous certaine condition. Lorſque l'Auteur écrivoit, c'étoit ordinairement pour le Port de Buenos-ayres, ſur la riviere de Plata, par les trente-cinq degrés latitude ſud, que ces navires étoient deſtinés. Aujourd'hui le Miniſtre d'Eſpagne accorde autant de permiſſions que l'on en demande pour les divers Ports & même pour pluſieurs eſcales. La navigation en eſt plus animée, plus fréquentée, & la concurrence des Etrangers mieux établie.

S

venables à la sureté & à la conservation du Commerce ; ou bien lorsqu'après avoir obtenu ces permissions, les particuliers ne pourront se conformer aux ordres donnés pour le départ & pour la navigation, les vaisseaux de guerre & les frégates y suppléeront. Sa Majesté établissant pour Loi inviolable que dans le mois & le jour qu'elle aura fixé par le projet pour le départ, soit de Cadix, soit des Indes, on mettra à la voile si le tems le permet, sinon au premier vent favorable, à moins d'un contre-tems où son service seroit intéressé ; entendant Sa Majesté que ses propres vaisseaux soient soumis à ce réglement en cas qu'ils n'ayent pas leur cargaison complette, sans attendre en aucune maniere les vaisseaux des particuliers qui ne seroient pas chargés ; & que ceux qui ne voudroient pas partir avec ce qu'ils ont à bord, seroient exclus du convoi & privés de la permission qui leur étoit accordée. En conséquence Sa Majesté donne par le présent réglement ses ordres sur la forme des expéditions pour quelque Port de l'Amérique que ce soit ; sur les droits que doivent payer les denrées & les étoffes embarquées ; sur le prix du fret de ses vaisseaux à raison des distances.

Le même réglement prescrit la qualité des vaisseaux de guerre & marchands qui font le voyage ; la forme de leurs commissions ; ce que l'on doit charger sur les vaisseaux du Roi ; la forme dans laquelle s'expédieront les uns & les autres ; les pouvoirs des Commandans des flottes & des galions ; les fonctions de celui qui préside à leur expédition en Andaloufie ; l'élection des trois députés[a] qui doivent passer sur la flotte & les galions ; le tarif que l'on doit suivre pour la perception des

---

[a] Le Consulat de Seville composé de Négocians, outre le jugement des affaires de Commerce, a le droit de maintenir les priviléges de celui des Indes, & de faire des représentations à ce sujet ; il est chargé de la répartition des indults qui se fait en Espagne par ce Tribunal, & en Amérique par les députés qu'il y envoye.

droits ; la forme des déclarations & des regiſtres ; quelles perſonnes pourront s'embarquer, & en quelles circonſtances.

Juſqu'à ce réglement qui borna à huit & dix pour cent les droits ſur les productions des terres d'Eſpagne, on en avoit exigé de ſi forts, que le tranſport en étoit preſque impoſſible ; on les a vû monter juſqu'à quarante pour cent ; & les moindres avoient toujours été à vingt-cinq pour cent.

Par un autre Édit du 20 Avril de la même année, le Roi après avoir confirmé le précédent réglement, ajoute que pour favoriſer encore davantage le Commerce, il entend que tout ce qui ſera chargé dans les Ports de Cartagéne & de Porto-Belo, & enregiſtré pour l'Eſpagne, ne payera point de droits de ſortie ; comme auſſi toutes les marchandiſes enregiſtrées en Eſpagne ſeront franches des anciens droits à l'entrée de ces deux Ports, en juſtifiant qu'elles ont payé les droits à Cadix ; ordonnant Sa Majeſté que celles qui n'auront pas ſatisfait à ces deux conditions, ſeront ſaiſies. Pour éviter cependant & prévenir les difficultés que ce nouveau réglement pourroit occaſionner au ſujet des droits qui ſont dûs par les marchandiſes après leur débarquement dans l'une ou l'autre de ces villes de Cartagéne & de Porto-Belo ; Sa Majeſté entend que les marchandiſes apportées par les galions ou les navires de regître en Terre-ferme payeront dans celle de ces deux villes où elles ſeront vendues, le droit indiſpenſable de l'Alcavala ancienne & moderne à raiſon de douze piaſtres par chaque balle de cent palmes cubiques, & de deux pour cent de la valeur ſur les marchandiſes de petit volume ; comprenant dans ce droit celui de deux pour cent de la flotte de [a] Barlovento,

a Le droit de flotte de Barlovento, eſt un droit établi pour l'entretien d'une eſcadre deſtinée à protéger le commerce des Iſles & des côtes au vent de l'Amérique Eſpagnole, que l'on appelle de Barlovento, par oppoſition aux Iſles appellées Sotto-vento.

ainſi que tous les anciens droits d'Almojarifazgo [a] & de Agna-de-Turbaco [b], & tous autres quelconques ; déclarant que le propriétaire des marchandiſes qui aura payé dans une de ces deux villes, pourra les tranſporter dans l'autre ſans payer, à moins qu'il n'y eût une ſeconde vente : entendant auſſi que pour prévenir la fraude, aucun propriétaire ne pourra les tranſporter de ces deux villes dans l'intérieur des Provinces, ou dans d'autres Ports ſans payer le droit comme ſi elles étoient vendues : voulant Sa Majeſté, pour ne laiſſer aucune matiere à diſcuſſion ſur le droit qui doit être payé à Cartagéne ou à Porto-Belo, qu'il ſoit réglé ſur le prix des marchandiſes en Eſpagne & non ſur le prix des Indes.

Par une autre déclaration du 23 Juin 1720, Sa Majeſté donne un tarif modéré & proportionné des droits qui devoient dorénavant être perçus à la chambre de la Contractation des Indes [c] ſur les propriétaires des navires, les négocians, & les Paſſagers pour leurs permiſſions & leurs expéditions, tant en Eſpagne, qu'en Amérique.

Ces ſages meſures ont été très profitables : auparavant les abus & les impôts exceſſifs augmentoient ſi

---

a Almojarifazgo, vieux mot qui dans les anciennes loix ſignifioit génériquement tribut ou cens ; aujourd'hui il eſt conſacré pour ſignifier les droits d'entrée que payent les marchandiſes en entrant ou en ſortant dans certains Ports du Róyaume : entre autres à Seville, Cadix, Grenade ; Malaga, Cartagene, Murcie. Les droits de la Douane de Seville rapportant toujours plus que ceux des autres villes, on y a attaché le nom d'Almojarifazgo major. Il y a encore le droit d'Almojarifazgo du commerce des Indes ; droit ſéparé de celui du commerce d'Eſpagne, proprement dite. Les droits des Douanes où celui d'Almojarifazgo n'eſt point établi, s'appelle droit de dieſmo ; il a été créé ſur le pied de dix pour cent de la valeur, mais il a varié pluſieurs fois dans ſa valeur.

b Le droit d'Agna-de-Turbaco étoit un droit au débarquement ou à l'embarquement des marchandiſes dans certains endroits.

c La Chambre de la Contractation des Indes eſt un Tribunal qui connoît en Andalouſie au nom du Roi de tout ce qui a rapport au commerce des Indes : il régle avec le Conſulat le tems des expéditions ; & veille par ſes députés à Cadix aux enregiſtremens, à la perception des droits du Roi.

considérablement le prix des marchandises, que le Commerce effarouché passoit chez les Nations qui le traitoient avec moins de rigueur.

CHAPITRE XLVI.

Ordonnances de Philippe V, pour le rétablissement du Commerce du Cacao.

SA Majesté informée que les droits imposés sur le cacao en avoient fait tomber le Commerce au point que les vaisseaux n'en apportoient presque point, quoique ce soit une des grandes consommations de l'Espagne , & l'un des plus grands objets en retour du commerce de l'Amérique ; que même les Etrangers à la faveur des moindres droits auxquels ils étoient sujets, & de la fraude, introduisoient cette même denrée dans nos Ports , soit en l'apportant à droiture de nos Colonies , soit après l'avoir entreposée chez eux : elle se fit représenter l'état des droits que payoit une livre de cacao apportée dans les vaisseaux Espagnols à Cadix , & de-là envoyée à Madrid ; il fut trouvé qu'en arrivant dans cette derniere ville, chaque livre devoit avoir payé cent trente-cinq maravedis , dont seize se percevoient généralement à la Douane ; sçavoir dix pour l'Almojarifazgo des Indes en entrant, & six pour l'Almojarifazgo-Major à la sortie de la Douane pour la consommation intérieure; dix-sept autres maravedis pour le droit imposé par les Etats en 1632 sur chaque livre qui se consommeroit ou qui entreroit dans le Royaume ; huit maravedis & demi ajoutés à ce droit en 1672 ; trente-quatre maravedis imposés en 1693 sur la consommation de chaque livre de cacao & de chocolat jusqu'à nouvel ordre ; cinquante-neuf maravedis pour les droits de Douane de Madrid ; fçavoir trente-quatre pour le droit d'excifes ; huit maravedis & demi pour les cazernes, qui auparavant s'appliquoient au grenier public a, les dix-fept maravedis reftans pour le droit d'Alcavala & de Cientos lors de la vente. La fortie de la Douane de Cadix coutoit feule foixante quinze maravedis par livre, en y ajoutant les autres droits fur la confommation dans l'intérieur, les droits municipaux & fecours extraordinaires, ceux d'Alcavala dans les lieux où ils font établis, le prix de la denrée à l'Amérique, les droits qu'elle y avoit payés, & le prix du fret ; la dépenfe excédoit d'un tiers la valeur qu'en retiroit le propriétaire, ce qui lui faifoit abandonner ce commerce dont les Etrangers b s'emparoient.

Sa Majefté pour arrêter ce défordre fixa les droits de la Douane de Cadix fur tout le cacao qui y viendroit par les navires Efpagnols à trente-trois maravedis par liv. fçavoir dix pour l'Almojarifazgo des Indes dans lefquels feroient compris les deux piaftres par quintal que le réglement du 5 Avril 1720 attribuoit à la Chambre des Indes ; fix autres maravedis pour l'Almojarifazgo-Major, & les dix-fept maravedis reftans pour l'impofition des Etats en 1632, fur lefquels il y avoit des rentes affignées : Sa Majefté fupprimant tous les autres droits fur lefquels il n'y avoit ni rentes, ni créances, & déclarant que le cacao qui auroit payé à Cadix le droit des trente-trois maravedis n'en payeroit aucun autre dans l'intérieur du Royaume, hors les droits municipaux où il y en a d'établis, & le droit d'Alcavala & de Cientos fur les ventes & reventes,

a Dans quelques villes d'Efpagne, il y a des greniers publics où l'on garde la quantité de bled néceffaire à la fubfiftance d'une année.

b Les Etrangers allant chercher le Cacao à l'Amérique Efpagnole épargnoient fur le prix du fret qui eft moins cher dans leurs navires, à caufe du prix des permiffions, du droit de convoi & tonnage qui fe paye en Efpagne ; ils épargnoient le droit des Douanes de l'Amérique: en Efpagne ils ne devoient point être fujets au droit de l'Almojarifazgo des Indes ; ainfi ils pouvoient gagner où les Efpagnols perdoient.

Les droits sur le chocolat fabriqué furent réduits à ceux des tarifs des Almojarifazgo - Major & des Indes, & à l'impofition de 1632 : les autres furent fupprimés.

Il fut auffi ordonné que tout le cacao & le chocolat arrivé de l'Amérique par des navires Efpagnols pourroit fortir franc de Cadix pour les autres Ports de l'Efpagne, où il entreroit également franc en certifiant d'avoir payé à Cadix le droit de trente trois maravedis, & s'obligeant d'envoyer un certificat de fon arrivée dans un Port d'Efpagne. Cette derniere claufe étoit néceffaire, le cacao deftiné pour l'Etranger devant refter foumis aux anciens droits fur l'extraction.

Il fut encore ftatué pour l'augmentation & la facilité de ce commerce que tous les navires de regître qui iroient à droiture de Cadix à Caraque, Cumana, Maracaybo & autres Provinces de l'Amérique qui produifent le cacao, feroient exempts des droits de permiffion & de tonnage, en fe foumettant aux réglemens convenables pour prévenir les abus.

CHAPITRE XLVII.

Difpofitions du Roi Philippe V pour encourager fes fujets à charger par préférence les Manufactures d'Efpagne, fur les flottes & les galions.

LE Roi toujours attentif aux progrès du Commerce & des Manufactures donna ordre à Don Miguel Fernandés-Duran, Sécretaire d'Etat, d'écrire à tous les Intendans des Provinces d'Efpagne le 28 Mai 1720, que Sa Majefté confidérant que la richeffe de fon peuple dépendoit principalement de l'utilité du Commerce,

& que jamais il ne feroit avantageux que lorfque la majeure partie de la confommation des Colonies feroit de productions & de manufactures d'Efpagne, elle étoit dans le deffein de favorifer ceux de fes fujets qui voudroient entrer dans ces vûes. En conféquence il recommande à tous les Intendans d'encourager les Négocians & les Manufacturiers à envoyer le plus qu'ils pourroient des étoffes & des autres productions du pays à Cadix, pour être chargées fur la flotte qui devoit partir au commencement de l'Eté pour la Nouvelle Efpagne, & fur les galions qui devoient s'expédier en Octobre pour Terre-ferme, de leur repréfenter que le droit de douze piaftres par cent palmes cubiques eft fi peu de chofe fur les étoffes de foie, qu'il ne va pas à un pour cent de la valeur; que les droits avoient été également modérés fur les marchandifes de gros de volume : que l'Intendant chargé de l'expédition de la flotte & des galions avoit ordre de leur donner toutes les facilités & les préférences poffibles pour l'embarquement de leurs marchandifes. Pour quoi Sa Majefté défiroit que chaque Intendant dans fa Province donnât des lettres de créance aux Marchands qui porteroient à Cadix leurs étoffes & les productions du pays, afin de conftater d'où elles venoient; qu'Elle défiroit auffi que chacun dans fa Province fecondât fes vûes par toutes fortes de fecours & de protections, faifant part au Sécretaire d'Etat de tout ce qui paroîtroit propre à en affurer le fuccès ou à l'accélérer.

Le même Sécretaire d'Etat écrivit le trente-un Mai à Don Francifco de Varas, Intendant de marine & chargé de l'expédition de la flotte, de procurer aux Fabriquans & aux Négocians des Provinces tous les avantages poffibles; de les préférer pour le chargement à tous autres, foit naturels, foit étrangers, afin de leur faire fentir la protection particuliere de Sa Majefté, & en même tems de les encourager par leur pro-

pre

pre intérêt à entreprendre ce Commerce. Il l'avertif-
foit en outre de donner la préférence du chargement
à tous les Négocians de Seville, San-Lucar, & du
port Sainte-Marie qui voudroient charger des Manufactures d'Efpagne; enfin d'envoyer le détail de ce que
ces encouragemens auroient procuré de marchandifes
du crû de chaque Province.

Malgré des mefures fi fages & des fecours fi efficaces, notre difgrace eft telle en fait de Commerce,
que des accidens imprévus s'oppoferent en partie à la
réuffite. Don Francifco Varas donna avis le 4 Décembre à Sa Majefté que plufieurs Marchands de Tolede,
de Grenade & d'autres endroits s'en étoient retournés
avec leurs marchandifes pour ne pas payer les droits
exceffifs qu'on exigeoit d'eux aux Douanes nouvellement établies à ᵃ Xeres, Lebrija, & Jaretas; que plufieurs attendoient encore ce qui feroit réfolu à ce fujet. Sa Majefté fit fur le champ donner des ordres précis
par le Marquis de Campo-Florido, à ce qu'on ne les trou-
blât point dans leur route; voulant que les marchandifes
deftinées pour les galions ne payaffent qu'à Cadix ce
qui feroit jufte, & fe réfervant de prendre pour l'avenir
les mefures les plus convenables.

a Xeres de la Flotera, ville d'Andaloufie, à fix lieues de Cadix vers le
nord fur la Guadalette: Lebrija bourg
d'Andaloufie entre Seville & Xeres
de la Flotera.

CHAPITRE XLVIII.

Instruction du Roi Philippe V aux Intendans des Provinces.

Le 4 Juillet 1718 , Sa Majesté adressa à tous les Intendans du Royaume une instruction générale en cent quarante-trois articles , tous également utiles au bien public & au rétablissement du Commerce : quelques - uns entr'autres méritent d'être remarqués plus particulierement.

L'article trente-troisieme recommande aux Intendans de se faire représenter les titres originaux de toutes les franchises accordées à titre de foire , afin de les reduire à leur juste teneur, & d'empêcher sur-tout que les Etrangers ne profitent de ces mêmes franchises pour introduire leurs marchandises au préjudice du commerce de ses sujets.

L'article quarante-unieme ordonne de veiller à ce qu'il ne séjourne point dans les villes & les bourgs de vagabonds , de gens inutiles , sans aveu , & de mauvaise vie ; de faire renfermer ceux d'entr'eux qui seront propres à porter les armes pour les incorporer dans les régimens ; que, en attendant l'occasion de les y envoyer, ou l'arrivée des Officiers chargés de faire des recrues , on les gardera étroitement , leur fournissant par jour une ration de pain de vingt-quatre onces Castillanes , & quatre pieces de quatre à prendre sur les fonds destinés aux frais de la justice , ou à défaut sur les revenus municipaux. Que leur entretien finira cependant le jour qu'ils auront été remis entre les mains des Officiers qui sont payés pour faire les recrues.

L'article quarante-deuxieme prescrit de construire dans

chaque ville des maisons de force où les vagabonds & les gens sans état, ou incapables de travaux pénibles, seront renfermés & occupés à filer, à préparer la laine, la soie & les autres matériaux qui servent aux Manufactures, ou aux Arts ; enfin aux travaux qui paroîtront convenables, afin que chacun gagne sa vie sans mendier, ou user d'autres voies illicites ; que ceux que leur âge ou leurs infirmités réduisent à l'impuissance de rien faire seront nourris par les aumônes communes, ou aux dépens des villes. Le même article ajoute que plusieurs ne travaillant que quelques jours de la semaine seulement, il est bon de corriger cet abus en les renfermant pendant quelque tems, ou par les autres moyens que dicteront la prudence & l'occasion, sur-tout empêchant qu'ils ne se rassemblent dans les cabarets, ou à des jeux défendus, principalement dans les jours de travail.

L'article quarante-troisieme enjoint particulierement aux Intendans de favoriser & d'exciter dans les endroits convenables l'établissement des Manufactures propres au pays, parce qu'outre qu'elles occupent beaucoup de monde, elles sont infiniment plus utiles aux Provinces que la vente qu'elles font de leurs matieres premieres aux Etrangers qui les manufacturent. Ce Prince leur recommande de veiller sur toute chose à donner aux peuples le goût du travail, de lui rendre compte des établissemens utiles & praticables que l'on pourroit faire, des moyens & des secours qui pourront les faciliter, d'attirer des pays étrangers les ouvriers principaux qui pourroient manquer dans le pays, ou d'envoyer dans l'étranger de jeunes ouvriers pour se perfectionner dans les Fabriques semblables aux leurs. Le Roi ajoute que la perfection des Manufactures étrangeres étant une des causes de la destruction de celles d'Espagne, il fera donner les réglemens nécessaires pour les mesures, le nombre des fils, la forme

des rots , les apprêts , le foulage ; qu'à ces facilités fon
intention eft de joindre une modération & même une
fuppreffion des droits qui fe font perçus jufqu'alors à
la fortie du Royaume, ainfi que dans l'intérieur. Il
ordonne fur-tout qu'on tienne la main à la bonté
des teintures , de punir rigoureufement les contraventions ; & il finit par s'étendre de nouveau fur la protection qu'il entend être accordée par tous fes Miniftres
& Officiers quelconques au Commerce & aux Commerçans par préférence à tous autres.

L'article cinquante-feptieme enjoint aux Intendans de
veiller à l'exécution des loix fomptuaires & des prohibitions de certaines étoffes , étrangeres ou non , fur-
tout de celles où il entre de l'or & de l'argent , de
repréfenter au Confeil ce qui leur paroîtra néceffaire
à ce fujet , entr'autres chofes les moyens propres à faciliter l'ufage des étoffes permifes , fabriquées dans le
pays.

L'article cinquante-huitieme rappelle aux Intendans ,
qu'un des principaux objets de leur miniftere eft d'encourager & de maintenir l'abondance des productions
de leurs Provinces , fur-tout celle des grains ; que plufieurs fe trompent fur les moyens , prétendant que le
plus fûr pour entretenir l'abondance étoit de défendre
l'extraction , ce qui y eft plutôt contraire , parce qu'une
abondance mal gouvernée a des fuites auffi fâcheufes
que la difette même ; que dans la difette le laboureur
eft animé par l'efpérance du gain , au lieu que dans
la trop grande abondance il s'endort , & même fe dégoûte , parce que fes fruits vendus à vil prix ne lui
permettent pas de faire les frais d'une nouvelle culture , d'où naît l'abandon des terres & la difette. En
conféquence , il eft recommandé aux Intendans d'obferver tous les ans la nature & la qualité des recoltes , la quantité néceffaire pour la nourriture des
peuples , afin de permettre l'extraction de l'excédent.

Il leur eſt encore ordonné de faire part au Conſeil
tous les quinze jours de l'état de chaque eſpece de
récolte, des doutes, ou des eſpérances que l'on peut
avoir ſur l'abondance ou la ſtérilité, du prix des denrées réduites en meſures & en monnoies de Caſtille,
avec le rapport des meſures & des monnoies de chaque endroit, des expédiens propres à empêcher au beſoin la ſortie des grains, de l'argent, des chevaux &
autres extractions défendues, enfin de ce qui regarde
la Police.

L'article cinquante-neuvieme preſcrit une attention
particuliere à ce que les monnoies ne ſoient point alté-
rées, d'en faire faire de tems en tems des eſſais par des
perſonnes ſures, & de faire part ſur le champ au Roi &
au Conſeil de Caſtille des abus dans le plus grand détail,
de prendre dans un cas preſſant les meſures les plus
convenables avec la Chancellerie dans le reſſort de
laquelle le mal ſera découvert, juſqu'à ce qu'on re-
çoive les ordres de la Cour.

CHAPITRE XLIX.

*Inſtruction du Roi Philippe V aux Ingénieurs pour
la réparation des grands chemins & des ports
de mer en faveur du Commerce.*

SA Majeſté adreſſa le 4 Juillet 1718 une inſtruction
de ſoixante-deux articles aux Ingénieurs employés
à ſon ſervice, & déclara dans le préambule que pour
favoriſer le commerce de ſes ſujets, elle vouloit avoir
une connoiſſance détaillée de la ſituation des villes &
bourgs de chaque Province, des grands chemins qui
ſervoient à leur communication, des ponts & chauſſées,
des rivieres, de l'état de ſes places de guerre, de ſes

T iij

ports, des ances, & des côtes, ainsi que de tous les travaux nécessaires pour la facilité des communications & des transports, des dépenses auxquelles on pourroit évaluer ces travaux, les navigations qu'il seroit possible d'ouvrir dans l'intérieur, soit sur les rivieres, soit par des canaux pour transporter à peu de frais & commodément les denrées d'une Province à l'autre, afin d'employer à ces ouvrages les soldats & les sommes dont la paix lui permettroit de disposer. Elle défend en même tems de faire aucun travail public sans sa permission, & autrement que sous la conduite des Ingénieurs qu'elle jugera à propos de nommer, afin d'éviter que l'on employe comme par le passé des sommes considérables à des travaux inutiles ou peu solides. Cette instruction ordonne entr'autres choses aux Ingénieurs des Provinces de lever des plans détaillés de chacune, en outre de faire une relation circonstanciée & séparée de tout ce qui regarde le pays, observant la nature du terrain, ses productions, ses besoins, les bons ou mauvais chemins, la nature des terres qu'ils traversent, celle des réparations nécessaires, l'état des ponts, les endroits où il en faut; les Manufactures de chaque lieu, leur genre, la qualité des matieres que l'on y employe, le nombre d'hommes qu'elles occupent, les fabriques des munitions de guerre, & en général toutes les productions qui y sont propres & à portée, soit des ports, soit des villes de guerre, les carrieres de pierre, de chaux, les briqueries, les bois propres aux constructions, d'où on les tire.

Il est ordonné aux Ingénieurs des ports d'en lever le plan, ainsi que des côtes voisines, des fortifications & défenses qui y sont, de donner une note exacte des hautes & basses marées, des bancs de sable, des écueils couverts ou à fleur d'eau qui sont à l'atterrage & aux environs, de sonder avec une attention scrupuleuse les profondeurs dans les bayes, dans les ports & à l'entour, de donner connoiſſance des vents qui y regnent le plus ordinairement, de ceux qui ſervent à l'entrée ou à la ſortie, des embarcations les plus propres à chaque port, du nombre des Matelots du pays, de l'état où ſe trouvera la marine, des denrées qui entrent & qui ſortent, du prix du fret ſuivant les diverſes navigations, ſi elles ſe font par les Eſpagnols ou par les Etrangers, quelle Nation fréquente plus ordinairement les ports, de marquer préciſément où ſe doivent entretenir les baliſes, les ſignaux, les fanaux, comment il faut les établir.

Il eſt enjoint aux Gouverneurs & aux Magiſtrats de veiller à l'entretien des forts, des canaux, des rivieres, des moles & autres ouvrages aux dépens des revenus municipaux, & avec économie. Il eſt défendu de rien jetter dans les rivieres, dans les canaux, dans les ports, & de déleſter les navires ailleurs que dans le lieu qui ſera indiqué. Enfin on ne peut rien ajouter à l'étendue & à la ſageſſe des meſures priſes par Sa Majeſté ſur cet objet important de la Marine & du Commerce ; il avoit été tellement négligé parmi nous, que dans les quatre volumes in folio de nos Loix & Ordonnances juſqu'en 1723 on ne trouve rien de pareil, non plus que dans le receuil des Loix des Indes également en quatre volumes.

Sa Majeſté ne s'en eſt pas tenue à cette Ordonnance, elle a fait creuſer & fortifier les ports, entr'autres celui de Malaga où l'on travaille depuis 1717 ; les travaux en ſont ſi avancés, que pluſieurs navires y ont déja paſſé avec leurs charges, quoiqu'avant 1717 ils n'y puſſent paſſer à vuide, & ce port eſt un de ceux de l'Eſpagne par lequel il s'exportera le plus de nos denrées.

CHAPITRES L. LI.

Ordonnance du Roi Philippe V, pour que les four-
nitures de toutes ses Troupes soient de fabriques
d'Espagne ; mesures prises en conséquence ; ob-
jections, & leur réponse.

LE 20 d'Octobre 1719, Sa Majesté rendit une Ordonnance où elle s'expliquoit ainsi. ›› Sans cesse oc-
›› cupé des moyens de soulager & d'enrichir mon peu-
›› ple, je sens que rien n'y contribuera plus que mon
›› attention à soutenir les manufactures de mon Royau-
›› me, & à procurer la vente de leurs marchandises par
›› préférence à celles des Etrangers, dont l'usage fait
›› nécessairement sortir l'argent du Royaume, l'apau-
›› vrit & le dépeuple. C'est pourquoi j'ai résolu qu'à
›› l'avenir les uniformes de tous les Officiers de terre &
›› de mer soient de draps fabriqués en Espagne, ainsi
›› que ceux de mes Gardes du Corps; & généralement
›› que les draps, galons, bas, ceinturons, bandolieres,
›› fournimens, bottes, souliers, selles, & enfin toutes
›› les fournitures nécessaires à l'habillement & à l'en-
›› tretien de mon infanterie & de ma cavalerie, soient
›› de fabrique Espagnole; ce qui sera constaté aux Ins-
›› pecteurs dans les revues par un certificat du vendeur,
›› du Magistrat du lieu & d'un Inspecteur des Manufac-
›› tures. Les Colonels & le Sergent Major tiendront
›› la main à l'exécution de ce Réglement sous peine
›› d'être privés de leurs emplois, ainsi que les Officiers
›› qui y auroient contrevenu, soit pour eux, soit pour
›› leur troupe.

Quelque précise & convenable que fût cette Ordonnance, on sent assés combien son exécution rigoureuse

reufe devoit rencontrer de difficultés ; c'eft pourquoi en 1724 on eut recours à un expédient plus fûr. Il fut ordonné que l'on délivreroit à chaque Officier en pied ou réformé un uniforme de la Manufacture de Guadalaxara qui eft établie pour le compte du Roi, & que le prix en feroit retenu fur la folde : on leur en diftribua à chacun cinq à fix vares, ce qui fit une confommation de trente mille vares. Le Miniftre pourvut lui-même à l'habillement des Compagnies des Gardes ; & pour ce qui regarde les foldats, leur fourniture fe tire du Magazin Royal établi en 1703 fous la direction d'Officiers & d'Infpecteurs prépofés ; cet établiffement utile au progrès de nos Manufactures fait refter tous les ans dans le Royaume plus de trois millions d'écus qui y circulent avantageufement : il ne manque cependant pas de contradicteurs.

La premiere objection eft que quelques articles ne font pas de bonne qualité ; à cela je réponds que les habits des Gardes du Corps & des deux Régimens des Gardes Infanterie font de draps auffi bons que l'on en puiffe défirer ; on fçait cependant que pour ces corps on employe des qualités plus fines que pour les autres. Si les fournitures n'ont pas été bonnes, c'eft la faute des Officiers eux-mêmes, puifqu'elles font faites fur les échantillons cachetés qu'ils dépofent au Magazin Royal, & la régle a été jufqu'à préfent qu'on ne délivrât rien qui n'y fût conforme : il eft aifé d'y veiller encore plus.

La deuxieme & la troifieme objection font que les Officiers payeroient les fournitures moins cher dans les garnifons ; & qu'en leur laiffant cette liberté, ils n'uferoient pas moins des Fabriques d'Efpagne. On peut répondre à l'une & l'autre par des faits : il eft conftant que plufieurs Officiers ayant reçu en argent le prix des menues fournitures les ont tirées de l'Etranger pour avoir quelque bénéfice fur les prix ; cela eft arrivé fur-tout aux frontieres & fur les ports de

V

mer où la contravention est plus facile ; d'autres les
ont achettées de mauvaise qualité par épargne. A l'é-
gard de la différence du prix, je ne vois que les selles qui en Catalogne coutent moins de huit à dix
pour cent qu'à les prendre au Magazin Royal ; on
pourroit même permettre aux Officiers de les achetter
sur les lieux où ils se trouvent aussi bien que les bottes : le transport de l'une & l'autre marchandise est
fort couteux à cause du volume , & même il peut
leur être préjudiciable ; à cela près les prix du Magazin sont si modiques , qu'en aucun endroit de l'Espagne on n'aura meilleur marché.

Supposons après tout que cette méthode coûte sur la
fourniture générale des troupes cinquante à soixante mille
écus de plus , cet objet peut-il entrer en paralléle avec
les avantages infinis qu'apporte la certitude de n'employer que des ouvrages du pays ? Si nous suivons la
supposition que j'ai établie dans le chap. XII, on
verra que le million d'écus ou environ que peut couter la fourniture annuelle des troupes raportera au Roi
plus de trois cens mille écus par les consommations.
En effet l'Entrepreneur d'une Manufacture n'aura pas
plûtôt reçu ce million d'écus, qu'il le distribuera à ses
ouvriers , qui n'ont pour héritage & pour revenu
que leurs fatigues & leur travail : c'est par là seulement qu'ils se peuvent procurer le nécessaire physique ,
& l'argent qu'ils reçoivent y est aussitôt employé. Quoique les droits établis sur la consommation ne se perçoivent pas en entier , ils ne laissent pas à chaque
vente de produire huit à dix pour cent; ainsi le passage de
ce million d'écus des mains du Fabriquant dans celles
du propriétaire des provisions raportera quatre-vingt
à cent mille écus au Trésor Royal , & ainsi de suite ;
d'où l'on peut inférer raisonnablement que cet argent
circulant sans cesse dans le Royaume produira sur les
ventes & reventes trois cens mille écus.

J'avoue qu'il eſt convenable que les fournitures des troupes ſoient de la qualité convenue, & qu'elles ſoient diſtribuées dans le tems indiqué : il eſt du bon ordre, de la gloire du Souverain & de l'intérêt des Peuples que les troupes ſoient entretenues & payées comme il faut ; ſans cela le déſordre prend la place de la diſcipline ; mais en même tems je ne vois rien qui puiſſe y contribuer davantage que l'établiſſement du Magazin Royal.

CHAPITRES L·II & L·III·

ExtinCtion des Bureaux de vente excluſive ſur les Eaux-de-vie, Roſſolis & autres liqueurs fortes ; Réglemens des droits ſur cette denrée, ainſi que ſur les poiſſons ſalés. Avantages de ce Réglement.

PAR un Edit du 11 Septembre 1717, Sa Majeſté déclare qu'elle a conſidéré le peu d'avantages que le Tréſor Royal retiroit du débit excluſif des eaux-de-vie, dans l'intérieur du Royaume en comparaiſon du préjudice qu'il portoit à ſes ſujets, ſoit Commerçans, ſoit Propriétaires de terres, qui n'étant pas maîtres de faire de leurs vins ce que bon leur ſembloit, étoient ſouvent expoſés à les perdre ; au lieu que la facilité de les convertir en eaux-de-vie en procurera une plus grande exportation & aſſurera une valeur aux vins qui ne peuvent ſe garder ; Elle entend qu'à commencer au premier Janvier 1718, le commerce des eaux-de-vie, roſſolis & autres liqueurs fortes ſoit libre dans l'intérieur du Royaume, réduiſant les droits à ce qui ſera payé d'entrée & de ſortie dans les Douanes des ports de mer ſuivant le Tarif qui ſera fait ; & chargeant les Fermiers des rentes provinciales du recouvrement de ce qui ſera dû par les Villes à raifon de cette franchife nouvelle ; tant afin d'épargner les frais confidérables d'une régie trop divifée , que pour affranchir ce commerce de la gêne que lui impofoit dans l'intérieur du Royaume le débit exclufif, & des taxes que les Traitans exigeoient à fon occafion : voulant Sa Majefté que les entrées de Madrid fur les eaux-de-vie étant réglées , ce droit foit une année en régie pour connoître fon produit.

La même déclaration fupprime dans l'intérieur du Royaume tous les droits fur la confommation du poiffon , notamment celui d'un maravedis par livre qui s'en confomme à quarante lieues de la [a] Mer, & les réduit à ce qui fera payé tant en entrant qu'en fortant dans les Douanes des ports de mer : & attendu que les droits de l'intérieur qui font fupprimés font hypotéqués & engagés, ainfi que ceux qui fe payeront à l'entrée, Sa Majefté entend que l'on tiendra compte aux intéreffés du produit fur le pied de ce que ces droits auront raporté dans le courant de la préfente année : comme auffi elle entend que l'on conviendra avec le Fermier du dédommagement convenable à raifon des droits de confommation intérieure de l'eau-de-vie & du poiffon compris dans la Ferme des [b] cartes , de la neige , & des extractions de [c] Seville.

Une autre déclaration du 7 Novembre 1717 ordonne qu'il fera perçu dans les Douanes des ports de mer tant à l'entrée qu'à la fortie à titre de régaille trois réaux de veillon par chaque arrobe d'eau-de-vie , & fix réaux de veillon par chaque arrobe de roffolis & autres liqueurs fortes , fans qu'aucune Ville ou Communauté

---

[a] Ce droit étoit appellé droit de *Torres de la mar* ; il fubfifte encore fur les foies de Grenade & autres denrées. Il étoit applicable à la réparation des tours, le long des côtes, pour leur défenfe.

[b] La Ferme des Cartes & de la neige eft un droit exclufif d'en vendre à un prix fixé : dans quelques endroits c'eft feulement un droit perçu fur chaque jeu de cartes.

[c] Droit qui fe perçoit fur la riviere de Seville.

puiſſe prétendre de droits à raiſon des revenus muni-cipaux ; il y eſt réglé que les entrées de Madrid ſe-ront de 6 réaux de veillon ſur l'eau-de-vie, & de 10 réaux de veillon ſur le roſſolis & autres liqueurs, auſſi à titre de régaille, c'eſt-à-dire ſans que perſonne puiſſe s'y ſouſtraire. La liberté de vendre de l'eau-de-vie & autres liqueurs tant en gros qu'en détail eſt accordée à toutes perſonnes ſans qu'on puiſſe les aſſujettir aux droits d'Alcavala & Cientos pour raiſon de la vente. Enfin la déclaration porte défenſes expreſſes de fabriquer de l'eau-de-vie ou autres liqueurs dans la Ville de Ma-drid ; & ordonne que les Fermiers des rentes provin-ciales feront chargés du payement de ce que devra contribuer chaque Province à raiſon de la nouvelle franchiſe ; pour être les ſommes réparties par eux ſur les Villes de leur département ſuivant les avantages qu'elles retirent de cette nouvelle diſpoſition.

Ces deux déclarations furent diverſement interpré-tées ; les propriétaires des terres prétendoient que les vins deſtinés à être brulés ne devoient point payer le droit d'Alcavala ; & les Fermiers vouloient percevoir ce droit à la vente de l'eau-de-vie. Sa Majeſté par une nouvelle déclaration du 31 Août 1720, défendit de prendre le droit d'Alcavala ni aucun autre ſur les eaux-de-vie fabriquées ; mais elle enjoignit aux particuliers de le payer comme par le paſſé ſur les vins qui ſeroient vendus pour être brulés ; entendant même que le droit des vingt-quatre millions & les nouvelles impoſitions fuſſent payés ſur tout ce qu'en conſommeroit cette fabrication.

Les avantages qui réſultent de la liberté du com-merce des eaux-de-vie ſont évidens, tant pour le Tré-ſor Royal que pour les propriétaires des terres : avant qu'elle fût accordée, beaucoup de vins qui ne pou-voient ni ſe vendre, ni ſe brûler, ſe gâtoient ; les pro-priétaires perdoient le revenu de leurs terres, leurs avan-

V iij

ces pour la culture ; le Roi perdoit ſes droits de vente
& de Douane. Les frais de tranſports par terre, ceux
du fret par mer nuiſoient ſouvent à la ſortie de nos
vins; mais une fois convertis en eaux-de-vie, ils ne
feront que le tiers des mêmes frais. Il eſt bon d'obſerver encore que tous les vins ne ſont pas également
propres à ſoutenir la mer ou les chaleurs; & que la
liberté de les brûler les met en état d'être tranſportés
par-tout : ainſi il eſt à préſumer que notre exportation
de cette denrée augmentera.

Indépendamment de ces pertes on a vû quelquefois
lorſque la nouvelle récolte étoit abondante, les particuliers n'avoir pas aſſez de vaiſſeaux pour renfermer
leur vin nouveau, & répandre le vieux en pure perte
pour lui faire place. La liberté accordée remédie à
tous ces [a] inconvéniens.

a Tous les avantages que l'Auteur raporte de la liberté du commerce des eaux-de-vie ſont évidens; mais il eſt bon de reſtraindre ſon principe ſur la préférence qu'il ſemble donner à l'eau-de-vie, ſur le vin. Il faut né-ceſſairement que les petits vins ſoient brûlés, & on ne peut gueres en faire autre choſe : mais il ſera toujours plus avantageux dans un Etat d'avoir de bons vins propres au tranſport, que des eaux-de-vie, qui raportent moins au Propriétaire, & qui conſom-ment beaucoup de bois. Si cet Etat a un commerce actif & tranſporte lui-même ſes denrées, celles qui ſont de gros volume ſont favorables à ſa na-vigation; le fret ſera toujours payé par la marchandiſe, ſauf à diminuer le prix que le Propriétaire en atten-doit; mais cette eſpece de perte par-ticuliere, n'en eſt pas une pour l'Etat,

CHAPITRE LIV.

De quelques inconvéniens du bon marché de l'eau-de-vie ; des remedes que l'on pourroit y apporter pour en appliquer le profit aux Hôpitaux : digreſſion ſur les Hôpitaux : du danger de l'uſage du Roſſolis & autres liqueurs fortes.

MALGRÉ les avantages qui réſultent pour l'Etat & les particuliers de la liberté de fabriquer & de vendre de l'eau-de-vie dans le Royaume, quelques perſonnes ſoutiennent encore que ſon débit excluſif étoit plus convenable. Elles ne ſont pas attention qu'aucune régle générale n'eſt exempte de quelques inconvéniens particuliers dans les circonſtances ; mais le bien public fait diſparoître ces ombres légeres.

On ne peut nier cependant qu'il ne réſulte quelque abus de la liberté à l'égard des eaux-de-vie, & plus encore à l'égard du roſſolis & autres liqueurs mêlées ; leur bon marché invite à en boire davantage ; & leur uſage eſt nuiſible à la ſanté, ſur-tout en Eſpagne où le climat eſt plus chaud. Ainſi l'on pourroit défendre la Fabrique, la vente, & l'entrée des roſſolis & autres liqueurs mêlangées dont les ingrédiens corroſifs ont les ſuites les plus funeſtes même dans le Nord ; la valeur des fonds de terre y eſt peu intéreſſée. A l'égard de l'eau-de-vie pure, outre que l'on en boit moins, ſon uſage eſt plus ſain ; il eſt facile néanmoins & peut-être utile de la renchérir dans l'intérieur du Royaume ſans nuire à l'exportation. Pour commencer par la capitale où l'abus eſt le plus commun, on pourroit au lieu de ſix réaux de veillon que paye d'entrée chaque arrobe d'eau-de vie, en impoſer vingt-deux pour tout droit ; c'eſt encore favoriſer l'eau-de-vie , puiſque le vin devenu une boiſſon néceſſaire par l'uſage , paye onze réaux de veillon par arrobe , quoique ſa valeur ne ſoit pas de la moitié de celle de l'eau-de vie. Il ſeroit encore poſſible d'impoſer un droit par mois ſur ceux qui vendent de l'eau-de-vie , ce qui la renchérira.

Cette augmentation ne peut être à charge aux peuples , puiſque cette liqueur n'eſt pas néceſſaire à la vie ; & ſi ſon produit étoit aſſigné pour l'entretien des Hôpitaux , on en retireroit un double avantage. De pareils établiſſemens ſont l'ouvrage le plus ſolide que la piété puiſſe entreprendre. Des ſujets abandonnés , de tout ſexe & de tout âge , y ſont nourris, vêtus, occupés à différens travaux ; & ce qui eſt plus précieux, ils y ſont inſtruits des principes de la Religion, ignorés ordinairement de tous les mendians ; des gens dignes de foi m'ont aſſuré qu'on en avoit renfermé depuis l'âge de vingt à cinquante ans qui n'avoient aucune connoiſſance de la Doctrine Chrétienne. La piété du Roi a pouſſé ſi loin l'établiſſement de l'Hôpital de Madrid, que l'on y voit plus de mille pauvres aujourd'hui, quoiqu'il n'y en eût pas cent il y a quelques années ; les quatre maravedis aſſignés pour ſon entretien ſur chaque livre de tabac qui ſe vend dans le Royaume, ſont un objet de deux cens mille doublons de capital, puiſqu'on évalue cette conſommation à trois millions cent ſoixante & dix mille livres de poids.

Cette digreſſion n'eſt pas auſſi étrangere à mon ſujet qu'elle le paroîtra d'abord : ſi l'on veut encourager & établir des Manufactures, ſource unique du Commerce utile, il faut déraciner l'oiſiveté, occuper les pauvres, ne pas ſouffrir qu'ils vivent d'aumônes, ou de la nourriture que diſtribuent les [a] Couvens. Sans cette précau-

---

a. En Eſpagne on diſtribue tous les jours de la ſoupe à la porte des Couvens ; aumône pernicieuſe ainſi que toutes celles qui ſont gratuites : les Hôpitaux même ceſſant d'être des maiſons de travail, perdront une partie de leur utilité.

tion,

tion nos campagnes & nos Manufactures manqueront d'hommes ; & si l'on veut les conserver on ne peut mieux y réussir qu'en établissant des maisons de travail dans toutes les provinces du Royaume, où chaque âge & chaque sexe trouvera une occupation conforme à ses forces & à son industrie.

Je remets à un autre endroit à parler du poisson salé.

CHAPITRE LV.

Ordonnances diverses sur l'assiette des Douanes pour la liberté du Commerce intérieur.

PAR une Ordonnance du 21 Décembre 1717, le Roi statue que dorénavant les Douanes seroient placées dans les ports de mer & sur les frontieres qui séparent son Royaume des Etats voisins, afin que les marchandises munies d'un acquit des Douanes puissent librement se transporter dans l'intérieur du Royaume ; que les denrées du milieu des terres puissent s'exporter sans embarras en payant les droits seulement dans le lieu de leur sortie : enfin pour éviter les frais qui résultent de la multiplicité des Régisseurs. En conséquence les Douanes situées sur les frontieres de Galice & de Castille furent assises dans des ports de Galice pour y recevoir les droits déja établis à l'entrée des marchandises ; & en outre le droit de dixme compris jusqu'alors dans la ferme du droit d'Alcavala, & dont il fut séparé pour le réunir à la régie des Douanes ; & les propriétaires des rentes sur les aliénations de ce droit furent avertis de justifier leur propriété à la Chambre du Trésor Royal pour y faire droit. Le même établissement fut fait dans les ports de la Principauté des Asturies. Les Douanes sur les frontieres qui la séparent de la Castille furent supprimées, & l'on maintint le tarif des Douanes sur la frontiere du Portugal. Le Marquis de Campo-Florido fut chargé de l'exécution, afin de pourvoir aux inconvéniens particuliers, & de régler les tarifs des Douanes qui avoient déja été transportées dans les ports de mer, & sur les frontieres de l'Arragon, de la Catalogne, & du royaume de Valence par une Ordonnance du 21 Décembre 1717. Par la même Ordonnance les Douanes de Victoria, Ordugna, Balmaseda, & les autres de la Cantabrie, furent transférées dans les ports de Bilbao, Portugalete, Passakes, Saint Sebastien & Fontarabie ; celles de Logrono, d'Agreda & autres lieux furent supprimées entierement, & l'on en établit sur les frontieres de France dans les endroits convenables : cependant Sa Majesté par des ordres postérieurs a rétabli dans cette partie de l'Espagne les choses dans leur premier [a] état.

Il est aisé de concevoir quelle facilité & quelle augmentation cet arrangement des Douanes apporte au commerce intérieur & extérieur des Provinces ; la circulation étant libre, elles se secourent mutuellement de ce qui leur manque réciproquement ; les Manufactures se procurent l'abondance des matieres, le débouché de leurs productions ; les terres ont un produit plus considérable & plus assuré ; le Royaume consomme moins de denrées étrangeres, & fait sortir davantage des siennes. Pour n'en citer qu'un seul exemple, la Catalogne n'a point de pâturages, & ne recueille pas assez de bleds pour se nourrir ; avant que l'Arragon & la Castille lui fournîssent librement ses besoins par la suppression des Douanes, elle les tiroit de France & même de Barbarie.

Il s'en faut bien que les revenus royaux & municipaux en ayent souffert ; la circulation n'a pu augmen-

a La Cantabrie a ses Loix & ses tarifs, dont ces changemens blessoient la liberté.

ter fans accroître le produit des droits d'Alcavala,
Cientos & des Millions par les ventes & reventes.

Il fembloit qu'une réforme fi utile devoit s'étendre
fur toutes les Douanes de l'Efpagne; cependant notre
infortune en fait de commerce a voulu qu'elle n'eût
pas lieu dans le royaume de Seville où elle étoit le
plus néceffaire, puifque c'eft le paffage le plus confidérable de notre exportation pour les Indes. Tout
ce qui vient de Tolede, de Segovie, de Cordoue,
de Jaen, de Grenade, paye des droits exorbitans aux
Douanes de Xeres & de Cadix, quoiqu'il paroiffe
que l'intention de Sa Majefté ait été de faciliter le
tranfport des productions de l'intérieur du Royaume
jufqu'à l'entrée de Cadix, & de tout autre port de mer
où elles font embarquées. Tel eft l'efprit de toutes fes
Ordonnances; & c'eft ce qui l'a porté à défendre fi
rigoureufement aux Gouverneurs des places & à tous
Commandans militaires de percevoir aucun droit fur
les marchandifes, comme cela fe pratiquoit en quelques
endroits.

Informée que même depuis la réforme des Douanes,
les Manufactures du royaume de Valence ne trouvoient aucun débouché à caufe des droits municipaux
dont elles étoient furchargées, elle fupprima les cinq
pour cent qui fe percevoient fur tout ce qui étoit vendu dans les boutiques de ce Royaume; les cinq pour
cent à la fortie, tant par terre que par mer fous le titre
de Général des marchands, & les cinq pour cent qui
fe percevoient en fus à la fortie fur quelques efpeces
particulieres. En compenfation de ces droits, Sa Majefté augmenta le droit Royal du fel d'un réal & demi pour être recouvré comme l'ancien, & en appliquer
le produit avec celui des droits fur la neige & les cartes aux charges de la ville; fauf à augmenter les revenus s'ils ne fuffifent pas aux dépenfes, mais d'une façon qui ne foit point onéreufe au Commerce & aux
Manufactures.

CHAPITRE LVI.

Des immunités Eccléfiaftiques, & de leurs bornes.

UNE Ordonnance du 5 Avril 1721, adreffée au Confeil des Finances, rappelle les difcuffions fréquentes des Juges Eccléfiaftiques avec les Receveurs des droits à raifon de l'extraction des denrées provenant de biens Eccléfiaftiques ; & entr'autres un Procès pendant aux Canaries au fujet d'une cargaifon de vins pour le Nord qu'un Eccléfiaftique prétendoit être de fon crû, & par conféquent exempte des droits d'Almojarifazgo, de port, de dixme & autres. Le Procureur Général confulté, fon raport fut que c'eft une des prérogatives de la puiffance Royale de permettre ou de défendre l'extraction des productions du Royaume aux conditions, & avec les circonftances qu'il plaît au Roi d'exiger ; que ces déterminations Royales font refpectives aux chofes & non aux perfonnes, & que tendant au bien public, elles font obligatoires pour les Eccléfiaftiques comme membres du corps politique, fans bleffer leurs immunités : que par conféquent les Eccléfiaftiques qui par l'appetit du gain fe portent à envoyer dans les pays étrangers les productions de leurs bénéfices, font tenus de payer les droits établis dans le Royaume pour fa fureté, pour la confervation de fes ports & de fa puiffance : que les Saints Canons loin d'être oppofés à cette propofition ont cenfuré toutes celles qui lui font contraires fur les prérogatives de la Royauté, & le droit public ; que l'obfervation de cette Loi a toujours eu lieu à l'exception de ce qui étoit deftiné à l'ufage propre & à la confommation perfonnelle dont la franchife a été accordée à quelques Corps Eccléfiaftiques, ou déclarée dans les tribunaux,

excepté en Arragon & en Catalogne où les Eccléfiaftiques payent les droits, même fur leur confommation :
que cette coutume immémoriale fut approuvée en 1522,
par un Decret d'Adrien IV à la priere du Roi Charles I. & des Etats ; que dans l'Affemblée des Evêques ,
il a été ftatué qu'en cas d'extraction les Eccléfiaftiques
devoient prendre la permiffion des Officiers du Prince
& payer les droits établis comme cela fe pratique à
Milan, à Parme , en Sicile ; enfin qu'en Efpagne les
franchifes Eccléfiaftiques ont toujours été réduites à
l'exemption du droit d'Alcavala fur les fruits de leurs
bénéfices deftinés à leur ufage, fans que jamais ce qu'ils
ont trafiqué ou ce qui provenoit des terres qu'ils peuvent prendre à ferme , ait joui de cette immunité : que
indépendamment du motif fi puiffant du confentement
des Papes , il fuffifoit de l'ancien ufage du Royaume
fondé fur les principes de la juftice & du bon ordre ;
fans lequel les Eccléfiaftiques préteroient continuellement leur nom aux particuliers pour frauder les droits
du Roi : que d'ailleurs l'ambition du gain , & les actes
mercantils comme celui d'un commerce étranger , font
une tache d'avarice peu convenable à des perfonnes
confacrées au miniftere Evangélique. A ces caufes & autres, Sa Majefté défend aux Eccléfiaftiques de faire fortir
du Royaume les productions des terres attachées à
leurs bénéfices fans payer les mêmes droits que fes autres fujets.

CHAPITRES LVII· LVIII·

Difpofitions nouvelles dans la direction des rentes provinciales pour le foulagement des peuples, la commodité du Commerce, & l'augmentation des revenus de l'Etat. Objections & reponfes.

LA bonne adminiftration dans le recouvrement des impôts, en régie ou en ferme, n'influe pas feulement fur le foulagement des peuples & fur l'augmentation des revenus publics ; mais elle eft encore effentielle au commerce utile, tant par mer que par terre.

Ainfi il n'eft point hors de mon fujet de parler des difpofitions que le Roi Philippe V a faites pour régler le recouvrement des Douanes & des impôts ou rentes provinciales.

Sa Majefté toujours attentive à profiter des faveurs de la paix pour foulager fes fujets du fardeau des charges publiques, adreffa au Confeil des Finances un plan détaillé de ce que produifoit chaque efpece d'impôts ; ils avoient été jufqu'alors féparés en autant de régies ou de Fermes particulieres, qu'il y avoit de parties à recouvrer dans la même Province, & fouvent dans la même Ville ; les rentes provinciales étoient affermées à quatre-vingt perfonnes, dont les unes tenoient le droit d'Alcavala, les autres celui des Millions & ainfi du refte ; les gardes, les employés fe multiplioient à l'infini ; & par une conféquence abfolue, les embarras, les vexations & la mifere pour les peuples. Le Roi après avoir expofé tous ces inconvéniens dans fa déclaration, régle qu'à l'avenir on adjugeroit pour deux ans à une feule perfonne ou à une Compagnie réunie toutes les rentes provinciales des vingt-une provinces d'Espagne, avec faculté de foutraiter, à condition cependant, qu'il n'y auroit qu'un feul & unique Receveur dans chaque bourg ou ville; de façon que lui feul exigeât les payemens, & qu'il ne fe trouvât pas plufieurs exécuteurs à la fois. Sa Majefté outre cette épargne dans la régie promet un nouvel avantage aux Fermiers, en déclarant qu'elle n'exigera aucune avance; elle les aftreint feulement aux payemens dans la forme fuivante. Ce qui revient aux engagiftes pour les aliénations, conformément au produit net qui leur fera rentré dans le courant de l'année préfente, fera defalqué du prix du bail & payé en deux fois chaque année; moitié à la fin de Juin, moitié à la fin de Décembre au Tréforier Général de chaque Province; & le Tréforier en remettra fur le champ les fonds au payeur des rentes, dont la quittance fera une décharge valable pour le Tréforier. Ce qui fera dû au Tréfor Royal fur le prix du bail fera également remis au Tréforier Général de chaque Province en douze portions égales à la fin de chaque mois, à commencer à la fin de Janvier; le tiers en monnoie de billon, le refte en bonne monnoie d'or ou d'argent. Les quittances du grand Tréforier ferviront de décharge valable aux divers Tréforiers des Provinces en échange de celles qu'ils lui enverront des payeurs des rentes, & chaque année les comptes des Fermiers feront arrêtés.

Pour une plus grande fureté des revenus publics le Roi recommande au Confeil de ne confier la manutention qu'à des perfonnes très-accréditées; & d'avoir plus d'attention qu'auparavant à ce que les effets qui fervent de caution foient d'une folidité affurée, puifqu'on n'exige aucune avance : c'eft pourquoi il entend que tous les effets de cautionnement foient des contrats d'aliénation fur les excifes de Madrid, dont le capital fera évalué fur le pied de cinq pour cent du produit net actuel : & les capitaux du cautionnement monteront au quart du prix du bail d'une année. Pour la plus grande sureté de la caution, ces contrats feront renfermés jufques à la fin du bail dans un coffre à trois clefs dans la Sécretairerie de la Chambre des Comptes ; & infcrits fur les regiftres. Le premier Préfident ou *Gouverneur*, le Procureur Général ou *Fifcal*, & le Sécretaire auront chacun une de ces clefs ; & pour que les propriétaires de ces contrats puiffent jouir des revenus pendant le cours du bail, le Gouverneur & le Fifcal de la Chambre des Comptes leur donneront un certificat figné d'eux de l'exiftence du titre.

Afin d'éviter toute défiance qui pourroit réfulter de ce dépôt, Sa Majefté déclare que les comptes du Fermier feront liquidés tous les ans en raportant les quittances du Tréforier Général de chaque Province, & en prétant ferment fur le véritable produit de fa ferme, fans qu'il puiffe être recherché, & auffitôt que le bail fera fini les contrats feront rendus fans altération ni retard.

Sa Majefté veut qu'auffitôt que le bail des fermes fera adjugé, on faffe un état féparé de ce qui revient net aux engagiftes, d'avec les fonds du tréfor dont les revenus doivent entrer fans diftinction dans la caiffe de chaque Province : pour éviter la confufion qui a regné jufques à préfent dans les comptes des finances, Elle ordonne que le détail lui en foit remis par Province, & que l'on y joigne toutes les charges quelconques impofées fur les revenus du Tréfor Royal.

Attendu la commodité & le foulagement que trouvent les villes dans les abonnemens, Sa Majefté veut qu'on exhorte de fa part les habitans à fe cottifer entr'eux afin de fe fouftraire aux rigueurs d'une adminiftration étrangere. Elle ordonne auffi de donner la préference du nouveau bail à ceux des anciens Fermiers

miers qui font d'une folvabilité reconnue, & dont la manutention a été bonne, à condition qu'ils fe réuniront pour fuivre le nouveau plan : à défaut elle veut qu'on alloue le bail à d'autres Fermiers, & que ceux des anciens qui font encore en avance donnent leur état dans le terme de deux mois au plus tard, afin que les nouveaux entrans les rembourfent dans les tems & la forme dont ils devoient l'être.

Je réferve au chapitre CV à donner l'état & le plan des diverfes rentes, avec les décomptes des engagiftes dont il eft fait mention ici : je me contente pour le préfent de remarquer les avantages qu'a produits cette réforme. Les Peuples font extrêmement foulagés, depuis qu'un même Fermier régit deux & trois Provinces ; on n'entend plus de plaintes ; les termes font exactement payés, même quelquefois d'avance. Dans l'ancienne adminiftration, cette multiplicité de petits traitans accabloit le peuple ; la plûpart étoient des avanturiers qui n'avoient rien à perdre, & qui cherchoient la fortune à tout prix : lorfque leur imprudence étoit menacée de quelque revers, ils prenoient la fuite; le Tréfor Royal reftoit à découvert fans que les cautions fuffent fuffifantes pour fuppléer.

Quelque évidente que foit l'utilité de la nouvelle adminiftration, toute régle générale entraîne avec elle des inconvéniens : on fait communément deux objections contre cette méthode à laquelle bien des gens préferent l'ancienne.

La premiere eft que la réunion des diverfes parties forme un engagement fi confidérable, que très-peu de perfonnes font en état de le prendre ; & que faute de concurrens à l'adjudication les revenus publics baifferont plutôt qu'ils n'augmenteront.

Un fait me fervira de réponfe ; il eft certain qu'en 1722, le produit des rentes provinciales a été de 2624268839 maravedis, & qu'avant la réforme il

Y

n'avoit été au plus haut qu'à 2400433652 maravedis. Mais indépendamment de cette raison d'expérience, il seroit aisé de partager la Ferme en districts moins considérables, & dans chacun desquels il n'y auroit également qu'un seul régisseur.

La seconde objection est que les rentes provinciales étant réunies dans un même bail, on ne pourra connoître précisément celles dont le produit particulier aura baissé ou augmenté, que dans le cas où le droit d'Alcavala, par exemple, aura reçu quelque augmentation par l'abondance des rentes ou des consommations, tandis que celui des millions aura diminué ; on ne pourra augmenter le bail suivant , ni le diminuer dans une juste proportion , puisque le total des rentes est évalué à la fois ; & conséquemment que les engagistes des aliénations percevront souvent trop ou trop peu à raison de leurs hypotheques.

Ce n'est point à moi à décider si ces considérations doivent l'emporter sur le bien général que les peuples ont ressenti de la réforme ; mais il me semble qu'il est aisé en suivant le plan nouveau de tenir un état distinct de chaque produit particulier, comme il convient de le faire pour régler les rentes des engagistes : il ne s'agit que de retrancher des baux cette clause ordinaire , *que l'on n'admettra d'augmentation ni de diminution que sur la totalité.*

Au contraire il faut inférer celle qui a été employée dans un des baux de 1724, *que toute personne sera admise à offrir son enchere sur quelqu'une des rentes en particulier en se chargeant des autres au prix de l'adjudication :* dans le même bail le prix de chaque rente est spécifié en détail ; ainsi il ne reste plus de difficulté sur cet article.

CHAPITRE LIX.

Tableau des Rentes générales : forme de leur administration.

APRÈS avoir réformé l'administration des rentes provinciales, le Roi Philippe V régla celle des rentes appellées générales qui consistent dans les droits perçus à l'entrée ou à la sortie du Royaume , & dans l'intérieur. Ces revenus étoient affermés en parties séparées comme ceux qu'on appelle provinciaux; les mêmes inconvéniens s'y rencontroient , & d'autres plus grands encore , puisque les gardes & les commis d'un receveur aidoient à frauder les droits d'un autre receveur. Pour obvier à ces désordres l'administration des droits d'entrée & de sortie fut dressée sur le même plan pour être confiée à un seul Fermier ou à une seule Compagnie , afin que dans un même port il n'y eût qu'un seul bureau de Fermiers; les autres rentes générales consistant en droits perçus dans l'intérieur du Royaume devoient être affermées ensemble ou séparément selon qu'il paroîtroit convenable au Conseil des Finances : à l'exception du tabac , du sel , du monnoiage, des demi-annates , dont la régie devoit être faite pour le compte du Roi.

Pour plus de facilité cependant, on divisa la ferme des ports en deux parties : sçavoir, celle des ports où l'on percevoit les droits de dixme ; & la ferme des ports où l'on percevoit le droit d'Almojarifazgo. La déclaration adressée au Conseil des Finances étoit accompagnée des deux tableaux suivans des rentes appellées générales.

Rentes générales des Douanes qui consistent dans les droits d'entrée & de sortie du Royaume, suivant leur produit en 1714.

RENTES.	TOTAL DE LA VALEUR.	ALIENATIONS.	PRODUIT DU TRESOR ROYAL	EVALUATIONS.
Almojarifazgo de Seville.	68000000	19230010	48769990	à 8 p. 100
Dixmes de la mer de Castille.	59523787	15814756	43709031	à 6
Douanes de l'intérieur.	8676213	2216428	6459785	à 6
Droit des laines.	96000000	17343250	78656750	
Extension du droit des laines.	25500000	. . . . . .	25500000	
Revenus des Canaries.	14000000	1537560	12462440	
Droit d'un réal par livre de cacao & de chocolat.	16000000	. . . .	16000000	à 6
Droits sur les raisins cuits de Malaga.	15051000	775088	14275912	à 10
Aug. sur le cacao & le chocolat.	16000000	625174	15374826	à 6
Droit sur le papier blanc.	6695000	2251989	4443011	à 6
Les deux pour cent, le quart en argent dans la Douane de Seville.	4940000	. . . . . .	4940000	à 4
Aug. de 2 pour cent des dixmes.	14625000	. . . .	14625000	
Deux pour cent de la Douane de Malaga.	5608000	. . . .	5608000	
Augment. de 2 pour cent de la Douane de Cadix.	9688828	. . . . . .	9688828	à 6
Second deux pour cent de la Douane de Murcie.	2300000	. . . .	2300000	
Extraction de Seville.	4120000	1260765	2859235	
Extraction de Malaga.	4500000	723462	3776538	à 6
TOTAL	371227828	61778482	309449346.	

Ces dix-sept droits étoient affermés à douze personnes différentes.

Autres Rentes générales qui consistent en droits sur diverses denrées dans l'intérieur du Royaume ; y comprises celles des Rentes exclusives : & leur produit en 1714.

RENTES.	TOTAL DE LA VALEUR.	ALIENATIONS.	PRODUIT AU TRESOR ROYAL.	EVALUATIONS.
Droit sur les Cartes.	3675000	859075	2815925	à 5 p. 100
Secours extraordinaire & quinziéme de la neige.	2249395	1088199	1141196	
Tribut de la Montagne.	16558000	4597923	11960077	à 8
Rente du tabac.	550674000	4303176	546370824	
Rente générale de la neige.	9682000	83754	9598246	à 6
Droit sur l'eau-de-vie.	7250000	. . . .	7250000	à 4
Droit sur le poisson.	19055000	2185496	16869504	à 8
Droit sur le savon.	17500000	927966	16572034	
Les Postes.	66750000	. . . .	66750000	
Demi-annate des gages & pensions.	47565607	13011496	34554111	
Monnoiage.	750720	144672	606048	
	741709722	27201757	714487965	
SALINES.				
En Castille.	96714090	10094630	86619460	à 6
Galice, Asturies.	68017705	5424530	62593175	à 8
Atienza, Espartinas & Cuença.	133252988	19623066	113629922	à 8
Badajos & Murcie.	30699222	2802778	27896444	à 6
Andalousie.	116856375	12746862	104109513	à 10
	445540380	50691866	394848514	
CI-DESSUS.	741709722	27201757	714487965	
TOTAL	1187250102	77893623	1109336479	

Toutes ces Rentes étoient affermées à différentes personnes ;

excepté celles du tabac, des demi-annates & du monnoiage, qui étoient en régie & le font encore : on a auffi mis fous cette derniere forme d'adminiftration les poftes & les falines.

Je fais un article féparé de l'impôt fur les foies & fur les fu-cres dans le royaume de Grenade, parce qu'il ne reffemble point à ceux des autres Provinces ; & j'en donne ici le produit avant la réunion des rentes provinciales, afin que cela ferve d'éclair-ciffement pour la fuite.

Rente de la foie & des fucres de [a] Grenade.

RENTES.	VALEUR TOTALE.	ALIENATIONS.	PRODUIT NET AU TRESOR ROYAL.	EVALUATIONS.
Droit fur la foie.	9183493	6174463	3009030	à 6 p. 100
Alcavala & Cientos des fu-cres.	6283344	735747	5547597	à 6
Impôt fur les ucres.	12566668	42594	12524074	à 6
TOTAL	28033505	6952804	21080701	

Par une Déclaration du 8 Décembre de la même année, **Sa** Majefté donna de nouveaux ordres pour l'adminiftration des Doua-nes : elle fut informée que la contrebande étoit confidérable dans les Douanes de l'intérieur, dans celles des frontieres & des ports où fe perçoivent les droits de dixmes & d'Almojarifazgo ; que chacun des Fermiers cherchoit à attirer de fon côté l'introduction des marchandifes, en faifant remife au négociant d'une partie des droits légitimes ou par d'autres conventions également contraires au bon ordre & aux revenus de l'Etat. Les baux des Fermiers des Douanes furent réfiliés., & l'adminiftration générale de cette partie confiée à une Chambre dans la ville de Madrid, avec les pouvoirs fuffifans pour le choix, le payement des Commis, & pour donner les ordres néceffaires : à condition qu'en chaque Port, il n'y auroit qu'un feul Receveur des divers droits, une feule Direction.

a Il y a des cannes de fucre dans cette Province.

Depuis, Sa Majesté a jugé à propos de supprimer cette Chambre, & l'administration des Douanes est confiée au Président du Conseil des finances sous les mêmes régles & les mêmes principes. Cette réforme a été très-utile aux revenus du Prince, par l'épargne des frais multipliés ; aux Campagnes & aux Arts par la diminution du nombre des Employés ; enfin au Commerce par la facilité de négocier.

CHAPITRE LX.

Du bon traitement que Sa Majesté ordonne de faire aux Etrangers.

LE 21 Décembre 1718, le Sécretaire d'Etat écrivit au nom du Roi à tous les Commandans des frontieres & des ports de mer, qu'on avoit reçu des plaintes de plusieurs étrangers qui n'avoient pas été accueillis comme il convenoit ; que son intention étoit que ceux qui viendront à pied dans le Royaume pour servir dans les troupes ou pour travailler aux Manufactures, reçussent en entrant des passeports & un ordre de route dont le terme seroit réglé suivant la distance des lieux, & de façon qu'ils ne pussent servir à leur retour : qu'outre les clauses générales pour leur sureté & leur protection, il seroit enjoint aux villes & bourgs situés sur la route indiquée de fournir gratuitement le couvert & des lits pour une nuit seulement, & le reste pour de l'argent, mais à des prix convenables & modérés. Sa Majesté ordonne aux Gouverneurs des places de s'informer des Etrangers qui arrivent en Espagne, & qui ont dessein d'y rester, afin de leur procurer ces secours, d'en donner avis & de les engager à prendre la route des endroits les plus convenables à leur industrie ; mais sur-tout dans les villes où réfident les Intendans ; elle veut que ceux qui défirent fervir dans fes troupes foient envoyés aux régimens les plus voifins, mais par préférence à ceux de leur nation ; elle défend cependant qu'ils foient violentés en aucune façon, leur laiffant toute liberté, à moins qu'il n'y eût quelque inconvénient particulier à leur féjour dans les places de guerre.

Les mêmes ordres font donnés aux Intendans avec des circonftances plus amples, afin que les manufacturiers fur-tout jouiffent d'une protection immédiate ; que l'on leur procure un logement commode aux dépens du public, & que l'on leur accorde pour un certain nombre d'années des franchifes fur les excifes appartenantes aux villes en proportion de la confommation de chaque ouvrier. Mais il eft défendu d'exempter perfonne des droits Royaux fans un ordre formel du Roi.

CHAPITRE LXI.

Des Loix fomptuaires établies en 1723.

LE Roi toujours occupé des moyens de procurer l'aifance de fes fujets & de faire fleurir les Manufactures du Royaume, voulut réprimer les abus du luxe, & l'introduction des riches étoffes étrangeres. Il donna ordre au Confeil de Caftille de dreffer une pragmatique qu'il approuva enfuite, & qui fut publiée le 15 Novembre 1723, en vingt-neuf articles. Elle tendoit principalement à bannir les fuperfluités onéreufes aux particuliers, & à ramener une honnête fimplicité : la Famille Royale en donna le premier exemple, même avant le terme prefcrit. C'étoit le véritable fecret de faire obferver la Loi plus étroitement encore que par la voie de l'autorité ; & cette occafion vérifia cette

grande

grande maxime que jamais les sujets n'obéiffent mieux
au Souverain, que lorfqu'il obéit lui même aux Loix.

La défenfe des galons, broderies, brocards d'or &
d'argent fit refter dans le Royaume des fommes confidérables que l'Etranger en tiroit pour cette fourniture.

L'article troifieme fur les dentelles blanches & noires,
eft également utile à notre commerce.

L'article cinquieme eft en particulier très-favorable à
nos Manufactures par l'ordre qu'il donne à tous les Officiers de Juftice & leurs dépendans d'être vêtus de noir.
Nous en avons en divers cantons de l'Efpagne d'affez
bonne qualité en couleurs unies : & puifque la feule
raifon du mélange & de la vivacité des couleurs faifoit préférer les draps étrangers ; nos Fabriques auront
la préférence de la grande quantité de draps noirs qui
vont fe confommer.

Le même article prefcrit que les étoffes de foie dont
l'ufage eft permis, devront être fabriquées en Efpagne
ou dans les pays alliés ; & que toute marchandife de
ce genre qui entrera devra être du poids, de la mefure, & fuivant le réglement d'Efpagne. Ces précautions font très-bonnes pour affurer la perfection des
qualités ; & comme fur beaucoup d'étoffes, les Etrangers ne trouveront pas leur compte à fuivre nos Loix,
ils cefferont de les apporter, & nos Manufactures prendront faveur. Il me femble qu'il feroit important que
l'on tînt plus exactement la main à l'exécution de cet
article dans les Douanes ; il feroit convenable pour cet
effet d'y donner des inftructions détaillées, & de faire
des vifites dans les boutiques des grandes [a] villes.

Depuis la défenfe de l'or & de l'argent on a introduit beaucoup de broderies étrangeres en habits & en

[a] Si cela arrivoit tant en Efpagne que dans les autres pays, qui achettent les Manufactures étrangeres, chaque Ou-vrier des Nations commerçantes s'af-treindroit de lui-même au goût du confommateur, pour lequel il travail-leroit actuellement.

Z

meubles ; il feroit à propos de faire exécuter à cet égard
la pragmatique du Roi Philippe IV, puifque cette importation fait également fortir beaucoup d'efpeces du
Royaume.

Par une conféquence naturelle du principe qui a
fait établir nos loix fomptuaires ; elles devroient avoir
leur exécution dans nos Colonies : l'abus du luxe y a été
porté à un excès confidérable, & en fait fortir beaucoup d'efpeces pour l'Etranger. Cet argent entreroit
en Efpagne au profit de nos Manufactures, fi les mêmes réglemens y avoient lieu avec les circonftances convenables au pays & à la fituation des chofes. Les Vice-
Rois & tous ceux qui ont autorité dans les Colonies
pourroient influer beaucoup fur l'ufage par leur exemple ; & Sa Majefté trouveroit les éclairciffemens particuliers néceffaires dans plufieurs membres du Confeil des Indes qui ont longtems habité ces Régions.

CHAPITRE LXII.

De l'établiffement des Manufactures de Glaces &
de Cryftaux en Efpagne.

LEs Etrangers achettent par préférence notre foude de
Barille pour fabriquer leurs glaces & leurs cryftaux,
dont ils nous revendent enfuite pour des fommes confidérables. Le Roi a accordé par trois fois différentes
de grands priviléges à des particuliers qui vouloient en
entreprendre une Manufacture : mais la premiere en
1712, & la feconde en 1718 n'ont pas réuffi.

Don Juan de Goyeneche, Tréforier de la Reine,
n'a point été rebuté par ces exemples ; il a formé un
nouvel établiffement au Nouveau Baftan où il a raffem-
blé les ouvriers qui fortoient du Royaume : il les y a

nourris jufqu'à ce que le travail fût en état d'être commencé. Peu de mois après, la difette de bois l'obligea de tranfporter fon attelier à Villeneuve-del-Coron à portée des grandes forêts de la province de Cuença : la même chofe étoit arrivée à la Manufacture établie d'abord dans les fauxbourgs de Paris.

Malgré les frais d'un fecond attelier, Don Juan de Goyeneche a foutenu feul & fans affociés fa manufacture, avec un très-grand avantage. Le Roi par une déclaration du 13 Janvier 1720, lui accorde tous les priviléges donnés à fes prédéceffeurs, & affranchit de tous droits les matieres néceffaires à fa Fabrique.

Le peu de fuccès de ces fortes d'établiffemens vient ordinairement de la mauvaife foi, ou de l'incapacité des Directeurs, & de ce que les ouvriers que leur inconduite ou leur légéreté ont chaffés de leur pays, ne font pas également habiles; l'un nuit au travail de l'autre : en pareil cas il faut choifir des ouvriers fur le lieu & les attirer. Enfin femblables à des plantes délicates qui exigent une culture couteufe & continuelle dans leur enfance, ces fortes d'entreprifes ne peuvent fubfifter fans une protection & une vigilance conftante de la part du Gouvernement.

CHAPITRE LXIII.

*Etabliſſement des coupes de bois dans les Pirenées ;
des Fabriques de bray, de goudron & de
cordages.*

L'Exemple de zéle & de courage que Don Juan de
Goyeneche a donné aux bons citoyens dans l'entreprise de la Manufacture de glaces & de cryſtaux,
n'eſt pas le ſeul dont la patrie lui ait obligation. Il a
vaincu tous les obſtacles que lui oppoſoit la nature,
pour établir des coupes de bois dans les Pirenées ; il
en tire toutes les ſortes qui ſont propres à la conſtruction des vaiſſeaux ; & par la navigation de [a] l'Ebre
il les conduit à la mer.

Il y a trois atteliers pour cette entreprise auſſi pénible que hardie.

L'un eſt dans le Royaume d'Arragon ſur les montagnes de l'Eſpagne ; les bois ſe conduiſent par charroi pendant l'eſpace de trois lieues dans des routes pratiquées exprès & à très-grands frais juſqu'aux bords
de la [b] Cinca. Dans cet endroit on forme des trains
ou radeaux de cinq à ſix arbres chacun, & ſix ou ſept
hommes les conduiſent à la rame ; ces trains ſont quatre lieues ſur la Cinca au deſſus de la ville [c] d'Ainſa, &

---

[a] L'Ebre, fleuve qui prend ſa ſource
dans la Vieille Caſtille ; il traverſe une
partie de la Biſcaye, de la Navarre,
tout l'Arragon, & ſe rend à la mer, en
ſéparant la Catalogne du royaume de
Valence.

[b] La Cinca, petite riviere qui prend
ſa ſource au pied des Pirenées & ſe
jette dans l'Ebre, après avoir reçu les
eaux de l'Ara.

[c] Ainſa, petite ville de l'Arragon
ſituée au confluent de l'Ara & de la
Cinca : c'eſt une des villes du pays de
Sobrarbe qui a eu autrefois le titre
de royaume.

entrent dans l'Ebre au-deſſous de la ville de Mequinenſa.

Le ſecond attelier eſt dans la vallée d'Hecho en Arragon ſur les montagnes de Oſa à une lieue de la frontiere de France. Les bois ſe conduiſent dans des ſentiers ſcabreux par charroi juſqu'à la riviere de Saburdan, & après un trajet embarraſſant de quatre lieues ſur cette petite riviere ils entrent dans celle [a] d'Arragon, qui les rend dans l'Ebre un peu au-deſſous de Milagro dans le Royaume de Navarre à quatre lieues de Tudele.

Le troiſieme attelier eſt dans la vallée de Roncal en Navarre ſur les monts Belagues à une lieue des frontieres de France. Les bois vont par charroi pendant deux lieues juſqu'à la riviere d'Eſca près la ville d'Iſaba : après beaucoup de détours pénibles ſur cette petite riviere pendant quatre lieues, ils ſe rendent dans la riviere d'Arragon près du bourg de Sigues, & de-là dans l'Ebre juſqu'à la mer.

La Fabrique du bray & du goudron eſt également établie en divers endroits de l'Arragon & de la Catalogne ; ſur-tout dans les montagnes de Tortoſe qui ſont très abondantes en ſapins, & d'où l'on en peut tirer aſſez pour ſubvenir aux beſoins du Royaume.

Don Juan de Goyeneche a fait ces beaux établiſſemens à ſes frais, ainſi que celui d'une corderie, à Puerto Réal pour les vaiſſeaux du Roi. Cette derniere Manüfacture eſt de la plus grande importance par l'étendue de la conſommation, par le ſoin qu'il a de n'employer autant qu'il le peut que du chanvre & du goudron d'Eſpagne ; enfin par la mauvaiſe qualité des cables que les Etrangers nous vendent quelquefois, d'où il a réſulté des pertes conſidérables de vaiſſeaux, de richeſſes, & même d'hommes. Il eſt eſſentiel de favoriſer & de pouſſer cette Manufacture ; puiſque nos

---

[a] La riviere d'Arragon prend ſa ſource dans les Pirenées ; elle traverſe une petite partie de l'Arragon & de la Navarre où elle ſe jette dans l'Ebre.

terres produifent du chanvre en abondance : fa qualité eft même fi bonne , que nous aurions beaucoup d'avantage à fabriquer des toiles à voile, & il eft à défirer que l'on encoûrage les Manufactures en ce genre.

Les cordages qui fe fabriquent à Sada dans le Royaume de Galice ne cédent en rien à ceux des Etrangers ; & l'Evêché de Tuy dans cette Province peut fournir des quantités confidérables d'excellent chanvre : notre difgrace eft telle cependant, que les habitans en fement peu & vendent aux Portugais prefque tout le produit de leur récolte. Les Entrepreneurs des corderies fe voyent forcés de tirer leurs chanvres du Nord ; & dans un cas de rupture avec ces Puiffances , nos Manufactures de cordages & celles de toiles à voile qui font dans la ville de Sada manqueront de matiere. Avec quelque attention nous ferions en état de fournir à l'armement de tous nos vaiffeaux fans aucun fecours étranger, & d'épargner les grandes fommes qui fortent du Royaume pour ces articles.

J'ai cru devoir infifter fur ces objets, parce qu'il eft effentiel que la marine du Roi & la marine marchande, trouvent en Efpagne même les matieres & les manufactures dont elles ont befoin : nous devons efpérer que le Gouvernement y portera une attention particuliere, puifqu'une puiffante marine eft le plus ferme appui d'un commerce utile. C'eft fur quoi je m'étendrai dans d'autres chapitres.

CHAPITRE LXIV.

Priviléges & exemptions accordées aux Manufactures par le Roi Philippe V.

LE Roi informé du zêle que Don Juan de Goyeneche avoit apporté à l'établiffement couteux de plufieurs Manufactures dans le bourg d'Olmida & aux environs ; qu'il avoit fait venir de France à fes frais un maître Fabriquant de draps pour l'habillement des troupes ; qu'il y avoit déja vingt-fix métiers qui fabriquoient environ cinquante mille vares de drap par an ; que cet excellent citoyen avoit fait les avances des logemens & de tous les uftenciles néceffaires ; qu'il fe trouvoit auffi dans ce diftrict fix métiers raffemblés par fes foins pour fabriquer des draps dans le goût de ceux de Lodeve, comme à Valdemoro ; que fon exemple & fes foins faifoient paffer cette induftrie & ce goût des arts chez les Naturels ; qu'il offroit deux grands bâtimens pour fervir d'hôpital & d'école, afin d'y élever des enfans au travail ; qu'il avoit fait conftruire au Nouveau Baftan vingt-deux maifons, une Eglife ; enfin qu'il avoit appellé à fes frais plufieurs familles d'ouvriers & de laboureurs de France & du Nord, pour défricher des terres, fabriquer de l'eau-de-vie, paffer des peaux de bufle & de chevreau, fabriquer des chapeaux, tous établiffemens dont il laiffe pour le préfent le profit aux ouvriers : qu'il a fait conftruire une auberge pour les voyageurs, une chapelle pour les Fabriquans trop éloignés de la parroiffe, un pont fur la riviere de Tracugna, & qu'il a fait réparer, même aligner en quelques endroits le chemin de Madrid ; Sa Majefté tant pour récompenfer ce zélé fujet, des dépenfes qu'il a faites, de fes travaux & de fon application ; que pour encourager les autres à l'imiter, ordonne que pendant trente ans on ne pourra augmenter les impôts du diſtrict d'Olmida & du Nouveau Baſtan : il les borne aux trente doublons que payoit ce diſtrict avant cette nouvelle population, ſans y comprendre le droit de Cientos & d'Alcavala, qui appartient à Don Juan de Goyeneche.

Cette exemption eſt du 23 Octobre 1718, & Sa Majeſté la confirme par une Déclaration du 14 Février 1719 ; où Elle ajoute, que tous les Naturels qui travailleront aux arts introduits par Don Juan de Goyeneche, même les aubergiſtes qui leur fourniront des vivres, pourront prétendre aux charges honorables de la république, *comme les laboureurs en ont le droit*. Sa Majeſté déclare en outre, qu'aucunes marchandiſes ne feront ſujettes dans le lieu de leur Fabrique au droit d'Alcavala, de Cientos & autres ; qu'elles feront exemptes également de tous droits à leur paſſage dans les Douanes.

Tous les uſtenciles & matériaux néceſſaires aux Manufactures & aux Teintures, ſont exemptés de droits d'entrée par cette Déclaration. Elle donne auſſi à Don Juan de Goyeneche la faculté de prendre pour ſes Fabriques toute partie de laine, de ſoie, ou de cuirs, deſtinée pour l'Etranger, à condition d'en payer ſur le champ la valeur & les frais juſqu'au lieu où elles ſe trouveront. Cependant cette faculté eſt reſtrainte au terme d'un mois depuis l'achat.

La ville de Vallalodid propoſa pour elle & ſon diſtrict à la Chambre du Commerce d'augmenter tous les ans pendant l'eſpace de vingt, ſes Fabriques tant en laine qu'en ſoie & dorures de cinquante métiers, ſi Sa Majeſté vouloit reduire pendant ce tems ſa contribution aux droits d'Alcavala, de Cientos & des Millions à ce qu'elle payoit en 1713 ; elle étoit alors ſéparée de la ferme de la Province, & s'abonnoit pour une ſomme que les habitans ſe repartiſſoient entr'eux.

Sa

Sa Majesté agréa cette proposition ; & donna ordre le 18 Juin 1722 à la Chambre des Finances de recevoir l'abonnement de la ville de Valladolid sur le pied de l'année 1713, en prenant les mesures nécessaires pour s'assurer de l'augmentation des cinquante métiers par an. Le Roi a établi à Madrid à ses frais une Manufacture d'étoffes dans le goût de celles de Lyon ; il en a fait venir un maître Fabriquant, auquel il fait une pension de douze doublons par mois, & un Teinturier, auquel il en fait une de quinze doublons, outre les autres secours qu'ils ont reçu pour commencer leur établissement. Cette Fabrique est déja assez perfectionnée, pour que la Reine ait daigné s'habiller de ces étoffes.

Le Trésor Royal a également fourni aux dépenses d'une Manufacture de tapisseries dans le goût de celles de Flandres ; elle travaille sous les auspices de Sa Majesté & pour les maisons Royales.

Quoique l'une & l'autre Manufacture ne soit pas encore assez riche en ouvriers pour fournir aux besoins du Royaume , le point capital est gagné, dès qu'on y a introduit l'art. Tant d'expériences réitérées sous les yeux de la Cour doivent du moins détromper ceux qui croient & qui publient que jamais ces entreprises ne réussiront en Espagne. Ces personnes ne peuvent s'appuyer d'aucune bonne raison ; notre Nation a autant d'aptitude qu'aucune autre à tous les arts ; notre pays fournit les matieres premieres en abondance & d'une excellente qualité ; l'Amérique nous envoye les drogues les plus essentielles à la Teinture ; les ouvriers conviennent que nos eaux sont bonnes ; enfin quoique les chefs de Manufactures soient étrangers, leurs ouvriers sont en grande partie Espagnols.

La Fabrique des draps de Guadalaxara ne se doit qu'aux services & aux dépenses de notre glorieux Monarque : & quoique l'on n'ait pu encore y introduire toute

A a

la régle & l'économie désirables, on y a toujours beaucoup gagné, en ce que plusieurs des ouvriers Espagnols que l'on y a formés se sont répandus dans divers cantons où ils ont porté leur industrie. C'est aux ouvriers étrangers que l'on en est redevable; & l'on en peut conclure que la dépense de semblables établissemens ne doit être ni épargnée, ni regrettée.

Je ne dois point oublier que les femmes Espagnoles & les jeunes filles auxquelles on a enseigné le filage y réussissent mieux aujourd'hui & plus promptement que les Etrangeres qui leur ont donné des ª leçons.

Le Roi a également accordé de grands priviléges à la Manufacture que Don Joseph d'Aguade, Chevalier de l'ordre de Calatrava, a établie à Valdemoro à l'imitation des draps d'Angleterre; ils y sont aussi fins & aussi bien mélangés.

Je pourrois m'étendre encore beaucoup plus que je n'ai fait sur tous les réglemens que la sagesse du Roi a faits en faveur des manufactures & du commerce des Indes; je me contente de ceux que j'ai raportés, pour en faire connoître l'esprit; par tout on voit le même amour pour les peuples, la même profondeur dans les vûes, même sagesse dans les mesures; mais cette matiere est immense, sur-tout dans un pays où le malheur des tems a fait perdre la trace des vrais principes. Quoique Sa Majesté ait corrigé une infinité d'abus, nous avons encore besoin de diverses précautions pour jouir d'un commerce aussi favorable que notre position semble nous l'offrir. Il faut nécessairement nous raprocher de la nouvelle politique que les autres Nations ont employée si heureusement depuis cinquante à soixante ans : ainsi

---

ª On a presque toujours tort de désespérer de l'industrie d'un peuple, dès qu'on sçait l'encourager & le guider à la fois : si dans les campagnes de quelque pays que ce soit on eût appris aux Paysannes à filer ; elles y réussiroient parfaitement par habitude, & à peu près au même prix qu'elles donnent des filages grossiers & sans art.

je vais entrer dans les détails de ce qui me paroîtra
le plus convenable à nos intérêts ; & j'appuyerai le plus
que je pourrai mon sentiment de l'exemple des Nations
étrangeres qui ont le mieux réussi.

CHAPITRE LXV.

*Des puissans motifs qui invitent l'Espagne à se pro-
curer & à maintenir une puissante Marine.*

JE n'ai jusqu'à présent proposé que des exemples &
des moyens généraux pour le rétablissement du Commerce ; mon dessein est à présent d'entrer dans les détails, & d'examiner les opérations qui peuvent nous
conduire le plus surement à ce but important.

Le fondement le plus certain d'un commerce utile
est une puissante marine ; sans elle il n'est pas possible de
le soutenir ; & les avantages d'un grand commerce utile
peuvent seuls suffire aux dépenses d'une marine aussi
puissante que celle dont la situation de notre Monarchie a besoin. Ces deux objets sont également importans & inséparables dans leurs progrès ; & c'est avec
une extrême joie que je vois tous les jours s'accréditer
cette maxime précieuse qu'il faut que le Roi soit très-
bien armé sur mer. Quoique cette opinion n'ait pû prévaloir sans que les raisons qui l'appuyent soient bien
reconnues ; je crois qu'afin de la fortifier encore davantage pour le présent & pour l'avenir, il n'est pas inutile de s'étendre sur ces principaux motifs.

Je commencerai par raporter ce que dit l'illustre Don
Diego de Saavedra dans ses maximes politiques & chrétiennes dédiées au Prince Don Balthazar Carlos. Le
sujet d'un de ses emblêmes est un globe terrestre sou-
tenu par deux vaisseaux avec ces mots *his polis.*

A a ij

» J'ai voulu , dit-il , faire comprendre que c'eſt la na-
» vigation qui ſoutient la terre par le Commerce , &
» qui affermit les Empires par la force. Ces deux pô-
» les ſont movibles , c'eſt en cela que conſiſte la ſoli-
» dité des Etats : il en eſt peu qui ſe ſoient fondés ou
» ſoutenus ſans leur ſecours. La Méditerranée & l'O-
» céan ſont les deux plus fermes appuis de l'Eſpagne ;
» & ſa grandeur s'évanouiroit , ſi les Provinces qui lui
» ſont ſoumiſes ne ſe raprochoient entre elles par la
» navigation malgré la diſtance réelle qui les ſépare.

» L'Empereur Charles Quint , & le Duc d'Albe Don
» Ferdinand , conſeillerent à Philippe II d'avoir de
» grandes forces maritimes ; & le Roi Sizebut en con-
» nut le premier l'importance dans notre Monarchie.
» Chez les Grecs Thémiſtocle en avoit utilement donné
» le conſeil à ſa patrie : c'eſt par ce moyen que les
» Romains ſe rendirent les maîtres du monde. La mer
» en un mot environne & aſſujettit la terre : ce pre-
» mier élément réunit la force & la viteſſe ; celui qui
» ſçait les employer à propos eſt le maître du ſecond.
» Les armées de terre ne portent la terreur qu'en un ſeul
» endroit ; celles de mer la portent par-tout : nulle vigi-
» lance humaine , nulle puiſſance n'eſt en état de dé-
» fendre également des côtes étendues.

» Sans la navigation , les Peuples de la terre ſeroient
» preſque tous ſauvages ou groſſiers ; c'eſt elle qui a
» établi entre eux la communication ; & leurs beſoins
» reſpectifs les portent à s'aimer.

» La puiſſance maritime ne convient pas également
» à tous les Etats. Ceux de l'Aſie ont plus beſoin d'ar-
» mées de terre que d'eſcadres ; mais Veniſe & Gênes,
» l'une bâtie dans la mer , l'autre plus ſemblable à un
» écueil iſolé qu'à un continent , n'ont eu & n'auront
» de puiſſance que ſur la mer.

» L'Eſpagne défendue par les Pirénées n'a plus de
» frontieres que l'Océan & la Méditerranée ; ſi elle veut

» afpirer à un Empire univerfel & le conferver, c'eft
» par fes forces navales qu'elle doit l'établir.

» Sa fituation & la commodité de fes ports ne peu-
» vent être plus favorables pour conferver fa marine &
» pour troubler la navigation des autres nations qui
» s'enrichiffent avec elle, & fe fortifient peut-être pour
» lui nuire : nous pourrons les prévenir en protégeant
» notre commerce avec nos efcadres ; à fon tour il four-
» nira des matelots ; il remplira les ports & les arfenaux
» de toutes les munitions de guerre ; il peuplera le
» Royaume ; il entretiendra fes forces & fa vigueur,
» comme les fucs nourriciers fe répandent dans tou-
» tes les parties d'un corps & le fortifient.

» La Hollande refferrée dans les bornes étroites d'une
» contrée ftérile ne doit qu'à fa marine les armées de terre
» qu'elle entretient ; ainfi que cette multitude de villes
» puiffantes & fi voifines les unes des autres que fes cam-
» pagnes, fuffent-elles les plus fertiles du monde, ne
» pourroient les nourrir. La France n'a point de mines
» d'or ni d'argent, & l'emploi induftrieux du fer, du
» plomb, de l'étain fuffit pour l'enrichir. Pour nous
» telle eft notre négligence que nous apportons des ex-
» trémités du monde des richeffes fans nombre, pour
» laiffer aux autres nations le foin de les répandre ;
» nous leur abandonnons le profit immenfe qu'ils re-
» tirent de nos travaux. C'eft avec notre argent que
» Gênes fait fon commerce, paye fes changes & re-
» changes : la laine, la foie, la foude, le fer, l'acier
» & diverfes autres matieres premieres fortent de nos
» ports pour y rentrer bientôt fous d'autres formes,
» dont nous payons fort cher le port & l'induftrie.
» Enfin les Etrangers & même nos ennemis s'enrichif-
» fent (difoit le Roi Henry II) à mefure que notre
» peuple s'appauvrit.

» Votre Alteffe fe couvrira d'une gloire folide &
» immortelle fi elle favorife, fi elle honore le Com-

A a iij

» merce : engagez les citoyens à le faire par eux-mê-
» mes & les nobles par un tiers ; car l'échange d'une
» denrée pour une autre ou pour de l'argent eſt auſſi
» naturel que celui des productions de la terre. Les
» Rois de Tyr & de Sidon n'ont pas dédaigné de faire
» le Commerce ; ce ſage Roi, Salomon n'envoioit des
» flottes à Tharſis que pour augmenter ſes richeſſes ;
» & la nobleſſe de Rome & de Carthage n'étoit point
» obſcurcie par le négoce.

» Perſuadés des avantages du Commerce, les Rois de
» Portugal s'ouvrirent une route ſur des mers incon-
» nues, & établirent par les armes un grand commerce
» dans l'Orient : le Commerce y ſoutint les armes &
» leur fonda un empire très-étendu où ils porterent
» la lumiere de l'Evangile. C'eſt à la navigation & à
» la valeur des Caſtillans que les régions de l'Amerique
» ſont redevables du même dépôt.

Ce ſeroit une témérité à moi de vouloir ajouter à
ce qu'a dit ce grand homme ; mais je vais tâcher d'é-
tendre par mes réflexions quelques-unes de ſes maximes ſuivant que l'exige la conſtitution actuelle des
choſes.

C'eſt avec raiſon qu'il avance *que nulle vigilance hu-*
maine, nulle puiſſance n'eſt en état de defendre également
des côtes étendues. En effet depuis les frontieres du Rouſ-
ſillon juſqu'au détroit de Gibraltar, & de là juſqu'à
Ayamont liſiere du Portugal, il y a plus de trois cens
lieues de côtes ; de l'autre côté du Portugal, depuis la
partie du Migno en Galice juſqu'à Fontarabie, il y a encore au moins deux cens lieues de côtes ; ainſi cent
mille hommes ne ſuffiroient pas pour les garantir contre les deſcentes & les inſultes des ennemis, puiſqu'une eſcadre fait plus de chemin en un jour qu'une
armée de terre en quinze ; en outre il faudroit au moins
trente mille hommes pour les garniſons ordinaires ſur
les frontieres des iſles de la Méditerranée & des pla-

ces d'Afrique. Encore avec ces cent trente mille hom-
mes faudroit-il une marine pour fecourir les ifles : car
il eft rare qu'une place tienne contre une attaque opi-
niâtre ou même contre les lenteurs d'un blocus fi elle
ne reçoit des fecours. Si des forces de terre fi confidérables ne fuffifent pas fans une marine, quelle fera
donc notre pofition actuellement que nous ne les avons
pas, & qu'il nous eft impoffible de les conferver en
rems de paix?

Il eft donc néceffaire de fe borner à un nombre raifon-
nable de troupes de terre, & de recourir à l'expédient
le plus fûr & le moins couteux ; c'eft-à-dire à une bonne
marine. Elle en impofera aux autres peuples par fa
puiffance & par fon activité, fur-tout fi nous avons
toujours quinze à vingt mille hommes de débarquement prêts à tranfporter où il feroit néceffaire : fi nos
voifins vouloient nous inquietter, ce corps de troupes
feroit fort utile pour la guerre offenfive & défenfive
par terre. On peut encore ajouter que leurs efcadres
ne pourroient foutenir leurs opérations fur terre fans de
grands rifques à caufe des diftances ; & après tout, tandis qu'elles feroient occupées dans une mer, nous pourrions attaquer leur propre pays dans l'autre, & les forcer de rappeller leurs vaiffeaux pour leur propre défenfe.

La réputation de notre marine & nos troupes de
débarquement obligeroit les autres puiffances quelles
qu'elles foient à ufer de plus de circonfpection avec nos
flottes & nos galions ; nos vaiffeaux n'auroient befoin
que d'une légere efcorte contre les corfaires & les pirates. Pour ce qui regarde la garde de nos côtes contre les Algériens & les Saletins il fuffiroit d'envoyer en
croifiere quelques galeres & quelques frégates, comme
je le dirai dans un autre endroit.

Il conviendroit de détacher quatre vaiffeaux de ligne
& quatre frégates pour arrêter le commerce interloppe

dans l'Amerique Efpagnole, fur-tout dans le golfe du Mexique & dans la mer du Nord. De ces huit vaiffeaux quatre feroient deftinés à remplacer l'efcadre de Barlovento qui eft toujours compofée de deux vaiffeaux moyens & de deux frégates : les quatre autres iroient croifer dans les parages où la contrebande eft plus commune ou plus dangereufe. Mais il feroit bon de relever fouvent ces efcadres ; on a remarqué que de longs féjours dans ces régions diminuent les équipages, & ceux qui réfiftent à l'influence du climat s'amolliffent par l'aifance de ces provinces.

Il eft donc néceffaire que l'Efpagne ait une marine confidérable tant pour cette raifon que pour châtier l'infolence des corfaires de Barbarie ; nous en ferons un affez grand nombre captifs pour les échanger contre des efclaves chrétiens dont le rachat nous coûte annuellement des millions; & bientôt ils nous prendroient moins d'hommes qu'ils ne font aujourd'hui.

Si quelque jour des tems plus heureux nous faciliteroient une expédition en Afrique; l'entreprife feroit téméraire à moins d'avoir vingt-cinq ou trente bons vaiffeaux de guerre, & douze ou quinze galeres, tant pour affurer la communication de l'Efpagne, que pour réfifter aux propres forces des Barbarefques ou aux fecours qu'ils pourroient recevoir de l'Empire Ottoman.

Les forces navales font bien plus propres que celles de terre à foutenir les intérêts de Sa Majefté en Italie, puifqu'il faut paffer les Pirénées de France, les Alpes & même l'Apennin. S'il arrivoit encore contre toute attente que les armes de Sa Majefté euffent un fujet légitime de fe tourner contre la France, je crois que vingt mille hommes foutenus d'une armée navale foit du côté de l'Océan, foit du côté de la Méditerranée, feroient plus utiles que quarante mille fans efcadres.

Il eft également important que nous puiffions tirer

raifon

raiſon des mécontentemens que pourroient nous donner les Puiſſances maritimes ; elles oſent rarement en
donner à la vérité à ceux qui ſont en état de les attaquer, & leurs inſultes ne tombent ordinairement que
ſur les Princes foibles en marine. L'hiſtoire de France
nous en fournit pluſieurs exemples : toutes les fois que
cette Monarchie s'eſt trouvée ſans marine, l'Angleterre
l'a traitée avec une hauteur & une dureté, qu'il lui a fallu
diſſimuler. D'autres nations maritimes ont eu le même
ſort, dès qu'elles ont négligé les avantages de leur ſituation.

Enfin Sa Majeſté ſe fera plus reſpecter par ſa marine
que par ſes forces de terre quelque conſidérables qu'elles
fuſſent. Euſſions-nous deux cens mille hommes de troupes réglées, à quoi nous ſerviront-elles, ſi nous n'avons
point de vaiſſeaux pour les tranſporter, & ſoutenir
leur deſcente ? Quand même nous renoncerions à toute
expédition étrangere, elles ne protégeroient pas notre
commerce ni nos côtes.

Tant de puiſſans motifs prouvent ce me ſemble que
juſqu'à préſent nous n'avons pas ſçû mettre une juſte
proportion dans nos forces de terre & de mer, puiſque
nous voyons beaucoup de régimens & peu de vaiſſeaux
de ligne. Cette proportion fera le ſujet du chapitre [a]
ſuivant.

a Ces principes ſont évidens; à moins qu'un Etat maritime ne fût conque-rant, ſes Eſcadres le défendront mieux & le feront plus reſpecter que ſes Troupes de terre ; & même pour con-querir, il auroit beſoin d'une marine puiſſante. L'Auteur pouvoit encore ajouter une raiſon économique en faveur de la Marine ; l'armement d'une flotte que l'on expédie dans des mers éloignées, quoique coûteux à l'E-tat, ne fait point ſortir ſes eſpeces ; au contraire il occaſionne une circulation avantageuſe aux ſujets par le prix de leur induſtrie ou de leurs denrées.

CHAPITRE LXV.

CHAPITRE LXVI.

De la proportion entre les forces de terre & de mer;
& de celles que l'on doit garder entre elles
& les revenus de l'Etat.

APRÈS avoir démontré la nécessité des armées navales, il convient d'examiner quelle doit être leur proportion avec les armées de terre qui font également nécessaires : mais outre cette proportion entr'elles, elles doivent en garder une avec les revenus de l'Etat.

Je vois aujourd'hui une inégalité très-préjudiciable au service du Roi entre le nombre de ses troupes de terre & celui de ses vaisseaux. Après la derniere réforme que la tranquillité de l'Europe nous a permis de faire, nous sommes restés avec soixante-treize mille hommes, en comptant les officiers en pied tant d'infanterie que de cavalerie ; mais je n'y comprends pas les officiers réformés de l'un & l'autre corps, ni ceux qui se trouvent employés dans l'Etat Major des places de guerre ; non plus que les trois mille hommes des cinq bataillons de la marine, quoiqu'à présent ils servent plus sur terre que sur mer.

De ces soixante-treize mille hommes, il y en a cinquante-neuf mille d'infanterie, en comptant deux mille invalides en état de servir dans les garnisons, & que je détache des cinq mille qui sont entretenus. Les quatorze mille hommes restans consistent en régimens de cavalerie & de dragons.

Tandis que nous sommes en cet état sur terre, nous n'avons pas assez de vaisseaux pour former une escadre médiocre.

Il est impossible de ne pas sentir combien cette inégalité

eſt préjudiciable à l'Etat , & qu'en réformant ce que nos forces de terre ont de trop , nous épargnerions une partie de ce que coutera le rétabliſſement de la marine.

Il me ſemble que pour bien balancer les forces de l'Eſpagne ſa poſition exigeroit en tems de paix ſoixante-dix vaiſſeaux de guerre ; ſçavoir , cinquante depuis cinquante canons juſqu'à cent, y compris les vaiſſeaux de convoi & les garde-côtes dans nos Indes ; en outre vingt frégates depuis dix juſqu'à quarante pieces de canon. Quant aux galeres il paroît que dans la conſtitution préſente il ſuffiroit d'en avoir huit , en ajou‐tant deux à celles que nous avons : mais il faudroit ſix galiottes & même douze en été ; [a] elles ſont très-utiles dans la Méditerranée contre les Pirates qui infeſtent nos côtes , & qui troublent notre cabotage avec de petites embarcations qui vont à la rame & à la voile. Les douze ne couteront pas plus qu'un navire de ſoixante-dix à quatre-vingt pieces de canon.

Cinquante mille hommes d'infanterie y compris les officiers en pied & deux mille invalides des garniſons & dix mille hommes de cavalerie , en tout ſoixante mille hommes ſuffiroient pour le continent de l'Eſpagne , les iſles de la Méditerranée, & les garniſons d'Afrique : ce qui répondra à mille hommes d'infanterie par chaque vaiſſeau de ligne. L'on s'épargneroit ainſi les frais de neuf mille hommes d'infanterie & de quatre mille hommes de cavalerie.

Quoiqu'un corps de troupes de ſoixante mille hommes & une armée navale de cinquante vaiſſeaux de ligne avec vingt frégates ſoient des forces très-conſidérables ; il faut faire attention qu'en laiſſant les compagnies d'infanterie à quarante hommes , & celles de cavalerie & de dragons à trente hommes comme elles ſont aujourd'hui, il eſt aiſé au beſoin de faire en peu de tems une augmentation de quinze à ſeize mille hommes en

[a] A cauſe des calmes ; c'eſt même le ſeul moment où les galeres ſoient utiles.

augmentant les compagnies. Nous l'avons fait dans quelques occasions, & c'est l'usage de presque toutes les Puissances, sans former de nouveaux régimens ni de nouvelles compagnies.

La proportion des forces de terre & de mer une fois établie & réglée sur l'état des revenus publics, comme nous le dirons à sa place; si Sa Majesté trouvoit convenable de les augmenter ou de les diminuer, il seroit à souhaiter que ce fût toujours dans la même proportion, de peur qu'elles ne retombent dans cette fâcheuse inégalité où nous les voyons : à moins cependant que des circonstances particulieres ne conseillassent en bonne politique de changer cet ordre, & de donner une préférence momentanée.

L'autre proportion dont j'ai à parler entre les forces, soit de mer soit de terre, & les finances, n'est pas d'une moindre importance : c'est d'elle que dépendent la conservation, le bon ordre, la discipline des armées; c'est de la même que dépendent les bons succès. Il est donc très-nécessaire que les dépenses militaires, ainsi que toutes les autres, soient réglées sur le pied des revenus solides & assurés de l'Etat : c'est ce que pratiquent tous les Princes de l'Europe respectivement à leur puissance, afin que leurs troupes soient toujours bien pourvues, en bon état, sans que les peuples en soient surchargés : ils ont en même tems un soin particulier de profiter du tems de la paix pour soulager leurs sujets, & amortir les dettes extraordinaires que la guerre les a forcés de contracter. La prudence leur dicte qu'en libérant les revenus de l'Etat, & en laissant les peuples reprendre des forces par la modération des impôts, l'aisance & les douceurs de la paix; l'emploi de tous les fonds publics & les secours extraordinaires des sujets enrichis de nouveau, seront suffisans pour les dépenses d'une nouvelle guerre; en effet il est certain qu'un Etat qui n'acquitteroit point ses dettes pendant

la paix, & qui continueroit pendant ſon cours de percevoir les mêmes augmentations de tributs qu'exigeoient
les néceſſités de la guerre, ne ſe trouveroit pas en état
de réſiſter à de nouvelles attaques : il en ſeroit même
moins reſpecté des autres Puiſſances qui ſçauroient
qu'il ſe prive des reſſources que peuvent donner des
peuples repoſés & ſoulagés par l'économie du gouvernement ; ſes rivaux ſur-tout verroient avec plaiſir qu'il
conſomme imprudemment pendant la paix ce qu'il devoit réſerver pour un effort extraordinaire. En conſéquence de cette maxime inconteſtable, je dois avertir
que je n'entens point que les cinquante vaiſſeaux de
ligne & les vingt frégates ſoient continuellement armés ; cette dépenſe eſt inutile en tems de paix, &
aucune Puiſſance ne la fait. Nous n'aurions beſoin de
faire ſortir que ceux qui ſont néceſſaires pour nos convois ordinaires, pour remplacer l'eſcadre de Barlovento,
& interdire nos côtes de l'Amérique aux interloppes :
pour celles d'Eſpagne dans la Méditerranée les galeres
& les galiottes ſuffiroient, ainſi que pour les tranſports
ſoit de troupes ſoit de munitions dans les iſles de cette
mer & en Afrique.

Les vaiſſeaux les plus propres aux uſages dont nous
parlons, ſont, ſuivant la pratique ordinaire des autres
nations, ceux de vingt à ſoixante pieces de canon ; je
me perſuade que c'eſt de ceux-là que l'on ſe ſerviroit.
Ceux du même rang & les autres ſoit plus grands,
ſoit plus petits, qui ne ſeroient pas employés, devroient
reſter déſarmés dans des ports d'un bon fond & favorables en tout point à leur conſervation ; tous les agrêts
& apparaux de chaque vaiſſeau devroient être dépoſés
avec ſoin dans des magazins diſtingués & capables de
les contenir. On ne doit pas penſer que les réglemens
économiques faſſent tort à la réputation d'un État ; au
contraire ces forces ainſi réſervées & toujours prêtes au
beſoin, moyennant des arſenaux bien munis, aſſurent ſa

CHAPITRE
LXVI.

B b iij

puiſſance ; & elles en impoſeront davantage aux Puiſſances jalouſes, que ſi elles étoient employées inutile-
ment. On doit même faire cette réflexion, qu'en em-
ployant à tour de rôles les équipages dans les navigations éloignées, Sa Majeſté aura toujours en Eſpagne un nombre ſuffiſant de bons Officiers & de
Matelots expérimentés, non ſeulement pour les navires qui s'arment de tems en tems ; mais encore
pour tout le reſte en un beſoin. Ainſi je regarde la
réſerve de ces forces comme d'une importance égale
à celle du ſoulagement des peuples, & de l'amortiſ-
ſement des dettes nationales.

Dans le cas où les frégates légeres, pinques & autres
petits bâtimens de l'armée navale ne ſeroient point employés, ſoit en tems de paix, ſoit en tems de guerre;
il ne ſeroit pas étrange que Sa Majeſté en donnât quelques-uns à fret à ſes ſujets, ou pour armer en courſe:
il faudroit ſeulement faire des inventaires & prendre
toutes les précautions dont uſoit en pareil cas Louis
le Grand ; elles ſont détaillées dans ſon Ordonnance de
la marine de 1689 ; une des principales conditions de
l'abandon des vaiſſeaux du Roi pour la courſe eſt que
le tiers net des priſes appartiendroit au Roi ; un autre
tiers à l'Armateur pour l'approviſionnement & l'armement ; l'autre tiers aux Officiers & à l'équipage. Il réſulte de grandes utilités de cette méthode ; elle exerce
des Matelots; elle trouble le commerce des ennemis,
aſſure celui des ſujets ; elle purge les mers, & raporte
au Souverain un profit, au lieu que ſes bâtimens ſe
ruineroient infructueuſement dans un port. Je crois
qu'indépendamment de cela il conviendroit de freter
aux particuliers quelques vaiſſeaux de cinquante à
ſoixante pieces de canon qui répondent au port de ſix
cens & huit cens tonneaux pour le commerce des flottes & des galions ; un ſeul voyage raporteroit aſſez
pour en conſtruire un pareil.

Nous avons des exemples autentiques de toutes les mesures prudentes & économiques que je propose, dans les Gouvernemens de France, d'Angleterre & de Hollande : ces Etats travaillent sans cesse à accroître leur commerce, & par conséquent leurs richesses & leur population ; de façon que sans jamais s'affoiblir, ils sont toujours prêts à recommencer les efforts surprenans dont ils ont étonné l'Europe depuis quarante ans.

Ces puissantes raisons & d'autres que j'omets, concourrent à démontrer la nécessité de proportionner pendant la paix les dépenses aux revenus ; sans cependant perdre de vûe l'importante maxime de les libérer, quoique peu-à-peu, autant que le permettent les autres nécessités, & sur-tout le soulagement des peuples. C'est ce qu'a fait la bonté paternelle du Roi en modérant plusieurs impôts, & par la suppression de quelques autres : mais voulant pousser encore plus loin ce grand ouvrage, il a formé une chambre de quelques membres du Conseil de Castille & des Finances pour examiner par quels moyens il seroit possible sans nuire aux urgences présentes de diminuer le fardeau des peuples, soit par la réduction des tributs, soit par la forme des recouvremens, pour faire observer les priviléges accordés aux laboureurs ; enfin lui indiquer ce qui peut tendre le plus surement au bonheur des sujets : tous ces réglemens sont intéressans pour le commerce qu'ils favorisent. De ces conférences & de l'attention compatissante du Roi ; il a résulté une Ordonnance du 13 Mars 1725, en seize articles dignes de ses intentions favorables, & en partie sur la matiere que je traite.

Il sera aussi très-convenable, après avoir réglé les dépenses indispensables sur le pied des revenus, de ne pas entreprendre des augmentations dans les forces de terre ou de mer sans être bien assuré des fonds ; car si l'on employe à une partie les sommes destinées pour une

autre, il s'en trouve à la fin quelqu'une qui manque
& se détruit ; il en résulte des embarras continuels,
des clameurs, un préjudice considérable pour le service
du Souverain, pour les troupes, pour les intéressés ;
enfin une confusion & des contretems fâcheux que
l'on évite dans un Etat bien gouverné.

CHAPITRE LXVII.

*Dimensions, grandeur, & artillerie de quelques
navires fabriqués en Espagne, dans les Indes, en
France, en Angleterre, à Gênes ; la méthode de
ces divers peuples dans la proportion des gens de
mer & de guerre sur leurs vaisseaux.*

NOus avons des instructions & des réglemens sur la
construction des vaisseaux dans le recueil des Loix
des Indes & dans d'autres livres. Le Lieutenant-Général
Don Antonio Gastannêta a proposé ses méthodes en
1713 & en 1720 : elles ont été approuvées par Sa Majesté ; & quoiqu'elles essuyent quelques contradictions par
la différence qui se trouve non seulement entre celles
d'un pays & d'un autre, mais encore entre celles du
même pays ; je crois que l'expérience pratique & théo-
rique de ce Lieutenant-Général dans cette matiere doit
assurer la préférence à sa méthode, jusqu'à ce que
Sa Majesté croye devoir en changer.

Les dimensions & les régles de la construction sont
amplement détaillées dans ces deux méthodes : cependant je ne laisserai pas de mettre ici sous les yeux les
proportions de construction d'artillerie, & d'équipage
d'un navire construit suivant ses régles en Cantabrie ;
j'y joindrai celles de quelques navires bâtis à Campeche,
en France, en Angleterre, à Gênes ; même celles de

NOS

nos anciennes méthodes. Ces connoiſſances diverſes nous conduiront plus ſurement à aſſeoir notre jugement dans la contrariété des avis.

Le raport que je vais faire eſt tiré d'une deſcription très-exacte, que des Officiers habiles de la marine du Roi firent à Cadix en 1718 de ces mêmes vaiſſeaux & de tous ceux de Sa Majeſté.

Le navire LE SAINT-LOUIS,

Conſtruit en Cantabrie en 1715.

Du troiſieme rang.	Coudées d'Eſpagne.	Pouces.
Longueur de la Quille en pied, ...	$60\frac{1}{3}$	
Longueur de l'Etrave à l'Etambord, ...	$70\frac{1}{2}$	
Maître Bau, . . .	$18\frac{1}{2}$	
Le creux ou la profondeur,	$9\frac{1}{4}$	
Franc tillac, ...	19	2
Tillac ou ſecond Pont, .	$17\frac{1}{4}$	
Tonneaux, . . 832 . .		

	Calibres.	Canons.
Premiere Batterie, . . .	18 liv. de balle	26
Seconde Batterie, . . .	12	26
Troiſieme Batterie des gaillards, ...	6	8
Total des Canons,		60

Il eſt bon d'obſerver qu'aujourd'hui à Cadix on ne ſe ſert plus de l'ancienne pratique d'Eſpagne, ni de celle des autres pays pour le nombre de l'équipage : c'eſt pourquoi on va les détailler toutes.

Sur les vaiſſeaux de guerre en Eſpagne l'équipage étoit à raiſon de vingt-ſix matelots & de vingt-ſix ſoldats par chaque cent tonneaux : ſur l'Amiral & le

Commandant il étoit en raison de vingt-huit ; & en même tems à cause des pavillons on ajoute cinquante
matelots & cinquante soldats conformément à divers
réglemens Royaux depuis 1677 jusqu'en 1682.

On donne un Canonier par piece de
canon, & un tiers en sus sur un vais-
seau de 60 pieces de canons, c'étoient, 75 Canoniers.

On donne d'Officiers mariniers le
quart des Canoniers, ... 18 Officiers.

Autant de Matelots que d'Officiers
& de Canoniers, ... 111 Matelots.

De Mousses le tiers du nombre des
Matelots, ... 37 Mousses.

On donnoit un nombre de Soldats
pareil à celui des gens de mer, y compris leurs Officiers, ... 241

TOTAL 482 Hommes.

En France l'équipage est réglé sur
le pied de trois hommes par chaque
canon de quatre livres de balle, sçavoir, un Soldat, un Canonier, un
Matelot.

Par canon de 4 livres de balle, ci ', 3
  de 6 5
  de 8 7
  de 12 . . . . 9 Hommes.
  de 18 11
  de 24 13
  de 36 15

De façon qu'un vaisseau comme le
Saint-Louis de soixante canons, dont
vingt-six du calibre de dix-huit, vingt
du calibre de douze, & huit de six,
auroit en tout . . . . 560 Hommes.

Les Anglois & les Hollandois mettent un homme de moins par canon,
& leur pratique sur un vaisseau de soixante pièces de canon revient à . . 500 Hommes.

Voici la distinction des Officiers & autres classes ou
professions qui formoient les cinq cens hommes d'équipage
d'un vaisseau Espagnol de soixante pièces de canon en
y comprenant quinze garçons de chambre : ils n'ont
pas été mis dans le nombre de quatre cens quatre vingts-
deux, parce que leur nombre varioit suivant les commodités du navire, sans se comprendre dans l'armement. Le nombre des soldats varie aussi aujourd'hui ;
autrefois on le mettoit égal à celui des matelots,
parce qu'on vouloit être en force en cas de débarquement ; mais à présent qu'on fait la guerre avec des
canons, les matelots sont plus [a] nécessaires.

Officiers Majeurs.

Capitaine, ...	1	
Lieutenans, ...	2	5
Enseignes, ...	2	
Chapelain, ...	1	
Ecrivain, ...	1	4
Chirurgien major & second, .	2	

Officiers Mariniers.

Maître, ...	1	
Pilote Hauturier, ...	1	
Pilote Côtier, ...	1	7
Pilotins, ...	2	
Contre-Maître & second, . .	2	

a Il est bon d'observer que les calibres de la même dénomination ne
sont pas de la même force par tout.
Cent livres de Paris font cent neuf
livres à Londres. La livre Castillane
est d'un sixieme & un tiers plus foible
que notre livre de poids de marc.

Armuriers, ...	2	
Charpentier & second, ...	2	
Maître à l'eau, ...	1	14
Plongeur, ...	1	
Quartiers-maîtres, ...	8	

Officiers d'Artillerie.

Sergent & second, ...	2	
Caporaux d'artillerie, . . .	4	7
Officiers-pointeurs, ...	1	

Matelots.

Canoniers, ...	75	
Matelots, ...	193	
Mousses, ...	25	308
Garçons de Chambre, . . .	15	

Troupes de Marine.

Cadets ou Gardes Marine, . .	8	
Sergens, ...	12	
Caporaux, ...	15	155
Soldats, ...	120	
TOTAL,		500

Ces cinq cens hommes confomment par jour cinq
cens neuf rations, à raifon de fix rations par jour pour
le Capitaine d'un vaiffeau de haut bord, & de demi-
ration de plus que l'ordinaire aux Gardes marines pendant la campagne. Multiplions ces cinq cens neuf rations par les trente jours du mois, ce font quinze mille
deux cens foixante-dix rations.

Détail de ce qui revient à chaque millier de rations.

Bifcuit, onze quintaux, vingt-cinq livres.
Vin, vingt-cinq arrobes, quatorze pintes.
Lard, un quintal, neuf livres & demi.
Viande, un quintal, quarante fix livres.
Morue féche, quatre-vingts-fix livres.
Fromage, cinquante-quatre livres.
Beurre, un quintal, vingt-cinq livres.
Huile, un arrobe, deux livres.
Bois, quinze quintaux.
Eau, cent vingt-cinq arrobes.
Sel, demi-boiffeau.
Vinaigre, un arrobe, huit pintes.

Chaque millier de rations reçoit par mois.

Bifcuit blanc, vingt-deux livres & demi.
Mouton, dix livres.
Poules, deux quatre feptiemes.
Œufs, trente.
Amandes, deux livres trois quarts,
Raifins fecs, trois livres dix onces.
Sucre, quatorze onces deux tiers.
Charbon, quinze livres.

Il faut faire attention que fur les premieres rations on compte dix pour cent de déchet par la diminution des denrées : fur les fecondes on n'en compte point.

Le vaiffeau NOTRE-DAME DE BEGOGNE,

Bâti à Gênes en 1703.

Quatrieme rang.	Coudées.
Quille en pied, ...	$63 \frac{1}{2}$
De l'Etrave à l'Etambord, ...	$70 \frac{1}{4}$
Maître Bau , ...	$20 \frac{1}{4}$

Quatrieme rang.   Coudées.

Le creux , ... 9
Franc tillac, ... 20
Tillac ou second pont, ... 19
Tonneaux 905.
Equipage, 450 hommes.

	Calibres.	Canons.
Premiere batterie, . .	24	. . 10
. . . .	12	. . 12
Seconde Batterie, . .	8	. 22
Batterie d'en haut, .	6	. 8
Canons de chasse, . .	8	. 2

} 54 Canons.

Le vaisseau NOTRE-DAME DE GUADALUPE,

Construit à Campêche , en 1702.

Quatrieme rang.   Coudées.

Quille en pied , ... 55
De l'Etrave à l'Etambord, ... 64
Maître Bau , ... 17
Le creux, ... 9
Franc tillac, ... 17
Second pont ou tillac , ... 16
Tonneaux, 725.
Equipage, 358 hommes.

	Calibres.	Canons.
Premiere batterie , ...	18	22
Seconde batterie, ...	8	20
Gaillards, ... des 4 & 6		8

} 50 Canons.

La Fregate L'Hermione,

Conſtruite à Breſt en 1702.

Quatrieme rang.   Coudées.

    Quille en pied, ... 56
    De l'Etrave à l'Etambord, 64
    Maître Bau, ... 16
    Le creux, ... 7
    Franc tillac, ... 16
    Second pont ou tillac, . . 15 $\frac{1}{2}$
    Tonneaux, 500.
    Equipage, 300 hommes.

                    Calibres.   Canons.

Premiere batterie, ... 24 . 8 ⎫
Seconde batterie, ... 22 . 6 ⎬ 52 Canons.
Gaillards, ... 6 . 3 ⎭

La Fregate Le Saint Joseph,

Conſtruite en Angleterre en 1704.

Cinquieme rang.   Coudées.

    Quille en pied, ... 45 $\frac{2}{3}$
    De l'Etrave à l'Etambord, 52 $\frac{3}{4}$
    Maître Bau, ... 14 $\frac{2}{3}$
    Le creux, ... 6 $\frac{3}{4}$
    Franc tillac, ... 14
    Second pont ou tillac, . . 12 $\frac{1}{3}$
    Tonneaux, 338.
    Equipage, 160 hommes.

                  Calibres.   Canons.

Batterie, ... 22 . . 6 ⎫
Gaillards, ... 4 . . 4 ⎬ 26 Canons.
                                    ⎭

Le vaiſſeau LE COMTE DE TOULOUSE,

Conſtruit à Toulon.

Troiſieme rang.   Coudées.

Quille en pied, ...   65
De l'Etrave à l'Etambord,   75
Maître Bau, ...   20 $\frac{1}{4}$
Le creux, ...   8 $\frac{1}{2}$
Franc tillac, ...   19 $\frac{1}{4}$
Second pont ou tillac, . .   18 $\frac{1}{4}$
Tonneaux, 752.

	Calibres.	Canons.	
Premiere batterie,	24	18	
Seconde batterie,	22	12	56 Canons.
Sur les Gaillards,	10	8	

PAQUEBOT *ou* AVISO ANGLOIS.

                                        Coudées.   Pouces.

Quille en pied, ...   24
De l'Etrave à l'Etambord,   28 $\frac{1}{2}$
Maître Bau, ...   10
Le creux, ...   5 $\frac{1}{4}$
Pont, ...   8   18
Tonneaux, 102.
Equipage,   82 hommes.
10 Canons de 3.

Le vaiſſeau LE CONQUERANT,

Conſtruit en Angleterre.

Troiſieme rang.   Coudées.

Quille en pied, ... 63

De

Troifieme Rang.   Coudées.

   De l'Etrave à l'Etambord ,   73
   Maître Bau , ... $18 \frac{1}{2}$
   Creux , ... $8 \frac{1}{2}$
   Franc tillac , ... $18 \frac{1}{2}$
   Second pont ou tillac , . .   17
   Tonneaux , 776.
   Equipage , 530 hommes.

	Calibres.	Canons.	
Premiere batterie ,	18	26	
Seconde batterie ,	12	28	} 64 canons.
Sur les Gaillards ,	8	10	

CHAPITRE LXVIII.

Obfervations fur la grandeur des vaiffeaux de Roi en Efpagne en divers tems : lifte de quelques armées ou efcadres de France , d'Efpagne , d'Angleterre , de Hollande & de Mofcovie : détail de la méthode de Hollande , de Suede , de Dannemarc & autres Nations.

APRÈS avoir expliqué les dimenfions & la force des vaiffeaux de guerre conftruits depuis vingt-cinq ans , tant en Efpagne qu'ailleurs ; je crois qu'il n'eft pas inutile de donner quelque connoiffance de nos anciens ufages. J'y ajouterai les régles générales que fuivent actuellement les autres nations les plus habiles fur la mer , tant fur cette partie , que fur le nombre de vaiffeaux de chaque rang , de fregates legeres , de brulots , & de bombardes qui compofent leurs flottes ou leurs efcadres.

D d

J'ai cité au chapitre XLIII un décret de 1478 de leurs Majestés Catholiques pour établir des récompenses annuelles en faveur de ceux qui fabriqueroient & qui conserveroient des vaisseaux de six cens à mille tonneaux : d'où il paroît que dans ces tems reculés, on désiroit & l'on estimoit les navires de ce port qui aujourd'hui ne seroient que mitoyens. Cette façon de penser étoit bien changée au commencement du dix-septieme siécle. En 1608 dans l'accord du 22 Novembre entre le Roi & les Etats qui lui accordoient le subside des Millions pour subvenir en grande partie aux dépenses de la Monarchie ; il fut stipulé, que les cinq cens mille ducats destinés pour les dépenses de l'armée navale, seroient employés à l'entretien de quarante vaisseaux dont les plus forts ne passeroient pas cinq cens tonneaux, & les moyens quatre cens tonneaux ; les moindres devoient être de deux cens cinquante à trois cens tonneaux. Il étoit encore stipulé que le plus grand nombre des vaisseaux feroit d'un port mitoyen, & que l'on employeroit sur toute la flotte seize cens matelots avec trois mille trois cens cinquante soldats. Aujourd'hui une armée navale dans ces proportions feroit de peu de service, parce que toutes les puissances maritimes de l'Europe ont augmenté celles de leurs vaisseaux. Les navires de deux cens cinquante à cinq cens tonneaux ne répondent qu'à une artillerie de vingt à cinquante piéces de canon, suivant la pratique de France & celle du Lieutenant-Général Gastagneta dans sa méthode de 1720 pour la construction des vaisseaux de quatre-vingts à cent canons.

Don Joseph de Veyta dans son guide du commerce des Indes, livre 2, chapitre 14, dit qu'en 1662 le port des galions fut réglé de cinq à sept cens tonneaux ; & dans le même endroit il dit que le 10 Septembre 1616 on fit un traité pour construire quelques galions de cinq cens tonneaux ; que le 14 Fevrier

1638 on fit un autre traité pour la conſtruction de douze galions de huit cens tonneaux dans les a quatre atteliers pour l'eſcadre de l'Océan ; que le 15 Décembre 1639 on fit un nouveau traité pour la conſtruction de ſix galions de huit cens cinquante tonneaux dans les atteliers de la Cantabrie.

Suivant les diverſes notions que j'ai pû raſſembler, je trouve que depuis l'on n'a pas beaucoup altéré cette proportion ; c'eſt ce que confirme la pratique qu'on a tenue depuis un nombre d'années ; nos vaiſſeaux ont été conſtruits pour la plûpart du port de huit cens à mille tonneaux avec une artillerie de ſoixante pieces de canon. La méthode que Don Antoine de Gaſtagneta propoſa en 1713 y eſt conforme ; & Sa Majeſté approuva en conſéquence que l'on conſtruisît à la Havane dix vaiſſeaux de ſoixante canons deſtinés aux convois des flottes & des galions, ainſi qu'à rétablir la petite eſcadre de Barlovento ; ceux de ſoixante quatre coudées de quille y ſont évalués à neuf cens ſoixante-trois tonneaux, & ceux de ſoixante coudées à huit cens tonneaux. Le ſeul changement que je remarque arriva en 1720 ; Sa Majeſté approuva la nouvelle méthode pour la conſtruction des vaiſſeaux depuis dix juſqu'à quatre-vingts pieces de canon ſur le port ſuivant.

Ceux de	Canons.		Tonneaux.
80		1534	
70		1095	
60		990	
50		488	
40		410	
30		303	
20		200	
10		140	

Dans un autre chapitre, je donnerai ce que j'ai pû

a Ces quatre atteliers ſont Saint-Sébaſtien, Paſſages, Santogna , Sant-Ander.

recueillir de connoiffances fur cette flotte formidable que Philippe II arma contre l'Angleterre.

Pour mettre fous les yeux les régles dont j'ai parlé au commencement de ce chapitre fur la proportion de l'artillerie, des matelots, des foldats, dans les vaiffeaux des divers rangs; les régles pour former les flottes & les efcadres fuivant la nouvelle méthode; je vais donner ici la lifte des forces maritimes de plufieurs Etats, & je commencerai par l'efcadre que le Roi envoya en 1718 à la conquête de la Sicile.

Efcadre des vaiffeaux d'Efpagne envoyés en 1718 à l'expédition du royaume de Sicile.

VAISSEAUX.	CANONS.	EQUIPAGE.
San Philipe el real,	74	650
Principe de Afturias,	70	550
Santa Ifabel,	60	400
San Carlos,	60	440
El Real,	60	400
San Luis,	60	400
San Fernando,	60	400
San Juan-Bantifta,	60	400
San Pedro,	60	400
Santa Rofa,	56	400
La Perla,	50	300
La Efperanza,	46	300
San Ifidoro,	46	300
La Hermiona,	44	300
El Porufpin,	44	250
La Sorprefa,	44	250
La Bolante,	44	300
La Juno,	36	250
Conde de Tolofa,	30	200
La Caftilla,	30	200
La Galere,	30	200

VAISSEAUX.	CANONS.	EQUIPAGE.
La Aguila, ...	24	240
San Francisco, ...	22	100
San Fernando, ...	20	150
San Juan, ...	20	150
El Tigre, ...	20	100
La Flecha, ...	18	100
Deux Brulots, ...		
Trois Galiottes à bombe,		
TOTAL,	1188	8130

Le nombre de ces vaisseaux pourroit mériter le nom de flotte, mais leur grandeur, & leur force n'en fait qu'une escadre : cela ne doit pas surprendre dans l'anéantissement où étoit notre marine depuis quelque tems ; pour commencer on avoit seulement fait construire dix ou douze vaisseaux de soixante à quatre-vingts pieces de canon destinés à escorter les galions. Cela ne suffisoit pas pour cet emploi, & pour quelques expéditions que l'on avoit à faire dans la Méditerranée ; on achetta des Etrangers plusieurs vaisseaux & frégates, quoique trop foibles de port & défectueux en d'autres points. C'est ce qui arrive ordinairement en pareil cas ; chacun garde pour soi ce qui est d'un meilleur service : quelques personnes pensent qu'on peut remédier à ces inconvéniens en chargeant de l'achat des gens pratiques & habiles ; mais il faut faire attention qu'en fait de vaisseaux, il est bien des défauts que l'on ne connoît qu'à l'usage & dans les secousses de la navigation. Il est constant qu'entre des vaisseaux de même port, de même construction, l'un marche bien & l'autre mal ; différences que l'examen dans le port ne peut découvrir : de même que les propriétaires des navires marchands étudient leurs propriétés, & cherchent à se défaire de ceux qui sont moins bons pour le service ; il

n'y a aucune Puiſſance qui veuille vendre à une autre
de bons bâtimens. Cela prouve combien il eſt important de conſtruire nos vaiſſeaux dans nos propres atté-
liers & de nous ſervir des excellens matériaux dont l'Eſpagne a abonde.

*Liſte de l'armée navale commandée par le Comte de Toulouſe
Grand-Amiral de France, qui battit en 1704 les armées
de Hollande & d'Angleterre dans la Méditerranée.*

Avant Garde ou Diviſion blanche & bleue.

Vaiſſeaux.	Canons.	Equipage.
L'Eclatant, ...	66	400
L'Iſle, ...	62	380
Le Saint Philippe, V. A. .	90	700
L'Heureux, ...	70	450
Le Rubi, , ...	56	330
L'Arrogant, ...	62	350
Le Marquis, ...	60	350
Le Content, ...	70	450
Le Fier, V. A.	88	800
L'Intrépide, ...	84	600
L'Excellent, ...	62	350
Le Sage, ...	54	330
L'Ecueil, ...	62	380
Le Magnifique, C. A. .	86	630
Le Monarque, ...	84	600
La Perle, ...	54	300

a La maxime en général eſt inconteſtable ; mais il faut remarquer par
rapport à la marche des vaiſſeaux
qu'elle eſt par tout inégale, quelqu'attention qu'y porte le Conſtruc-
teur. Cependant il eſt preſqu'impoſſible
qu'un navire conſtruit pour la marche
n'en ait point, ſi le Capitaine a l'art
d'en trouver le point ; ce n'eſt point toujours l'ouvrage d'un ſeul voyage. On re-
nomme la marche des vaiſſeaux Anglois, & ce n'eſt pas tant un avantage de
leur conſtruction que de leur police :
un Capitaine ne quitte jamais ſon vaiſſeau pour en monter un autre de même port. L'expérience de quelques
vaiſſeaux que nous leur avons pris, a
confirmé pluſieurs fois ce que j'a-
vance.

Corps de bataille ou Division blanche.

Vaisseaux.	Canons.	Équipage.
Le Furieux, ...	60	350
Le Vermandois, . .	64	350
Le Lis, ... , .	88	660
L'Etonnant, ...	90	700
L'Orgueilleux, ...	88	660
L'Espérance, ...	50	300
Le Sérieux, ...	58	380
Le Fleuron, ...	56	350
Le Vainqueur, ...	88	660
Le Foudroiant, A. . .	104	950
Le Terrible, ...	104	900
L'Entreprenant, . . .	60	350
La Fortune, ...	58	350
Le Parfait, ...	74	470
Le Magnanime, C. A.	84	630
Le Sceptre, ...	88	660
Le Fendant, ...	58	350

Arriere Garde ou Division bleue.

La Zélande, ...	60	350
Le Saint-Louis, ...	60	380
L'Admirable, C.A. . .	92	675
La Couronne, ...	88	660
Le Cheval Marin, . .	50	300
Le Diamant, ...	58	350
Le Gaillard, ...	54	330
L'Invincible, ...	70	450
Le Soleil Royal, V. A.	102	850
L'Ardent, ...	66	400
Le Trident, ...	56	350
Le Coureur, ...	60	380
Le Mort, ...	52	330
Le Toulouse, ...	60	380
Le Triomphant, . . .	92	750

Vaisseaux.	Canons.	Equipage.
Le Saint-Esprit, ...	72	490
Le Henry, ...	66	400

Fregates.		
L'Etoile, ...	30	190
L'Hercule, ...	30	170
L'Andromede, ...	20	85
La Diligence, ...	6	60
La Méduse, ...	28	150
L'Oiseau, ...	36	180
La Galatée, ...	24	120
La Sibille, ...	10	70

Brulots.		
L'Enflammé, ...	6	40
Le Dangereux, ...	6	50
La Turquoise, ... , .	8	45
Le Croissant, ...	12	50
Le Bien-venu, ...	8	60
L'Aigle volante, ...	6	35
L'Esther, ...	6	35
Le Violeur, ...	10	45
Le Lion, ...	8	50

Total des Canons & Equipage, 2794. 25730

En outre quelques petits Bâtimens pour le service de la Flotte.

Liste

Liste *des armées navales de Hollande & d'Angleterre réunies,*
qui combattirent en 1704 contre l'armée de France
sur la Méditerranée.

CHAPITRE
LXVIII.

Division du Vice-Amiral.

Vaisseaux Hollandois.	Canons.	Equipage.
Le Reygerberg,	72	430
Verce,	60	350
Elsuront,	72	430
L'Union,	92	650
Stas-Muyden,	72	430
Overissel,	52	300
Zurist-Zec,	64	350

Division de l'Amiral.

	Canons.	Equipage.
Walcheren,	70	400
Emelia,	64	350
Divenser,	72	430
El Uryheydt,	94	700
Bricaino,	92	650
Alemaer,	72	430
Princesse Emelie,	52	300

Division du Contre-Amiral.

	Canons.	Equipage.
Seren Aatis,	72	450
Ulussing,	54	320
Rotterdam,	72	430
Seren Provinces,	92	650
Guelderland,	60	350
Holland,	72	430

Fregates.

	Canons.	Equipage.
Le Beschaller Hollandoise,	36	160
Swallow Angloise,	32	160
Garland,	40	180
Rocbuk,	40	180
Tartar,	32	160

Frégates.	Canons.	Equipage.
Charles-Galley, ...	32	160
Faulcon, ...	32	160
Flamborough, ...	24	120
Lart, ...	40	180
Swift, ...	10	60
Elizabeth, ...	10	60

Division du Vice-Amiral de l'Escadre bleue.

Vaisseaux Anglois..

	Canons.	Equipage.
L'Yarmourth, ...	70	440
Hampton-Court, ...	70	440
Prince George, ...	96	680
Shrewzburg, ...	80	520
Leopard, ...	50	280
Bedford, ...	70	440

Division de l'Amiral.

	Canons.	Equipage.
Le Barfleur, ...	96	680
Britannia, ...	100	780
Namur, ...	96	680
Reford, ...	70	440
Pembroke, ...	60	365
Lenox, ...	70	440
Kent, ...	70	440
Antebope, ...	50	280
Assurance, ...	66	365
Swallow, ...	50	280
Essex, ...	70	440

*Division du Contre- Amiral de l'Escadre
rouge.*

	Canons.	Equipage.
Le Berwich, ...	70	440
Canterbury, ...	60	365
Ranalagh, ...	80	520
Eagle, ...	70	440

	Canons.	Equipage.
Vaiſſeaux.		
Aſſociation, ...	96	680
Cambrige, ...	80	500
Panther, ...	50	280
Revenge, ...	70	440
Grafton, ...	70	440
Newcaſtle, ...	50	280

Diviſion du Vice-Amiral de l'Eſcadre rouge.

	Canons.	Equipage.
Le Warſpight, ...	70	440
Nottingham, ...	60	365
Rupert, ...	70	440
Burford, ...	70	440
Gloceſter, ...	60	365
Torbay, ...	80	500
Royal Sorereign, . . .	100	780
Devonshire, ...	80	520
Tyger, ...	50	280
Edger, ...	70	440
Ywift-Sure, ...	70	440
Total des Canons & Equipages,	4460	27795

Deux Brulots Hollandois.	Sept Brulots Anglois.
Deux Galiottes à bombe ollandoiſes.	Cinq Galiottes à bombe Angloiſes.
Trois Vaiſſeaux d'hôpital Hollandois.	Cinq Vaiſſeaux d'hôpital Anglois.

Ces deux armées formoient une flotte de cinquante-huit vaiſſeaux de ligne & de onze fregates, en tout ſoixante-neuf vaiſſeaux; cependant celle de France qui n'étoit que de cinquante-huit vaiſſeaux, en y comprenant huit frégates, la battit en 1704 devant Malaga après un combat de plusieurs heures : ce ne fut pas à la vérité avec la même supériorité qu'en 1690, où ces mêmes armées combinées furent mises en déroute par celle de France, après en avoir pris & brûlé une grande partie.

Quoique les Hollandois eussent composé leur armée de vaisseaux de ligne, il n'y en a que quatre au-dessus de soixante-douze canons, & aucun au-dessus de quatre-vingts-quatorze ; ce qui prouve que leurs vaisseaux ne sont pas d'une aussi grande force que ceux de France & d'Angleterre. En effet ces deux Puissances ont semblé se disputer cette méthode pendant le régne de Louis le Grand, & elles y ont surpassé toutes les autres. Cela est sensible, puisque les vaisseaux de guerre de Suede, de Dannemark, de Moscovie, de Suede, de l'Empire Ottoman sont plus foibles que ceux des Hollandois, au moins depuis trente ans.

Flotte de Russie telle qu'elle a navigé en 1718 dans le mois de Juin.

Avant-Garde.

Vaisseaux.	Canons.	Equipage.
L'Arondel,	48	326
Marlborough,	64	462
Egodiel,	52	323
Ingermerland,	64	466
Revel,	68	536
Riga,	48	331
London,	58	335
Randolph,	50	294

Centre.

Le Saint-Michel,	52	337
Sleitenberg,	62	462
Gabriel,	52	336
Moscow,	64	461
Firme,	64	518

Vaiſſeaux.	Canons.	Equipage.
Devonshire,	52	334
Waracheil,	52	335
Oreil,	52	351

Arriere Garde.

La Perle,	50	329
Le Salairel,	52	339
Porſtmouſt,	52	334
Saint Alexander,	70	540
Sainte Catherine,	62	456
Raphael,	52	334
Britain,	48	326

Fregates.

Le Sanſon,	32	198
Lanſoown,	24	179
Alexander,	24	182
Elias,	32	184
Saint James,	12	90

Brulots.

La Diane,	18	88
Natalie,	18	80
Cruys,	6	48

Galiottes à Bombes.

Le Jupiter,	8	47
Thunder,	8	42

Total des Canons & Equipage,	1470	10003

CHAPITRE LXIX.

Recherches sur l'armement fameux de Philippe II. contre l'Angleterre.

J'AUROIS fort défiré poûvoir donner ici la lifte de la nombreufe flotte que Philippe II fit armer dans les Ports d'Efpagne, & qui fortit de Lisbonne le 19 Mai de l'an 1588 pour attaquer l'Angleterre; mais je n'ai pû réuffir, quelques recherches que j'aie faites à m'inftruire en détail des dimenfions des vaiffeaux, de leur artillerie, de leurs équipages; je ne raporterai ici que ce que j'ai recueilli des Hiftoriens les plus accrédités, afin de pouvoir fe former quelque idée de la nature & de la force de cet armement, qui malgré fon infortune, allarma l'Europe entiere. Il effuya toutes les difgraces de la mer, qui fe répéterent contre lui : on fçait que les tempêtes fur les côtes de l'Angleterre & de l'Ecoffe font beaucoup plus dangereufes qu'ailleurs, par la quantité de bancs de fable dont elles font environnées, & parce que la mer s'y trouve refferrée. Cette flotte eut à combattre tous les élémens à la fois au rapport des Ecrivains des diverfes Nations.

Famiano Strada qui a écrit avec tant de jugement l'Hiftoire des guerres de Flandres, raporte dans le chapitre IX de la feconde Décade, que dans cette Flotte il y avoit deux fortes d'embarcations dignes d'admiration par leur grandeur & leur force inconnues jufqu'alors. Les unes étoient appellées *Galéaffes* : elles marchoient à la rame & à la voile comme les Galeres, mais elles étoient d'un tiers plus larges & plus fpacieufes ; la poupe & la proue étoient garnies de foldats & d'artillerie; les flancs étoient garnis de canons difpofés

entre chaque banc de Rameurs que l'on avoit séparés
plus qu'à l'ordinaire.

Les autres étoient appellées *Galions*, parce que leur
forme étoit ronde comme celle des vaisseaux ordinaires;
leur largeur semblable à celle des galeres, mais leur longueur plus considérable que celle des uns & des autres.

Pour avoir une idée plus précise du total , voici ce
que j'ai trouvé dans la relation qui fut envoyée dans le
tems même au Duc de Parme, Gouverneur & Capitaine Général de Flandres. » La Flotte est composée de
» cent trente-cinq grands vaisseaux, tant galeres que
» galéasses, vaisseaux ordinaires & galions : de ces derniers
» il y en a quatre plus forts que les autres. Il y a quarante
» bâtimens legers pour le service de la flotte; cinq regimens
» Espagnols faisant dix-huit mille huit cent cinquante-
» sept hommes; sept mille quatre cens quarante - neuf
» Matelots ; deux cens vingt Gentilshommes Espagnols
» avec leur suite; trois cens cinquante volontaires &
» leur suite; six cens vingt personnes entre Chapelains,
» Chirurgiens & autres emplois nécessaires; le total de
» l'equipage est de vingt - huit mille deux cens quatre-
» vingts-treize hommes.

Le même Auteur ajoute , que quoique l'on ne parle
point de la quantité de l'artillerie, des gens qui avoient
vû une autre relation à Madrid, assuroient qu'outre le
service de la flotte on portoit une très-grande quantité
d'armes & de munitions pour les Naturels du pays qui
étoient d'intelligence ; que le Duc de Parme tenoit en
Flandres vingt-six mille hommes d'infanterie, & mille
de cavalerie , avec les bâtimens nécessaires pour leur
transport. Les vaisseaux Espagnols se trouverent trop
lourds, & tiroient trop d'eau pour des côtes sujettes
aux bancs de sables, peu connues d'ailleurs de nos pilotes : c'est ce qui ne s'apprend que par l'usage d'une
navigation continue dans les divers parages; les cartes
ne suffisent pas pour cette connoissance , sur-tout à

l'égard des bancs de fables qui font fujets à varier,
Auffi nos pilotes hauturiers, quoique fort habiles dans
leur art, doivent-ils toujours fe pourvoir de Pilotes côtiers dont la pratique en pareil cas eft plus fûre que
les régles & les opérations mathématiques. Cette ignorance où nous étions du fond des côtes d'Angleterre,
& la pefanteur de nos vaiffeaux donnerent quelques
avantages à ceux des Anglois qui manœuvroient mieux
que les nôtres, & qui trouvoient des paffes où les nôtres
ne pouvoient les fuivre. Nous ne manquions pas de
chefs habiles cependant, mais comme je l'ai dit nous
n'avions pas de pilotes, & ce fut la vraie caufe des
malheurs de cette flotte : il eût été à la vérité difficile
de réparer la perte que nous avions faite peu de mois
auparavant du Marquis de Santa Cruz ; chacun la reffentit vivement dans l'exécution de cette grande entreprife, qui devoit être confiée à fa valeur, & à fon habileté fupérieure, qualités que ne lui refufent pas même
les Hiftoriens étrangers.

　　Le Docteur Don Louis de Babia dans la troifieme
partie de fon hiftoire Pontificale & Catholique, publiée
en 1604, c'eft à-dire, feize ans après la malheureufe expédition d'Angleterre, raporte dans la vie de Sixte V,

Chap. 53. 54.

que la flotte d'Efpagne étoit armée de vingt mille foldats, de neuf mille matelots, de deux mille fept cens
trente pieces d'artillerie avec les munitions néceffaires
tant pour fon fervice que pour armer beaucoup de
Naturels Anglois. Il ajoute que ces derniers avoient
une flotte de cent vaiffeaux plus legers & plus aifés à
manier que les nôtres.

　　Antonio de Herrera Hiftoriographe des Indes & de

Liv. 4. c. 2. 4.

Caftille écrivant en 1608, dit dans la troifieme partie
de fon Hiftoire générale du monde, que la flotte
dont nous parlons étoit compofée de cent trente voiles
entre galions, vaiffeaux, galéaffes, galeres, ourques,
caraveles, pataches, pinaffes. Suivant fon raport l'efcadre

dre Portugaife, commandée par le Capitaine Général
le Duc de Medina Sidonia, formoit l'avant-garde ; elle
confiftoit en dix galions & deux caraveles ; l'efcadre
de Caftille commandée par le Général Diego Flores de
Naldes, confiftoit en quatorze galions ou vaiffeaux &
deux pataches ; l'efcadre d'Andaloufie de dix tant galions que vaiffeaux étoit commandée par Don Pedro
de Valdes ; l'efcadre de Bifcaye étoit la quatrieme : elle
avoit pour Commandant Juan Martinez de Récalde,
Amiral de la flotte, & confiftoit en dix galions, ou
vaiffeaux, & quatre pataches. Miguel de Oquendo
commandoit dix galions, deux pinaffes & deux pataches
de l'efcadre de Guipufcoa. La fixieme efcadre étoit
celle d'Italie commandée par Martin de Bertendona :
elle étoit de dix vaiffeaux. La feptieme efcadre étoit
compofée de vingt-trois ourques ou autres bâtimens,
& commandée par Juan Gomel de Medina. La huitieme compofée de vingt-deux pataches & caraveles
étoit commandée par Don Antonio de Hurtado de
Mendoza. La neuvieme efcadre étoit compofée des quatre galeres que le Vice-Roi de Naples le Comte de
Miranda avoit fait bâtir, commandée par Don Hugo
de Moncada ; & des quatre galeres du Capitaine Diego
de Medrado. Voici la lifte des troupes embarquées fur
la flotte.

Le Regiment de Sicile, fous le Colonel Don Diego
Pimentel, avec un Sergent-Major, & vingt-cinq Capitaines.

Le Regiment de Naples, fous le Colonel Don
Alonzo de Luna, avec un Sergent-Major & vingt-cinq
Capitaines.

Le Regiment des Indes, fous le Colonel Nicolas
de Ifla, avec un Sergent-Major & vingt-trois Capitaines.

Le Regiment d'entre Duro & Migno, fous le Colonel Don Francifco de Toledo, avec un Sergent-Major & vingt-cinq Capitaines.

Le Regiment d'Andaloufie, fous le Colonel Don

F f

Auguſtin de Mellia, avec un Sergent-Major & vingt-quatre Capitaines.

Trente-neuf Compagnies-franches qui ſe leverent dans la Caſtille Vieille.

Un Regiment d'infanterie Portugaiſe commandé par Gaſpar de Soſa, avec un Sergent-Major & cinq Capitaines.

Un autre Regiment Portugais commandé par Antonio Pereyra avec un Sergent-Major & quatre Capitaines.

Il y avoit en outre differens Gentilshommes & Capitaines employés ; beaucoup de Volontaires : Alonſo de Ceſpedes, Lieutenant du Capitaine-Général de l'artillerie avec vingt Gentilshommes, un Majordome & ſon Lieutenant ; cent cinquante canoniers, & cent ſoixante quatorze perſonnes pour les ſervir. Sans compter tout ce monde, il y avoit dix-neuf mille deux cens quatre-vingts quinze hommes d'infanterie ; huit mille deux cens cinquante deux matelots, & deux mille quatre vingts huit rameurs.

Le Roi avoit réſolu de faire paſſer le Duc de Parme en Angleterre, & lui avoit donné ordre de faire préparer cent de ces vaiſſeaux qu'ils appellent *huoys* plus petits que les barques de Marſeille, afin de tranſporter des troupes ; on nettoya les canaux d'Iprès afin de pouvoir conduire à Gand & à Bruges par Anvers ſoixante-dix bateaux plats ſur chacun deſquels on devoit embarquer trente chevaux : on donna encore des ordres pour préparer à Nieuport & à Dunkerque vingt-huit vaiſſeaux de guerre, quoiqu'on eût quelque peine à y trouver des matelots un peu ſûrs. On prépara une quantité de madriers ferrés pour fortifier l'armée dans la campagne, & élever des forts ; beaucoup de tonneaux & de merrains pour faire des ponts de bateaux, des faſcines, des armes, des harnois de chevaux, des fours, enfin toutes ſortes de [a] munitions.

a Le malheur de cette expédition ne prouve pas, comme le prétendent bien

M. de Larrey dans son Histoire générale d'Angleterre, publiée en 1698, raporte que l'armée Angloise étoit composée de cent vaisseaux de ligne sans compter ceux que les provinces rebelles envoyerent à leur secours; que la flotte d'Espagne étoit de cent trente-cinq voiles, dont quatre galeres dans chacune desquelles il y avoit mille deux cens forçats & quatre cens soixante matelots; que le galion appellé *le Seville* portoit quatre cens soixante hommes d'équipage; que cette flotte étoit suivie d'un grand nombre de bâtimens de transport.

CHAPITRE LXX.

On cherche d'après les exemples ci-dessus, quelle doit être la force des vaisseaux & des frégates qui composeront la Flotte de Sa Majesté : ce qui devra en être détaché pour le Commerce de l'Amérique & la garde de ses côtes.

APRÈS avoir vû en détail les dimensions & la force des vaisseaux des autres puissances de l'Europe, le nombre de chaque espece dont elles composent leurs flottes; je crois que Sa Majesté doit suivre pour son armée navale la méthode des Puissances avec qui elle est le plus liée d'intérêts, comme sont la France,

des gens que l'on ne peut rien entreprendre avec succès contre l'Angleterre; mais il prouve que la lenteur & la publicité d'une expédition maritime la font échouer nécessairement. Une autre remarque, c'est que depuis cet effort infructueux en Espagne, on n'entendit plus parler de sa Marine; non plus que de celle de France après les préparatifs inutiles & ruineux de Charle VI, jusqu'au régne de Louis XIV; sans doute, parce que dans l'un & l'autre Etat on s'étoit imprudemment épuisé pour un seul armement mal entendu, au lieu d'entretenir des forces proportionnées aux revenus de l'Etat.

l'Angleterre, & la Hollande; laissant cependant ce qui
ne nous conviendroit pas, par des raisons solides. Aucune des puissances d'Italie n'est en état de résister à aucune escadre composée de vaisseaux moyens; ainsi nous
n'avons point d'intérêt d'imiter les puissances; non plus
que les Algeriens & les Barbaresques, dont les vaisseaux sont fort inférieurs en nombre & en force.

On a vû que la flotte de France étoit composée de
cinquante vaisseaux de ligne; sçavoir:

		Vaisseaux		
	20 de	. . . . 50 à 60		
	11 de	. . . . 60 à 70		
	2 de	. . . . 70 à 80		
Vaisseaux.	12 de	. . . . 80 à 90	}	Canons.
	2 de	. . . . 90 à 100		
	1 de	. . . 102		
	2 de	. . . 104		

Frégates,   8 de   10 à 36
Brulots,   9   6 à 12

L'armée Angloise étoit composée de trente-huit vaisseaux de ligne; sçavoir:

	2 de	 100		
	4 de	 96		
	5 de	 80		
Vaisseaux.	16 de	 70	}	Canons.
	1 de	 66		
	4 de	 60		
	6 de	 50		

Frégates, 10 de . . . 10 à 40.

Les Brulots, Galiottes à bombes, Hôpitaux.

L'armée Hollandoise étoit composée de vingt vaisseaux de ligne, sçavoir :

Vaisseaux.
{
1 de 94
3 de 92
8 de 72
1 de 70
2 de 64
2 de 60
1 de 54
2 de 52
} Canons.

Frégate , 1 de 36

Les Brulots, Galiottes à bombes, Hôpitaux, &c.

Quoique dans l'armée de France il y ait plusieurs vaisseaux au dessus de quatres-vingt pieces de canon, & que l'Angleterre en ait plusieurs de quatre-vingts-dix à cent pieces de canon dans ses flottes nombreuses ; presque tous les pratiques conviennent que ces vaisseaux ne rendent pas un service proportionné à leur dépense, à la force de leur artillerie & de leur équipage : ils se gouvernent plus difficilement ; les attérages & les mouillages sont plus dangereux pour eux ; ce sont des monumens d'ostentation érigés dans des tems d'abondance beaucoup plus que des ressources pour le succès.

Il me paroît que nous ne devons imiter les autres nations que dans ce qui sera proportionné à notre situation ; ainsi je formerois la flotte de Sa Majesté de vaisseaux depuis cinquante canons jusqu'à quatre-vingts inclusivement ; il sera bon cependant d'en avoir un de cent pour Amiral, & deux de quatre-vingts-dix pour vice-Amiral, & contre-Amiral ; afin que leur grandeur indique la supériorité des trois chefs principaux. L'usage ordinaire est de faire trois divisions ; l'une est l'avant-garde ; la se-

F f iij

conde le corps de bataille ; la troifieme l'arriere-garde : en France elles font commandées par l'Amiral & deux vice-Amiraux, l'un du Levant, l'autre du Ponent ; c'eſt à eux qu'obéiſſent les Lieutenans-généraux & les chefs d'eſcadre. Dans les autres pays les trois premiers chefs font un Amiral, un vice-Amiral, & un contre-Amiral.

Il y a long-tems que la grande dignité d'Amiral établie par le Saint Roi Don Ferdinand ne s'exerce plus en Eſpagne ; & depuis pluſieurs ſiécles ceux qui ont commandé nos flottes en chef ont été appellés Capitaines-généraux ; d'où le nom du vaiſſeau principal a porté le nom de Capitaine.

Il y a eu beaucoup de variations dans les anciens grades de notre marine, fur-tout pour les titres de grands Amiraux, d'Amiraux Royaux, de Généraux d'eſcadre ; leur autorité ne répondit pas toujours à l'éclat de ces titres à en juger par leurs emplois dans les flottes : je n'approfondirai point cette matiere fur laquelle on n'eſt pas bien d'accord, & qui d'ailleurs nous eſt inutile à préſent. Sa Majeſté a créé des Lieutenans-Généraux dont le grade eſt le même que celui des armées de terre, des chefs d'eſcadre dont la dignité répond à celle de Maréchal de camp, & des Capitaines qui ont rang de Colonel : cette derniere prérogative eſt bien due à un Commandant de vaiſſeaux où il y a preſqu'autant de monde, de munitions & d'artillerie que dans une citadelle ; il ne feroit pas juſte qu'un pareil Officier n'eût que le ſimple grade d'un Capitaine d'infanterie, & qu'il fût réduit à la même folde comme cela fe pratiquoit autrefois.

J'ai dit que nous pourrions avoir cinquante vaiſſeaux de ligne depuis cinquante juſques à cent piéces de canon avec vingt frégates : il me femble que fur la pratique des Nations avec lefquelles nous fommes le plus en relation, il conviendroit d'avoir les deux cinquiemes

de nos vaisseaux de ligne de soixante-dix à quatre-
vingts canons; sçavoir huit de soixante-dix; neuf de
quatre-vingts; un de cent, & deux de quatre-vingts-
dix; vingt en tout. Les trente autres pourroient être
de cinquante à soixante inclusivement; sçavoir dix de
cinquante canons; dix de cinquante-quatre; dix de soixante. On pourroit en détacher douze de ces rangs
avec huit fregates pour le convoi de nos flottes & de
nos galions, & pour empêcher le commerce interlope
dans nos Colonies. On sçait combien les fregates legeres
seroient utiles à ces vûes, soit pour reconnoître les
caps, les ances, soit pour porter des ordres & des avis.
Les vaisseaux les plus propres à escorter nos flottes & nos
galions sont ceux de cinquante à soixante canons, & j'en
rendrai ailleurs les raisons.

Si l'on a soin de changer & de relever les cinq vaisseaux destinés pour les Indes Occidentales, elles se trouveront régulierement avec les mêmes forces; & le fond de
notre armée navale en Europe sera toujours de trente-
huit vaisseaux de ligne & de douze frégates; sçavoir vingt
vaisseaux de soixante-dix à cent canons; quatre de soixante; sept de cinquante-quatre; sept de cinquante;
quatre de quarante; quatre de vingt; quatre de dix.
Ce seront en tout cinquante vaisseaux de guerre; nombre qui me paroît suffisant pendant la paix. En cas de
rupture avec les Puissances maritimes, on sçait qu'il est
nécessaire & facile d'augmenter ses forces de terre &
de mer; il seroit inutile de parler du point fixe de
cette augmentation, puisqu'elle devroit alors dépendre
des forces qu'on peut supposer dans le tems aux ennemis. Mais à tout événement il est essentiel d'avoir des
arsenaux en bon ordre & bien pourvus de toutes sortes
de munitions, d'artillerie, de poudre, de balles, cordages, voitures, poulies, mâtures, de courbes, de
pieces de construction de toutes les portées, de planches; enfin généralement de tout ce qui peut se conserver

long-tems dans des magazins fans fe détériorer ; faifant attention aux mâtures & autres bois qui peuvent fe conferver dans l'eau falée ; avec cette précaution on fera toujours en état de réparer les anciens vaiffeaux, & de conftruire promptement les nouveaux dont on pourroit avoir befoin.

Des vingts vaiffeaux que je réferve pour notre Commerce & nos Colonies, je penfe que l'on en pourroit féparer quatre de foixante canons, deux de cinquante-quatre, deux de cinquante, un de quarante, deux de vingt, un de dix : en tout douze pour les convois des flottes, des galions & des flottilles, des azogues : on deftineroit le refte pour l'efcadre de Barlovento & la garde des côtes ; fçavoir deux de foixante canons, un de cinquante-quatre, un de cinquante, une frégate de quarante, deux de vingt, une de dix : en tout huit.

Je n'aurois point eu la hardieffe d'entrer dans de pareils détails, fi je ne parlois d'après les principes des Etats les mieux gouvernés ; fi les idées que je préfente ne méritent pas d'être fuivies, je penfe au moins que les exemples que j'ai cités ferviront à faire mieux connoître les regles que l'on doit fuivre. Pour achever cependant de mettre mon plan dans tout fon jour, voici le tableau de la flotte que je propofe d'entretenir continuellement en réglant les équipages fuivant la méthode de France.

			Pratique Franç.	Pratique Angl.
1 Vaiffeau de	100	Canons.	800 homm. d'éq.	780
2 de	90	. . . .	720	680
9 de . . .	80	. . . .	550	520
8 de . . .	70	. . . .	450	440
10 de . . .	60	. . . .	380	365
10 de . . .	54	. . . .	330	280
10 de . . .	50	. . . .	300	280

6 Frégates

Pratique Franç.   Pratique Angl.

6 Frégates de   40 Canons.   200 homm. d'éq.   190
8 de . . . . . 20 . . . . .   85   80
6 de . . . . . 10 . . . . .   70   60
    Total, 3660   23150

Les calibres de l'artillerie, & la diftribution des gens
de guerre & de mer font indiqués pour chaque vaiffeau
dans les Ordonnances de la marine de France, & dans les
deux projets de Don Antonio de Gaftagneta. Je n'ai pas
voulu entrer dans ces détails pour ne pas être trop long,
& parce qu'il eft aifé à chacun de s'en inftruire dans
les livres que je cite.

CHAPITRE LXXI.

*Des dépenfes de la Flotte propofée, & des fonds
que l'on y pourroit employer.*

J'AI expofé les puiffans motifs qui doivent porter
l'Etat à entretenir une puiffante armée navale ; j'ai
tâché de trouver la proportion qui doit être entre nos
forces de terre & de mer ; celle des vaiffeaux entr'eux :
mais ce ne feroit rien encore, fi je ne préfentois des moyens
juftes & convenables d'exécuter cette idée. Elle n'eft
pas nouvelle parmi nous, les politiques la recomman-
dent, les Loix du Royaume l'ordonnent ; les Miniftres,
les Tribunaux la repréfentent, elle eft dans la bouche
des peuples. La difficulté eft de trouver les fonds néceffaires fans augmenter les dettes de la Nation, ni fes
impôts ; & quand on les aura, de les adminiftrer avec
une telle économie, qu'il n'y ait aucune dépenfe fauffe

ni superflue. Je conçois toute la délicatesse de mon engagement ; & ce seroit manquer à mon zéle pour le service du Roi, & pour le rétablissement du Commerce, que de passer sous silence un point aussi important. Je proposerai ce que mes foibles lumieres me permettent d'imaginer, sans tomber dans l'inconvénient extrême de négliger une partie pour une autre. Je me trouverois heureux si mon exemple pouvoit engager les gens plus capables que moi à trouver les moyens d'entretenir une flotte de cent vaisseaux ; le Roi en seroit infiniment mieux servi, & les peuples plus heureux ; ces deux objets sont les seuls qui m'animent.

Suivant le compte qu'a fait un Ministre de Sa Majesté, fort intelligent dans toutes les dépendances de la marine & du commerce des Indes, par une application & une pratique de beaucoup d'années, il paroît que l'armement & la dépense d'un vaisseau de soixante pieces de canon pendant un voyage de six mois coute soixante-neuf mille écus de veillon, y compris même les frais de carêne, & tous autres suivant l'état que nous en donnerons dans ce chapitre : il faut y ajouter quinze mille écus pour la paye des Officiers & autres personnes qui ne se licentient point quoique le navire soit désarmé. Il faut faire attention que le compte de ces quatre vingts-quatre mille écus est fait sur un vaisseau de soixante canons ; & que dans la flotte proposée il y en a quarante qui ne sont pas de cette force, qu'il n'y en a que vingt au dessus ; d'où l'on peut je crois appretier par an la dépense des soixante-dix vaisseaux à soixante-dix mille écus chacun l'un dans l'autre.

Sur ce calcul les dépenses de toute la flotte iroient par an à quatre millions neuf cent mille écus de veillon, en supposant qu'ils fussent tous armés & qu'ils fissent tous campagne chaque année : c'est ce qui arrive rarement même en tems de guerre.

D'un autre côté, on a destiné à la marine en 1724

deux millions d'écus; dont à la vérité deux cens soixante mille étoient pour les galeres : il nous restera donc pour la flotte proposée un million sept cens quarante mille écus : Voilà un fonds fixe & actuel ; mais il manque encore trois millions cent soixante mille écus : c'est cette somme dont nous allons chercher la recette sans charger les peuples ni augmenter les dettes de l'Etat.

Pour plus d'ordre & de clarté je séparerai les dépenses de la marine en deux parties : l'une pour l'entretien des trente-huit vaisseaux de ligne & des douze frégates qui resteront en Europe ; l'autre pour l'entretien des douze vaisseaux de ligne & des huit frégates dont la destination est pour le Commerce & les Colonies.

Le calcul que nous avons exposé feroit monter les dépenses des cinquante vaisseaux d'Europe à trois millions cinq cens mille écus; nous en avons déja un million sept cens quarante mille consignés pour les dépenses de la marine ; ainsi sur cette partie il ne reste à rentrer qu'un million sept cens soixante mille écus.

J'ai raporté dans le chapitre LXVI des raisons qui m'ont paru démonstratives pour proportionner les forces de mer & de terre entr'elles : si la reduction de nos troupes de terre à soixante mille hommes tant infanterie que cavalerie, étoit approuvée, nous épargnerions l'entretien de neuf mille hommes d'infanterie & de quatre mille hommes de cavalerie.

La dépense ordinaire de mille hommes d'infanterie, selon le réglement actuel, va à cent mille écus par an y compris la paye des Officiers & des Soldats ; la grande masse destinée aux habillemens, aux armes, la petite masse, la gratification pour les recrues, le pain de munition, l'hôpital, les lits, la lumiere, le feu & ustenciles des cazernes : les regimens Suisses coutent encore beaucoup plus. Les neuf mille hommes d'infanterie seroient donc une épargne de neuf cens mille écus.

La dépenfe de mille hommes de cavalerie fur le pied actuel va environ à deux cens foixante-quinze mille écus de veillon par an y compris les frais de l'infanterie, & en outre la gratification qu'on accorde par mois pour la remonte, la paille & l'avoine. Ce font par conféquent un million cent mille écus qu'épargne cette feconde réforme; & les deux parties montent enfemble à deux millions d'écus.

On pourroit encore propofer d'autres économies trèsconvenables fur la dépenfe de la guerre, fans altérer le bon état des troupes; mais pour le préfent je m'arrête à l'épargne de ces deux millions d'écus.

Il ne manquoit pour l'entretien de la flotte d'Efpagne qu'un million fept cens foixante mille écus; ainfi ce font deux cens quarante mille écus d'excédent que l'on peut employer à l'entretien de deux autres vaiffeaux de ligne & de deux frégates; ou bien les employer à l'entretien de l'efcadre des Indes.

Ce feroit un travail long & ennuyeux que de donner l'état détaillé des dépenfes que peut exiger chaque navire en particulier; j'ai cru qu'une fuppofition générale étoit plus convenable ici : dans des comptes de cette importance ce ne font pas deux ou trois cens mille écus de différence qui font le fort d'une opération. Il me fuffit que ma fuppofition générale foit appuyée fur de bons calculs particuliers.

A ces deux cens quarante mille écus d'excédent, nous pouvons ajouter avec certitude le bénéfice qui réfultera pour le Tréfor Royal du rétabliffement & de l'augmentation du Commerce protégé par la flotte; les tranfports d'artillerie, & des munitions de toute efpece que nous faifons faire à fret par des navires étrangers le plus fouvent faute d'une marine : de cet ufage même il peut réfulter de grands inconvéniens pour le fervice du Roi; ces embarcations peuvent être enlevées par

les corſaires de Barbarie, c'eſt s'expoſer à les armer
nous-mêmes contre nous. J'en parlerai ailleurs plus
amplement.

CHAPITRE
LXXI.

Il faut encore faire attention que tant que nous ſe-
rons en paix avec les Puiſſances maritimes, nous pouvons nous diſpenſer d'armer tous les ans les ſoixante-dix
vaiſſeaux de la flotte : cette économie nous procurera
une réſerve conſidérable pour les tems de guerre & de
néceſſité ; à meſure que l'on augmenteroit les forces
navales, on pourroit diminuer celles de terre juſqu'à
ce qu'elles fuſſent dans la proportion que le Roi auroit
déterminée.

Revenons à préſent à l'entretien des vingt vaiſſeaux
deſtinés à la navigation des Indes.

Don Joſeph de Beytia remarque dans ſon traité du
Commerce des Indes Occidentales que l'eſcadre de Barlovento ſervoit à croiſer le long des côtes, & à par-
courir les Iſles, à eſcorter les flottes de la Vera-
Cruz à la Havane, porter le prêt aux garniſons, &
arrêter les courſes des autres Nations dans nos mers.
Elle eſt aujourd'hui plus néceſſaire que jamais.

Liv. 2, c. 5.

J'ai propoſé de la compoſer de quatre vaiſſeaux de
ligne & de quatre frégates que l'on renouvelleroit au
moins tous les ans : je ſçais que dans ces derniers tems
cette eſcadre étoit de trois à quatre vaiſſeaux moyens,
& qu'aujourd'hui elle eſt réduite à un vaiſſeau moyen
& une patache ; mais on ſçait en même tems qu'origi-
nairement elle étoit compoſée de treize vaiſſeaux. On
levoit pour ſon entretien dans nos Colonies divers
droits qui s'employent aujourd'hui à d'autres uſages :
il feroit bien convenable que ces fonds fuſſent appliqués ſuivant leur première inſtitution. Don Bernardo
Tinagero donna en 1713 un projet qu'approuva Sa Majeſté pour conſtruire dans les atteliers de la Havane dix
vaiſſeaux dont il deſtinoit une partie au rétabliſſement
de cette eſcadre, & l'autre partie au convoi des flottes

& des galions : il affure en même tems que les droits perçus dans l'Inde pour l'entretien de cette flotte montent par an à quatre cens trente-cinq mille huit cens deux piaftres, & que s'ils étoient bien adminiftrés, leur produit feroit beaucoup plus confidérable. Cela me perfuade que la conftruction & l'entretien de ces huit vaiffeaux ne couteroit rien ; après tout, quand même il en couteroit quelque chofe tous les ans au Tréfor Royal pour les frais de leur armement qui fera plus cher dans ces pays, les épargnes y fuppléeront. Ces vaiffeaux feront les tranfports du prêt, des vivres & des munitions des différentes garnifons, que nous avons payés ces dernieres années aux particuliers de la Vera - Cruz pour le fret de leurs vaiffeaux ; cette dépenfe feule fera une partie de leur entretien, & les forbans de ces mers ne trouveront plus dans nos propres bâtimens les fecours dont ils ont befoin contre nous, comme cela eft arrivé plufieurs fois par la foibleffe de nos embarcations. Enfin quand même l'un & l'autre expédiens feroient infuffifans pour en faire les frais, il eft à croire que le rétabliffement de cette efcadre produira d'affez grandes fommes au tréfor pour le mettre en état de la foutenir : il n'eft pas douteux que les interlopes de la Jamaïque, de la Martinique, de Curacao, de Surinam & d'autres endroits cefferont de lui porter le préjudice que l'on reffent actuellement, tant dans les ports, que dans l'intérieur où ils fe font emparés de tout le commerce.

Il nous refte à parler des huit vaiffeaux de ligne & des quatre frégates que je propofe pour le convoi des flottes, des galions, & pour la flottille appellée des *Azogues* [a] : les fonds de leur entretien font bien affu-

---

a Ce font proprement les navires *du vif-argent* ; j'ai cru devoir conferver le mot efpagnol : ces vaiffeaux portent le vif-argent pour le compte du Roi. Cette marchandife lui eft exclufive tant en Efpagne que dans l'Amérique, il la vend aux Exploiteurs des mines : par la Flotille proprement dite, on entend les vaiffeaux qui s'expédient à la Vera-Cruz, avant le refte du convoi pour en porter la nouvelle.

rés fi l'on veut continuer la pratique employée fi ha-
bilement par Don Francefco Varas-y-Valdes en 1717
dans les expéditions pour la Nouvelle Efpagne. Après
avoir fait un état circonftancié de tous les frais de l'armement, du voyage qui fut de dix-huit mois, du défarmement, même du dépériffement des trois vaiffeaux
de convoi; il fupputa que fans les avoir exceffivement
chargés de marchandifes pour les particuliers, le fret de
l'aller & du retour avoit produit foixante-dix mille piaftres au delà des dépenfes. Les droits payés par les marchandifes n'y font point compris, non plus que le tranfport du tréfor. J'en donnerai le compte dans ce chapitre; & l'on verra par les obfervations qui font au bas,
que dans un voyage ordinaire de deux vaiffeaux moyens
& d'une patache de convoi, le fret produiroit feul
cent mille piaftres tous frais faits · & fi le voyage au
lieu d'être de dix-huit mois n'étoit que de quatorze
ou quinze, comme cela arrive quelquefois, l'utilité feroit encore plus grande. *

Des perfonnes intelligentes & dignes de foi m'ont
affuré que fi l'on ufoit des mêmes précautions qui furent prifes alors pour réprimer les abus & obliger un
chacun à fe contenter de ce qui lui eft dû, le fret
des trois ou quatre vaiffeaux de convoi, des galions
de terre-ferme, produiroit le même bénéfice & encore
plus. La flottille ou les deux vaiffeaux des Azogues ne
produiroient pas autant, parce que l'on ne permet d'y
charger que des fruits qui ne raportent pas autant que
des marchandifes fines; mais il eft certain que le total
des dépenfes payé, le fret raporteroit des fommes confidérables. J'ajoute encore qu'on ne fuppofe pas dans
ce calcul que la charge d'aucun de ces vaiffeaux fût
affez forte pour faire tort à fa ª défenfe.

a Cette reffource peut être bonne   le commerce feroit actif & floriffant,
dans la pofition actuelle du commerce   il lui feroit plus avantageux que les
de l'Efpagne; mais dans un Etat dont   fujets s'enrichiffent par le bénéfice de

Le profit des vaiſſeaux de convoi pourroit être employé à l'entretien des autres, ou à de nouvelles conſtructions pour remplacer ceux qui vieilliſſent ou qui ſe perdent. La flotte de Sa Majeſté une fois établie ſur un pied convenable, les expéditions pour les Colonies ſeroient plus fréquentes, plus ſûres & plus utiles ; ſur-tout par la vigilance des vaiſſeaux de Croiſiere contre les interlopes. Les droits dans les ports de l'un & l'autre continent augmenteroient conſidérablement ; & les bénéfices d'un commerce floriſſant qui enrichiroit les Peuples doit être regardé comme un nouveau fond pour les beſoins de l'Etat, le remplacement & l'entretien des vaiſſeaux.

Je ſens que le premier fond d'un armement de ſoixante-dix vaiſſeaux coutera des ſommes conſidérables ; mais pendant le tems de la conſtruction, l'on n'aura qu'un petit corps de marine à payer ; outre que nous n'avons point actuellement aſſez d'Officiers & de Matelots pour ce grand nombre de vaiſſeaux, il n'eſt pas poſſible d'exécuter un pareil projet tout à la fois. Dans l'intervalle il faut croire que l'on fera quelques efforts extraordinaires pour ſurmonter ces premieres difficultés ; nous en avons déja l'exemple dans les grandes ſommes que le Roi employe à mettre ſur les chantiers pluſieurs bâtimens. Je ne doute point que les premiers ne ſoient employés à la navigation des Indes, & à la garde de nos côtes ; ainſi le Commerce nous apportera continuellement de nouveaux ſecours pour continuer l'armement des autres, avec les épargnes que j'ai propoſées par la réforme des troupes de terre. Plus la navigation des Indes ſera fréquentée par nos vaiſſeaux de convoi, & par

la navigation, que d'en retirer un de ſes propres vaiſſeaux ; jamais ils n'emploieroient & ne formeroient un auſſi grand nombre de matelots : tout au plus dans quelques occaſions où il y a des tranſports à faire, les frégates pourroient en retour prendre du fret pour payer une partie de leur armement : encore cela ſouffre-t-il bien des difficultés, & ſouvent il eſt plus utile d'affreter des navires marchands au rabais.

les

les gardes côtes dont je parlerai ailleurs pour favoriser notre commerce & nos pêches, plus nous nous trouverons de matelots exercés. Nous en manquons beaucoup, & au point qu'une flotte de soixante-dix vaisseaux nous seroit inutile dans le moment présent : tant est vraie cette maxime que nulle Puissance maritime ne peut subsister sans commerce. Il est l'école des matelots par la navigation & la pêche qui n'ont jamais tant d'activité que pendant la paix ; tems auquel il est prudent de désarmer une partie des flottes. C'est ce que pratiquent l'Angleterre & la Hollande, bien assurées comme elles le sont, que ces milliers de bâtimens employés à la navigation de leur commerce & de leur pêche, fourniront en cas de guerre des matelots habiles, & en aussi grand nombre qu'ils le désireront : les Négocians n'en souffriront pas pour cela, parce que la multitude des embarcations est si considérable, que les urgences de la guerre enleveront à peine un homme sur chacune.

Outre l'économie que j'ai proposée dans la réforme des troupes, il seroit aisé d'en avoir d'autres sur différens objets ; la prudence d'un bon gouvernement le conseille, comme je l'ai démontré, & la nécessité même exige que l'on corrige les abus & le superflu. Par-là on pourroit chaque année faire des épargnes de plusieurs millions d'écus, sans toucher à la dépense des maisons Royales dans laquelle bien des gens se persuadent qu'il y a quelque excès ; mais cet examen ne m'appartient pas.

Le produit de ces épargnes seroit employé aux nécessités de la marine s'il le falloit, à la libération des revenus publics comme le pratiquent les autres Etats, & à payer les charges raisonnables. Entre ces dernieres, celle des engagistes des différens droits est fort en souffrance ; plusieurs des propriétaires ne touchent pas un pour cent d'intérêt de leur capital ; d'autres rien absolument par les déductions que le trésor exige pour ses besoins extraordinaires. Ces déductions, & ces secours

H h

extraordinaires ont eu pour cause la propre défense de
la Monarchie, & des circonstances urgentes : ainsi à mesure que l'Etat se rétablit, il est juste que par l'augmentation de ses revenus, il se mette en état de payer
régulierement aux engagistes le prix de leur capital :
les peuples l'esperent de la justice & de la conscience
délicate de Sa Majesté. Cependant je remets à parler
des économies dans d'autres chapitres.

J'ai parlé dans celui-ci & ailleurs de quelques points
du commerce des Indes, mais assez légérement & seulement par rapport à la connexion nécessaire du Commerce avec la Marine : mon dessein est d'en parler à
fond dans d'autres endroits. Je ne puis cependant finir
cet article sans ajouter, qu'après avoir reconnu la grande utilité qui revient au Trésor royal du fret des navires de convoi sans les charger excessivement & sans
nuire à leur défense, il me semble que l'on pourroit
en tems de paix augmenter ce bénéfice, en armant six
vaisseaux de la flotte en marchandise; trois pour Terre-
ferme & trois pour la Nouvelle-Espagne. Cet armement
seroit beaucoup moins coûteux, & les vaisseaux porteroient une charge bien plus considérable; de façon que
chacun de ces vaisseaux donneroit au moins soixante mille
piastres de bénéfice sur le fret seulement. Quoiqu'armés
en marchandise, ils seroient toujours plus forts d'équipage, plus sûrs & mieux conduits que ceux des particuliers; & je ne doute point qu'ils n'eussent la préférence du fret. Les Négocians qui font ce commerce y
trouveroient un grand avantage, parce qu'ordinairement
dans le tems des expéditions, ils ont coutume d'achetter des vaisseaux étrangers fort chers, souvent défectueux, parce qu'ils dépendent des circonstances; ceux
qui sont fabriqués dans les domaines de Sa Majesté sont
rarement assez grands, & jusqu'à ce qu'un commerce
florissant ait rétabli la navigation marchande, elle sera
sujette à ces inconvéniens.

Sa Majeſté pourroit encore employer utilement au commerce de Buenos-Ayres deux vaiſſeaux proportionnés au volume d'eau de la riviere de la Plata : le commerce de cette ville en feroit plus courant. Son bénéfice eſt ſi borné aujourd'hui, que l'on y fait à peine un voyage en quatre ans ; d'où les Anglois & les Portugais prennent occaſion d'augmenter ſans ceſſe leur commerce clandeſtin ; j'en parlerai dans un autre endroit.

Etat des dépenſes d'armement d'un vaiſſeau de ſoixante piéces de canon, y compris la ſolde des Officiers, de l'équipage, & les vivres pendant ſix mois.

	Réaux de veillon.
Pour frais d'un carêne ordinaire, ...	150000
Pour drogues & uſtenciles d'apoticairerie, nourriture de malades, cire, ſuif, & autres menues dépenſes pendant le voyage, ...	90000

		Solde au mois.	Rations.	Total de la ſolde des ſix mois.
1er Capitaine, ...	1	850 Rx.	6	5100 Rx.
Second	1	600	3	3600
1er Lieutenant, ...	1	400	1	2400
Second	1	400	1	2400
1er Enſeigne, ...	1	250	1	1500
Second	1	250	1	1500
Aumônier, ...	1	200	1	1200
Ecrivain, ...	1	250	1	1500
1er Chirurgien, ...	1	250	1	1500
Second	1	120	1	720
Pointeur, ...	1	180	1	1080
Quartiers-maîtres à 95 réaux, ...	3	285	3	1710
Maître, ...	1	250	1	1500
1er Contre-maître, .	1	200	1	1200
Second	1	180	1	1080

27990

	Solde au mois.	Rations.	Total de la solde des six mois.	Réaux de veillon.
1er Timonier, ...	1	180 ℞.	1	1080 ℞.	
Second	1	120	1	720	
1er Pilote, ...	1	300	1	1800	
Second	1	200	1	1200	
Plongeur, ...	1	150	1	900	
1er Charpentier, . .	1	180	1	1080	
Second	1	120	1	720	
1er Galfar, ...	1	180	1	1080	
Second	1	120	1	720	
1er Patron de Canot,	1	100	1	600	
Second	1	100	1	600	
Maître Voilier, . . .	1	120	1	720	
Maître Valet d'eau,	1	120	1	720	
Armurier, ...	1	100	1	600	170205
Garde fanal, ...	1	90	1	540	
Cuisinier, ...	1	90	1	540	
Canoniers à 90 réaux	80	7200	80	43200	
Matelots à 70 réaux,	150	10500	150	63000	
Mousses à 45 réaux,	110	4950	110	29700	
Garçons de chambre à 30 réaux, . . .	13	390	13	2340	
Sergens, ...	4	210	4	1260	
Tambours, ...	2	75	2	450	
Fifre, ...	1	$37\frac{1}{2}$	1	225	
Caporaux, ...	8	300	8	1800	
Soldats, ...	92	2435	92	14610	
	493	$33032\frac{1}{2}$	500	198195	

Table des Officiers à mille cinq cens réaux par mois, . . . 9000

Quatre-vingt-onze mille rations à cinq cens par jour, chacune sur le pied de quatre-vingt-douze maravedis de veillon, ... 246235

Total de la dépense en réaux de veillon, ... 693430

*Etat de ce que coute un vaiſſeau de 60 canons pendant ſix
mois de déſarmement.*

		Paye par mois.	Rations par mois.
Contre-maître, . . .	1 . 200 .	30
Second Contre-maître,	1 . 180 .	30
Matelots à demi-paye		
& la ration, . . .	6 . 210 .	180
Mouſſes, ...	8 . 180 .	240
Garçons de chambre, .	2 . 30 .	60
	—— ——	——
	18 800	540

Les 3240 rations feront pour les ſix
mois à 92 maravedis, ... 8767 ℞. 2 m.
   Paye des ſix mois, ... 4800 ℞.

                         13567 ℞. 2 m.

Ce ſont environ 1356 écus de veillon : la ſolde des
officiers, des canoniers, des ſoldats & autres qui ſont
conſervés toute l'année, peut aller de treize à quatorze
mille écus.

Ainſi pour les ſix mois de déſarmement ce ſont environ quinze mille écus à ajouter aux ſoixante-neuf mille écus de dépenſe pour la campagne ; & par conſéquent pour toute l'année quatre-vingt-quatre mille écus
de veillon environ.

Il faut faire attention, je le répéte, que même en
tems de guerre il eſt rare que tous les vaiſſeaux ſoient
armés, ou que leur campagne ſoit de ſix mois.

Hh iij

*Etat des dépenses d'armement des deux vaisseaux Notre-
Dame de Begogne, Notre-Dame de Guadalupe, & de
la frégate Notre-Dame de Grace, sortis le 27 Juillet
1717 de Cadix pour convoier la flote de la Nouvelle
Espagne, & rentrés le 16 Août 1718 ; avec un état de
ce qu'a produit leur fret.*

Le vaisseau NOTRE-DAME DE BEGOGNE.

Pour le corps, quille, artillerie, mâture, carène en
Espagne & dans les Indes ; gages d'équipage, augmentation de l'état-major & de l'infanterie ; menues dépenses, déchet du navire suivant le compte détaillé du Com-
missaire Royal.

	Piaftres.	Réaux.	Marav.
Un million deux cens quarante mille réaux deux maravedis vieille plate, ...	155375		3
Avaries sur les marchandifes chargées dans le vaisseau, . . .	2037	6	16
Avaries sur un caisson de vanille,	441	7	
Adjugé au subrecargue, . . .	3000		
	160854	5	19

Le vaisseau NOTRE-DAME DE GUADALUPE.

	Piaftres.	Reaux.	Marav.
Les dépenses de corps, quille, armemens, &c. comme ci-deffus, ...	115951	7	31
Avaries sur les marchandifes chargées pour le compte des particuliers, ...	5783	2	6
Au subrecargue, ...	3000		
	124735	2	3

La frégate NOTRE-DAME DE GRÂCE.

	Piastres.	Réaux.	Marav.
Valeur du corps de vaiſſeau ſuivant l'état du Commiſſaire pour une partie, ...	7428		
Autre partie pour valeur de trente canons de fer, ...	1824	7	17
Frais de carêne, de vivres, de gages d'équipage & autres, . .	19288	6	16
Avaries ſur les marchandiſes des particuliers, ...	29912	5	12
Pour le ſubrecargue, ...	1500		
	59954	3	11

Compte des mêmes vaiſſeaux au retour.

NOTRE-DAME DE BEGOGNE.

	Piastres.	Réaux.	Marav.
Partie du fret des marchandiſes payé à Cadix en allant, . .	11177	4	
Fret payé à la Vera-Cruz compris les paſſages, ...	64859	4	17
Valeur des marchandiſes avariées, ...	38		17
Fret des marchandiſes au retour, y compris celui du Tréſor & les paſſagers, ...	48248	2	24
Valeur du navire au retour ſuivant l'inventaire, ...	66113	5	33
	190437	1	23
Dépenſe, ...	160854	5	19
Profit, ...	29582	4	4

NOTRE-DAME DE GUADALUPE.

	Piaftres.	Réaux.	Marav.
Partie du fret en allant payé à Cadix,	9851	7	25
Fret payé à la Vera-Cruz, & paffagers,	61786	6	7
Valeur des marchandifes avariées,	1852	3	
Fret au retour & paffagers,	43416	6	19
Valeur du navire au retour fuivant l'inventaire,	30263	1	17
	147171	1	
Dépenfe,	124735	2	3
Profit,	22435	6	31

NOTRE-DAME DE GRACE.

	Piaftres.	Réaux.	Marav.
Partie du fret en allant payé à Cadix,	6006	3	
Fret à la Vera-Cruz & paffagers,	44363		20
Valeur des marchandifes avariées,	11665	4	8
Valeur du navire qui refta à la Vera-Cruz, des agrets & apperaux que l'on en retira fuivant l'inventaire,	16648	7	8
	78683	7	2
Dépenfe,	59954	3	11
Bénéfice,	18729	3	25

BÉNÉFICES.

BÉNÉFICES.

	Piaſtres.	Réaux.	Marav.
Le vaiſſeau Notre-Dame de Be-gogne, ...	29582	4	4
Le vaiſſeau Notre Dame de Gua-dalupe , ...	22435	6	31
La Frégate Notre-Dame de Grace	18729	3	25
Total , ...	70747	6	26

Il faut remarquer que les tourmentes extraordinaires qu'eſſuya cette flote , lui occaſionnerent une perte de vingt-quatre mille ſix cens dix-neuf piaſtres en avaries : c'eſt un événement extraordinaire ; d'ailleurs ce voyage fut de dix-huit mois , & l'on pourroit le faire en treize ou quatorze. Par conſéquent ſi les convois étoient de deux vaiſſeaux moyens & de deux frégates , le Tréſor Royal pourroit aiſément gagner cent mille piaſtres dans le cours d'un voyage ordinaire. Ce n'eſt pas eſtimer ce bénéfice trop haut , puiſque malgré les contre-tems de ce voyage il a produit ſur les trois navires ſoixante-&-dix mille ſept cens quarante-ſept piaſtres ſix réaux vingt-ſix maravedis de vieille plate , ſans compter le tranſport du tréſor , de l'argent , des bulles , du papier marqué , du vif argent.

CHAPITRE LXXII.

De l'excellente qualité des matériaux que l'Espagne fournit pour toutes sortes de munitions de guerre ; des lieux où elles se trouvent ; des moyens d'encourager les corderies, & les manufactures de toiles à voiles ; de l'importance d'augmenter & de fortifier nos arsenaux & atteliers de marine ; de conserver nos bois ; de rendre la navigation de l'Ebre plus commode ; de réparer le port des alfacqs de Tortose ; & de construire quelques vaisseaux dans l'Inde.

J'AI parlé dans le chap. LXIX de l'établissement de coupes de bois réglées dans les Pirénées, pour la construction des vaisseaux & leur mâture ; de la route qu'on leur fait prendre pour les conduire par l'Ebre jusqu'aux ports de la Méditerranée d'où ces bois sont transportés dans ceux de l'Océan ; les mâts sur tout dont manquent les montagnes de la Cantabrie, & où du moins ils ne sont pas si bons.

On a vû que le brai & le goudron se fabriquent en divers lieux de la Catalogne & de l'Arragon, surtout dans les montagnes de Tortose, proche les rives de l'Ebre : qu'il y a des manufactures de cordages & de toiles à voiles établies à Puerto Réal & à Sada, où l'on n'employe en partie que des matieres d'Espagne. Pour faire connoître toutes nos commodités, j'ajouterai que les montagnes de Navarre & celles des côtes depuis le Guipuscoa jusqu'à celles de Galice inclusivement, sont remplies de l'espece de chêne qui convient principalement à la fabrique des vaisseaux.

La bonté du fer de Cantabrie & d'autres endroits de l'Espagne est reconnue parmi nous & par le soin qu'ont les Etrangers de l'enlever.

Dans les fabriques de Lierganes & de Cerada situées assez près de la mer du côté de Saint-Ander, & à peu de distance des atteliers de Guarniso & de Santogna, on fond d'excellente artillerie de fer avec toutes les munitions qui y sont nécessaires pour le service des vaisseaux.

Dans les Fabriques de Eugui, d'Azura, d'Iturbiera en Navarre, on fond des bombes, des grenades grandes & petites, & toutes sortes de balles pour le service des armées de terre & de mer.

Nous avons en divers endroits du Royaume de bonnes fabriques de poudre d'artillerie, & dans des lieux forts commodes pour le transport, soit par terre soit par mer.

Dans les forges de Placencia dans le Guipuscoa à trois lieues de la mer, on fabrique en abondance toutes sortes d'armes; & la flotte pourroit s'y en pourvoir sans ouvrir les arsenaux des places ni ceux des troupes. Cet endroit par sa proximité de la mer communique à peu de frais avec tous nos atteliers de construction, surtout ceux de Saint-Ander, & de Santogna : on en peut dire autant pour la fabrique des cloux, des ancres & autres ustenciles de fer nécessaires à la construction.

On fabrique à Puerto-Réal près de Cadix les cables dont les vaisseaux de Sa Majesté peuvent avoir besoin; à Sada en Galice, on fabrique toutes sortes de cordages & de toiles à voiles; mais on pourroit pousser plus loin ces manufactures, ainsi que dans d'autres cantons des mêmes provinces. Sur les côtes de la Méditerranée, il est divers endroits où l'on pourroit le faire avec plus d'avantages encore ; les campagnes de Grenade, de Murcie & de Valence produisent du chanvre en abondance & à bas prix, puisque quelques particuliers du

Royaume de Valence offrirent il y a quelques années
de fournir vingt-cinq mille quintaux de chanvre fe-
rancé, & plus même fi on le vouloit, à un doublon
le quintal. Je fçai qu'à Baza & dans d'autres endroits du Royaume de Grenade on en a vendu des
parties à moins de cinquante réaux le quintal ; tandis
qu'en Hollande il vaut ordinairement fur le pied de
foixante-dix à quatre-vingts réaux. Si l'on fait attention
que ce pays eft le magazin général de l'Europe, on
conviendra que l'Efpagne a des avantages confidérables
fur les autres Etats pour les armemens maritimes : elle
fe fournit elle-même de ces matériaux & de meilleure
qualité qu'elle n'en pourroit trouver. L'Angleterre fi
puiffante en marine tire de Norwege & des côtes de
la mer Baltique une partie de fes bois de conftruction
& tous fes mâts ; la majeure partie des chanvres & de
l'artillerie qu'elle employe. On fçait que la Hollande
ne produit rien, ainfi elle a les mêmes befoins & de
plus grands.

Nos ifles & la terre ferme de l'Amérique font d'une
grande reffource pour l'abondance & l'excellence des
bois qu'elles fourniffent ; on y trouve également de
grandes quantités de brai & de goudron. Cartagene,
Campêche, la Havane font des atteliers très-avantageux pour nos conftructions ; mais celui de la Havane
eft le plus fûr & le plus commode. Un navire d'Europe
ne dure que douze ou quinze ans, tandis que ceux de
ces endroits durent trente ans au moins ; les bois qu'on
y employe font du cedre & une efpece de rouvre plus
dur que celui d'Europe : les vaiffeaux qui en font faits
ont moins fouvent befoin de carêne & de radoubs ;
mais une des principales qualités de ces bois, c'eft qu'ils
n'éclatent point au boulet comme ceux d'Europe, d'où
naiffent de grands inconvéniens dans les combats. Je
dois avertir cependant que fi l'on avoit en Efpagne
le même foin des vaiffeaux armés ou défarmés qu'en

Angleterre & en Hollande ils dureroient le [a] double.

Il convient d'autant plus aux intérêts de Sa Majesté de faire construire dans les atteliers de l'Amérique, que les ports de la Vera-Cruz, Porto-Belo, Cartagene, la Havane & les autres qui sont le plus fréquentés par nos flottes ou nos galions sont situés sous la zone torride : les bois d'Europe sont trop tendres pour résister aux chaleurs excessives de ces climats : ils s'y desséchent, au lieu que ceux du pays élevés & endurcis sous l'influence des rayons d'un soleil brûlant se conservent mieux & durent davantage dans ces mers. On a observé même qu'un vaisseau d'Europe qui auroit navigé pendant douze & quinze ans dans les mers d'une zone tempérée ne servira pas pendant dix ans dans ces parages. Il est donc important que les vaisseaux de convoi, les Gardes-côtes & ceux de l'escadre de Barlovento soient construits en Amérique ; les frais seront plus considérables, mais quand même ce qui coute cent mille piastres en Espagne, en couteroit deux cens mille & plus à la Havane, le Trésor Royal y gagneroit encore par une durée du triple, moins de carènes, de radoubs, enfin par une plus grande sureté.

Puisque la Providence nous a départi tant d'avantages au dedans & au dehors pour les armemens maritimes, ce feroit une ingratitude de ne pas en jouir avec les mesures les plus propres à les conserver. Par là nous épargnerons des millions de piastres que nous couteroient ces provisions s'il falloit les tirer de l'Etranger ; nous ne dépendrons plus de l'inconstance des autres Puissances, du danger & du caprice des mers du Nord, enfin de beaucoup d'accidens que nous avons éprouvés.

---

a Cette remarque est juste, mais il est constant que l s bois des pays méridionaux ont les pores plus serrés, & qu'avec des attentions égales, ils dureront davantage : cette différence est sensible entre les bois de France & d'Espagne.

Ce n'eſt pas aſſez que de ſentir l'importance d'une marine, le prix de nos commodités pour tout ce qui peut contribuer à ſon exiſtence : il faut prendre les meſures les plus efficaces pour l'animer & en aſſurer l'entretien.

Quoique l'on ait travaillé ces années dernieres dans les atteliers de la Cantabrie, à Saint-Ander & à Santogna, que l'on continue même de le faire, il me ſemble que ce n'eſt pas avec aſſez de vivacité. J'ignore ſi c'eſt parce que les ouvriers ſont rares dans ces cantons ou par d'autres difficultés : mais il me ſemble qu'il faudroit en conſervant ces atteliers autant qu'il eſt poſſible en établir d'autres ſur les côtes de la Méditerranée, ſur-tout [a] aux alfacqs de Tortoſe. La ſituation eſt ſi avantageuſe, qu'elle n'a beſoin que d'établiſſemens & de quelques fortifications. Je ſuis même bien informé que vers l'embouchure de l'Ebre, il y auroit aſſez peu de dépenſe à faire pour lui rendre ſon ancien cours. Ce port en ſeroit bien plus commode aux vaiſſeaux de Sa Majeſté, & c'eſt le ſeul dans cette mer qui ſoit propre à recevoir des vaiſſeaux au deſſus de ſoixante pieces de canon. Je penſe cependant qu'avant de commencer une pareille entrepriſe, il ſeroit convenable de conſulter des gens expérimentés dans cette partie. L'Ingénieur Général Don George-Proſpert de Verbom eſt bien capable de vérifier la poſſibilité de cette opération, & je crois qu'il doit avoir quelques connoiſſances ſur cet article, après avoir paſſé tant de tems en Catalogne pour en reconnoître les côtes.

Puiſque je traite cette matiere, je ne puis me diſpenſer de parler quoiqu'en général de la navigation de l'Ebre. Il eſt abſolument eſſentiel de la rendre plus libre

---

a Les alfacqs petites Iſles que forme l'Ebre à ſon embouchure dans la mer Méditerranée, après avoir traverſé la Biſçaie, la Navarre, tout l'Arragon, & ſéparé la Catalogne du Royaume de Valence. Il y a le bourg d'alfacqs ſur le Cap auquel il donne ſon nom à l'occident de l'Ebre.

& plus commode depuis la Navarre, & même au-deſſus juſques aux Alfacqs de Tortoſe ; le tranſport des denrées des Provinces qu'arroſe ce fleuve, ſeroit peu couteux & d'une grande utilité. Les dépenſes de ces travaux ne ſeront pas exceſſives, puiſque les principales difficultés ſont applanies. On en a l'expérience dans les bateaux plats, qui deſcendent tous les ans pluſieurs fois de Tudela à Tortoſe & juſques à la mer, chargés de poudre, de balles, de grenades, de bombes, & d'au-tres munitions d'artillerie qui ſe fabriquent en Navarre ; il en vient encore d'autres chargés de différentes mar-chandiſes, ſans qu'ils ſe rebutent des difficultés qu'ils rencontrent. La plus conſidérable eſt le ſaut de *Flix*, où l'on débarque les marchandiſes pour les rembarquer enſuite : mais je crois que tous ces obſtacles peuvent ſe vaincre, lorſque je fais attention que de plus grands ont été ſurmontés en France & en Hollande avec des di-gues, des écluſes & d'autres expédiens, dont cet In-génieur Général eſt parfaitement inſtruit. Si cette en-trepriſe étoit auſſi aiſée que je l'eſpere, & que l'on pût établir une navigation réglée pour les bateaux qui montent & qui deſcendent, le commerce intérieur & extérieur de l'Eſpagne y gagneroit infiniment. La con-duite des bois de marine, des munitions de guerre, du bled, de l'avoine, & des autres proviſions dont Sa Majeſté a beſoin pour les places de guerre ou pour ſes armées, ſeroit d'une exécution prompte & facile, ſans dépenſer des millions de piaſtres qu'ont coûté ces tranſ-ports, lorſqu'on les a faits à dos de mulet ou par cha-rettes.

Les avantages d'un nouvel attelier aux Alfacqs ſont conſidérables : c'eſt là que l'Ebre conduit néceſſaire-ment tous les bois que l'on coupe dans les Pirénées, comme je l'ai expliqué au Chapitre LXIX, d'où on les tranſporte dans les divers ports de la Méditerranée & de l'Océan. Ce ſeroit épargner les frais de ce tranſport que

d'y employer ces matériaux, au lieu de leur faire faire un
tour de cinq cens lieues de côtes pour se rendre aux
quatre atteliers de la Cantabrie. Un grand nombre
d'ouvriers de Provinces voisines se rendroient à ce nouvel attelier, & l'on y pourroit dresser plusieurs chantiers
pour des constructions de vaisseaux de guerre, & de
navires marchands. Un autre avantage ce seroit d'y
pouvoir lever facilement le nombre de matelots nécessaires pour conduire les vaisseaux fabriqués dans les
ports de l'Andaloufie, ou ailleurs s'il étoit nécessaire;
au lieu que les côtes de la Cantabrie manquent de matelots faute de pêche & de commerce; on sçait la dépense qu'il fallut faire, les retards qu'il fallut essuyer ces
dernieres années pour y conduire les équipages nécessaires au peu de vaisseaux nouvellement construits,
& que l'on vouloit amener à Cadix. Ces inconvéniens
se multiplieront, si l'on continue d'y construire tous les
vaisseaux du Roi.

Les montagnes de Tortose, de la Catalogne & de
l'Arragon, nous offrent pour l'attelier que je propose
d'excellens rouvres, encore plus nécessaires à la construction des vaisseaux que les arbres & les planches que
l'on descend des Pirénées. Quoique ces montagnes
soient éloignées de deux ou trois lieues des rives de
l'Ebre, l'on m'a assuré qu'il étoit aisé de pratiquer des
routes commodes pour les charettes.

Les cordages & les voiles dont l'on aura besoin,
pourront être transportés à peu de frais de Cartagene:
sa situation est très-propre pour y établir ces manufactures à meilleur marché qu'ailleurs, comme je l'expli-
querai à sa place.

Le brai, le goudron feront dans le voisinage, puisqu'on les tire dans les montagnes de Tortose.

Il n'y a que l'artillerie de fer qui se trouvera éloignée,
parce que nous n'en avons que deux bonnes fonderies à
Lierganes & à la Cerada; mais on pourra en charger
pour

pour left dans les frégates & les gardes-côtes qu'il est
néceffaire d'établir.

Les cloux & autres menus uftenciles de fer néceffaires
à la conftruction , pourront fans grande difficulté fe tirer de la Cantabrie , & des autres provinces d'Efpagne.

J'ai déja parlé de la néceffité de fortifier cet attelier fi
on en approuve le projet ; & les mêmes raifons nous
confeillent de prendre cette précaution dans les autres.
L'expérience d'autrui & la nôtre nous y invitent, fur-
tout les hoftilités que nous effuyâmes en 1719, malgré
la foi des Traités nouvellement conclus.

On a obfervé que lorfque l'on abbat des arbres pour
des conftructions de navire , par entreprife pour le
compte du Roi, on a coutume d'en faire les coupes
beaucoup plus confidérables qu'il ne faut; foit faute de
précifion dans les ordres, foit négligence, ou même
intérêt particulier des fubalternes: d'où il réfulte que
l'excédent pourrit dans les montagnes , ou devient mal
à propos une propriété de gens à qui ils n'appartiennent
pas. Il feroit très-convenable de veiller à cet abus, & de
charger ceux qui font à la tête de ces entreprifes, d'empêcher que l'on coupe plus de bois que l'on n'en peut employer. Si cependant il fe trouvoit de l'excédent, il faut
avoir foin de le faire defcendre des montagnes pour le
magaziner.

D'un autre côté, comme les forêts les plus confidérables s'épuifent en peu de tems, fi l'on n'a pas d'économie dans l'ufage que l'on en fait, & fi l'on n'a pas
l'attention de les renouveller par de nouveaux plans ;
nous avons diverfes Ordonnances de nos Rois à ce
fujet, & des hommes payés par l'Etat pour y veiller:
notre difgrace eft telle cependant , que ces fages établiffemens font fans force.

L'avantage qu'il y auroit d'établir à Cartagene des
manufactures de cordages & de toiles à voiles, vient de
la fituation de ce port: il eft à portée de fournir égale-

K k

ment à tous ceux de cette côte depuis Rofe jufqu'au détroit, & depuis le détroit jufqu'à Ayamont. Il eft d'ailleurs placé avantageufement pour recevoir les quantités confidérables de chanvres que fourniffent les Royaumes de Grenade, de Murcie & de Valence. Il eft encore une circonftance favorable à Cartagene : c'eft là qu'hivernent les galeres ; le Roi y entretient plus de mille forçats oififs pendant fix ou fept mois de l'année, & quelquefois plus. On pourroit les faire travailler, comme je l'ai vû pratiquer à Marfeille, en prenant toutes les précautions néceffaires contre leur fuite, & en leur donnant quelque gratification par jour.

Si ces ouvrages fe faifoient pour le compte du Roi fous une bonne adminiftration, l'épargne feroit confidérable : fi on les mettoit en traités, comme c'eft l'ufage orlinaire, on pourroit convenir d'un prix modéré avec l'Entrepreneur, en lui permettant de fe fervir des forçats fous la condition d'une gratification pour ces malheureux.

Puifque nous fommes déja en poffeffion de fabriquer de bons cordages en Efpagne avec nos propres chanvres, il nous eft aifé d'acquérir les mêmes avantages pour les toiles à voiles. Don Francefco Varas y Valdes, dont j'ai parlé, excité par fon amour pour le bien public, en fit faire un effai en 1722 à Seville, & le répéta à Madrid. Il fit fabriquer fur des métiers montés exprès quelques aunes de toiles avec du chanvre d'Efpagne : la qualité en fut trouvée bonne, & le prix affez modéré. Je n'allégue point l'exemple des fabrications qui s'en font faites à Sada en Galice, parce que, comme je l'ai dit au Chap. LXIII, on y employoit des chanvres du Nord, quoique le pays puiffe en fournir abondamment d'une excellente qualité.

Je me fuis affez étendu fur le parti que nous pouvions tirer de nos forêts de l'Amérique pour la conftruction des vaiffeaux deftinés aux flotes, aux galions, à la garde des côtes, à l'efcadre de Barlovento, fans qu'il foit néceffaire d'entrer dans de plus grands détails, fur un point auffi clair & auffi effentiel. J'ajoûterai feulement que Sa Majefté pourroit fe faire repréfenter le projet formé en 1713, par Don Bernard Tinagero, pour la conftruction de dix vaiffeaux de foixante piéces de canon à la Havane. Elle y pourroit faire les changemens que les circonftances ont pû rendre néceffaires, & faire exécuter les réglemens propofés par ce Miniftre, s'ils lui paroiffent bons, comme Elle les a déja approuvés. Un des articles des plus utiles de ce projet & des plus affurés, c'eft l'application qu'on pourroit faire aux conftructions de la Havane des quatre cens trente-cinq mille piaftres, auxquelles monte le produit du droit pour l'entretien de l'efcadre, feulement pour ce qui regarde la Nouvelle Efpagne. Le même Miniftre affure que ce revenu augmenteroit beaucoup, fi l'on corrigeoit tous les abus qui fe font introduits dans fa régie, & j'apprends qu'ils font toujours les mêmes.

Indépendamment de la conftruction de ces vaiffeaux, il conviendroit de faire venir de ces contrées toutes fortes de bois, pour les dépofer dans nos arfenaux, & les employer aux radoubs. Cette précaution ne feroit pas couteufe, puifque nos vaiffeaux ont affez peu de charge au retour.

CHAPITRE LXXIII.

*De la nécessité d'entretenir des vaisseaux gardes-
côtes en Espagne pour purger ses mers de Corfaires , protéger le Commerce , & faciliter les
transports de troupes , d'artillerie , de vivres
& autres munitions tant de mer que de terre.
Inconvéniens qui résultent de ce défaut de précaution.*

L'ESPAGNE a entretenu en divers tems des vaiffeaux de guerre deftinés pofitivement à la garde
de fes côtes, particuliérement de celles de l'Andaloufie
depuis le Cap Saint Vincent jufqu'au détroit. C'eft dans
ces parages que les Corfaires de Salé, d'Alger, & des
autres Etats de Barbarie ont coutume d'exercer le plus
leurs pirateries ; ils ofent même quelquefois débarquer
fur ces côtes où ils enlevent les habitans de l'un & l'autre fexe. Il n'eft pas moins néceffaire d'affurer le cabotage que notre Nation fait ou devroit faire, contre les
malheurs auxquels il eft expofé de la part des Barbarefques.

Le rachat des fujets de l'Etat tombés dans l'efclavage , coute des fommes confidérables ; & cet argent
augmente la force de nos ennemis en multipliant nos
pertes. Ces confidérations & d'autres encore émurent la
tendreffe & les entrailles de pere que porte Sa Majefté
pour fon peuple ; Elle ordonna à fes efcadres de pour-
fuivre ces pirates ; ceux d'Alger furent bloqués quelque
tems dans leur port ; cependant nos côtes font fi étendues, & les Barbarefques peuvent fortir par tant d'endroits, qu'il ne feroit pas poffible que nos efcadres en

bloquant deux ou trois de ces ports, missent toutes nos
côtes en sûreté.

Ainsi je crois qu'il seroit plus sûr d'entretenir continuellement une croisiere de deux frégates légeres, ou
d'un vaisseau de cinquante à cinquante-quatre canons,
avec une frégate depuis Ayamont jusqu'au détroit : &
il seroit bon que ces vaisseaux ne s'éloignassent jamais, à
moins qu'il ne fût nécessaire dans l'occasion de renforcer le convoi des flotes & des galions jusqu'aux Canaries, ou d'accompagner jusques-là les avisos & vaisseaux
de regître.

Ces mêmes vaisseaux pourroient se rapprocher du Cap
de Saint Vincent, & même un peu plus loin, lorsque
l'on attendroit des vaisseaux de l'Amérique ; ils seroient
encore utiles dans les occasions où l'on veut envoyer
quelque aviso au-devant de la flote & des galions pour les
instruire des précautions qu'ils doivent prendre à l'atterrage, à cause de la guerre ou par d'autres raisons : enfin
ces navires seroient toujours prêts au moment du besoin.

Leur croisiere seroit encore utile pour la liberté de
la communication entre le port de Ceuta & l'Espagne
du côté de l'Occident ; sur-tout lorsque la contradiction
des vents d'ouest s'oppose au passage des embarcations
qu'on a coutume de préparer à Malaga. Pendant ce
tems la garnison peut souffrir.

Le canal ou détroit de Gibraltar, est le lieu le plus
fréquenté par les pirates, parce que c'est celui où ils
trouvent le plus de prises à faire, & leur passage nécessaire pour aller de l'Océan à la Méditerranée. Ainsi il
conviendroit que la croisiere s'étendît au moins dans le
détroit jusqu'à ª Algezire, ou plus haut, suivant qu'on
auroit connoissance des pirates ; mais les vaisseaux devroient toujours revenir promptement dans l'Océan où
seroit leur principale destination.

ª Petit golfe à l'occident de Gibraltar.

Il ne feroit pas moins important de prendre la même précaution fur les côtes étendues de la Méditerranée, depuis le détroit jufqu'à Rofe. Les plus grands excès des pirates font aujourd'hui contre nos barques & nos vaiffeaux ; ils font peu de débarquemens : mais à ces deux inconvéniens, il me paroît qu'il faut oppofer à la fois deux expédiens des vaiffeaux & des galeres.

Depuis le mois d'Avril jufqu'à la fin d'Octobre, il conviendroit de faire fortir les fix galeres que nous avons, & de les diftribuer en croifiere de deux en deux ; fçavoir deux depuis la côte de Tarife ou d'Algezire jufqu'à [a] Almeyra ; deux depuis Almeyra jufqu'à [b] Denia ; & deux depuis Denia jufqu'à [c] Barcelone Rofe & vers [d] Mayorque : fi l'on en avoit encore deux autres, on pourroit les faire croifer autour de cette Ifle & de celle [e] d'Ivice.

Dans le cas où l'on conftruiroit fix galiotes, comme je l'ai propofé, c'eft une foible dépenfe, l'on pourroit les diftribuer dans différens ports de la Méditerranée ; elles croiferoient terre à terre le long des petites ances où les Maures font leurs débarquemens avec de petits bâtimens à rame, contre lefquels les galiotes ferviront autant & mieux que des galeres.

Ces précautions ne font pas encore fuffifantes dans la Méditerranée, parce que pendant l'hiver nos galeres ne peuvent y naviger fans un rifque évident : ainfi je crois qu'il convient d'entretenir à Cartagene [f] une efcadre au

---

a Almeyra ou Almerie ville fur la côte de Grenade à fix lieues du Cap de Gate.

b Denia, petite Ifle fur la côte de Valence au nord d'Alicante. Il y a auffi Denia ville en terre ferme vis-à-vis l'Ifle du même nom.

c Barcelone, capitale de la Catalogne, avec un port qui fe comble tous les jours. Elle eft fituée par les 19 dégrés 44 minutes 33 longitudes &

41 degrés 26 minutes 0 latitude.

d Mayorque Ifle de la dépendance de l'Efpagne, vers les côtes de Catalogne, entre l'Ifle de Minorque & d'Ivice.

e Ivice, petite Ifle entre l'Ifle de Mayorque & la Punta-del-Emperador cap du royaume de Valence ; elle eft entourée de petits iflots qui rendent fon abord dangereux.

f Cartagene, ville & port d'Efpa-

moins de deux vaiſſeaux de ſoixante canons , & de deux
frégates de cinquante , avec des matelots des Royaumes
de Valence & de Murcie. Elle ſortiroit au mois de
Novembre juſqu'à la fin de Mars, bien pourvue de tout
ce qui lui ſeroit néceſſaire , parce que les Algériens font
la courſe dans ce tems dans l'eſpoir où ils ſont que nos
vaiſſeaux ſont déſarmés ; ils en ont eux-mêmes conſtruit
de cinquante-quatre canons ; ainſi il eſt important que
les nôtres ſoient de la force que j'ai dit , & de ne point
chercher l'occaſion de compromettre la réputation de
nos armes.

De ces quatre vaiſſeaux , deux dans la ſaiſon croiſe-
ront de conſerve depuis Cartagene juſqu'à Barcelone,
& les deux autres, depuis Cartagene juſqu'à Cadix &
San Lucar.

La principale deſtination de ces petites eſcadres, ſera
de convoyer nos barques & nos vaiſſeaux marchands ;
ainſi il ſera bon d'arranger les courſes, de façon que les
navires de cabotage ſoient avertis d'avance de l'arrivée
des vaiſſeaux de guerre pour ſe tenir prêts lors de leur
paſſage dans les différens ports ; comme à Cartagene,
Almeric, Malaga , Cadix, San Lucar pour la croiſiere
de ces côtes ; à Cartagene, Alicante, Denia, Peniſcola ;
les Alfacqs pour l'autre croiſiere juſqu'à Barcelone. Ces
petites flotes une fois conduites à leur deſtination , les
vaiſſeaux de convoi recommenceroient après peu de
jours la navigation des côtes juſqu'à Cartagene.

Il conviendroit de donner ſur tous ces mouvemens
une inſtruction claire , préciſe & détaillée, tant pour ce
qui regarde les vaiſſeaux marchands, que pour les vaiſſeaux de convoi. Entr'autres Réglemens, il ſera bon de
preſcrire que lorſqu'une flote ſera route au Levant ,
l'autre la faſſe au Ponent, & qu'elles ne ſuivent jamais
le même rumb de vent : je ſens que les vents dérange-

gne ſur la côte du royaume de Murcie. Il y a un arſenal royal.

ront souvent les mesures prises à ce sujet, mais quelques jours de séjour dans le port qui conviendra le mieux, rétabliront les premieres dispositions.

On donneroit également une instruction aux galeres & aux galiotes, afin qu'en faisant la course elles pussent cependant convoyer les bâtimens marchands.

Ces précautions me paroissent très-utiles & très-nécessaires, vû la situation de nos côtes, dont plusieurs sont à la vûe & les autres fort voisines des Barbaresques, ennemis opiniâtres de l'Espagne & de la Chrétienté.

Lorsque je propose de limiter la croisiere de ces deux petites escadres, ce n'est point dans le cas où elles feroient la course, ou bien lorsqu'elles feroient chargées d'artillerie, de bois de construction, de brai, de goudron, de chanvre, de cordages, de toiles à voiles; enfin d'autres munitions pour le service de terre ou de mer, pour des ports qui ne seroient pas de leur croisiere. Il seroit très-préjudiciable au service & très-couteux que ces vaisseaux s'arrétassent pour décharger leurs effets, & les recharger sur les autres: dans ces cas ils devroient avoir la liberté de suivre leur destination pour reprendre ensuite leur navigation ordinaire.

La vente du tabac étant exclusive pour le compte du Roi, ces mêmes vaisseaux pourront en porter les quantités nécessaires dans divers ports, sans qu'il en coûte rien au Trésor Royal.

J'entens encore que tous ces différens transports ne nuiront point à l'attaque ou à la défense: il convient de ne charger ces vaisseaux qu'autant que les batteries basses conserveront le jeu nécessaire, & seulement à la place du lest qu'on y mettroit. Il seroit si aisé de répéter ces voyages, qu'il ne faudroit pas risquer de nuire à la course par une charge trop considérable.

Ces vaisseaux seront encore très-propres à assurer la communication avec nos garnisons d'Afrique & des Isles de la Méditerranée, soit pour le transport des vivres,

soit

soit pour celui des troupes. On ne doit pas craindre qu'une absence de peu de jours de la côte soit dangereuse; d'ailleurs leur présence continuelle dans la Méditerranée en imposera toujours aux pirates.

Je regarde comme très-important de prendre aussi quelques mesures pour assurer notre commerce entre les ports de l'Andaloufie, de la Galice, des Asturies, les quatre villes de la côte & la Cantabrie.

Il me paroît qu'on devroit y destiner deux frégates, ou un vaisseau de ligne avec une frégate, qui feroient tous les ans deux ou trois voyages, depuis Cadix jusqu'au Passage [a] dans le Guipuscoa: en allant & en revenant ces vaisseaux feroient une escale à Lisbonne & dans les ports principaux de cette côte; ils donneroient la chasse aux Corsaires qui remontent jusques-là , & même plus loin pour insulter nos côtes, & courir sur nos bâtimens.

Le Roi pourroit faire lester ces navires au retour avec des armes, des canons, des bombes, des grenades, des balles, des clous, des pioches & autres ferremens nécessaires à ses arsenaux ; les atteliers de Cantabrie où cela se fabrique , entr'autres ceux de Lierganes & de Cavada proche Sant Ander , ont souvent occasion de faire ces expéditions pour divers ports : & les vaisseaux du Roi conduiroient sûrement ces munitions sans s'encombrer & nuire à leur marche.

En allant on devroit les charger de transporter les tabacs dont on a besoin sur ces côtes; il seroit aussi très-à-propos de les charger de sel pour la Galice. Cette Province l'achette des François ou des Portugais qui l'y apportent dans leurs vaisseaux.

L'escale que je propose à Lisbonne est très-convenable pour favoriser notre commerce avec le Portugal, soit du côté de Galice, des Asturies & de la Cantabrie, soit du côté de l'Andaloufie. Il pourroit être considéra-

---

a Passage , ville & port d'Espagne, dans le Guipuscoa entre Saint- Sébastien & Fontarabie ; on y construit des vaisseaux.

L l

ble, & ce font les Etrangers qui le font, parce que très-peu de nos vaiffeaux ofent doubler les caps de [a] Finifterre & de Saint Vincent [b] dans la crainte des pirates. Si l'Etat protégeoit notre cabotage, nous ferions nous-mêmes cette navigation, qui formeroit & employeroit beaucoup de matelots : tandis que ce font des vaiffeaux étrangers qui apportent en Andaloufie tout le fer en barre & ouvré qui fort des ports de Cantabrie. Cét objet eft immenfe, puifqu'outre les befoins continuels de nos Provinces, il ne part point de vaiffeaux pour nos Colonies qui n'en foit lefté ; la flote feule en 1720 en portoit trente-neuf mille huit cens foixante-dix-huit quintaux enregiftrés, & la majeure partie de Bifcaye & du Guipufcoa.

CHAPITRE LXXIV.

Des autres avantages qui réfulteront de la garde des côtes pour l'augmentation du Commerce, de la pêche, & du nombre de matelots ; commodité pour lever les équipages des vaiffeaux & les conduire ; néceffité de les changer dans ces vaiffeaux, & d'y doubler le nombre des Officiers ainfi que dans les vaiffeaux des Indes ; néceffité de claffer les matelots dans leurs Provinces ; priviléges dont ils devroient jouir.

IL eft conftant que l'Andaloufie où fe font les armemens des vaiffeaux de guerre, & de ceux qui font deftinés au commerce des Indes Occidentales, n'eft pas en

a Le Cap Finifterre en Galice ; c'eft le plus avancé dans l'océan Atlantique qui foit en Europe.

b Le Cap Saint-Vincent en Portugal ; c'eft la pointe qui joint la partie méridionale de l'Algarve avec l'occidentale.

état de fournir tous les matelots qui leur font néceſſaires : ainſi dans le cas d'un armement conſidérable, on eſt obligé de les faire venir des autres Provinces maritimes. On pourra les conduire partie dans les vaiſſeaux deſtinés à la courſe & à protéger le Commerce, partie dans des bâtimens de tranſport ſous le convoi des premiers. Il eſt juſte de leur procurer cette facilité, tant avant qu'après la campagne : car c'eſt ordinairement pendant l'hiver qu'ils ſont renvoyés ; & outre l'incommodité des chemins, des ſaiſons, très-préjudiciable à leur ſanté, ils dépenſent pendant une route de cent-cinquante & de deux cens lieues, le peu d'argent que leur ont valu leurs ſalaires. Ces fatigues & ces dépenſes les rebutent au point que, lorſque l'on en a beſoin une autre fois, ils s'enfuyent de leurs maiſons, ou prennent d'autres métiers. Comme j'ai propoſé Cartagene pour le rendez-vous des vaiſſeaux deſtinés à croiſer ſur la Méditerranée, je voudrois que ceux qui garderont les côtes du Ponent, euſſent leur rendez-vous au [a] Ferrol. Ils ſeroient à portée de ſe procurer leurs équipages de Galice, des Aſturies, de Biſcaye & de Guipuſcoa : dans le tems de l'armement d'une flote en Andalouſie, ils y tranſporteroient les matelots de ces Provinces, & les reconduiroient après la campagne ; ou du moins ils eſcorteroient les bâtimens de tranſport ſi le beſoin en requeroit. Si même nous parvenons à avoir une flote nombreuſe, il ſera bon d'avoir toujours ſept à huit vaiſſeaux dans le baſſin de ce port qui eſt ſûr & commode ; ils trouveroient facilement au beſoin tous leurs équipages dans les Provinces dont j'ai parlé.

Il ſera très-à-propos de renouveller de tems-en-tems les équipages des vaiſſeaux & des frégates gardes-côtes ; & même de doubler ſur chacun le nombre des Officiers, tant que nous en aurons d'oiſifs dans les ports, comme

---

[a] Le Ferrol, ville & port dans le même golfe que la Corogne, mais plus au ſeptentrion à l'embouchure de la Juria.

L l ij

ils le font la [a] plûpart. Le même Réglement doit avoir lieu fur les vaiſſeaux du convoi des Indes, comme on l'a fait quelquefois.

Il n'eſt pas néceſſaire de leur donner plus de folde ou de rations qu'ils n'en auroient en reſtant à terre; il fuffit que le Capitaine leur donne la table comme cela fe fait ordinairement, moyennant la gratification qu'il reçoit pour cet objet, & qu'il faudroit augmenter à proportion du plus grand nombre. Par cet arrangement, Sa Majeſté formera un plus grand nombre de gens de mer pour l'occaſion; ce foin eſt important, puiſque ce feroit peu de chofe d'avoir une grande armée navale ſi elle étoit mal commandée. Il eſt certain que vingt vaiſfeaux avec de bons Officiers & des équipages expérimentés, feront plus que quarante avec des gens peu adroits & peu capables L'habileté d'un Commandant ou d'un Amiral fait fouvent feule le fuccès d'une flote & d'un combat naval; il eſt donc abfolument néceſſaire d'en former: mais l'expérience des fubalternes n'eſt pas moins eſſentielle, puiſque le fuccès des ordres dépend de leur exécution. Ce n'eſt pas une dépenfe de cent bu de deux cens mille écus par an, qui doit fufpendre les exercices qui y conduifent, & d'où dépendent non feulement la confervation de nos richeſſes, mais encore la vie de tant de milliers d'hommes.

Je me perfuade que la navigation de nos vaiſſeaux gardes-côtes, auſſi voifine, auſſi fréquente qu'elle le fera, trouvera une quantité de jeuneſſe de bonne volonté qui viendra s'infcrire fans qu'on foit obligé d'employer la violence pour faire les équipages: elle fera une école continuelle où les hommes s'accoutumeront infenſiblement à entreprendre les grands voyages fans répugnance.

L'habileté des Hollandois & le goût de prefque tous

---

[a] Beaucoup d'Officiers en tems de paix fur les vaiſſeaux qui navigent, & peu de matelots en proportion, paroîtroit le moyen le plus certain d'avoir de grands hommes de mer.

pour la marine, vient de l'habitude où ils font d'y exercer la jeuneffe de bonne heure : j'en ai vû dès l'âge de
fept à huit ans manier la rame. Il eft vrai que la fituation
de leur pays y contribue infiniment ; il faut fouvent
paffer l'eau pour fe procurer tous fes befoins, je ne dis
pas d'une ville à l'autre , mais même de village à village.
Leurs embarcations font proportionnées à la grandeur
des canaux ou des bras de mer qui coupent leur pays ,
& l'habitude de la rame ou de la voile influe néceffairement fur l'adreffe & le goût dès la plus grande jeuneffe.

Je conviens que l'intérieur de nos Provinces n'a pas
le même avantage ; mais fi la Hollande a quarante
lieues de côtes , nous en avons plus de cinq cens le long
defquelles nous pouvons entretenir une navigation confidérable de port en port & par les pêches. L'une &
l'autre font médiocres aujourd'hui , parce qu'elles manquent de fûreté & de protection : les vaiffeaux gardes-
côtes les rétabliront. Après tout, quand cette précaution ne nous procureroit pas les avantages auffi grands
que ceux que la Hollande retire de fa fituation , feroit-
ce une raifon pour ne pas profiter du bonheur de la
nôtre ? Il fuffit pour nous que notre cabotage augmenté
forme un plus grand nombre de matelots; que les petits
bâtimens qui y font deftinés , fe chargent de moins
d'hommes lorfqu'ils feront à l'abri de l'efclavage & des
infultes des pirates , que par conféquent leur fret foit à
meilleur marché, & que nous rentrions en poffeffion
de ce genre de Commerce que font aujourd'hui pour
nous les François , les Anglois & les autres peuples qui
ont des Traités avec la Porte & la Barbarie ; enfin que
nos pêches augmentent fur nos côtes. Nous devons
croire que les matelots formés de bonne heure dans ces
exercices , s'encourageront infenfiblement jufqu'à entreprendre de grandes navigations.

De l'augmentation de nos pêches, il réfultera un
autre bénéfice bien confidérable pour l'Efpagne : nos

propres pêcheurs pourroient nous fournir suffisamment
de poissons salés, si l'on leur accordoit quelque douceur
sur le prix du sel ; & nous épargnerions l'introduction
que nous en font les Etrangers pour des Millions. Je
parlerai plus au long dans les Chapitres suivans de cette
branche importante de Commerce.

Le nombre de nos matelots une fois augmenté,
comme il est naturel de l'attendre des mesures proposées, il conviendroit que les Commissaires de chaque
Province maritime, tinssent un état de tous les matelots qu'elle renferme, avec une note exacte de leur filia-
tion, de leur âge, du tems qu'ils ont servi, dans quels
parages ; enfin avec toutes les circonstances usitées dans
les autres Etats, particuliérement en France. Par là on
est assuré du nombre réel, & de celui de chaque Province ; cette connoissance est essentielle pour pouvoir résoudre & se guider dans les armemens maritimes : autrement ce seroit se conduire en aveugles, & compromettre la gloire & la réputation de la Monarchie.

Il est bon d'observer de ne les obliger au service du
Roi qu'à tour de rôle, & de n'en faire marcher aucun
de ceux qui arrivent tant qu'il en reste qui n'ont pas fait
campagne. Un réglement bien juste encore, c'est que
ceux qui auroient servi le Roi pendant deux ou trois
ans jouissent de quelques priviléges, comme d'exemptions de logemens de gens de guerre, & des charges de
Communauté. Louis XIV eut soin d'établir ces graces,
qui ne font aucun tort aux revenus publics dont les
matelots sont créanciers, eux qui pour le service du
Roi & de la patrie s'exposent volontairement aux dangers & aux fatigues de la mer.

Il est important sur-tout que leurs salaires soient exactement payés : c'est de cette exactitude que dépendent en
partie la conservation & le succès des armes de terre &
de mer. Sans elle tout ce que l'on entreprend languit,
& se réduit à des dépenses perdues ; la discipline se re-
lâche, le bon ordre s'évanouit, les hommes désertent ;

la Monarchie avilie reſte ſans force pour attaquer ou
pour ſe défendre, expoſée aux outrages, aux pertes &
à la confuſion.

CHAPITRE LXXV.

*Réflexions d'après diverſes expériences ſur la qua-
lité des vaiſſeaux les plus propres au commerce
de l'Amériqne & aux convois.*

QUELQUES perſonnes penſent que les vaiſſeaux
pour notre commerce entre l'Eſpagne & l'Amérique, doivent être fort grands: elles appuyent leur avis
ſur ce que les autres peuples les ont tels. Il faut obſerver que les diſpoſitions pour un armement de commerce ſont très-différentes des diſpoſitions pour un armement de guerre deſtiné à la conquête, ou à attaquer
de grandes flotes.

Lorſque l'on examine ſimplement les moyens de protéger utilement notre commerce entre l'Eſpagne & l'A-
mérique, cette propoſition d'avoir de grands vaiſſeaux
doit être réduite à ce qui regarde les convois, & à l'u-
ſage pratiqué dans ces cas par les autres Puiſſances qui
ont des Colonies en Amérique. Car ſi cette idée tendoit
à inſinuer que nous devons en tout tems avoir des eſcortes capables de tenir tête aux flotes ennemies, il eſt
conſtant que tous les bénéfices de ce commerce ne ſuffiroient pas à la dépenſe. Ainſi dans cette comparaiſon,
comme en toute autre, il ne faut mettre en parallele
que des choſes de même nature; les diſpoſitions de
commerce enſemble, & les armemens de guerre entre eux.

Il ne s'agit ici que de la ſûreté du Commerce; ainſi il
convient d'examiner quelles diſpoſitions employent pour
y parvenir les autres Nations qui commercent en
Amérique. Il n'eſt pas douteux que ce commerce leur

est plus utile qû'à nous, & que si nous sçavions le faire avec autant d'habileté & d'activité , l'Espagne cesseroit bientôt de se plaindre de sa dépopulation & de sa misere.

Je sçai par des personnes qui ont navigé dans leurs flotes marchandes pour ces contrées, que ces navires sont ordinairement du port de deux à quatre cens tonneaux; quelques-uns sont de cinq cens , mais en petit nombre.

Les vaisseaux d'escorte sont communément de quarante à cinquante piéces de canon , rarement de soixante. Leur nombre varie suivant les circonstances ; il est quelquefois d'un , de deux, de trois ; souvent il n'y en a point du tout. Cependant ces Nations font de fréquens voyages à l'Amérique avec de riches flotes ou par des vaisseaux détachés.

Les Portugais ont employé dans leur navigation des Indes Orientales,qui est beaucoup plus longue & plus dangereuse que celle de nos flotes & de nos galions, des navires d'une grandeur considérable appellés caraques ; cependant ils les ont réformés après avoir reconnu leurs inconvéniens & les avantages des vaisseaux moyens.

Je trouve ce qui suit dans un Livre imprimé & approuvé à Amsterdam en 1719 , sur les régles de la construction des vaisseaux de guerre & marchands : » il est » certain en général que les vaisseaux d'un moyen port » se gouvernent mieux que ceux qui sont trop grands. » La pesanteur de ces derniers nuit à leur marche; ils » sont sujets à donner dans de bas fonds, & des bancs » d'où l'on a peine à les relever , sur-tout s'il fait grand » vent.

On pourroit m'objecter que nos flotes & nos galions exigent plus de précautions, parce que leurs richesses sont plus considérables : mais je réponds que si nous n'appellons nôtre que ce qui appartient au Roi & à ses sujets sur nos vaisseaux, comme cela est raisonnable, leurs flotes sont beaucoup plus riches que les nôtres.

Tout

Tout ce qu'apportent leurs vaiſſeaux leur appartient, & à peine en pourrions-nous dire autant du quart de la charge de nos vaiſſeaux. Encore cette petite partie de nos tréſors peu de jours ou peu de mois après ſon entrée en Eſpagne, s'envoye-t-elle en France, en Italie, en Angleterre ou en Hollande : de là il en paſſe une portion conſidérable chez les Turcs & les Maures nos ennemis. Je l'ai déja remarqué dans d'autres Chapitres ; j'ai prouvé que les Anglois & les Portugais retirent des richeſſes immenſes de leurs poſſeſſions de l'Amérique avec des eſcortes médiocres.

Puiſque les Nations qui ſçavent s'enrichir par le commerce & la navigation, employent des vaiſſeaux moyens, tant pour les convois que pour le tranſport, je ne vois pas de raiſon de nous écarter de cette pratique. Nos loix des Indes font foi de ſon utilité pour la ſûreté, la célérité de la navigation, & le mouillage des différens ports ; tandis qu'elles s'étendent ſur les inconvéniens des grandes embarcations.

En tems de paix nous n'avons à craindre que quelques pirates, contre leſquels deux vaiſſeaux ou quatre, ſi l'on veut, de cinquante à ſoixante canons, feront une eſcorte ſuffiſante : car l'on ne doit pas confondre les meſures que l'on prend pendant la paix avec celles qu'exige la guerre. Dans cette derniere circonſtance, on ſe régle ſur ſes divers accidens, ſur les forces actuelles des puiſſances ennemies. Il peut arriver que nous ayons des démêlés avec une grande Puiſſance qui n'ait point de marine ; l'Angleterre elle-même en manquoit il n'y a pas bien des ſiécles ; la France étoit dans le même cas dans les premieres années du Régne de Louis XIII.

Tout ce que l'on peut preſcrire à ce ſujet, c'eſt donc de proportionner les forces aux beſoins ; la paix a les ſiens ; la guerre en a d'autres qui dépendent des diſpoſitions des ennemis. On pourroit dans ce tems augmenter le nombre des vaiſſeaux gardes-côtes, renforcer le convoi au départ & au retour des flotes & des galions, ou

M m

pendant tout le voyage. Dans telle occasion un ou deux vaisseaux de renfort seroient suffisans; dans telle autre ce ne seroit pas assez d'une forte escadre, comme il arriva à celle de France en 1702 : obligée d'éviter la côte d'Andalousie, elle essuya à Vigo [a] la perte que l'on sçait & que nous pleurons encore.

C'est une chose fort différente d'obéir à la nécessité, ou d'aller au-devant des dangers, tels qu'ils sont; ou de discourir des mesures les plus sages à prendre, lorsque des accidens extraordinaires ne s'y opposent pas. Ce dernier point est le but de mon ouvrage, & mon principe est que nous devrions imiter autant qu'il dépendra de nous, les Nations les plus habiles : ainsi il n'est pas possible de donner des régles sûres sur des événemens à naître.

Je ne connois qu'une maxime générale également bonne à suivre dans tous les cas; j'en ai déja parlé, & je la répéte volontiers, c'est de proportionner nos forces de terre & de mer; de rendre le Commerce florissant; de libérer les revenus de l'Etat; de faire des [b] réserves; & sur-tout de soulager les peuples & de leur procurer l'aisance.

La réputation seule d'un gouvernement aussi sage, suffira pour assurer la navigation des escadres de Sa Majesté, pour faire respecter dans toute la terre ses étendarts & son auguste nom. Si ces précautions nous manquoient, si l'extérieur peu imposant de la Monarchie,

---

a Ville & port de Galice où la flotte Angloise après avoir manqué son expédition sur Cadix en 1702, battit notre Escadre commandée par M. de Château Renaud. Elle avoit escorté les galions qui furent en partie pris, brûlés, ou coulés bas. On prétend cependant que les effets les plus précieux avoient été sauvés. Au surplus lorsqu'un Etat a une marine assez puissante pour tenir la mer, il semble que les vaisseaux marchands n'ont pas besoin de convois; cela suppose des flottes & dès lors un trop grand dépôt. Les convois considérables demandent du tems & des apprêts qui laissent aux ennemis tout le tems de se préparer à l'attaque & de proportionner leurs forces à l'importance de l'objet.

b Les réserves effectives en argent supposent un argent mort & perdu pour la société : la plus sûre est le maintien du crédit public & la richesse des sujets.

fi fa foibleffe intérieure encourageoit nos ennemis à fai-
fir des prétextes frivoles pour nous outrager, ce n'eft
point la force de deux ou trois vaiffeaux qui efcortent
nos flotes & nos galions qui les mettroit en fureté : ils
trouveroient toujours le fecret de nous faire la loi dès
qu'ils en enverroient le double de la même force pour
combattre les nôtres. J'ai déja expliqué ce qui peut mettre notre navigation à l'abri des infultes des pirates.

Quelques perfonnes ont remarqué que nos vaiffeaux
tirent trop d'eau, & ne peuvent mouiller aifément dans
des ports qui ne font pas d'une grande profondeur. Les
Hollandois entre toutes les autres Nations, fe font particuliérement attachés à avoir des vaiffeaux plus plats,
& cependant cette conftruction n'a point nui à leurs vi-
ctoires, ni à leurs entreprifes. Dans tous les genres de
navigation entrepris par l'induftrieufe témérité des hommes, ils ont furpaffé toutes les autres Puiffances pendant
plufieurs fiécles : ainfi j'ignore quelle raifon particuliere
nous avons pour ne pas donner cette forme à nos vaiffeaux deftinés au commerce de l'Amérique; d'autant plus
qu'elle convient mieux à la profondeur de nos meilleurs
ports d'Efpagne & des Indes [a] Occidentales.

Je ne puis me difpenfer d'obferver une inconféquence
marquée depuis parmi nous : tant que les vaiffeaux font
fur les chantiers à l'abri de toute infulte, on a prefque
toujours foin d'infifter fur leur grandeur, à caufe de la
plus grande défenfe ; mais dès qu'ils navigent pour
l'Amérique, & qu'ils doivent fe préparer à combattre
les élémens & les ennemis, on oublie cette même défenfe qui a tant couté. On a fouvent vû ces vaiffeaux

a La fituation de la Hollande où tous les canaux ne font pas également profonds, & le commerce d'économie qu'elle fait par néceffité, y ont introduit l'ufage de cette conftruction. Elle eft favorable au commerce d'économie, parce que ces fortes de bâtimens portent beaucoup & ont befoin de peu d'équipage ; mais la navigation en eft fort longue & même dangereufe aux atterrages dans les forts tems, parce qu'ils ne fe gouvernent pas bien. Une des chofes que l'on pourroit du moins imiter d'eux, ce feroit la légéreté des manœuvres, des cables, la forme des poulies.

fortir fi chargés, qu'ils ne font pas plus propres au combat que des marchands ; expofés par conféquent à être
la proie de quelque pirate, ou à s'enfondrer à la premiere tourmente. Ce pernicieux abus a été introduit an-
ciennement par l'avarice des Commandans contre toute
difcipline, & malgré les loix expreffes qui le défendent ;
depuis il a été toléré & fouvent répété, fans que l'on en
p...... .... que notre malheur obftiné
dans ce qui regarde le Commerce.

CHAPITRE LXXVI.

Du concours de l'armée navale & des vaiffeaux
d'efcorte dans les mêmes ports où fe font les ar-
memens du Commerce ; augmentation de dépenfe ;
incommodités qui en réfultent.

LA concurrence de la flotte ou des vaiffeaux d'efcorte avec les vaiffeaux marchands dans un même
port, comme cela fe pratique à Cadix, ne laiffe pas de
fouffrir beaucoup d'inconvéniens.

Premiérement, pendant les armemens ils fe nuifent
beaucoup, fur-tout par raport aux galfats, charpen-
tiers, & autres ouvriers dont on a befoin pour les carênes & autres ouvrages. Ces armemens fe font précifément tout à la fois dans la même faifon, parce que les
uns & les autres doivent fortir au printems. Les falaires
des ouvriers, des maîtres, & le prix des matériaux,
augmentent néceffairement au détriment du Tréfor
Royal & des particuliers ; mais ce qui eft encore plus
préjudiciable, fouvent on manque d'hommes & de denrées dont on auroit befoin ; les armemens languiffent ;
on perd un vent favorable, & les expéditions font mutuellement retardées.

Le fecond inconvénient, eft que la levée des matelots

se fait dans le même tems pour les uns & pour les autres ; d'où il résulte une augmentation de gages, une re-
crue plus difficile ; qu'il faut quelquefois employer la
violence, & que les expéditions retardent encore par ce
moyen.

Le troisieme abus, est qu'un seul Ministre ne peut à
la fois veiller convenablement à l'armement d'une escadre, & à l'expédition ou à la décharge d'une flotte
marchande ; quels que soient son zêle, son activité, son
habileté, il lui est impossible d'y apporter également la
célérité & l'exactitude qu'exigent le service du Roi, &
celui du public. Je sçai que pour obvier à cet embarras,
on pourroit nommer deux personnes indépendantes chacune dans leur district, & avec une égale autorité dans
le port : mais de cette même indépendance, il naîtroit
des concurrences & des désordres préjudiciables au service, & d'un détail fatiguant pour Sa Majesté.

La quatrieme incommodité vient du haut prix des vivres : partout où il y a un grand commerce, il y a beaucoup de peuple, & dès-lors une grande consommation.
Si les pays voisins ne suffisent pas pour y fournir, il faut
tirer les denrées de plus loin ; le grand nombre de mains
par lesquelles elles passent, les transports, la concurrence les augmentent beaucoup. Cadix est encore plus sujette qu'aucune autre grande ville à cette cherté, parce
qu'elle est située sur la pointe d'un promontoire sablo-
neux & tout-à-fait stérile : l'eau même que l'on y boit
vient d'assez loin, au point que le Roi donne quatre
maravedis par jour outre la paye, aux soldats de la garnison, à raison de ce besoin.

La cherté des vivres est donc inévitable dans cette
ville ; par conséquent celle des logemens, de la main
d'œuvre & généralement de tous les besoins. Le Trésor
Royal en paye plus cher les radoubs, les carênes ; enfin
tous les frais des armemens : d'un autre côté les Officiers, ainsi que les soldats & les matelots, en souffrent
considérablement. Il est sûr que dans les autres places

d'Efpagne, un Officier vivra plus décemment & plus commodément avec cinq cens écus, qu'à Cadix avec mille, & fa troupe à proportion : ainfi il faut ou que le Tréfor Royal augmente leur paye, ou que l'on les laiffe manquer du néceffaire.

Le grand Roi Louis XIV poffédoit plufieurs bons ports fur l'Océan, très-riches & très-peuplés pour la plupart ; cependant il préféra pour le défarmement & l'armement de fes vaiffeaux le port de Breft ville affez peu habitée, où le Commerce étoit fort borné. Il fentoit avec raifon que les opérations y feroient plus promptes, moins embarraffantes, moins coûteufes dans tous les points que comprend le détail d'une grande flotte.

Quoique l'on équipât auffi quelques vaiffeaux dans le port de Rochefort, c'étoit moins pour en faire un arfenal que pour profiter de la commodité des matériaux qui s'y trouvent ; d'ailleurs cette place a un commerce fort au-deffous des autres villes de la même côte.

Dans la Méditerranée on remarque les deux fameux ports de Toulon & de Marfeille à huit ou neuf lieues de diftance l'un de l'autre, & avec un avantage égal pour le commerce intérieur & extérieur : cependant le Prince deftina à Marfeille le commerce du Levant, & réferva Toulon pour en faire un département de fa marine. Il fépara ces objets par les mêmes raifons qui l'y avoient porté fur les côtes de l'Océan : & ce ne fut point par des motifs de convenance, puifqu'il dépenfa beaucoup de millions pour améliorer les ports de Breft & de Toulon, au point qu'on affure qu'il les a prefque changés de nature.

Si les villes où font ces arcenaux ont un peu augmenté leur population, ce n'eft par aucune influence du Commerce, mais par l'établiffement du grand nombre d'Officiers & d'Ouvriers qui y font employés ; parce que les fommes confidérables que l'on y dépenfe y attirent néceffairement du monde. Je me fouviens d'avoir

entendu dire à l'Intendant de Toulon, M. de Vauvré,
que pendant la guerre qui fut terminée par la paix
de Rifvick, les fonds deſtinés à ſon département avoient
été réguliérement de dix-huit millions ; ce qui, ſuivant la valeur de ce tems-là, répondoit à neuf millions
d'écus de veillon, ou à peu près.

Quoique l'arcenal des galeres de France fût reſté à Marſeille, le Commerce n'en reſſentoit aucune incommodité : leur armement eſt bien moins conſidérable, & la plus
grande partie des équipages eſt compoſée de forçats. Ces
gens-là ſont entretenus avec une grande économie ; ils
travaillent même lorſqu'ils reſtent dans le port à la fabrique des cordages & à d'autres manufactures.

Ce glorieux Monarque ne ſe contenta pas de faire ces
ſages diſpoſitions ; il les maintint, & éloigna toujours
des ports qu'il avoit choiſis pour ſes arcenaux, le Commerce qu'il favoriſoit dans tous les autres.

CHAPITRE LXXVII.

*De l'uſage avantageux que Sa Majeſté peut faire
des navires vieux & de peu de ſervice.*

AVANT de terminer ce que j'ai à dire ſur la Marine, je dois faire obſerver l'uſage avantageux
que le Roi peut faire des vaiſſeaux, que leur vieilleſſe
ou d'autres défauts mettent hors de ſervice. En pareil
cas il ſeroit convenable d'en fréter dans chaque flotte
un ou deux aux particuliers : les dépenſes de l'armement payées ſur le fret, l'excédent ſerviroit en partie
à en conſtruire de nouveaux.

Il faut encore faire attention que ces vaiſſeaux ſe dé-
ſagréant à l'Amérique, comme c'eſt l'uſage lorſqu'ils ſont
condamnés, la voilure, les cordages, l'artillerie, les

armes, enfin toutes les munitions pourront fervir à armer un vaiffeau neuf du même port qui y aura été conftruit. Il faut néceffairement que toutes ces chofes y foient portées d'Efpagne à grands frais : avec l'attention de les y faire paffer dans la forme que je propofe, on épargnera le fret ; foit qu'on le payât aux particuliers, foit que cette charge empêchât les vaiffeaux du Roi d'en donner ; par la même raifon on tirera parti de tous les liens, les cloux & autres ferremens de ces vieux navires ; c'eft précifément ce qui coute le plus dans ces cantons. On ne fçauroit croire combien de chofes l'on retire d'un vaiffeau dépecé avec intelligence ; c'eft une expérience bien reconnue fur les vaiffeaux de Sa Majefté, lorfque cela s'eft fait avec économie, & même par des particuliers, lorfque l'on le leur permet. Ainfi les vaiffeaux que l'on conftruit à l'Amérique, trouveront de grandes reffources dans ceux qui feront condamnés.

Le Roi trouvera encore un autre avantage dans cette économie : les équipages des vaiffeaux condamnés ferviront à amener les nouveaux fans qu'il en coûte plus d'un demi-voyage. Si cependant il n'y en a point de prêts, ils ferviront toujours à remplacer ce qui manquera dans les vaiffeaux de guerre.

Plufieurs perfonnes croyent que ces diverfes économies bien conduites peuvent fuppléer à la dépenfe du remplacement des navires condamnés. Heureufe fituation, pays fortuné ! puifque la matiere même qui s'anéantit ailleurs par le tems & la vieilleffe, femble fe reproduire de fes propres débris dans les domaines de Sa Majefté. Que ne fçavons-nous également jouir des dons éclatans que la Providence nous a départis fi abondamment ; & réunir nos efforts, ainfi que notre induftrie, pour les appliquer uniquement au fervice du Roi & de la Patrie !

CHAPITRE

CHAPITRE LXXVIII.

L'on tâche de détruire le préjugé commun sur nos tarifs d'entrée & de sortie : explication d'une condition du service des millions ; excès du droit de la Soie en Grenade ; préjudice que ces choses portent à notre Commerce & à nos Manufactures.

JE me suis beaucoup plus étendu que je ne l'avois compté dans les treize derniers Chapitres au sujet du Commerce dans son raport avec la Marine : cependant à considérer l'importance & l'étendue de la matiere, ils pourront paroitre fort courts. Je me contenterai d'avoir proposé les principales réflexions que j'ai cru propres à assurer nos progrès ; & je vais reprendre les objets qui sont purement de Commerce. Ces deux parties sont tellement liées entr'elles, qu'il n'est pas possible de les séparer, & qu'elles ne peuvent subsister sans leur secours mutuel.

Divers sentimens régnent parmi nous sur la maniere de régler nos tarifs d'entrée & de sortie : l'opinion la plus répandue même chez les Ministres, est que l'on doit charger de droits tout ce qui sort du royaume, parce que ce sont les Etrangers qui les payent; & au contraire modérer les droits d'entrée en faveur des Sujets qui consomment.

J'avoue que je ne puis sans douleur entendre appuyer un pareil avis : je suis assuré du zêle & de la bonne intention de ceux qui le suivent; mais je sens que sans examen ils en croyent une fausse apparence de vérité dont cette erreur se couvre. Si ce principe étoit reçu même pour peu d'années sans aucune distinction des denrées en œuvre & des denrées en nature, il suffiroit pour achever notre destruction; bientôt les remédes les plus efficaces deviendroient impuissans ou du moins seroient des tems infinis à faire leur effet.

Il est de toute évidence qu'imposer des droits considérables à la sortie de nos Manufactures, c'est en défendre l'exportation ; si elles ne s'exportent pas, le produit des Douanes sera nul ; le rétablissement de nos Manufactures , & par une conséquence absolue celui de la Monarchie, sera impossible. Cette pernicieuse maxime est bannie de tout Etat bien policé ; la France , l'Angleterre & la Hollande perçoivent des droits très-modérés sur la sortie de leurs denrées en œuvre , ils ne vont souvent pas à un pour cent de la valeur.

Si nous chargions de gros droits l'extraction ou superflu de nos vins & de nos productions , il n'est pas douteux que les Etrangers du Nord qui ont coutume de les enlever , y renonceroient : leurs achats deviendroient plus considérables en France , en Portugal , en Italie ; enfin partout où les droits de sortie seroient les plus foibles. Les vignobles & la culture de ces pays augmenteroient, tandis que la Catalogne, la Galice, l'Andaloufie , Murcie & Valence perdroient leurs revenus & leurs colons. Cette perte retomberoit sur le Trésor Royal puifqu'il ne sortiroit plus de denrées de ces provinces ; & le Royaume dénué de ces valeurs s'épuiseroit encore plus dans l'achat de ses besoins.

Si les droits excessifs de sortie ne nuisoient pas à l'exportation des denrées , celle du sel suffiroit pour augmenter les revenus de l'Etat autant que l'exigeroient ses besoins. Cette production est comme une source inépuisable ; on s'en procure l'abondance avec un travail facile & peu dispendieux ; la consommation en est nécessaire; ainsi une imposition de deux ou trois doublons par muid rapporteroit des millions. Ce qui résulteroit cependant d'un pareil établissement, c'est que l'on n'exporteroit pas d'Espagne un seul minot de sel : les peuples qui en manquent l'achetteroient en France, en Portugal, en Sicile. Concluons donc que fur cette production & fur toute autre il eft néceffaire de régler judicieufement les droits de fortie en raifon du befoin des Etrangers, & de la convenance qu'ils peuvent avoir à les achetter ailleurs que chez nous.

Si l'opinion que je combats fur les droits de fortie a des conféquences auffi fatales, celle que l'on a pour la diminution des droits d'entrée n'eft pas moins ruineufe. Le Royaume acheveroit de fe remplir de marchandifes étrangeres qui nous enleveroient le peu d'efpéces qui nous refte & jufqu'au billon. On verroit néceffairement tomber le peu de métiers qui fubfiftent encore à Segovie, Toléde, Seville, Grenade, Valence ; l'oubli même de ces arts fuccéderoit à leur abandon, ce feroit le comble de l'infortune de perdre jufques à l'efpoir de leur rétabliffement.

Quoique le danger de ces opinions foit évident pour tout homme qui fe fert de fa raifon, j'infifte encore afin que cette erreur ne féduife perfonne. Les maximes contraires font celles de tous les Etats qui ont bien réuffi dans le Commerce : l'entrée des productions étrangeres eft chargée de droits confidérables, la fortie des productions du pays pour l'Etranger eft franche, ou du moins peu couteufe. Ces Etats favent par expérience que plus l'exportation furpaffera l'importation, plus il entrera d'argent par la balance : & que la mifere, la dépopulation, la ruine font une fuite abfolue des maximes contraires. Cette matiere eft fi importante, que je m'y étendrai davantage dans d'autres endroits.

Dans l'article 37ᵉ du contrat de fubfide des millions du 23 Août 1619 : dans le 34ᵉ du même fubfide le 28 Juillet 1650 & dans d'autres, les Etats demanderent & ftipulerent avec les Rois » qu'aucune foie grege ni torfe » ne pût être apportée de l'Etranger dans le Royaume ; » & que fi Sa Majefté vouloit en permettre l'entrée,

» que ce fût seulement en étoffes ou en tissus de bonne
» soie pure, sans mêlange de fils de coton, d'écorce ou
» de filozelle.

Rien n'est plus opposé aux principes naturels & raisonnables d'un Commerce utile ; je l'ai déja dit & je
le répéterai dans d'autres Chapitres ; quoique je n'aie
rien à ajouter en particulier aux remarques du Docteur
Don Sanche de Moncade sur les fâcheuses conséquen-
ces de cette clause. Voici ce qu'il en dit au Chap. IXe
de la premiere partie de son rétablissement politique de
l'Espagne. » On cite la clause 37e du subside des mil-
» lions en 1619, où l'on supplie Votre Majesté de ne
» pas permettre que la soie en matasse ni en échevaux
» entre dans le Royaume, pour ne pas faire tort à celle
» qui se recueille dans le Royaume : on demande qu'elle
» ne puisse entrer qu'ouvragée. Quel aveuglement,
» grand Dieu ! par quelle voie la Providence a-t'elle des-
» sein de châtier l'Espagne ! Je supplie Votre Majesté de
» n'y pas consentir. Premierement tous les malheurs que
» l'on représente avec vérité à Votre Majesté ne vien-
» nent pas de l'entrée des soies, mais de celle des étof-
» fes de soie ; on porte celles des Etrangers & l'on n'en
» fabrique plus en Espagne : par conséquent notre soie
» torse n'est pas employée comme elle l'étoit lorsque nos
» manufactures étoient florissantes. Secondement si l'on
» veut rétablir le Commerce, comme je le propose, tous
» nos matériaux & ceux du dehors seront employés.
» Cette femme dont Salomon nous vante la sagesse
» achettoit la laine & vendoit le drap ; nous en trouvons
» la matiere dans notre propre pays. Troisiemement,
» les étoffes sont bien plus sujettes à être fabriquées
» avec de mauvaises matieres, qu'il n'est aisé de falsifier
» les matieres : la force d'un seul fil de soie s'éprouve ai-
» sément ; employée en velours on n'en peut plus juger.

Pour démontrer encore plus notre négligence dans la
partie du Commerce même dans l'intérieur, & les ob-

ſtacles que l'on a oppoſés au maintien de nos Manufactures, je donnerai ici une note ſûre des droits que
payent les ſoies de Grenade.

» Suivant les pancartes & les livres de compte de la
» Douane Royale, ſur la vente des ſoies de la ville de
» Grenade & de ſa Province, que nous ſommes chargés
» d'adminiſtrer, nous trouvons que le droit fixe ſur
» chaque livre de ſoie, compriſe dans l'abonnement &
» la ferme de cette Province, eſt de quatorze réaux &
» vingt-ſix maravedis de veillon. De cette ſomme, il y
» a trois cens-deux maravedis pour le droit d'*Alcavala*;
» cent-quatre maravedis pour le droit de *Cientos*; huit
» maravedis pour celui de *Tartil*; ſoixante - huit ma-
» ravedis pour le droit de ville; quatre maravedis &
» demi pour le droit des *tours de la mer*; quinze mara-
» vedis & demi pour le droit de Jeliz; en tout cinq cens
» deux maravedis. A quoi il faut ajouter le droit de
» dixiéme qui [a] monte ou qui baiſſe, ſuivant le prix
» des ſoies. Il eſt actuéllement de deux réaux vingt-
» quatre maravedis, eſtimant la ſoie à quarante - deux
» réaux la livre; parce que l'on commence par déduire
» ſur ce prix quinze réaux qui ſont dûs pour les droits
» fixes, à huit maravedis près, dont c'eſt l'uſage de ne
» pas tenir compte. Ainſi l'on ne prend le droit de
» dixiéme que ſur le produit net de vingt-ſept réaux,
» ce qui fait pour le Roi deux réaux vingt-quatre ma-
» ravedis de veillon. De façon que le total des droits
» ſur les ſoies, compris dans l'abonnement ou dans la
» ferme de cette Province, eſt de dix-ſept réaux ſeize
» maravedis de veillon. C'eſt ce que nous certifions par
» le préſent écrit, en vertu d'un ordre de Monſieur l'In-
» tendant Général de cette Province. « A Grenade, le
vingt-quatre Décembre 1720. D. Auguſtin de Oragnez
y Echeverria. D. Euſebio Raygadas.

a Dans le Royaume de Grenade le Roi perçoit la dixme ſur la récolte des ſoies.

Il est évident que la livre de soie ne vaut que vingt-sept réaux, sans les droits dont elle est chargée ; & que ces droits montant à dix-sept réaux seize maravedis, l'imposition est de plus de soixante pour cent, même avant qu'elles ayent été mises en œuvre. L'on n'a pas besoin de s'étendre sur les suites funestes d'un pareil abus ; le fait parle de lui-même. Cependant nous nous plaignons de la chute de notre Commerce, de nos Manufactures ; la plupart même de ceux qui en gémissent ne s'apperçoivent pas que c'est l'ouvrage de notre imprudence, & que les Etrangers, pour réussir, ont pris une voie toute contraire à nos principes : ils veulent persuader que l'Espagne manque d'industrie, d'aptitude aux Manufactures ; ils démentent l'expérience même, puisqu'il est constant qu'autrefois nous avions à Grenade & à Séville d'excellentes Fabriques de laine & de soie. Ces deux Villes seules occupoient plus de vingt-quatre mille métiers, & il n'en reste pas mille aujourd'hui dans les deux. En effet comment seroit-il possible qu'ils se soutinssent contre les droits excessifs que payent les matieres avant que d'être employées, contre ceux qu'elles payent après leur emploi, & ce qu'elles payeroient encore si leur cherté n'en interdisoit absolument l'extraction ? Les ouvriers ont manqué dès que la consommation des ouvrages a été impossible ; & il est évident que les mille métiers qui restent ne peuvent malgré l'excès des droits, fournir aux revenus publics les mêmes ressources que leur assureroient les vingt-quatre mille avec des droits modérés.

CHAPITRE LXXIX.

*Des abus qui se commettent dans nos Douanes,
particulierement dans celle de Cadix contre le
bien de notre Commerce & en faveur de celui
des Etrangers.*

LEs deux difpofitions dont j'ai parlé dans le Chapitre précédent, ne font pas les feuls préjudices
que nos Manufactures effuyent dans nos Douanes. Des
abus introduits, ou des erreurs de la part du Gouvernement ont accrédité divers ufages pernicieux, dont je
veux relever les principaux, pour que l'on puiffe mieux
comprendre l'utilité des expédiens que je propoferai par
la fuite.

Je fuis intimement perfuadé que la deftruction de
notre Commerce utile & de nos Manufactures, dérive
non feulement du mauvais ordre de nos tarifs, pour les
droits d'entrée & de fortie, mais encore des graces que
l'on fait à Cadix & dans d'autres endroits aux marchandifes étrangeres, tant dans la fixation des droits, que
dans l'évaluation. Ces abus s'augmenterent malheureu-
fement dans le tems que Don Francifco Eminente étoit
Fermier des Douanes ; ils fubfiftent encore aujourd'hui
au grand préjudice du Tréfor Royal, des Manufactures
& du Commerce ; fur-tout à Cadix.

Je fuis très-affuré par des recherches folides, que
beaucoup de marchandifes étrangeres ne payent pas plus
de quatre à cinq pour cent de la valeur ; d'autres n'en
payent même point trois ; & cela par les diminutions
qui leur font accordées, tant fur le prix des tarifs que
fur l'eftimation de la valeur. On fçait cependant qu'à

la rigueur toutes ces marchandises doivent payer quinze pour [a] cent.

Les Etrangers jouissent de ces faveurs sur les denrées qu'ils introduisent dans nos ports, pour la consommation de l'Espagne & pour celle des Indes ; tandis que notre ignorance ou notre aveuglement semblent s'attacher à troubler & à détruire l'exportation de nos propres marchandises, sur-tout sur les flotes, les galions & les navires de registre.

Il est constant que les soieries & toutes les sortes de marchandises qui se transportent de Toléde, Cordoue, Grenade & autres villes d'Espagne, payent à leur passage à Xeres, en divers autres lieux de l'Andaloufie, & à leur entrée à Cadix de si forts droits, qu'ils montent à dix ou douze pour cent.

Cependant le Roi a donné des ordres clairs & réitérés, pour que toutes les productions & les fabriques d'Espagne pussent se transporter librement, & sans droits d'une Province à l'autre.

Qui pourra croire en voyant les Etrangers ne payer dans nos Douanes que trois ou quatre pour cent, & les Espagnols jusqu'à dix ou douze pour cent, que nos tarifs ayent été réglés par nous-mêmes ? Ne se persuadera - t - on pas plutôt qu'en Esclaves obéissans, nous avons subi la loi que des maîtres impérieux nous ont dictée ?

---

[a] Divers Traités ont réglé ces droits, & sans les remises d'usage ils monteroient suivant l'ancien pied à plus de quarante pour cent : on trouve à ce sujet des détails curieux dans un ouvrage Anglois, intitulé *The British Merchant*, que j'ai déja annoncé. Il paroit surprenant que Don Geronymo les ait ignorés ou dissimulés. En 1667 le Roi accorda une remise de vingt-cinq pour cent sur les droits pour engager les Négocians à faire des déclarations fidelles ; il survint des variations dans les monnoies d'Espagne, & les Douaniers outre la remise du Roi en accordérent de proportionnées aux changemens qui se faisoient sur la valeur de la piastre. En 1667 elle étoit de vingt-cinq réaux de veillon ; elle vint à douze, à vingt, enfin elle fut fixée à quinze en 1686. Le même nombre de piastres fut payé dans tous les tems conformément à ces conventions passées entre les Fermiers & les Consuls des nations étrangeres.

Quoique

Quoique les droits fur les fucres & les cacaos étrangers foient plus confidérables que fur ces mêmes denrées provenant du crû de nos Colonies, on m'a également affuré que dans la pratique, cet ufage eft bouleverfé. Les Officiers des Douanes n'évaluent fix arrobes de ces denrées étrangeres que pour trois, par des vûes & des intérêts particuliers; tandis que ce qui arrive à droiture de nos Colonies par les vaiffeaux Efpagnols, eft enregiftré rigoureufement, & paye les droits dans toute leur étendue : auffi ne pouvons-nous établir le plus fouvent ces denrées à auffi bon marché que les autres peuples. Outre les bénéfices que leur procurent les Douaniers, ils ont l'avantage fur nous par le bas prix du fret, & la modicité de leurs droits de tonnage. Je l'ai déja expliqué fur-tout en parlant des Hollandois : on fçait que les vaiffeaux qu'ils expédient pour l'Ifle |de Curacao, & pour leur Colonie de Surinam en terre ferme, ne payent que cinq réaux de plate par tonneau en allant, autant en revenant; outre que les tarifs fur les marchandifes de la cargaifon font très-modérés. Les vaiffeaux de nos flotes & de nos galions payent jufqu'à trente & quarante piaftres par tonneau, ceux de regiftre tant foit peu moins. C'eft fur quoi je m'étendrai davantage par la fuite : mais je ne puis me difpenfer de remarquer que toutes ces différentes exactions, accroiffent tellement le prix de nos denrées, que l'induftrie effrayée de notre rigueur, vole entre les bras des autres peuples qui l'y invitent par un meilleur traitement.

Pour revenir au defordre de nos Douanes, ils font tels qu'un Livre François, intitulé le parfait Négociant, raporte qu'une piece de velours de quarante vares Caftillanes paye d'entrée à Cadix deux piaftres & demie : la valeur de la piéce eft de près de cent quarante piaftres, ainfi ce droit ne va pas à deux & demi pour cent. Il paroit, fuivant la premiere édition de ce Livre, que cet abus fe pratiquoit avant l'an 1675 ; & ce n'eft point une nouveauté pour

moi , puifque l'on fçait que bien avant ce tems Eminente avoit été le Fermier de ces Doüanes. Cet homme
par des motifs particuliers , & peutêtre à l'inftigation
de nos rivaux obftinés à détruire notre Commerce , diminua confidérablement les droits fur toutes les productions étrangeres qui entroient à Cadix : il les atti-
roit par cette méthode & augmentoit fes profits , fans
égard aux funeftes conféquences que cette conduite
avoit pour l'Etat. Il en réfultoit néceffairement que
notre argent fortoit en plus grande quantité , & que les
marchandifes étrangeres fe trouvant à meilleur compte que les nôtres , nos Manufactures n'avoient de débouché ni en Efpagne ni dans les Colonies. Leur deftruction étoit donc inévitable ; & Seville en a reffenti
les premiers effets, parce qu'elle étoit la plus peuplée de
Manufacturiers.

Cet abus a jetté de fi profondes racines , qu'il fubfifte
encore à Cadix prefque fur le même pied : il porte un
préjudice notable à toute l'Efpagne , & c'eft à lui que l'on
doit attribuer la chute des manufactures de Seville , où
il refte à peine trois cens métiers de feize mille que l'on
y a vûs. Grenade , Segovie , Tolede , Cordoue & d'autres Villes , font en droit de lui reprocher les mêmes
difgraces.

On a fouvent repréfenté à Sa Majefté ces défordres
de la Douane de Cadix , & le peu que produit au Tréfor Royal la quantité immenfe d'importations qui s'y
font. En effet des Négocians habiles évaluent à quinze
millions de piaftres la valeur des marchandifes étrangeres que l'on y apporte ; fi les droits étoient feulement
perçus à dix pour cent au lieu de quinze qui fe prennent dans prefque toutes les Douanes fuivant les tarifs ,
le Tréfor Royal en retireroit quinze cens mille piaftres :
or l'on fçait que le produit de cette Douane ne va pas
même au tiers de cette fomme ; ainfi les revenus publics
y perdent un million de piaftres par an fans compter la

ruine de nos Manufactures, & les autres défordres dont j'ai parlé en plufieurs endroits. On penfa en 1711 à y remédier ; mais foit que les tems ne fuffent pas favorables pour une réforme, foit par la lenteur néceffaire dans l'examen d'une pareille queftion, ou par d'autres obftacles, ce projet refta fans exécution. On repréfenta » que l'excès des droits avoit occafionné des fraudes ; » que l'ancienneté du mal le rendoit incurable, & que » pour le pallier on avoit pris le parti, fans rien chan- » ger au nom & à la forme du droit, de tolérer que l'on » fît quelques rabais fuffifans pour diminuer la fraude ; » que l'on avoit réduit les tarifs d'entrée de trois à fix » pour cent, & qu'au moyen de quelque douceur fur » l'évaluation des marchandifes le droit feroit perçu de- » puis deux jufqu'à cinq pour cent de la valeur réelle. Cependant comme ces Douanes ont été long-tems af- fermées à la famille d'Eminente, il eft à croire que ces innovations étoient plutôt l'effet de la cupidité des Fer- miers qu'un réglement de la Cour.

Il me femble en même tems que la fraude ne pou- voit être ni fi confidérable ni fi fréquente, que l'on ne pût l'arréter, fans donner dans un excès pareil à celui de réduire des droits de quinze pour cent à deux & quatre feulement. Cette conduite eft infiniment plus pernicieu- fe que ne le pouvoit être l'introduction frauduleufe de la moitié des marchandifes qui entrent à Cadix. Si mê - me dans ces tems il n'a pas été poffible d'empêcher ces contraventions, ou d'exécuter les loix pénales foit à caufe du grand nombre des fraudeurs, foit par la protection qu'ils trouvoient alors ; il eft conftant qu'au- jourd'hui leur nombre eft fort diminué, que leur au- dace & celle de leurs protecteurs a été réprimée par les exemples qui ont été faits de quelques-uns. La fa- geffe & la juftice du Roi ont mieux établi partout l'autorité des loix qu'elle ne l'étoit auparavant, & je penfe que nous pouvons arrêter les défordres & les contraventions fans tomber dans l'extrémité fâcheufe d'une remife de droits auffi exceffive.

Ces raifonnemens me paroiffent fans réplique, & je les confirmerai par une preuve que me fournit l'expérience. Pendant l'interruption du Commerce occafionnée par les dernieres guerres, Sa Majefté accorda des paffeports aux navires de Hambourg & des autres Villes maritimes de l'Allemagne, à condition que les marchandifes qu'ils apporteroient payeroient fept pour cent pour la permiffion outre les droits ordinaires. Il en vint plufieurs qui fe foumirent à ces conditions, & le droit de permiffion feul monta à de grandes fommes. Il eft clair que fi l'on a pû obvier à la fraude dans un tems où les marchandifes payoient fept pour cent au-delà des droits d'entrée ordinaires, il a été également poffible & même plus facile d'empêcher les contraventions lorfque les tarifs n'exigeoient que dix & douze pour cent. J'en conclus que nous devons regarder comme volontaires les baiffes exceffives qui fe font introduites fur les droits d'entrée dans les Douanes ; qu'elles n'ont d'autre origine que l'intérêt perfonnel des Fermiers & les pratiques artificieufes des [a] Etrangers.

a Ce raifonnement n'eft pas tout-à-fait concluant : fi une feule Nation faifoit le Commerce de Cadix, elle auroit beaucoup moins d'intérêt à frauder les droits des Douanes, & dès-lors fes déclarations feroient plus exactes. Dans la circonftance que l'on cite, il étoit d'ailleurs bien plus aifé d'y veiller.

CHAPITRE LXXX.

Combien il convient que les rentes générales ou les Douanes soient en régie, & de ne les point donner à ferme.

PUISQU'IL est certain que les principaux abus introduits dans les Douanes, au préjudice de notre Commerce & de nos Manufactures, ne doivent être attribués qu'à l'ambition & aux motifs particuliers des Fermiers ; je pense qu'il est très - essentiel de ne jamais les leur confier, quand même ils en offriroient davantage que l'on n'en retire par la régie. Il seroit toujours à craindre que les vûes qui engagerent Eminente à baisser le prix des tarifs, ne les y excitassent encore.

Il est bien moins important, comme je l'ai remarqué dans le Chapitre second, que les Douanes raportent cent ou deux cens mille doublons de plus par an, qu'il ne l'est d'établir des tarifs favorables au Commerce utile de l'Espagne. L'ordre de cette partie consiste à faciliter l'exportation de nos denrées, & à gêner l'introduction des denrées étrangeres pour les motifs, & dans la forme dont je parlerai encore, quoique je l'aye déja fait.

Une autre raison bien plus considérable par ses conséquences, doit nous empêcher d'affermer les Douanes. De quel danger ne serions-nous pas menacés si jamais un Etranger avec commission secrette de quelqu'une des puissantes Compagnies de France, d'Angleterre, ou de Hollande, se rendoit adjudicataire de nos Douanes, sous le nom de quelque famille d'Espagne ? J'ai oui dire que l'on avoit tenté cette entreprise il y a deux ans. Ces Compagnies sont en état de perdre, & sçavent le faire à propos : pour obtenir la préférence sur des Régisseurs de confiance, elles pourroient offrir fous leur nom emprunté, quatre à cinq cens mille piaftres par an, de plus que les Douanes ne raportent. Elles perdroient encore une pareille fomme fur la diminution des droits; mais d'un autre côté elles fçauroient bien fe dédommager de ce facrifice. Ces riches Compagnies difpofant une fois des tarifs à leur gré, modéreroient les droits fur leurs marchandifes, ou même les fupprimeroient; & par ce bénéfice, elles fe procureroient bientôt la vente exclufive de leurs denrées, tant en Efpagne que dans nos Colonies: maitreffes par ce moyen de notre argent & de notre Commerce, elles acheveroient de ruiner nos Manufactures.

Les Nations exclufes auroient le même intérêt que nous à s'élever contre cet abus: mais il eft à craindre qu'il ne fût conduit avec tant d'art & de prudence, que l'on ne s'en apperçût trop tard: même après l'avoir découvert, il faudroit du tems pour le réparer; foit par les contentions litigieufes qu'entraîneroit un pareil dépouillement, foit parce que l'on auroit eu le tems de remplir l'Efpagne & fes Colonies des marchandifes introduites furtivement: avant qu'elles fe fuffent vendues, nos Manufactures auroient abfolument ceffé tout travail; & l'on ne les rétabliroit qu'à force de tems, de dépenfes & de peines.

Affermer les Douanes à deux ou trois perfonnes différentes, c'eft s'expofer aux mêmes inconvéniens & à d'autres encore. On a vû dans le Chapitre LIX. les motifs des Ordonnances du Roi, des 21 May & 8 Décembre 1714, lorfqu'il ordonne que toutes les Douanes feront affermées enfemble, ou fous une même régie: les différens Douaniers, pour groffir leur produit, baiffoient à l'envi le prix des tarifs.

La mauvaife foi des Fermiers eft encore un nouvel inconvénient. La plupart s'arrangent avec de riches Négocians, lorfque leur bail eft près d'expirer: ils leur font des remifes confidérables pour augmenter leur produit , & remplir les magazins de la Douane, fouvent pour des années entieres. Les nouveaux Enchériffeurs qui fe préfentent , ne peuvent foutenir la concurrence au même prix ; & les anciens continuent leur bail fans jamais l'augmenter. Le Tréfor Royal y perd confidérablement, fans compter le tort que nos Fabriques ont reçu de l'introduction peu couteufe de tant de marchandifes étrangeres.

Une partie de ces inconvéniens éprouvés dans la ferme des Douanes , s'eft également fait fentir dans celle de plufieurs branches inférieures de nos finances.

Lorfque j'ai avancé , qu'il convenoit de mettre les Douanes en régie , deuffent - elles produire moins , ce n'a été que pour démontrer l'importance de ce principe. Je n'ai jamais craint que leur valeur diminuât réellement, lorfqu'elles feroient confiées à des Officiers d'un zêle reconnu & d'une capacité fuffifante. Dix années d'expérience nous prouvent qu'elles rendent infiniment plus dans cette forme d'adminiftration. Cette régle générale appuyée par bien des gens, que l'on doit affermer tous les revenus, ne convient pas également à toutes les efpéces. Nous voyons que la régie a mieux réuffi à l'égard des Douanes du fel , & du tabac. Leur produit eft fi fort augmenté, fur-tout celui du tabac, que ces trois branches font les plus confidérables de nos finances. C'eft un fait connu de tout le monde que le tabac étoit en ferme il y a quelques années , à un cinquiéme de moins qu'il ne raporte aujourd'hui ; cependant les Fermiers fe plaignoient continuellement de leurs pertes, & Sa Majefté en a fupporté une partie. Ces faits démontrent fans réplique , que ce genre de revenus a befoin de l'autorité du Miniftere , & de l'attention particuliere d'Officiers choifis pour les régir : leurs repréfentations font mieux écoutées, leurs précautions plus promtes & plus actives contre les contraventions. J'ai cru devoir placer ici ces réflexions qui peuvent conduire à rappeller l'ordre, & à rétablir nos Manufactures.

Pour bien concevoir l'avantage de la régie dans les rentes générales des Douanes du tabac & du sel, il suffit de comparer les produits de l'année 1714, avec ceux de l'an 1722. Je les ai raportés aux Chapitres XIX. & LIX. Quoique dans le produit de 1714, on ne comprenne pas quelques branches nouvellement établies dans la Catalogne & d'autres districts de la Couronne d'Arragon ; il est aisé de concevoir que l'augmentation considérable du produit ne vient pas de ces petits objets.

Quoique j'aye dit en général que la rente du tabac est en régie, je dois ajoûter que dans quelques Provinces elle est en ferme ; mais c'est sous l'inspection immédiate du Surintendant, & de la Chambre érigée pour cette partie. Elle est composée de Membres de tous les divers tribunaux ; son pouvoir & son activité sont tels, que ces fermes particulieres jouissent de tous les avantages d'une régie rigoureuse.

CHAPITRE LXXXI.

Des Denrées sur lesquelles il convient d'augmenter les droits d'entrée autant qu'il sera possible ; des Etoffes & des Marchandises comestibles dont l'importation nous coute le plus.

LA raison naturelle, & l'usage de tous les Etats bien gouvernés, conseillent de régler les tarifs, de façon à imposer les plus gros droits qu'il est possible sur ce qui entre, & à baisser ceux de sortie, autant que l'exige le Commerce utile. Je vais tâcher de développer ces proportions.

Autant que la foi des Traités le permettra, nous devons

vons faire payer de gros droits à l'entrée de toutes les
étoffes étrangeres, de foie, de laine, de coton, de lin,
de poil de chameau, de vigogne, de chanvre & autres :
le même principe doit s'appliquer aux ouvrages de fer,
d'acier, de cuivre, de laiton, d'ivoire, d'écaille, d'é-
bene, de jais, & de toutes fortes de bois venant de l'E-
tranger.

Il eft effentiel de mettre des obftacles à l'introduction
de toutes ces marchandifes qui nous enlevent notre argent, & qui anéantiffent la vente de nos propres ouvrages ; puifqu'il eft évident que les années où l'Efpagne
vend pour une moindre fomme qu'elle n'achette, font
des années funeftes pour elle. Auffi toutes les Nations
habiles dans le Commerce ont-elles pour principe d'empêcher par de gros droits l'entrée des marchandifes
étrangeres, & même dans l'occafion de les défendre
entiérement.

Quoique la pragmatique dont j'ai parlé fur les étoffes
& les marchandifes de luxe en ait beaucoup diminué
l'introduction, on fe perfuade communément que ce
font elles qui nous coutent le plus ; entr'autres les étoffes
de foie, d'or & d'argent, les draps fins, les toiles fines,
les dentelles, les tapifferies, les tapis, les porcelaines,
les vernis & autres marchandifes d'un travail cher. Je
conviens que l'on ne fçauroit trop rigoureufement obferver les loix à ce fujet : outre que ces objets font inutiles aux vrais befoins, & qu'ils ne fervent qu'à nourrir une oftentation dangereufe, ce fera un moyen de
conferver plus d'argent dans le Royaume. Mais il faut
en même tems faire attention que nos plus grandes pertes ne font pas occafionnées par ces importations de
luxe : c'eft précifément par celle d'une quantité de marchandifes que leur peu de valeur intrinféque fait regarder comme des articles très-médiocres. Ce font de ceux-
là que le plus grand nombre fait ufage, comme des
hollandilles, des nompareilles, des bayettes, des ferges,

des cotonades, des baracans, des toiles communes &
moyennes, des flanelles, des toiles peintes, des came-
lots, calamandes, burats, des rubans de foie & de
fleuret, du linge de table, des ratines, des chamois,
des manchons, des ceinturons, des éventails communs,
des bas, des gands, des chapeaux, des perruques, des
fempiternes, des étamines, des toiles à voile, des cordages & une quantité d'autres ouvrages groſſiers. Voilà
ce qui dévore réellement la ſubſtance de l'Eſpagne ;
c'eſt-là ce qui doit être chargé de droits auſſi forts qu'il
fera poſſible de les exiger. Les premiers ſoins du gouvernement doivent s'appliquer à ces Manufactures de
premiere néceſſité, ſans que leur qualité commune doive
jamais nous fermer les yeux ſur l'importance de leur
conſommation.

Il eſt difficile d'évaluer à combien de millions montent une quantité d'autres marchandiſes que l'on nous
apporte, & qui paroiſſent encore d'une moindre valeur.
Tels ſont les couteaux, les peignes, les ciſeaux, les
raſoirs, les épées, les cuillers & fourchettes de différens
métaux ; des ferrures, des boutons, des aiguilles, des
épingles, des chandeliers, des étuis, des tabatieres, des
lunettes, des miroirs, des anneaux, des bonnets, des
cordons, des cadenats, des compas, de la fayance, des
eſtampes, enfin tout ce qui eſt compris ſous le nom
de Mercerie. Nous avons toutes les matieres néceſſaires pour fabriquer nous-mêmes ces ouvrages ; il eſt
auſſi à propos d'en favoriſer les Manufactures dans notre pays, qu'eſſentiel d'en rendre l'importation étrangere
très-couteuſe.

Ce qui nous enleve encore des millions, ce ſont les
épiceries, les poiſſons ſalés, les morues, les ſucres, la
cire, le papier, les impreſſions étrangeres. Je m'étendrai ſéparément ſur ces articles à cauſe de leur importance.

Il ſeroit très-long & très-difficile de donner un détail

exact de toutes les sortes d'ouvrages dont nous devons chercher à diminuer l'introduction ; mais dans le Chapitre XCI. je m'étens sur les choses dont nous devons faciliter l'entrée : tout ce qui n'y sera pas énoncé doit être compris dans cette régle générale d'augmenter les droits autant que le permettront les Traités de Paix.

CHAPITRE LXXXII.

Du droit des Souverains pour défendre quand il leur plaît l'introduction & l'usage de certaines marchandises dans leurs Etats. De l'observation plus exacte de différentes loix d'Espagne, avec des extensions.

J'AI parlé en général dans le Chapitre précédent des ouvrages dont nous devons avoir le plus de soin d'empêcher l'introduction. Il se présente deux moyens pour y parvenir ; c'est de hausser les droits d'entrée sur quelques-unes de ces marchandises, & de défendre absolument l'usage des autres. Tel est l'usage des commerçans, sur-tout de l'Angleterre. Elle défend l'entrée de toutes les étoffes de laine, des selles & autres harnois pour les chevaux, des dez à jouer, des ballons, bales de paume & autres, des cuirs tannés & couroyés, de toutes sortes d'ouvrages de cordonnerie, de fer, de cuivre, de laiton, de toutes sortes de peintures excepté le papier ; des lunettes, des broderies, franges, galons, boutons de soie, de poil, d'or & d'argent, &c. Une partie de ces défenses est ancienne, l'autre est nouvelle. Par le même principe, une partie de ce qui vient du dehors est surchargée de droits excessifs, comme les vins, les eaux-de-vie. Les Anglois n'ont pas même respecté les Traités, quoiqu'on les voye tous les jours à la Cour citer ces mêmes Traités, & demander à ce titre des diminutions sur les tarifs des marchandises qu'ils apportent soit de leur pays soit d'ailleurs. Ils ne font pas attention que la loi doit être égale, & que dans l'esprit de ces mêmes Traités qu'ils alléguent, ils n'ont pas droit de faire payer aux vaisseaux Étrangers des droits plus forts que n'en payent les leurs. C'est cependant par cette voie qu'ils s'emparent du Commerce exclusif de ce qu'ils achettent des autres pays ou de ce qu'ils leur vendent.

Les Hollandois interdisent aussi chez eux l'entrée de quelques marchandises, & font également dans l'usage injuste d'exiger moins de droits sur quelques marchandises lorsqu'elles sont chargées dans leurs vaisseaux, que lorsqu'elles arrivent par des vaisseaux étrangers. Cette conduite blesse la loi naturelle, & je ne crois pas que l'Espagne doive être privée du droit de représailles avec eux, non plus qu'avec toutes les autres Nations qui agissent contre la foi des Traités.

Il y a peu d'années que le Portugal défendit l'introduction des vins d'Espagne, parce qu'ils faisoient tort à ses vignobles : & la prohibition subsiste encore.

Venise a interdit l'entrée de toutes sortes de draps dans ses Etats : cette marchandise est cependant un objet de Commerce très-intéressant ; & cette Puissance est moins considérable que les autres Puissances commerçantes.

D'autres Etats plus foibles encore n'ont pas laissé de prendre les mêmes précautions en faveur de leurs Manufactures : à plus forte raison les Monarques d'Espagne auront-ils la liberté d'user de leur Souveraineté. Après tout, quand même nous n'aurions pas en vertu des Traités des raisons aussi justes, nous avons le droit que possèdent tous les Etats de défendre par des pragmatiques l'usage de telles & telles marchandises de quelque pays qu'elles soient.

Malgré l'autenticité de ces exemples, il me paroît que l'on doit user prudemment du droit qu'ont les Souverains de prohiber les marchandises dont l'usage leur paroît dangereux : ce seroit se rendre intraitable à toutes les Nations, que de vouloir réduire tout le Commerce à sa seule utilité ; & cette conduite pourroit avoir des inconvéniens, comme je le remarquerai au Chapitre LXXXVIII.

Ainsi je ne propose point actuellement de défendre l'entrée des étoffes étrangeres de laine & de soie, quoique nous puissions en fabriquer nous-mêmes assez pour les besoins du Royaume & des Colonies. Mais il me semble qu'il faut attendre que nos Manufactures soient montées au point de perfection où le sont les autres ; jusques-là ce qui nous vient de plus parfait dans chaque genre sert d'instruction, de modéle & même d'aiguillon pour l'imiter.

Je laisse donc les grands points de réforme, pour ne proposer que ceux qui se trouvent déja établis parmi nous ; & quelques autres qui ne doivent point surprendre, soit parce qu'ils sont d'un ordre inférieur, soit parce qu'ils sont pratiqués par tous les Princes.

Dans le Chap. XLIII, en parlant des divers réglemens de nos Rois sur le Commerce, j'ai cité celui de Philippe II, qui défendit en 1593 l'introduction des couteaux, verroteries, quincailleries, guipures d'or ou d'argent faux, philagrames, poupées, épingles, peignes, pierres fausses & autres Merceries qui y sont expliquées.

J'ai aussi rapporté la pragmatique du Roi Philippe IV, qui défendit en 1624 l'entrée des lits, meubles, tapisseries, habits d'hommes & de femmes, & autres ouvrages qui n'auroient point été travaillés dans le pays.

Dans le Chap. XLIV. j'ai rapporté l'Ordonnance du 20 Juin 1718, adressée par le Roi aux Conseils de Castille, de la Guerre, des Indes, & du Trésor Royal, pour la prohibition des étoffes de la Chine & des autres provinces de l'Afie.

Ces différentes pragmatiques ont été établies par de
grands Monarques qui en avoient long-tems pefé les
avantages & les motifs dans leurs Confeils; ainfi je crois
qu'il eft très-à-propos d'en renouveller l'exécution, &
d'y joindre des peines capables de l'affurer. Il feroit bon
d'établir à la Cour & dans les principales Villes du
Royaume, des perfonnes chargées expreffément d'y
veiller, avec des inftructions & le pouvoir de procéder
contre ceux qui y contreviendroient : les appels de leurs
jugemens feroient reçus à la Chambre du Commerce,
dans les cas où il pourroit avoir lieu. Pour encourager &
entretenir ces Officiers fans être à charge au Public ou
au Tréfor Royal, on pourroit leur abandonner la moitié
des amendes ; l'autre moitié feroit applicable au dénonciateur.

L'émulation eft le plus grand aiguillon pour l'exécution des Loix; ainfi il feroit convenable que les Corrigidors & les Juges ordinaires euffent auffi le pouvoir de
veiller & de procéder contre les contraventions, aux
mêmes conditions que les Subdélégués de la Chambre
du Commerce; c'eft-à-dire, que l'action appartiendroit
à celui qui l'auroit commencée. Mais dans l'un & l'autre
cas, les appels ne devroient être portés qu'à la Chambre
du Commerce.

Ce que je propofe fur cette matiere eft devenu encore
plus néceffaire depuis l'abolition des Juges de contrebande en 17r8. Le retour de la paix & la nouvelle régie
des Douanes, firent fans doute croire que leurs fonctions étoient inutiles : mais leur fuppreffion a été funefte au Commerce. Les Régiffeurs des Douanes ne
cherchent qu'à groffir les produits, pour montrer de l'exactitude, quoiqu'ils fçachent bien s'enrichir par ailleurs.
Ils laiffent entrer & fortir librement la contrebande;

pourvû qu'ils perçoivent des droits, ſans égard pour les ſuites qui en peuvent réſulter. Ils ne pouvoient tenir cette conduite lorſque les Inſpecteurs tenoient ſéparément un regiſtre de toutes les marchandiſes; ils veilloient même les uns ſur les autres. L'expérience prouve ce que j'avance: le Roi avoit défendu dans la même année 1718, l'uſage des étoffes de ſoie de la Chine & de l'Inde; cependant le Royaume en eſt rempli.

On en peut dire autant du coton qui eſt défendu à cauſe de la contagion; il ne laiſſe pas d'entrer ſous d'autres noms par l'extrême autorité que l'on laiſſe aux Douaniers; ces gens là ont en quelque façon les clefs du Royaume, & je tremble avec raiſon des conſéquences fâcheuſes que leur indépendance peut avoir. Car enfin il ne tient qu'à eux de laiſſer ſortir pour nos ennemis des armes, des munitions, & tout ce que nos Loix défendent le plus ſévérement. Il eſt bien triſte que la raiſon d'intérêt l'emporte toujours parmi nous ſur la raiſon d'Etat; & que tant de négligences accumulées ne nous faſſent pas enfin appercevoir de ce que dit le reſte du monde, qu'en Eſpagne les Loix ſont admirables ſur tous les points; qu'il ne leur manque que l'exécution. Ces abus ſubſiſteront juſqu'à ce que l'on rétabliſſe les ſurveillans néceſſaires.

J'ai ajouté dans le Chapitre XIV, une réflexion ſur la prohibition des étoffes de la Chine, c'eſt qu'il me paroît très-néceſſaire en cas qu'on la renouvelle, d'y comprendre les toiles peintes dans quelque pays qu'elles ſoient fabriquées ou contrefaites. C'eſt ainſi que l'on en uſe en France & ailleurs. J'ai rendu compte dans le même Chapitre, des ordres que le Roi donna le 27 Octobre 1720, pour empêcher que les vaiſſeaux qui vont d'Acapulco aux Manilles, n'apportaſſent des marchandiſes prohibées de la Chine & des Indes dans nos Colonies de l'Amérique. L'ordre étoit dicté avec la plus grande ſageſſe & l'intention la plus expreſſe; ainſi je me perſuade qu'il eſt néceſſaire de le renouveller avec rigueur.

Il n'eſt pas juſte que pour procurer un bénéfice à quelques Négocians de Terre-Ferme & des Philippines, le reſte des ſujets de Sa Majeſté ſoit lézé. Elle avoit aſſez pourvû aux intérêts des habitans de ces Iſles, en leur permettant de charger ſur chaque navire pour trois cens mille piaſtres de girofle, de poivre, de canelle, de cire, de porcelaines & autres effets qui ſont détaillés dans le Réglement. C'eſt ſur ce pied ſeulement que cette navigation avoit été établie, & conduite juſqu'à ce que l'avarice des uns & la négligence des autres ayent accrédité les abus que l'on a reconnus. Ce ſont les Mahométans & les Gentils, ſoit de l'Inde, ſoit de la Chine, qui profitent le plus dans ce Commerce, & par là ils nous enlévent tous les ans plus de trois millions de piaſtres en eſpeces qui viendroient en Eſpagne, ſi comme autrefois ils étoient employés en marchandiſes de ſes Manufactures.

J'ai raporté dans le Chapitre L. le Réglement du 20 Octobre 1719, ſur l'habillement des troupes; il eſt à ſouhaiter que l'on continue de l'obſerver.

Dans le Chapitre LIV, au ſujet de la vente excluſive de l'eau-de-vie, j'ai propoſé de défendre l'uſage & l'entrée des roſſolis, & autres liqueurs fortes mêlangées : je crois cette prohibition néceſſaire pour les raiſons que j'en ai données.

La conſommation de la cire eſt conſidérable, tant en Eſpagne que dans les Indes : la plus grande partie nous vient du dehors, & je crois que la cire blanche doit être réputée Fabrique étrangere : ainſi on ne doit point faire de difficulté de la charger de gros droits d'entrée. On l'a fait en France, en même tems que l'on en affranchit la ſortie. On peut donc ſur cette denrée percevoir les droits en entier, en attendant que l'on examine ſi on la défendra tout-à-fait ; je penſe que l'on prendra ce parti ; & cependant il ſera bon ſur la cire jaune de ne percevoir que cinq pour cent, comme je le

propoſe

propofe au Chapitre XCI. où je traite de l'introduction des matieres premieres.

Les raifons qui nous invitent à profcrire la cire blanche, doivent nous porter à diminuer autant qu'il fera poffible l'ufage de la cire jaune. Le Roi Philippe II avoit défendu de mettre aux enterremens & aux autres pompes funébres, plus de huit torches fur la tombe de quelque perfonne que ce fût, fans étendre cependant ce Réglement fur les cierges que portent les Prêtres au Convoi, ou qui fervent fur les Autels. Il défendoit tous Catafalques dans les Eglifes, & toutes tentures en noir, excepté le Drap mortuaire qui couvriroit le cercucil.

Dans la pragmatique de 1723, l'Article 21 prefcrit que l'on ne pourra employer dans les Funérailles plus de douze flambeaux, & quatre cierges fur le tombeau : il n'eft en exécution qu'à la Cour ; dans les autres villes & même dans les bourgs, fous prétexte de Confrairie, l'on paffe de beaucoup cette permiffion. Il eft très-convenable de renouveller cette défenfe, & de la joindre à celles que je propofe en faveur du Commerce utile.

Dans l'Article 13 de la pragmatique de Philippe III, il eft expreffément défendu fous peine d'une amende de cent ducats, de faire entrer & d'employer des flambeaux de cire blanche autrement que pour le Service Divin. Cet Article ne fe trouve point dans la pragmatique de 1723 : j'ignore s'il a été omis par oubli, ou à deffein, en cas que l'exécution fouffre quelques difficultés.

La réforme prefcrite par cette derniere Ordonnance fur les habillemens, eft un moyen fort doux & fort naturel, d'arrêter l'entrée & l'ufage de diverfes marchandifes étrangeres ; fur-tout la prohibition formelle qu'on a faite des dentelles blanches & noires, de foie & de fil, des gazes qui ne feront point de nos Fabriques. Il eft effentiel de maintenir l'exécution de ces Loix fomptuaires avec les additions que je propofe au Chapitre LXI.

L'ufage des Perruques eft aujourd'hui fi commun & fi

établi, qu'il feroit inutile de fonger à les profcrire. L'Efpagne & les pays méridionaux fournifent peu de cheveux propres à cet ouvrage ; ainfi il eft évident que la
majeure partie nous vient de Flandre, de Hollande,
d'Allemagne, tant en nature qu'en Perruques. Cette
importation devenue indifpenfable, eft plus couteufe
que l'on ne penfe : puifque nous fommes obligés de tirer
la matiere du dehors, il faut du moins empêcher qu'elle
ne nous vienne ouvragée. Car fi une livre de cheveux
nous coûte deux doublons, nous la payons fix employée en Perruque. Quoique ce foient des Ouvriers
étrangers la plupart, que ceux qui y travailleront en Efpagne, cet argent ne fortira pas pour cela, comme je l'ai
expliqué au Chapitre XIV. Il eft donc à propos de défendre l'entrée des Perruques comme contrebande, &
outre la faifie d'ordonner une amende de cent réaux de
veillon par chacune. Les cheveux pourront entrer fur le
pied que je propoferai dans le Chapitre XCI.

Il eft également important de déclarer contrebande
toutes les marchandifes dont l'entrée fera interdite, &
de joindre des peines pécuniaires à la faifie.

L'entrée des Livres Efpagnols d'impreffion étrangere,
celle des cartes, des conferves & des confitures étrangeres, font encore des objets intéreffans fur lefquels je
m'étendrai dans d'autres Chapitres.

CHAPITRE LXXXIII.

Des Pragmatiques anciennes & modernes sur le poids, la mesure, & les autres régles auxquelles se doivent conformer les étoffes de soie & de laine qui se fabriquent dans le Royaume, ou qu'il sera permis d'y introduire : l'importance dont il est de les faire exécuter avec quelques augmentations.

LEs Rois Catholiques Don Ferdinand, & Doña Juana établirent la Loi suivante.

» Tous les draps étrangers qui se vendront à la vare
» dans mes Etats, seront de la qualité, des comptes, du
» teint, & des largeurs conformes à mes Ordonnances;
» sans quoi ils seront sujets aux peines portées par les
» Loix du Royaume.

Dans une autre Ordonnance du même Regne, il est accordé un terme aux Marchands tant pour achever de vendre les draps étrangers & d'Espagne, qui ne seroient pas conformes aux Réglemens des Manufactures, que pour avoir le tems de les faire fabriquer suivant ces Régles : mais passé la fin de l'année 1512, les draps en contravention devoient subir les peines portées par les Ordonnances. Cependant il est permis d'introduire des draps plus fins que ceux qui y sont compris ; mais les Ordonnances des autres Rois contredisent cette derniere clause.

Le Roi Philippe IV, par une pragmatique du premier Février 1623, déclare que dans la Fabrique des draps & des étoffes de soie, de laine, ou mêlangées, il s'est glissé beaucoup de fraude ; que les étoffes durent peu, parce qu'elles font de mauvaife qualité : il ordonne qu'à l'avenir on ne pourra vendre ni achetter aucune étoffe, foit d'Efpagne, foit étrangere, qui ne foit pas conforme aux Réglemens des Manufactures de fon Royaume ; que l'on tiendra regiftre de tout ce qui en exifte actuellement, & qu'on accordera trois ans pour en achever la vente, que paffé ce terme toute étoffe en contravention, fera faifie avec une amende de cent mille maravedis. Il ajoute que quelques Fabriques d'étoffes mêlangées de laine & de foie s'étant établies dans fon Royaume, le Confeil nommera des gens experts pour en reconnoître la qualité, & leur fixer des régles en cas que ces étoffes foient fufceptibles d'une certaine bonté.

La pragmatique du Roi Charles II. du 8 Mars 1674, porte les deux Articles fuivans.

» Art. 5. L'introduction des étoffes étrangeres de foie
» & de laine venant des pays alliés étant permife, à con-
» dition qu'elles feront conformes au poids, à la qualité,
» à la mefure & aux Loix prefcrites par les Ordonnances
» du Royaume ; nous ordonnons qu'aucune étoffe de
» foie ne fera admife dans le Commerce, fans avoir été
» auparavant vifitée par les Infpecteurs des Manufactu-
» res de foie à fon entrée, foit à la Cour, foit dans les
» autres villes. Lorfqu'ils l'auront trouvée en régle avec
» la marque certaine & véritable du lieu de la Fabrique,
» conformément à l'Article 6 du Titre 12, ils l'approu-
» veront, fans quoi elle ne pourra être vendue : & lorf-
» qu'il fe rencontrera des étoffes qui ne feront pas con-
» formes aux fufdites régles, les Infpecteurs les dénon-
» ceront aux Juges qui prononceront fuivant la Loi, &
» feront payer aux Infpecteurs le droit qu'elle adjuge au
» Dénonciateur.

» Art. 6. Pour faciliter la vifite & l'infpection des étof-
» fes, nous ordonnons qu'elles ne pourront être dépo-
» fées dans aucune maifon particuliere, avant que d'al-
» ler à la Douane pour être vifitées & marquées en cas

» qu'elles se trouvent de la qualité requise ; sans laquelle
» marque lesdites étoffes ne pourront être vendues ni en
» gros ni en détail , sous les peines portées par les Loix.

Dans la pragmatique dont j'ai déja parlé, du 15 Novembre 1723 , le Roi ordonne à l'Article 5, » que » toutes les étoffes de soie dont il permet l'usage, seront » fabriquées dans le Royaume ou dans les Etats alliés ; » sous cette condition qu'elles seront conformes aux » réglemens des Manufactures d'Espagne, suivant les » Loix du Royaume & les Ordonnances de la Chambre » du Commerce approuvées par le Conseil.

Je pense que nous sommes très-intéressés à l'observation de cette loi , & des deux Articles que j'ai cités de la pragmatique de 1674. Il convient donc de les renouveller & de rappeller dans une nouvelle pragmatique , tous les réglemens qui n'ont point été annullés par des ordres postérieurs ; les adaptant aux circonstances présentes, en tout ce qui pourra contribuer à la bonne qualité de nos étoffes, & à empêcher l'entrée de celles des Etrangers. Dès que nous n'admettrons que celles qui seront conformes à nos Réglemens, il est naturel de croire que les Etrangers ne trouveront pas leur compte sur plusieurs especes ; & dès qu'ils ne les pourront plus donner à aussi bon marché qu'auparavant, il est probable que les nôtres auront la préférence, puisque leur qualité sera suffisante & leur prix médiocre. Tout cela conduira très-sûrement à la réforme que se proposent les pragmatiques , en même tems que notre Commerce utile en recevra une augmentation considérable par la faveur que prendront nos Manufactures.

Aucune de ces Loix cependant n'est en vigueur, ni à la Cour, ni dans les Villes ; c'est dans les Douanes surtout que l'on doit y veiller de plus près ; ainsi il sera bon de donner des ordres très-séveres aux Douaniers de tenir la main à l'exécution, & en même tems de leur donner une instruction claire & précise sur chaque genre d'étoffe. Rien ne contribuera davantage à faire obferver ces Réglemens que la vigilance des Infpecteurs fur les regiftres de la Douane, & leurs fréquentes vifites dans les Boutiques, tant à Madrid que dans les grandes villes; cela fe pratique à Seville & dans quelques autres endroits. Les Subdélégués de la Chambre du Commerce, dont j'ai propofé le rétabliffement pour d'autres vûes, devroient encore être obligés de vifiter de tems en tems les Fabriques, les Boutiques, les Magafins; il feroit même à propos que les Caufes fuffent portées devant eux avec appel à la Chambre du Commerce, dès que les Sentences renfermeroient quelque peine. On prendroit d'ailleurs toutes les mefures poffibles pour que les procédures ne fuffent ni longues, ni couteufes. Je dois encore ajoûter fur cette matiere que depuis que Louis XIV eut établi dans les Douanes & dans les Manufactures des Infpecteurs de confiance & intelligens, pour veiller à l'exécution de fes Réglemens, les ouvrages fe perfectionnerent, & le Commerce de la France s'accrut tant au-dedans qu'au [a] dehors.

Les Réglemens fur les étoffes de laine fe trouvent dans les Loix du Roi Ferdinand le Catholique, au Titre 13 du fixiéme Livre; dans celles de l'Empereur Charles V. aux Titres 14, 15, 16 & 17 du fixieme Livre. Les Réglemens pour les étoffes de foie fe trouvent dans les Loix de Philippe II. au Titre 12 du cinquieme Livre promulguées en 1690 & en 1693. La derniere pragmatique fur cette matiere eft de Charles II. du 23 Janvier 1675, elle fe trouve au fol. 280 du troifiéme Tome de la derniere collection.

L'exiftence des Loix eft infuffifante fi elles ne font connues dans tous les lieux & de toutes les perfonnes qui doivent veiller à leur exécution: ainfi il convient

---

[a] Il eft bon d'obferver que les réglemens font néceffaires dans tous les pays où l'on établit des Manufactures, pour guider l'Ouvrier & le conduire fûrement à la connoiffance ou à la perfection de fon art.

de former un Recueil féparé de tout ce qui a été ftatué
& de ce qui le fera fur les droits & les réglemens de
toutes les marchandifes quelconques. Cette collection
doit être imprimée en petits caracteres pour la rendre
plus commode & plus portative : on pourroit en diftribuer
un exemplaire à chaque Juge de toutes les Villes &
Bourgs du Royaume pour leur régle & pour leur inftruction ; & l'on permettroit à l'Imprimeur d'en tirer
pour fon compte telle quantité qu'il voudroit, pour les
vendre à un prix fixé aux particuliers. Sans cette précaution il fera impoffible de procurer l'exécution de
ces réglemens : quoiqu'une partie fe trouve déja renfer-
mée dans la derniere compilation, cela ne fuffit point
pour l'intelligence de tous ceux qui doivent la connoître ; toutes les difpofitions n'y font pas, & celles qui
s'y trouvent font éparfes fans ordre dans les quatre volumes in-folio. Ce feroit d'ailleurs occafionner une très-
grande dépenfe aux Villes & aux Juges s'ils étoient obligés d'y avoir recours : on peut même être très-affuré que
la derniere compilation imprimée en 1723, eft entre les
mains de fort peu de perfonnes ; quoique les quatre-vingt
trois années qu'elles renferment fourniffent des difpofitions qui devroient être continuellement préfentes dans
les divers Tribunaux.

J'ai penfé qu'il ne feroit pas inutile de rappeller ici
les difpofitions de Philippe II. pour l'exécution de fes
Loix. Il ordonne à tous les Juges de fon Royaume de
procéder d'office contre les contrevenans, qu'il y ait des
dénonciations ou non ; de faire exécuter irrémiffible-
ment les loix Pénales fans aucune modération, fous
peine d'en répondre & d'être châtiés rigoureufement,
même pour caufe de négligence. Il défend également
aux Alcades du Palais, de la Cour, des Chancelleries
& des Audiences Royales de modérer en aucune forte
les peines portées par les loix. Pour en affurer encore
plus l'exécution, il ordonne aux Membres du Confeil,

des Chancelleries de Valladolid & de Grenade, aux Juges des Audiences de Galice, de Seville & des Canaries, de l'informer dans les visites qu'ils feront aux prisons, du soin que les Juges ont pris de l'exécution exacte des Loix, des dénonciations qu'il y a eues, des jugemens rendus en conséquence, afin de punir les Juges en cas de négligence ou de modération des peines. Il ordonne en même tems aux Présidens du Conseil, des Chancelleries, & des Audiences, de charger quelqu'un d'entr'eux chaque année de l'examen de cette partie pour en rendre compte, & sur son rapport statuer ce qui sera plus convenable pour l'exécution rigoureuse des Loix.

CHAPITRE LXXXIV.

Des grandes sommes que nous coute l'importation des épiceries tant en Espagne, que dans les Colonies ; des moyens d'en arréter l'introduction & d'en faire nous-mêmes le Commerce.

CHACUN sçait combien le poivre, la canelle, le clou de girofle, la muscade & toutes les sortes d'épiceries sont d'une consommation étendue en Espagne : la canelle sur-tout est d'un très-grand usage depuis que celui de la vanille dans le chocolat a été reconnu contraire à la santé & proscrit. Lorsqu'une si juste considération a banni du Royaume une denrée qui lui vient de ses Colonies, ne devons-nous pas proscrire également ou du moins modérer l'introduction des épiceries qui ne sont pas moins pernicieuses à la vie des hommes, & qui nous appauvrissent. Je n'ose proposer la prohibition absolue du poivre, tant l'usage en est accrédité ; ni même, pour le présent, de le cultiver

en

en Efpagne, quoique dans les Provinces Méridionales il y en ait déja quelques pieds qui promettent de réuffir : cette entreprife demande quelque examen. On m'a même affuré que dans l'Ifle de Porto-Rico on trouve de bon poivre, que dans quelques cantons de Terre-Ferme & du nouveau Royaume de Grenade on rencontre des canéliers [a] & des mufcadiers ; mais je ne fuis point affuré de leur réuffite, quoique plufieurs de nos Provinces de l'Amérique reçoivent les rayons du Soleil auffi perpendiculaires que les pays de l'Inde Orientale qui produifent ces épiceries,

En attendant que toutes ces chofes fe vérifient, nous devons rendre l'introduction de ces denrées étrangeres plus difficile par la grandeur des droits. Ainfi toutes les fois que le poivre & la canelle viendront en Efpagne fur des vaiffeaux étrangers, il faudra exiger les droits de Douane en entier, tant ceux d'Almojarifafgo & de Diefmo, que ceux qui font connus fous le nom de millions ; ceux d'Andaloufie qui font de quatre-vingt cinq maravedis par livre de canelle & de cinquante & un par livre de poivre ; enfin le droit entier de quatorze pour cent d'Alcavala & Cientos par-tout où ces denrées feront vendues. Cette rigueur aura pour objet en partie la fanté, en partie le commerce. Car nous pouvons nousmêmes faire le Commerce de ces denrées à bon marché par les Philippines ; foit en établiffant une navigation à droiture comme les autres nations ; foit par les vaiffeaux d'Acapulco qui y vont tous les ans, & qui rapporteroient ce qui feroit néceffaire pour la confommation de l'Efpagne & de l'Amérique.

Les Etrangers nous enlevent chaque année plus de

___

a L'Amérique méridionale eft remplie de caneliers fauvages dont les habitans fe fervent pour faire leurs liqueurs. Lorfque la dofe eft doublée l'effet eft le même ; ce feroit toujours une épargne confidérable que d'en faire ufage. Peutêtre encore que l'écorce auroit plus de vertu, fi les arbres recevoient une culture.

deux millions de piaſtres avec ces épiceries ; cela eſt aiſé à démontrer. Si nous ſuppoſons ſeulement que, la canelle à part, chaque feu de cinq perſonnes en conſomme par jour pour la valeur d'un maravedis au prix qu'il eſt vendu par les Etrangers ; ce ſont par an 547 millions 500 mille maravedis, qui font environ un million cent mille piaſtres uniquement pour la conſommation de l'Eſpagne : la canelle qui entre dans la fabrique du chocolat ira au moins à deux cens mille piaſtres, en tout un million trois cens mille piaſtres. Ce calcul n'eſt point exagéré ; riches & pauvres tous font un uſage continuel des épiceries ſur-tout du poivre. Les regiſtres des Douanes ne peuvent faire foi ſur cet article à cauſe des introductions frauduleuſes, ou des remiſes que l'on fait ſur le poids.

Il faut à cette ſomme ajoûter le montant de la conſommation de l'Amérique. Par les regiſtres de la factorie des Indes on voit que ſur la flotte ſeule de 1720 on embarqua deux cens quatre mille quarante-quatre livres de canelle, & quatre-vingt trois mille deux cens cinquante livres de poivre ſans compter les remiſes ordinaires ſur le poids. On peut ſuppoſer que ces épiceries paſſerent à la Nouvelle Eſpagne pour le compte des Hollandois & des autres Etrangers ſous des noms Eſpagnols, & qu'ils en auront retiré la valeur d'un million de piaſtres. Je ne compte point ce qui aura été embarqué en fraude, & ce qui en aura été porté en interlope, parce que je ne puis l'évaluer : mais il eſt clair que cette importation nous coute plus de deux millions & demi de piaſtres par an. Ce mal intérieur mérite une attention particuliere du gouvernement.

Je crois que ce ne ſeroit pas nous priver d'un grand beſoin, que de prohiber l'uſage du clou de girofle, de la noix de muſcade, du gingembre : quelques perſonnes cependant croyent ces drogues utiles dans la Médecine, mais d'autres penſent que l'on y peut ſuppléer. On pourra vérifier laquelle de ces opinions eſt la plus vraie , & en attendant en tolérer l'entrée aux mêmes conditions que le poivre & la canelle.

CHAPITRE LXXXV.

De la grande conſommation du papier en Eſpagne ; des ſommes qu'il en coute pour cette importation , & des moyens de la diminuer.

IL ſe conſomme conſidérablement de papier étranger en Eſpagne , & dans les Indes ; celui de Gênes ſurtout a le plus de débit ; il eſt employé dans les bureaux de la Cour & des Provinces ; toutes les perſonnes de diſtinction s'en ſervent ; il s'en conſomme beaucoup pour l'impreſſion & pour les actes judiciaires, tant de l'Eſpagne que des [a] Indes. Il y a dans cette Républi-que plus de cent cinquante moulins à papier , qui ſont autant de rentes ſubſtituées à prendre ſur la conſom-mation de l'Eſpagne & des Indes. Il y en avoit dans la flotte de 1720 pour la Nouvelle Eſpagne cent cinq mil-le ſept cens quatre-vingt-ſeize rames enregiſtrées : je ne compte pas les remiſes ſur le poids, & toutes les in-troductions frauduleuſes qui ſe firent alors , d'autant plus que l'on avoit augmenté le droit de deux réaux de plate par rame. On pourroit encore y ajouter tout le papier étranger employé dans les Livres dont il y avoit deux cens quatre-vingt caiſſes.

Une choſe particuliére, c'eſt que juſqu'au papier com-

a La qualité du papier de Gênes qui eſt d'une plus grande conſommation dans les Colonies Eſpagnoles , eſt une eſpece aſſez commune qui ſert à faire des cornets avec leſquels on fume après le repas. Rien n'a plus contribué à la réputation du papier de Gênes que la préparation de la colle ; elle empêche le ver d'y don-ner dans les pays chauds ; les papiers des autres pays ſont ſujets à cet acci-dent.

mun qui fert à l'impreſſion des bulles de Croiſades pour les Indes, nous vient du dehors. Cela paroit par le privilege du Monaſtére de ſaint Laurent, qui eſt chargé de l'impreſſion, & auquel il eſt permis de faire entrer ſans droits ſix mille cinq cens ramés de papier.

On ne ſera point ſurpris après ce que je viens de dire, que cette importation nous coûte plus d'un demi million de piaſtres par an, y compris les Livres que les Etrangers nous apportent dans leur langue, & dans la nôtre qu'ils défigúrent.

Quoique le papier étranger paye à l'entrée en Eſpagne des droits plus que médiocres, tant à raiſon des Diezmos & des Cientos propres de la Douane, que pour la contribution du million ; je crois qu'il ne faut permettre aucune remiſe ni ſur le prix ni ſur le poids, & exiger le droit d'Alcavala en entier, ſur-tout à l'entrée de Madrid, ainſi que tous les autres droits Royaux dans l'intérieur.

En cas que le papier étranger ne paye pas le droit de million dans les provinces de Catalogne, de Valence & d'Arragon, comme dans les ports de Caſtille ; il eſt bon de l'y aſtreindre avec les précautions que je propoſerai dans le Chapitre LXXXVII, puiſque ces Provinces en font paſſer de grandes quantités dans la Caſtille.

Avec ces meſures notre papier, quoiqu'encore un peu cher, pourra trouver encore plus de débouché, & ſa manufacture ſe perfectionnera. Quoiqu'en France & en Hollande on faſſe de bon papier, il nous en vient pèu parce qu'il eſt plus cher que celui de Gênes, & ne nous plaît point.

Il faut obſerver que la plus grande partie du papier que nous conſommons eſt faite à Gênes & ailleurs, avec des peilles ou drapeaux achettés en Eſpagne. Le moyen le plus ſûr d'augmenter nos fabriques & de les favoriſer, c'eſt de défendre la ſortie de ces peilles, ſoit de lin ſoit de chanvre, comme je le propoſe au Chapitre LXXXIX : c'eſt ce que l'on a pratiqué en France pour

favoriſer les Manufactures de papier, de carton & de
cartes. Quoique cette denrée paroiſſe une bagatelle,
elle devient un objet d'importance dans le Commerce:
ſi elle doit dans l'intérieur du Royaume les droits d'Alcavala ou d'autres, on pourra l'en affranchir. Mais ſur
tout, il faut empêcher rigoureuſement l'entrée des cartes
étrangeres; article qui n'eſt pas non plus à négliger.

Il me paroit que ce ne ſeroit pas faire grand tort à
nos Imprimeurs de les obliger ſous de groſſes peines de
n'employer que du papier d'Eſpagne, pour quelque choſe que ce ſoit; quoiqu'il ne ſoit pas encore auſſi blanc
que celui d'Italie, il eſt auſſi fort & auſſi bon, également en état de recevoir & de conſerver l'impreſſion;
ſur-tout celui de Segovie, du Paular, de l'Eſcurial, de
Cuenca, & du Nouveau Baſtan. Si ces Manufactures
avoient une conſommation ſûre, cela les encourageroit
à ſe perfectionner; il s'en éleveroit d'autres en Andalouſie, où l'on a des drapeaux en abondance que l'on ne
ſçait pas employer malgré la commodité des Rivieres
& du Commerce; c'eſt de là principalement que Gênes
tire les ſiens. Je propoſerai dans d'autres Chapitres des
moyens propres à établir ces Manufactures & d'autres
dans l'intérieur de l'Eſpagne.

La Flandres & d'autres pays Etrangers nous envoyent
une quantité de Livres Etrangers imprimés dans notre
Langue, pour la conſommation du Royaume & des
Colonies. Il en réſulte deux inconvéniens; l'un que les
Livres ſont remplis de fautes, parce que l'on corrige
mal une épreuve que l'on n'entend pas; je l'ai remarqué dans tous les Ouvrages qu'ils nous envoyent en
langue Romance. Le ſecond inconvénient eſt l'anéan-
tiſſement de nos Imprimeries. Il ſeroit donc très-néceſſaire de défendre, ſoit en Eſpagne, ſoit dans les Indes,
l'entrée de tout Livre Eſpagnol imprimé ailleurs que
dans le Royaume; ce ſeroit favoriſer à la fois nos Papeteries & nos Imprimeries qui ſeront auſſi bonnes que

partout ailleurs, dès que l'on voudra faire la médiocre dépenfe d'un bon papier, & de caracteres qui ne foient pas trop ufés.

La prohibition que je propofe n'eft pas nouvelle ; les loix du Royaume y ont pourvû, mais fans effet. On la trouve au livre premier des Loix de Philippe II. titre 7ᶜ à l'article 24 ; il y eft défendu fous des peines rigou-reufes de faire entrer des Livres Efpagnols d'impreffion étrangere.

L'article 32 du même titre défend aux Sujets de faire imprimer hors du Royaume en quelque Langue que ce foit. L'acte 188 du Confeil de Caftille du 15 Septembre 1617, folio 36 du quatrieme tome de la Compilation des Loix, renouvelle celles-là , & y ajoûte de nouvelles peines contre les contrevenans.

Lorfque l'on fe fera déterminé à défendre l'entrée & la vente des Livres Efpagnols d'impreffion étrange-re, il conviendra de reconnoître dans les boutiques des Libraires ceux de ce genre, & qu'un Officier de con-fiance député par la Chambre du Commerce, faffe au haut de chacun une apoftille pour faire foi de fon en-trée avant la prohibition, afin d'en permettre la vente; bien entendu que quatre mois après la publication de l'Edit, tous les Livres de ce genre qui fe trouveront fans l'apoftille feront faifis, & le vendeur condamné à une amende de trois cens réaux de veillon.

Les particuliers qui auront des Livres en contraven-tion feront auffi tenus de les repréfenter, faute de quoi ils encourreront les mêmes peines.

Les Libraires & autres perfonnes intéreffées dans le Commerce des Livres, ne manqueront pas de m'oppo-fer la franchife abfolue de tous droits accordée fur les Livres venant des Pays étrangers, par un Arrêt du Confeil du Tréfor Royal, le 29 Octobre 1720. Cet Arrêt eft rendu en conféquence de la vingt & uniéme Loi du Titre 7 au premier Livre de la compilation des

Loix en 1480. Mais cette Loi eſt nulle, puiſqu’elle a été
révoquée 78 ans après par celles de Philippe II. que j’ai
déja citées. Or il eſt impoſſible d’accorder une franchiſe
ſur une marchandiſe dont une Loi formelle défend l’entrée.

Ainſi il convient de déclarer que l’exemption accordée s’entendra ſans préjudice des Loix qui prohibent les
Livres Eſpagnols d’impreſſion étrangere, puiſqu’elles
ſubſiſtent juſques à ce que le Roi les révoque de l’avis
du Conſeil de Caſtille que regarde cette matiere. Je ne
trouve au ſurplus aucune difficulté à ce que les Livres
ſortent d’Eſpagne ſans payer de droits, cela eſt conforme aux régles que je propoſe en faveur du Commerce
utile.

Je propoſe au Chapitre XC. les conditions modérées
qu’il nous convient de mettre à la ſortie du papier fabriqué en Eſpagne pour encourager & favoriſer cette Manufacture.

On a pluſieurs fois propoſé de ne timbrer que du papier du Royaume : mais dans l’occaſion ceux qui en
avoient la direction, y ont toujours trouvé des difficultés. Ils alléguent que l’empreinte n’y eſt pas auſſi bonne
que ſur le papier de Gênes, & que les divers Moulins d’Eſpagne ne ſont pas en état de fournir au moment vingt
mille rames de papier que l’on employe à cet uſage. Je
me perſuade que ces raiſons ne ſont pas ſans replique ;
le papier d’Eſpagne eſt auſſi fort que celui de Gênes, &
par conſéquent tout auſſi propre à recevoir l’empreinte
des armes du Roi, & du peu de lettres qui l’accompa-
gnent : on en a la preuve dans ces vignettes que l’on
met à la tête des Livres ; l’on y employe ſouvent de notre papier. Celui de Gênes a l’avantage de la blancheur,
il eſt vrai, mais cette qualité n’influe point ſur la bonté
ni ſur la durée de l’empreinte.

D’autres objectent encore que le papier d’Eſpagne n’eſt
plus propre pour l’écriture lorſqu’il a été mouillé comme

il faut qu'il le foit pour le timbrer; c'eft à quoi il me femble qu'on peut encore remédier, en faifant connoître aux
maîtres des Papeteries d'où procéde le défaut, & en fe
procurant de bons Ouvriers.

Quant à l'inconvénient de la fourniture, je répéterai
ce que j'ai déja avancé, que la crainte de ne pouvoir
arrêter entierement un défordre, ne doit jamais fufpendre les opérations qui peuvent y conduire. On peut s'a-
jufter avec les Chefs de ces diverfes Manufactures, pour
fournir par an la plus grande quantité qu'ils puiffent
faire; & quand même ils ne pourroient fuffire qu'à la
moitié de la fourniture, c'eft toujours autant d'argent
qui refteroit dans le Royaume. Il eft naturel de penfer
que toutes les fois que nos Manufactures feront affurées
d'un débit promt & facile, elles fe multiplieront.

CHAPITRE LXXXVI.

De l'avantage qu'il y auroit à imprimer en Espagne
les Breviaires, les Missels, tous les Livres
d'Eglife enfin, & ceux des Etudes.

LEs raifons que je viens d'expliquer & d'autres motifs encore, rendent très-néceffaire dans le Royaume l'établiffement d'une Imprimerie pour les Breviaires, les Miffels, les Livres de chant, les Heures Latines
& autres Livres d'Eglife. La majeure partie nous vient
des Pays étrangers, qui s'enrichiffent fans ceffe de nos
pertes. Je ne me hazarderai pas cependant de propofer
des moyens propres à la conduite de cet établiffement :
la matiere eft délicate & du reffort plus immédiat du
Commiffaire Général de la Croifade, ou de tel autre
Prélat qui y feroit prépofé. Je me contenterai de rapporter un écrit du Frere Eugenio de la Blaxe, ancien Prieur
du

du Monaſtere Royal de ſaint Laurent. On lui avoit demandé ſi ſon Couvent pourroit ſe charger de l’entrepriſe dont je parle. La vente excluſive en appartient à cette Maiſon dont c’eſt la fondation, ainſi que l’impreſſion des bulles de la Croiſade. Voici ſa réponſe à laquelle j’ai ajoûté quelques notes.

» Je n’ai pas eu le tems de communiquer cette que-
» ſtion à la Communauté, mais je puis répondre pour
» elle, qu’elle eſt toute prête à entreprendre l’impreſſion
» des Livres d’Egliſe, à l’imitation de ceux d’Anvers:
» elle fera ſes efforts pour que Sa Majeſté ſoit bien ſervie,
» & que le public ne regrette point les impreſſions étran-
» geres. Mais dans une pareille occaſion, on a déja
» eſſuyé bien des difficultés qu’il eſt bon de prévenir en
» reprenant les choſes de plus haut.

» En 1658, le Saint Pontife Pie V. réforma le Miſſel
» Romain qui fut imprimé à Rome dans la même an-
» née. Il fut apporté en Eſpagne où l’on en tira quelques
» exemplaires qui ſe trouverent un peu défectueux.
» Comme l’on déſiroit que cette impreſſion ſe fît avec
» toute la pureté néceſſaire, on donna à Balthazar
» Moret d’Anvers, qui étoit alors ſous la domination
» d’Eſpagne, le privilége excluſif d’imprimer les nou-
» veaux Livres d’Egliſe pour l’uſage du Royaume dans
» ſon Imprimerie de Plantin; ce privilége lui fut donné
» à lui & à ſes ſucceſſeurs, & il a été confirmé par tous
» les Rois d’Eſpagne. Sa Sainteté lui accorda auſſi un
» Bref pour défendre par tout ailleurs, excepté à Rome,
» l’impreſſion du nouveau Miſſel pour l’Eſpagne.

» Il faudroit donc commencer par révoquer ce privi-
» lége, & obtenir une Bulle en faveur du Couvent de
» l’Eſcurial; déclarant que le Commiſſaire Général de
» la ſainte Croiſade, & ceux qui lui ſuccéderont dans
» cet emploi, ſeront les Juges conſervateurs de ce privi-
» lége excluſif au nom du Roi & du Saint Siége.

» Sur les défauts des nouveaux Livres d’Egliſe impri-

F

» més en Efpagne, le Clergé s'oppofa au privilége ex-
» clufif du Monaftere, prétendant avoir le droit de fe
» pourvoir où bon lui fembleroit. Ces difcuffions fini-
» rent par un accord entre le Clergé & le Monaftere.
» Ce dernier refta en poffeffion du privilége, à condition
» de fournir la quantité néceffaire d'une bonne impref-
» fion plus corrccte, fût-il néceffaire pour y parvenir de
» la faire hors du Royaume.

» Il feroit néceffaire de modifier cette claufe, & de
» faire enforte que le Clergé fe contentât des Livres
» qui feront imprimés en Efpagne : le Monaftere fera
» tous fes efforts pour donner du papier de bonne qua-
» lité, des caracteres nets, & fur-tout la correction la
» plus exacte.

» L'expérience prouve que les Papeteries d'Efpagne
» ne fourniffent pas de papier propre à l'Imprimerie,
» foit faute de matieres, foit par ignorance; il fera par
» conféquent néceffaire de conftruire des Moulins où
» l'on travaille avec plus de foin. Il y en avoit deux dans
» les Forêts de l'Efcurial, mais on les a ruinés, parce
» que le bruit des pilons effrayoit les bêtes & déroutoit
» la chaffe.

» Il feroit bon que Sa Majefté permît au Monaftere
» de réparer ces Moulins; & pour remédier aux incom-
» modités qui en réfultent pour la chaffe, on élevera
» une muraille entre les deux parties du bois pour cou-
» per la communication.

Ces deux Moulins font rétablis.

» Il eft convenable en même tems que le Monaftere
» puiffe avoir dans tout le Royaume la préférence de
» l'achat des drapeaux, & qu'il puiffe avoir d'autorité
» ceux que d'autres perfonnes auroient achettés. Il fau-
» droit auffi donner des ordres généraux à ce que l'on
» laiffât ces matieres paffer franches pour la deftination
» du Monaftere.

Les Facteurs & les Subalternes abufent toujours de

ces fortes de préférences, il feroit prudent de les limiter.

» Jufqu'à ce que les Papeteries d'Efpagne & les Mou-
» lins que l'on répareroit, fuffent en état de fournir du
» papier convenable, il feroit néceffaire d'en tirer de
» dehors pour commencer l'impreffion, & d'en affran-
» chir l'entrée de tout droit.

Cette demande eft jufte, mais il faudroit limiter la
quantité, & fixer le port où elle devroit arriver.

» Un pareil établiffement feroit une grande confom-
» mation d'étain & de plomb pour la fonte des caracte-
» res; il feroit néceffaire que Sa Majefté en fît fournir
» gratuitement de fes mines.

Je crois que le Roi pourroit tous les ans deftiner au
Monaftere une portion de ce que les Entrepreneurs
des mines font obligés de lui fournir de ces métaux pour
rien ou à bas prix. Il eft bon d'obferver que la confommation de la premiere année eft la plus forte, parce que
les mêmes lettres fervent à l'impreffion de plufieurs
Volumes; lorfqu'elles s'ufent on les refond, & avec peu
de matiere de plus on en forme d'autres caracteres.

» Le peu de tems que l'on me laiffe pour répondre,
» ne me permet pas de donner le détail de tout ce qui
» fera néceffaire pour la conftruction des moulins & des
» bâtimens; mais il feroit bon que Sa Majefté accordât
» une franchife générale fur chacune des chofes que le
» Monaftere fera obligé d'employer à ces établiffemens,
» fût-ce fur des marchandifes étrangeres.

Cela peut être accordé en fixant les quantités, &
avec les précautions qu'exige la prudence.

» Il y a fi peu d'Imprimeurs en Efpagne, que peutêtre
» aura-t-on de la peine à en trouver un qui fçache le
» Latin; on fera donc obligé de faire venir les Maîtres
» & les principaux Ouvriers des pays Etrangers. Il feroit
» néceffaire que Sa Majefté le permît, & même donnât
» des ordres à fes Ambaffadeurs pour en choifir de ca-

» pables. Ces perſonnes auront beſoin d'exemption de
» tous droits, pour elles & leurs familles, ſur les effets
» qu'elles apporteront ; & le ſervice qu'elles rendront au
» Royaume d'y apporter un art auſſi utile, exigera qu'el-
» les ſoient exemptes de Cens, & naturaliſées.

On peut encore accorder cet article, mais toujours
ſous des reſtrictions quant à ce qui regarde la natura-
liſation & les autres points.

CHAPITRE LXXXVII.

*Evaluation de ce que nous pouvons conſommer de
Morue ſéche & d'autres poiſſons ſalés, dont
les Etrangers nous vendent pour environ trois
millions de piaſtres par an. Moyens pour remédier à cet abus, qui nous ruine pour enrichir les ennemis de l'Egliſe.*

L E Gouvernement doit ſes premiers ſoins au tort
infini que nous font les Etrangers, par l'introduction de la morue ſéche & de leurs poiſſons ſalés : mais
ſur-tout de la morue dont l'uſage eſt général, comme
on le ſçait.

Dans la Couronne de Caſtille, où l'on fait gras les
Samedis, il y a cent vingt jours maigres par an : dans
celle d'Arragon on en compte cent ſoixante. Ainſi avec
les différences qui ſe trouvent dans les abſtinences de
dévotion, on peut par toute l'Eſpagne eſtimer par an
les jours maigres à cent trente. Si l'on ſuppoſe ſeulement que chaque feu conſomme dans chacun de ces
jours quatre onces de morue, ce ſont trois mille ſept
cens cinquante quintaux, & par an quatre cens quatre-
vingt-ſept mille cinq cens quintaux. A cinq piaſtres le

quintal, valeur ordinaire de cette denrée à bord des
vaiffeaux étrangers, ce font deux millions quatre cens
trente fept mille cinq cens piaftres. Ajoutons-y tout ce
qu'ils nous apportent de faumons, de harengs, de
fardines & autres poiffons, on verra qu'ils nous en vendent tous les ans pour plus de trois millions de piaftres.
Telle eft une des fources du déplorable état de la Monarchie.

Je n'ignore pas que beaucoup de perfonnes incom-
modées n'obfervent pas exactement les jours maigres;
mais d'un autre côté je ne fais pas mention des Mo-
nafteres, dont les uns font maigre toute l'année, les
autres pendant la majeure partie.

J'ai cru devoir faire ce calcul pour mieux démontrer
la grandeur de ce défordre ; je ne fais qu'à regret ces
fortes d'évaluations, parce que je n'aime point à tirer
des conféquences d'un principe qui n'eft pas exactement
prouvé. Cependant on peut remarquer que j'ai foin de
m'éloigner de l'extrême, & chacun aura la liberté de
faire fon eftimation fuivant fes connoiffances.

Je fçais auffi que la morue féche eft d'une très-grande reffource dans les endroits où il n'y a pas de poiffon
frais. Mais en fommes-nous moins obligés de fonger à
notre confervation, & d'y employer tous les moyens
que la prudence & notre pofition nous indiqueront.

Nous pouvons diminuer du moins l'importation des
poiffons étrangers, fi nous tirons parti de nos mers. Les
côtes de Galice font très-poiffonneufes; celles de l'Andaloufie fourniffent abondamment des thons, des ef-
turgeons, des lamproyes, des feches, du cabilleau, &
divers autres poiffons, dont les uns féchés, les autres
marinés, fe peuvent conferver pendant des années entieres. Nous en aurions affez pour la fubfiftance de toute l'Efpagne, fi la pêche étoit protégée & encouragée.
Je vais propofer les moyens qui me paroiffent les plus
fûrs & les plus convenables pour cet établiffement.

F iij

Aux Chap. LXXIII & LXXIV, j'ai parlé de la nécessité d'établir des vaisseaux gardes-côtes ; & j'explique
combien cette précaution seroit favorable à nos pêches.

J'ajouterai ici à cet égard que pour les favoriser, il faut
percevoir sur la morue & les autres poissons salés venant
de l'Etranger, les droits d'entrée aussi forts que le permettent les Traités. Il ne faut permettre ni modération , ni
remises , & abolir celles qui se pratiquent depuis un nombre d'années dans les Douanes de Catalogne , soit par
hazard , soit volontairement ; d'ailleurs dans cette Principauté , non plus que dans le Royaume de Valence , l'on
n'exige point le droit de million qui se paye exactement
dans les Douanes de Castille.

Dans les Provinces où les droits d'Alcavalas & Cientos se trouvent établis , il convient de les exiger en entier sur les poissons salés ; soit que les droits se perçoivent par abonnement ou sur chaque vente.

La France accorde des exemptions sur le poisson salé
& l'huile de poisson qui proviennent des pêches de ses
Sujets ; le sel & les provisions nécessaires pour les vaisseaux que l'on y destine ne payent aucun droit ; & au
titre 15 de l'Ordonnance des Gabelles de 1680 , on trouve diverses franchises sur le sel destiné aux salaisons de
morues , de harengs , de sardines , & autres poissons ;
le prix modéré du sel & les formalités que l'on exige
pour prévenir la fraude.

Par une suite de la même police , l'entrée des sardines
étrangeres en France est prohibée.

Au Chapitre XXVIII , on a vû l'attention de l'Angleterre à affranchir de droits le sel employé pour la pêche du hareng , & la sortie de ce poisson.

Au Chapitre XXXVI , on a vû les précautions particulieres de la Hollande pour favoriser & encourager ses
pêches.

L'exemple des trois Nations les plus habiles dans le
Commerce , & la raison naturelle qui doit toujours pré-

valoir, me perfuadent que nous devons accorder des priviléges à tous nos bateaux qui vont à la pêche fur nos côtes de l'Océan & de la Méditerranée. Il faut leur permettre de fortir fans payer de droits le bifcuit, les légumes vertes, les poiffons falés d'Efpagne, une quantité limitée d'huile, de vinaigre, d'eau-de-vie, fuivant le nombre de l'équipage, & le tems à peu près qu'ils doivent refter dehors.

Je n'ai pas befoin d'avertir que fous aucun titre, ni aucun prétexte, les Etrangers ne pourront participer aux priviléges accordés dans ce cas aux Sujets de Sa Majefté. Quand même les Traités qui ftipulent réciproquement l'égalité de traitement entre les Naturels & les Etrangers s'exécuteroient, ils ont été faits dans des vûes fort différentes. Je ne m'étens pas là-deffus, parce que la chofe eft évidente & connue de tout le monde.

L'on doit auffi faire attention que ces petites franchifes en faveur de nos bateaux pêcheurs, ne mettent pas les Fermiers en droit d'obtenir un dédommagement; l'objet eft peu confidérable en comparaifon du Commerce, & de la population que ces pêches attireront dans le lieu; & comme il a été remarqué au fujet des Manufactures, le produit des droits en fera augmenté. Pour éviter toute difcuffion à ce fujet, on pourra en inférer la claufe dans les Baux des Fermiers des Royaumes de Murcie, de Grenade, de Seville, de Galice, des Afturies & des quatre Villes: dans les autres Provinces maritimes, les rentes Provinciales ne font point affermées, & les Douanes ne le font nulle part.

Si la pêche eft fi éloignée, qu'il faille faler le poiffon avant de rentrer dans le port, il faudra leur fournir du fel au prix que le paye le Roi; fous cette condition de remettre au dépôt l'excédent qui n'auroit pas été employé, moyennant que la valeur leur en feroit rendue, à moins que les Pêcheurs ne vouluffent entrepofer ce fel jufqu'à leur premier voyage, en ce cas il feroit inutile

de rendre l'argent. La quantité que l'on devra livrer, &
toutes les autres précautions fur cette matiere devront
être réglées par l'Intendant ou par le Corregidor, d'accord avec les Officiers des Salorges du Roi.

Lorfque la pêche fe fait auprès des côtes, comme celle
des fardines, des thons ; on pourra difpofer les chofes
de façon, qu'à l'arrivée des bateaux, le Corregidor
faffe livrer d'accord avec les Officiers des Salorges, la
quantité de fel que l'on croira néceffaire, fuivant celle
du poiffon.

Je crois qu'il feroit très-convenable que dans tous
les lieux de la Couronne de Caftille, on ne mît aucune
impofition fur les Pêcheurs à titre de leurs pêches, ou de
leurs bénéfices dans ce métier. Ils ne devroient payer que
les droits impofés fur les confommations à proportion
de la leur, & ce qu'ils pourroient devoir à raifon de
leurs autres biens ou emplois : de façon que fi les droits
établis fur les maifons, les cabarets, les boucheries,
& les autres revenus municipaux de chaque ville &
bourg ne fuffifent pas pour payer l'abonnement convenu
pour les rentes Provinciales, on ne pourra rien repartir
fur eux à titre de Pêcheurs pour le fupplement. En cela
comme en tout il fera bon que les Intendans, les Cor-
regidors, les Alcades & les autres Juges leur accordent
une protection continuelle dans ce qui fera jufte.

En Catalogne & à Valence, on ne diftingue point
féparément les droits d'Alcavalas, Cientos, Millones,
& autres qui fe perçoivent en Caftille ; ces droits fe trouvent confondus dans la contribution des rentes Provinciales, qui en Catalogne s'appelle Cadaftre, & à Valence Impofition ou Equivalent. Il me paroît également
convenable que dans ces Provinces les Pêcheurs ne puiffent être impofés à raifon de leur pêche.

Dans le Chapitre LXXIV j'ai expofé combien il feroit à défirer que Sa Majefté exemptât de logement de
gens de guerre, & d'autres charges de Communauté, tous
les

Matelots qui auroient été deux ou trois ans à son service.
Je crois que la pêche est un objet assez intéressant pour
accorder le même privilége aux Pêcheurs pendant qu'ils
sont en mer : outre ces motifs il n'est pas juste que pendant l'absence & les périls où s'exposent les Pêcheurs,
leurs familles soient sujettes à de semblables charges.

Il n'est pas douteux qu'avec ces précautions, & d'autres dont on pourra se servir au besoin, la pêche de
nos côtes suffira pour la consommation ordinaire de
toutes nos Provinces ; nous pourrons par la suite l'étendre jusques dans les mers éloignées comme font les autres
Nations. Il résultera de ces établissemens une diminution considérable sur l'importation du poisson salé des
Etrangers, sur-tout de la morue. Pour la réduire encore
davantage, il conviendra de rétablir & d'augmenter la
pêche que les Biscayens & ceux du Guipuzcoa, ont fait
pendant long-temps à Terre-Neuve.

Les Anglois ont absolument troublé notre pêche dans
ces parages, depuis que la France par l'article 13 du
Traité d'Utrecht leur a cédé le port & la colonie de
Plaisance, & d'autres postes dans l'Isle de Terre-Neuve.
Les Anglois qui n'en occupoient que la partie méridionale sont en possession du tout ; la France ne s'étant ré-
servé que la liberté de la pêche & de la sécherie, depuis
le Cap de Bonne-Vûe, jusqu'à l'extrêmité septentrionale de l'Isle, & de là en suivant la côte de l'ouest, jusqu'à l'endroit appellé Pointe-Riche. Les François cependant sont restés possesseurs de l'Isle du Cap Breton,
& d'autres petites Isles situées à l'entrée du golfe de
Saint Laurent.

Dans l'Article 15 du Traité de paix conclu en 1713,
entre l'Espagne & l'Angleterre, on lit la clause suivante :
*D'autant que l'Espagne insiste sur un certain droit dont les
Biscayens, & d'autres sujets de Sa Majesté Catholique pré-
tendent la propriété pour pêcher à l'Isle de Terre-Neuve ; Sa
Majesté Britannique consent à ce que les Biscayens & au-*

tres sujets de la Couronne d'Espagne, jouissent de tous les priviléges qu'ils seront fondés de prétendre.

Ceux de Biscaye & du Guipuzcoa, sur la bonne foi de la possession où ils étoient depuis la découverte de l'Isle, & en vertu de l'Article 15 du Traité de 1713, armerent pour Terre-Neuve dans le dessein de continuer leur pêche comme auparavant. Cependant le Gouverneur Anglois, qui depuis la paix réside à Plaisance, troubla leurs opérations sous prétexte qu'il n'avoit point d'ordre du Roi son Maître ; & qu'ils devoient justifier leurs titres. Nos Pêcheurs répondirent que leurs priviléges n'étoient point écrits, mais appuyés sur la premiere découverte & la premiere possession de l'Isle par les Espagnols, sur l'usage non interrompu où ils ont toujours été de pêcher & de sécher leur poisson dans l'Isle de Terre-Neuve. Ce ne fut qu'en 1697 que la France étant en guerre avec l'Espagne, nous troubla pour la premiere fois dans l'usage du port de Plaisance, où se fait le principal aprêt de la morue ; à la paix les François nous rétablirent dans la possession libre & immémoriale de ces Pêcheries.

Depuis 1715, le Marquis de Monteleon n'a cessé de faire valoir ces raisons à Londres, & de demander des ordres précis pour que nos bâtimens ne fussent point troublés dans leur pêche & leurs aprêts, & pour qu'on les accueillît avec tous les traitemens pratiqués entre des Nations amies. Malgré ses instances, il n'a pû obtenir que des paroles vagues & des délais ; conduite ordinaire de ceux qui sont en possession injuste ou légitime de quelque bien. Nous ne devions assurément pas nous attendre à ce procédé irrégulier de la part des Anglois, après les avantages que ce Traité leur avoit accordé ; & ceux dont ils jouissent dans le Contrat de l'Assiento des Negres.

Je pourrois encore citer toutes les graces qu'on leur a faites sur les points douteux ou équivoques, que nous

avons toujours interprétés en leur faveur. Ces confidérations auroient dû faire impreffion fur une Nation auffi
généreufe, quand même nos demandes ne feroient pas
fondées fur la juftice la plus exacte.

Il me femble qu'il ne faut point abandonner la pour-
fuite de notre droit : fi Sa Majefté ne peut en tirer fa-
tisfaction, après avoir fait valoir la juftice, la raifon
d'état, & les avantages accordés fi facilement au Commerce des Anglois ; elle pourroit fe la faire elle-même
en fufpendant l'ufage des bons traitemens, & des graces que l'on pratiquoit avec eux. Cependant je ne me
hazarderai pas à donner mon avis fur cette matiere importante, & digne de l'attention des Miniftres d'Etat.

Si nous parvenons à applanir les difficultés injuftes
que nous font les Anglois, il faudra encourager & augmenter cette pêche le plus qu'il nous fera poffible.

Les bâtimens de Bifcaye & du Guipuzcoa, n'ont pas
befoin des expédiens propofés fur le prix du fel dans les
autres ports : ces Provinces ont le privilége de ne le
payer qu'au prix qu'il leur coûte fur les côtes d'Efpagne
ou de France ; & le droit fur la fortie ne va qu'à un
réal de plate par fanegue ; ainfi leur pofition eft très-favorable pour la pêche.

Les poiffons frais & falés qui entrent dans les ports
de ces deux Provinces, ne payent point non plus les
droits de Douane & de Million à caufe de leurs priviléges ; ainfi ceux qu'il faut leur accorder ne peuvent être
les mêmes que dans les autres endroits du Royaume.

Le commerce & la navigation de la Bifcaye & du
Guipuzcoa, font fort tombés par les pertes confidérables que ces deux Provinces ont faites dans les dernieres
guerres : elles n'ont pu conftruire de nouveaux navires,
foit à caufe du malheur des tems, foit parce que l'on ne
leur a pas exactement payé ce qui leur étoit dû pour le
fret des bâtimens que l'Etat avoit employés. Il feroit

fort jufte de faire promtement ce payement ; ce fecours les mettroit en état de relever leur navigation.

Il eft certain qu'il y a fort peu d'argent dans le Guipuzcoa, où fe font les principaux armemens pour la pêche : je voudrois donc que le Gouvernement leur fît une avance de vingt-cinq à trente mille doublons, fans intérêt rembourfable dans fix ans : cette fomme aideroit les habitans à faire les premiers frais qui font les plus confidérables.

Ils ne feroient tenus à aucun payement pendant les deux premieres années, & il feroit partagé en quatre portions égales dans les quatre dernieres années. Pour la fûreté de cette avance, la Province pourroit être caution des débiteurs ; & la Cour enverroit quelque Miniftre intelligent pour faire les répartitions dans le Pays, former les affociations, & établir la pêche de Terre-Neuve, celle de la baleine & des harengs.

Si les Anglois s'obftinent à refufer aux fujets de Sa Majefté la jufte demande qu'ils font, & que l'on ne veuille pas avoir recours à la force pour maintenir nos droits, l'on pourra faire entendre à la Cour de Londres, que le Roi peut très-bien défendre dans fes Etats l'ufage de la morue ; & que cette denrée ne nous eft point néceffaire, dès que l'on favorifera la pêche fur nos côtes, fuivant la méthode que j'ai propofée dans les Chapitres LXXIII & LXXIV. En effet Terre-Neuve n'a été découverte qu'en 1500 ; jufques-là l'Efpagne plus peuplée dans ces tems qu'aujourd'hui, avoit obfervé les jeûnes & les abftinences fans le fecours de la morue.

Dans le Chapitre XXIX, en parlant des pêches de l'Angleterre, & des fommes confidérables que nous lui payons pour cette branche de Commerce, j'ai cité un paffage d'un Auteur affectionné aux Couronnes de France & d'Efpagne. Il avertit les Anglois, dans fon Livre des intérêts de l'Angleterre mal entendus dans la guerre de 1704, de la facilité qu’il y auroit à reſtraindre parmi nous le nombre des jours d’abſtinence, & d’augmenter le nombre des alimens permis.

Quoique j’aie quelque peine à traiter des points auſſi délicats, il me ſemble que je puis inſiſter ſur ce que l’on obtienne du Pape la permiſſion de faire gras les ſamedis dans les Pays dépendans des Couronnes d’Arragon & de Navarre ; comme cela a été accordé pour les provinces de Caſtille.

Cette condeſcendance qui ſubſiſte depuis pluſieurs ſiécles, en faveur d’une partie de la Monarchie, me perſuade que Sa Sainteté ne refuſeroit pas de la rendre générale, ſur-tout appuyée comme elle l’eſt de pluſieurs raiſons ſolides.

Quant à la nature des alimens prohibés, & à la permiſſion que l’on pourroit accorder aux Monaſteres, d’uſer de viande ou de certaines autres nourritures également interdites pendant toute l’année ou partie, la matiere eſt trop grave, & exige de grandes réflexions. On pourroit ſeulement ſoumettre à l’examen de Sa Sainteté, toutes celles qu’offre ce ſujet, ſur-tout l’avantage que les ennemis de la Foi Catholique en retirent, & s’en remettre entiérement à la déciſion infaillible de ſon zêle & de ſa piété.

CHAPITRE LXXXVIII·

Des régles générales que nous devons fuivre à l'ex-
traction des matieres premieres ; des droits dont
il faut la charger à caufe du préjudice qu'elle
nous caufe ; du droit des Souverains pour pro-
hiber la fortie de certaines denrées , ou pour fe
réferver exclufivement la propriété des autres.

NOUS devons percevoir rigoureufement tous les
droits dont j'ai parlé fur la fortie des laines, des
foies, de l'acier, du fer, de la foude de barille, du lin,
du chanvre & autres matieres premieres: nous les avons
toutes d'une excellente qualité ; & même en abondance,
excepté le lin dont on peut augmenter la culture.

Par cette conduite nous favoriferons nos Manufactures, en même tems que nous diminuerons le grand bénéfice que les Etrangers font avec nous fur ces mêmes
matieres, lorfqu'ils nous les revendent en œuvre; car il
eft certain qu'un million de piaftres en laine, nous eft
revendu cinq millions de piaftres , lorfque l'on nous l'ap·
porte employée en draps. C'eft une jufte punition de notre négligence; les faveurs que notre pays a reçues de la
Providence, font les reffources dont nos rivaux fe fervent
pour nous affoiblir: c'eft nous qui livrons à nos ennemis
les armes dont nous fommes frappés.

Tous les autres Etats font jaloux de la confervation
de leurs matieres premieres; ils en empêchent la fortie
par la rigueur des droits, ou par des prohibitions abfo-
lues. L'Angleterre défend fous peine de la vie, l'extraction de fes laines, des cendres, des béliers , des brebis,
des métiers & inftrumens propres à la fabrication, des
foies, des peaux de mouton avec la laine, des cuirs non

tannés ou couroyés, de la terre à dégraisser les draps. La France charge de gros droits l'extraction de plusieurs matieres premieres, & prohibe celle de quelques autres; la Hollande le pratique également; c'est un droit de la Souveraineté.

Les Ordonnances de nos Rois ont prohibé la sortie du fer & de l'acier brut, ainsi que des autres matériaux; particulierement des soies, des laines moyennes & communes. Entr'autres Réglemens à ce sujet, on en trouve deux de Charles II. du 23 Juin 1699, au folio 119 du quatrieme Tome de la derniere collection.

La propriété exclusive de certaines denrées est encore un droit de la Souveraineté; on en a des exemples en France, en Angleterre & ailleurs: en Espagne Sa Majesté en use ainsi pour le tabac, le vif-argent, le sel, le plomb, la poudre; quoique ces deux dernieres parties soient concédées par traités à des particuliers. Aucune de ces denrées ne se peut vendre ni introduire dans le Royaume, qu'autant que les Ministres & les Cessionnaires du droit le trouvent convenable.

En conséquence de ce droit des Souverains, Sa Majesté pourroit prohiber l'extraction des laines fines du Royaume. Je ne le propose pas cependant pour le présent: nous n'avons pas assez de Manufactures en Espagne pour en employer même la moitié; ainsi cette interdiction pourroit diminuer la nourriture des moutons, & je crois que nous devons la réserver pour un tems plus [a] favorable. Il est bon d'observer encore que quoique cette

---

a Cette réflexion est d'autant plus juste, que l'on a souvent observé qu'une interdiction de sortie sur une denrée, en arréte la culture au point d'en manquer quelquefois : ainsi à moins qu'elle ne soit d'un besoin indispensable pour les autres Nations & unique, l'on ne peut gueres donner de loix fixes à ce sujet. Elles dépendent presque toujours du prix combiné des diverses Provinces d'un Etat, comme à l'égard du bled. Si l'on interdit ou si l'on rencherit trop la sortie d'une matiere premiere qui peut se remplacer, il est évident que c'est en favoriser la culture dans d'autres pays, sans que les Manufactures y gagnent rien. Quoique la concurrence des achetteurs rencherisse la marchandise, ce surhaussement de prix est sup-

Loi fût jufte, elle ne laifferoit pas d'indifpofer contre
nous les autres Nations qui ne peuvent fe paffer de nos
laines : je fuis donc d'avis de prendre d'abord les voies
les plus douces ; mais fi elles ne réuffiffent ou ne fuffifent
pas, il faudra avoir recours aux autres. Quelque dures
qu'elles paroiffent d'abord, elles ne font point contraires à la foi des Traités, & les peuples mécontens ne feroient pas en droit de s'en plaindre. Puifque la politique
d'Etat nous confeille de différer pour des changemens
même légitimes, jufqu'à ce que l'occafion foit favorable ; en attendant celle de la prohibition des laines, je
penfe que nous devons percevoir à leur fortie, tous les
droits ordinaires & extraordinaires établis jufqu'à ce
jour, fans permettre aucune remife.

Il eft bon que dans l'intérieur du Royaume, elles
foient exemptes de tout droit d'Alcavala & Cientos ; &
que ces mêmes droits foient perçus à leur paffage, dans
les Douanes des frontieres ou des ports de mer. Ce Réglement fera très-utile aux Sujets de Sa Majefté, aux
Manufactures ; il ne le fera pas moins au Tréfor Royal,
parce que dans les Douanes, le droit d'Alcavala &
Cientos fera perçu plus exactement que dans l'intérieur
des Provinces. Il feroit encore très-convenable d'augmenter les droits de fortie de quatre réaux de veillon
par chaque arrobe, ce qui feroit à peu près cinq maravedis
par livre ; & en même tems de fupprimer le fervice ou
droit de la montagne. Ce droit raporte cinquante mille
piaftres par an ; mais avec le profit des Fermiers & les
frais de l'adminiftration, il coûte effectivement aux Propriétaires des troupeaux plus de cent mille piaftres : cette
charge leur eft très-onéreufe, outre qu'elle entraîne né-

porté par les fabriques étrangeres,
comme par les nationales ; & celles-
ci ont toujours à payer de moins les
frais de tranfport, de commiffion, de
déplacement, à égalité d'induftrie elles doivent vendre à meilleur marché. Cependant la balance générale
d'un Etat en eft augmentée, & fes
terres font plus cultivées.

ceffairement

ceſſairement des gênes, des diſcuſſions. Le droit que je propoſe ſur la ſortie de la laine, remplaceroit à peu près celui-là ; car l'on eſtime qu'il ſort tous les ans plus de deux cens mille arrobes de laine.

Les Etrangers ne laiſſeroient pas d'en faire ſortir comme à l'ordinaire par le beſoin extrême qu'ils en ont; il ne s'en trouve nulle part de pareilles aux nôtres : quoique l'Angleterre en ait de très-fines, c'eſt en petite quantité, & leur ſortie eſt défendue ſous peine de la vie. J'ajouterai que cette différence qui eſt très-conſidérable pour les nourriciers en Eſpagne, eſt un objet de peu de conſéquence pour les Etrangers : on les a vû même en tems de guerre venir chercher nos laines à plus grands frais. D'ailleurs ils payent également ce droit aujourd'hui, puiſque l'achetteur de la marchandiſe en paye les frais; il n'y aura de changement que dans la perception.

Quelques perſonnes voudroient que l'on diminuât les droits ſur l'extraction des laines, les croyant contraires à la multiplication des troupeaux. J'avoue que je ne puis comprendre la force de leurs raiſons; je penſe qu'il faudroit plutôt les augmenter ces droits juſqu'à vingt-cinq réaux de veillon par arrobe de laine fine lavée, ce qui répondroit à un réal par livre. Je dis plus, c'eſt que le Commerce des Etrangers n'en ſouffriroit pas: il entre communément une livre de laine fine lavée dans la fabrique d'une vare de drap, & il faut cinq vares pour l'habit complet. Or il n'eſt pas à croire qu'en aucun pays du monde, ceux qui voudront un habit de drap fin, s'arrêtent à la différence de cinq réaux de veillon. En-vain me dira-t-on que ces minuties ſont des objets importans pour le Négociant; j'en conviens, mais nous ſommes dans un cas privilégié; l'on ne peut ſe paſſer de nos laines, & on les achetteroit quand même elles payeroient vingt-cinq à trente pour cent au-delà. La précaution que je recommande de faire payer dans les Douanes le droit d'Alçavala, & celui des quatre réaux de nou-

H

velle extraction ne souffriroit pas plus de difficulté, que n'en a essuyé dans les tems le recouvrement du droit de million dans les Douanes sur les poissons salés, le sucre, le papier.

J'ignore si la défense de 1699, sur les laines ordinaires & communes, est en vigueur, & s'il est convenable de l'observer : il s'en recueille une grande quantité dans quelques-unes de nos Provinces, & je doute que nous ayons assez de métiers pour les employer. C'est un point à examiner; mais si l'on en permet l'extraction, ce doit être sous les mêmes régles que celle des laines fines.

Ce dont je ne doute point, c'est que nous devons renouveller & faire observer scrupuleusement l'Ordonnance de 1699, qui défend la sortie de la soie, soit en matasse, soit torse : je crois que l'on ne peut prendre des mesures trop rigoureuses pour la faire observer, si nous voulons favoriser & conserver nos Manufactures de soie.

Par les raisons que j'explique aux Chap. LXXXII & XCI, on peut permettre la sortie des cheveux, en tenant les blonds & les blancs à deux cens maravedis par livre; les bruns & les noirs à cent maravedis.

Quoique la culture du chanvre n'ait pas fait d'aussi grands progrès en Espagne, que si nous avions sçû pousser plus loin les Manufactures de cordages & de toiles à voile, je crois qu'il est nécessaire d'en défendre absolument l'extraction pour l'Etranger; permettant toutefois de l'embarquer pour le transporter dans d'autres ports du Royaume avec les formalités requises, franc de tous droits à l'entrée & à la sortie, dès qu'il sera justifié être du crû de l'Espagne.

Je pense que le lin exige les mêmes Réglemens que le chanvre : je sçai qu'il est rare en général, cependant on en tire quelques parties de Galice & des Asturies; & nous avons des cantons où il réussira très-bien pourvû que l'on porte quelque attention à nos Manufactures de toiles. En cas que l'on embarque du lin pour les Colonies, il conviendra d'exiger les droits de fortie en entier, pour éviter la fraude qui pourroit ré-fulter de l'exemption totale des droits.

CHAPITRE LXXXIX.

De la facilité qu'il y auroit à manufacturer en Efpagne, l'acier, le fer, la foude de barille & de bourdine, la cire jaune, les vieux linges, les cuirs, les joncs pour faire les nates, les ingrédiens propres à la teinture : on propofe une augmentation de droits fur l'extraction de quelques-unes de ces matieres ; la prohibition de la fortie des autres, ainfi que des métiers & autres inftrumens propres à la fabrication : de l'extinction de la vente exclufive de la foude.

LES raifons que j'ai expofées dans les Chapitres pré-cédens, fervent de bafe à ce que j'avancerai dans celui-ci.

Il eft très-important que l'acier & le fer fe convertif-fent en ouvrages dans l'intérieur du Royaume, mais je ne crois pas qu'il foit encore tems d'en défendre la fortie pour les Pays étrangers. Il eft très-difficile en même tems de l'embarraffer par une augmentation de droits, à caufe des priviléges des Provinces de Bifcaye & du Guipuzcoa : il ne feroit ni jufte, ni prudent de confeiller des nouveautés contre les priviléges légitimes d'une Pro-vince. Il ne refte qu'une voie également utile à la Can-tabrie & au Commerce général de l'Efpagne. Ces Pro-

vinces perçoivent des droits à l'entrée de leurs Villes &
de leurs Bourgs, sur différentes denrées qui leur viennent de la Castille, de l'Arragon & de la Navarre : le
produit en est administré par elles-mêmes comme des
revenus municipaux, & employé aux Charges publiques
des Communautés. Si ces droits étoient supprimés, &
perçus seulement sur la sortie du fer, excepté sur les
fournitures dont le Roi auroit besoin, les priviléges n'en
souffriroient point, l'impôt n'auroit que changé d'objet
sans que le Trésor Royal y eût aucune part. Cette augmentation de droits de sortie seroit très-favorable aux
Manufactures d'armes & autres ouvrages de cette Province, puisqu'elles convertiroient dans la valeur de trois
ou quatre doublons, le fer que les Etrangers nous enlevent aujourd'hui pour la valeur d'un seul, comme je
l'ai expliqué au Chapitre XXXVII. Tout ce qui sortiroit travaillé pour l'Etranger ou pour les autres Provinces de l'intérieur, ne payeroit que les droits actuels pour
en faciliter l'extraction.

De la suppression des droits sur les denrées des autres Provinces, il en résulteroit en faveur des Manufactures une plus grande abondance de vivres, & à meilleur marché.

La soude de barille est fort abondante en Espagne,
& d'une qualité supérieure à toutes celles que l'on a
connues jusques à présent ; les Etrangers en ont besoin
d'une grande quantité pour leurs Manufactures de verres & de savons : ainsi cet objet mérite un soin particulier. En attendant que l'on examine s'il est convenable d'en défendre la sortie, je crois que nous devons
en augmenter les droits sans accorder aucune grace ni
remise. Dans le Chapitre où je parle de la fabrique du
savon qui en emporte le plus, je propose les moyens
qui faciliteront la circulation & la consommation de
cette matiere dans l'intérieur. Avant tout il faut en abolir la vente exclusive ; elle n'est affermée que trois mille

doublons par an ; cependant elle eſt fort contraire à nos Manufactures de ſavon par les formalités, les embarras, & les diſcuſſions qui en réſultent continuellement. C'eſt ce que l'on peut voir ſur la relation qu'en fit en 1724, à la Cour, le Maréchal de Camp Don Juan de Cereceda ; il a été quelques années Gouverneur d'Alicante, & il réunit le zêle & les connoiſſances.

» Dans le Royaume de Murcie, & partie de celui de » Grenade, les laboureurs ſément une petite graine, » qu'ils appellent barille, dont la récolte ne ſe fait qu'au » bout de deux ans. Après une attente & une culture » ſi longues, ils viennent juſques de Lorca, & même » de plus loin, la vendre à Alicante ; elle fut vendue » l'année derniere 1723 à peu près quinze réaux de veil-» lon le quintal. Ces pauvres laboureurs ſont ſujets à » une charge bien peſante ; les Fermiers du droit qu'ils » appellent de barille, leur font payer ſix réaux par » quintal, & les obligent de laiſſer leur denrée dans les » champs, où elle a été brûlée, juſqu'à ce que les Com-» mis ayent la commodité d'en aller prendre le poids : » tous les jours les Fermiers forment à ce ſujet des dif-» ficultés aſſez peu fondées.

» Pluſieurs Négocians habiles, m'ont aſſuré qu'à Gê-» nes, Marſeille, Veniſe, & ailleurs, on ne peut fabri-» quer le verre ni le ſavon ſans la ſoude de barille & » celle de bourdine ; quoique l'on employe pour le ſavon » d'autres leſſives, il n'eſt jamais auſſi bon, auſſi ferme, » qu'avec celle-là ; les Etrangers ſont obligés de recou-» rir à nous pour cette denrée, malgré la rigueur des » droits de ſortie, parce que ſa ſemence ne réuſſit qu'en » Eſpagne, & encore dans quelques cantons ſeulement » où les terres ſont ſéches & nitreuſes. L'impôt de ſix » réaux par quintal occaſionne de telles vexations, & rap-» porte ſi peu au Roi, qu'il ſeroit très-avantageux de » l'éteindre. Un Négociant m'a aſſuré que tous les ans » il ſort de l'Eſpagne pour les pays Etrangers une ſi

» grande quantité de ces foudes, que l'on pourroit rem-
» placer aifément le prix que le Roi retire du privilége
» excluſif, par une impoſition de deux réaux de veillon
» ſur chaque quintal de ſoude de barille, tant premiere
» que ſeconde qualité, & d'un réal & demi par quin-
» tal de bourdine à la ſortie, outre les droits actuels.
» Les Sujets de Sa Majeſté ſe trouveroient ſoulagés des
» extorſions des Traitans, & ce réglement leur aſſure-
» roit de grands avantages pour les Fabriques impor-
» tantes du ſavon & du verre, en leur procurant les
» matieres à meilleur marché. Une preuve de l'augmen-
» tation de ces Manufactures en Eſpagne, & de l'envie
» que les Etrangers ont de les détruire, c'eſt que de-
» puis qu'il paſſe dans le Nord des ſavons d'Alicante &
» de ª Elche, l'on a modéré à Marſeille les droits de
» ſortie ſur tout le ſavon qui s'y fabrique : en même
» temps l'on a baiſſé dans tous les autres ports de Fran-
» ce les droits ſur l'entrée du ſavon de Marſeille, & l'on
» en a mis d'exceſſifs ſur celui d'Eſpagne.

» Il paroît donc que ſi par compenſation du privilé-
» ge l'on chargeoit de droits la ſortie de ces ſoudes, les
» Laboureurs & les Manufacturiers en ſeroient très-ſou-
» lagés ; le Tréſor Royal y gagneroit auſſi, & n'auroit
» pas beſoin pour le recouvrement d'autres Officiers,
» que de ceux des Douanes.

» A Alicante ſeule en 1722, on chargea quarante-
» quatre mille ſix cens quatre-vingts-douze quintaux de
» barille, & huit mille trois cens quatre-vingts quintaux
» de bourdine, ſans compter ce que l'on exporta d'une
» eſpece de barille ſupérieure nommée *Agua azul*, qui
» ne vient que dans cet endroit, & qui convient encore
» mieux pour les glaces. Les autres ports où l'on em-
» barque les ſoudes ſont ceux d'Almeria, de Vera & de

ª Elche, petite Ville ſur la Segre ‖ Alicante & Origuela.
dans le Royaume de Valence, entre ‖

» Quevas, de la Torre de las Aguilas, d'Almazarron,
» de Cartagéne, de Tortofe & des Alfacs.

Il me paroît qu'on ne peut rien répliquer aux raifons de cet Officier général; & que l'on ne doit pas balancer à fupprimer les droits de l'intérieur, pour les percevoir à la fortie avec les droits entiers de la Douane, qui font de quatorze à quinze pour cent, dans les Royaumes de Valence & de Murcie. Cette précaution fuffira en attendant que nos Manufactures de verres, de glaces & de favon, foient affez confidérables pour en prohiber abfolument l'extraction. Si l'on trouvoit quelque inconvénient à la nouvelle impofition, l'on pourroit fe contenter de fupprimer dans l'intérieur les droits d'Alcavala, & les percevoir à la fortie avec ceux de la Douane; cet expédient auroit tous les avantages du premier.

J'ai parlé au Chapitre LXXXII de la néceffité de mettre un obftacle à l'entrée, & à la confommation de la cire tant blanche que jaune, en Efpagne & dans nos Colonies. Cependant l'on peut regarder la cire jaune comme matiere premiere; ainfi il eft convenable d'en prohiber la fortie, à moins qu'elle ne foit auparavant blanchie.

L'extraction des chiffons & vieux linges foit de lin, foit de chanvre, paroît d'abord peu importante; mais elle l'eft réellement en ce que c'eft la matiere de la Fabrique du papier, des cartes, & du carton. Il faut faire enforte que nos propres Fabriques nous fourniffent la quantité de ces articles, avec laquelle les Etrangers nous enlevent des fommes confidérables. La rigueur des Loix de France fur cet article en prouve la conféquence; l'extraction des chiffons ou drapeaux de linge eft prohibée, fous peine de confifcation & de mille piaftres d'amende. Il eft bon d'imiter cette Loi, & de permettre feulement l'extraction d'une Province à l'autre, avec les précautions que j'ai propofées pour le chanvre & le lin; l'extraction de ces mêmes matieres est aussi défendue dans quelques Provinces de France.

Le commerce des cuirs mérite encore la plus sérieuse attention par son utilité & sa grande consommation. On doit les regarder comme matiere premiere; ainsi l'on doit ou imposer de gros droits sur leur sortie, ou la prohiber. Je serois volontiers de ce dernier avis, tant pour favoriser nos Manufactures, que par le respect que nous devons aux Ordonnances de nos Rois, qui partent toujours d'un examen profond. L'Empereur Charles V, par une Ordonnance du 15 Février 1552, & renouvellée depuis, défend l'extraction de toutes sortes de cuirs de quelque qualité qu'ils soient, en poil, tannés, couroyés ou en basane ; des peaux de Moutons, de Boucs, de Cerfs, de Dains en poil ou autrement, sous peine de confiscation & d'une amende du double pour la premiere fois; de la confiscation de la moitié des biens pour la seconde, & du total pour la troisiéme, avec peine de mort. Il permet cependant la sortie des gands & des tapisseries de cuir doré.

Il me paroît que l'on devroit renouveller cette Ordonnance, en la modifiant seulement sur la peine de mort ; l'on pourroit la commuer en dix ans de service dans les garnisons pour les Nobles, & en dix ans de galere pour les roturiers. Cette prohibition ne devroit pas non plus s'étendre sur les envois de l'Amérique ; il seroit bon de permettre sous des droits les plus foibles, l'extraction de ce que le Royaume ne pourroit en consommer. En cas que l'on remette cette Loi en vigueur, il sera bon de permettre la sortie des gands & des tapisseries de cuir : nous avons aussi en abondance des peaux de Chevres propres à être maroquinées; on peut en permettre la sortie lorsqu'elles auront reçu cet apprêt, parce qu'elles sont payées fort cher en France & en Allemagne. Il sera bon cependant de percevoir les droits en plein.

Dans

Dans le Chapitre XCI je dis qu'il convient de faciliter l'entrée de tous les inftrumens propres aux Manufactures quelconques ; & par la même raifon, la fortie
doit en être défendue.

Les ingrédiens propres à la teinture des laines & des
foies, doivent être regardés comme matériaux, & en conféquence chargés de gros droits à leur fortie, en attendant
que l'on examine s'il ne convient pas de la prohiber. Je
n'entens parler que de ceux de l'Efpagne ; les drogues
qui viennent des Colonies méritent les mêmes égards
que je confeille pour les cuirs en faveur du Commerce.

Quoique les joncs foient d'une mince valeur refpecti-
vement à leur volume, il ne laiffe pas de s'en exporter
pour quelque argent en Languedoc & en Provence : ainfi
il eft à propos d'en faire payer les droits en entier, lorfqu'ils ne feront point ouvragés ; & la moitié feulement
lorfqu'ils le feront.

Je parle au Chapitre XCII du Commerce & de l'extraction de nos productions.

CHAPITRE XC.

*Des denrées fur lefquelles il eft à propos de mo-
dérer les droits de fortie ; les régles que l'on
peut fuivre pour l'établiffement de cette pratique , & particulierement pour remédier aux
embarras des Douanes de l'Andaloufie avant
l'extraction du Royaume.*

L A modération de droits que j'ai propofée fur l'extraction de quelques articles, doit s'étendre fur
toutes les fortes de Manufactures que l'Efpagne pourroit avoir, comme je vais l'expliquer un peu plus en dé-

tail : ce Réglement a le même principe, qui m'a servi à démontrer au Chapitre LXXXI, qu'il faloit mettre un obstacle à l'entrée des Manufactures étrangeres. C'est par là que nous parviendrons à conserver la propriété réelle des Trésors du nouveau monde, à peupler, à enrichir l'Espagne, à augmenter les revenus de l'Etat, enfin à nous assurer tous les avantages dont j'ai parlé tant de fois.

Il y aura toujours des gens qui prétendront que c'est diminuer les revenus publics, que de baisser les droits de sortie; leur avis ne peut se soutenir, puisqu'il est certain que l'Espagne envoye si peu de ses étoffes aux Etrangers, que la rigueur actuelle des tarifs ne raporte presque rien. C'est cette même rigueur qui s'opposera toujours à nos exportations; & il est évident qu'en la diminuant, la quantité dédommagera de ce sacrifice. J'ajoute encore, comme je l'ai dit en plus d'un endroit, que ce n'est point un produit de cent mille ou de deux cens mille doublons de plus dans nos Douanes, qui doit faire la régle de nos tarifs, mais l'utilité générale du commerce de l'Espagne. C'est de là que les revenus de l'Etat recevront leur véritable augmentation, comme je l'ai prouvé au Chapitre LXXX.

Toutes les Nations habiles dans le Commerce suivent ce principe, & je n'hésite pas d'affirmer que nous devons user des modérations suivantes, à la sortie de nos Manufactures du Royaume.

Tous les tissus de laine, de soie, de chanvre, de lin, de poil de chameau, de chevre & de vigogne, & tous autres quelconques, ainsi que les ouvrages qui pourroient en être faits, ne devroient payer à la sortie du Royaume que deux & demi pour cent de leur valeur, quoique mêlés d'or ou d'argent.

Il faudroit former de nouveaux tarifs, où la valeur de chaque marchandise fût exactement spécifiée, avec le droit qu'elle doit payer pour éviter toute discussion.

Une piéce de drap fin, par exemple, de trente à quarante vares eftimée cent piaftres, payera trente - fept réaux de veillon. Il faudra faire la même évaluation fur les draps moyens & communs, fur les étoffes de foie, expliquant la qualité & la mefure de chaque efpéce, afin de n'avoir point de nouvelles évaluations à faire à la Douane. A l'égard des chofes dont le prix varie, parce qu'il dépend de la main d'œuvre & de la façon, comme l'horlogerie, les bijoux, les meubles, les caroffes & autres, il fera néceffaire d'en faire l'évaluation à la Douane ; on pourra fuivre la méthode de France qui perçoit les droits tantôt au quintal, tantôt à la livre, &c.

La méthode de Hollande eft d'imprimer les tarifs fur trois colonnes ; l'une eft deftinée à la dénomination des denrées ; la feconde, aux droits d'entrée ; la troificme, aux droits de fortie : cette maniere eft fufceptible d'erreurs & de confufion ; j'aime mieux la pratique de France, où l'on a deux tarifs féparés, un pour l'entrée, l'autre pour la fortie.

La même raifon fubfifte pour réduire à deux & demi pour cent le droit fur la fortie de tous les ouvrages en acier, en fer, en cuivre, en laiton, en bronze, & en tous autres métaux du crû de l'Efpagne & de fes Colonies, excepté ceux d'or ou d'argent [a] maffif. Les armes, & généralement toutes les munitions de guerre doivent avoir leurs régles particulieres, comme je l'ai expliqué au Chapitre XXXVII.

Quoique les cloux exigent peu de façon, ils doivent être regardés comme ouvrages, & ne payer que deux & demi pour cent.

Tout papier, foit blanc, foit coloré, doit fortir fans avoir d'autres droits abfolument que deux & demi pour

---

[a] L'Auteur femble contredire ici fes principes ; la fortie de l'or & de l'argent ne peut être onéreufe à un Etat lorfqu'il eft en œuvre, & qu'il rentre néceffairement en plus grande quantité qu'il n'eft forti.

cent : quoique l'Espagne ne soit pas encore en état d'en vendre , elle peut espérer d'y parvenir avec certaines précautions.

Les cartes & le carton pourront également s'exporter sous le droit de deux & demi pour cent.

Les Livres pourront jouir à leur sortie de la franchise qui leur fut accordée en 1720.

La cire blanche peut passer pour ouvragée , ainsi elle jouira des mêmes faveurs que les autres Manufactures ; mais il faudra percevoir les droits entiers sur la cire jaune , à moins qu'on ne croye devoir en prohiber l'extraction.

Tout cuir ouvragé , y compris les carosses , les berlines , les chaises , &c. ne payera que deux & demi pour cent , à moins que ce ne fussent des fournitures pour les troupes , ce qui doit être compris sous le titre de munitions de guerre.

Les ouvrages en écaille , ébene , yvoire , nacres , & autres matieres fines , ne payeront également que deux & demi pour cent , même quand elles seroient incrustées d'or ou d'argent , pourvû que ce ne soit pas pour une grande valeur.

Il sera également convenable de laisser sortir sous les mêmes droits , toutes sortes de bordures ou cadres peints, argentés , surdorés , en bois ou en métal , pourvû qu'ils ne soient point d'or ni d'argent massif.

Le même tarif doit avoir lieu pour toutes sortes de marbres , jaspes , pierres précieuses & communes en œuvre ; sur les porcelaines ou fayance de Seville , Talavera & autres lieux, en uni ou peintes ; pour toutes les poteries ; pour les verres & les cristaux , sauf à observer les franchises qui pourroient avoir été accordées par Sa Majesté aux Entrepreneurs de ces Manufactures diverses.

Le savon doit sortir sous le droit de deux & demi pour cent.

J'ai parlé au Chapitre LXXXII de défendre l'entrée des perruques ; mais il sera convenable d'en permettre l'extraction , sous le droit de deux cens maravedis les blondes ou blanches , & de cent maravedis les brunes ou noires.

Il est bon d'observer que tout ce qui s'embarquera de nos Manufactures pour les Colonies ne doit pas payer le droit de deux & demi pour cent , mais uniquement ce qui aura été fixé par le projet lors du départ des flottes , des galions , & des vaisseaux de registre. Il seroit de la justice de Sa Majesté , que les régles qu'elle établira à ce sujet fussent communes dans toute l'Espagne ; rien ne contribueroit davantage au progrès du Commerce & des Manufactures, que l'exécution générale des ordres donnés pour le transport libre de toutes les denrées quelconques d'une Province à une autre , à l'exception de la Navarre & de la Cantabrie, où la disposition des Douanes est différente. Ainsi les droits d'Almojarifasgo , de Diezmo, de Cientos , qui sont proprement les droits de Douane , ne devroient se percevoir que sur les frontieres ou dans les ports de mer. Cela se pratique partout, excepté en Andalousie , comme je l'ai remarqué au Chapitre LXXIX. Malgré cette disposition si convenable pour que tout le commerce des Colonies se fît avec des marchandises d'Espagne , toutes les étoffes de Tolede , Segovie , Valence , Cordoue , Grenade , Murcie & autres endroits, qui se transportent à Cadix pour les Colonies , payent des droits considérables aux Douanes de Seville , de Cadix , de Xeres , & autres de l'Andalousie. Dans le reste des Douanes du Royaume on ne perçoit les droits que lorsque les marchandises sortent pour l'Etranger : cette pratique est encore plus essentielle dans l'Andalousie pour les raisons que j'ai déja dites. En cas que dans cette Province, comme à Madrid, les droits d'Alcavala & de Cientos se trouvent confondus avec ceux de l'entrée , de façon que l'on n'attende pas la vente pour les percevoir , il fera bon de les féparer & de preſcrire une autre forme d'adminiſtration pour les droits d'Alcavala & Cientos , afin que les marchandiſes qui deſcendent par terre ou par le Guadalquivir en Andalouſie puiſſent entrer à Seville , à Cadix , à Saint Lucar , à Sainte-Marie , ſans payer d'autres droits que deux & demi pour cent, ſi c'eſt pour l'Etranger qu'elles s'embarquent, ou le droit fixé par le projet ſi c'eſt pour les Colonies.

Il faut encore faire attention aux droits qui ſe perçoivent à l'entrée de Cadix & de quelques autres villes d'Andalouſie , ſoit en faveur de ces Villes , ſoit pour le payement de quelque emprunt : il eſt à propos que ces droits n'ayent point lieu ſur les Manufactures d'Eſpagne , & qu'ils ne ſe perçoivent que ſur les marchandiſes étrangeres qui y ſont importées. Je me perſuade que le produit en ſeroit ſuffiſant pour l'objet , ſi l'adminiſtration étoit bonne : ſi les droits municipaux quelconques étoient recouvrés ou diſtribués avec l'exactitude convenable , ſurtout ſi les comptes étoient examinés plus ſévérement , ces impoſitions auroient bientôt aſſez produit pour les pouvoir ſupprimer. Les charges cependant ſe perpétuent ſur le peuple par la mauvaiſe régie : des inconvéniens ſi ordinaires & ſi conſidérables exigeroient une diſcuſſion fort ample.

Les Douanes des ports de la Cantabrie & celles de la Navarre ſur les frontieres de France , ne ſont pas ſur le pied des autres. C'eſt pour cela que l'on en a établi à Vittoria, Balmaſeda, Ordugna, Agreda, Tarazona, & Mallen. Il me ſemble que ce qui paſſera de nos ouvrages par ces Douanes, pour entrer en Cantabrie & en Navarre, ſoit pour la conſommation de ces Provinces, ſoit pour celles de l'Etranger, ne devra payer que deux & demi pour cent. Cependant entre ces Douanes & les frontieres de France , il y en a d'autres dépendantes des Loix de Navarre , où les droits ſe perçoivent ſur le pied

de deux ou trois pour cent, ce qui pourroit nuire à l'extraction de nos ouvrages ; ainsi il sera bon de régler que
toute fabrique d'Espagne qui aura payé une fois deux &
demi pour cent dans les Douanes du Roi, ne payera
plus rien dans les autres Douanes des Provinces. Par cet
arrangement, l'extraction de nos Manufactures sera
égale de tous côtés. Quant à ce qui viendroit de l'Etranger, il faudroit qu'il continuât de payer les droits entiers
dans les Douanes, entre la France & la Navarre,
comme dans celles qui sont sur les frontieres de l'Arragon & de la Navarre.

Je ne doute point que cette modération des droits
n'augmentât la consommation de nos Manufactures en
Navarre, en Cantabrie, & chez les Etrangers mêmes
dont ces Provinces tirent aujourd'hui presque tous leurs
besoins : cette extraction étrangere leur est d'autant plus
facile, qu'en vertu des priviléges de la Cantabrie, il n'y
a d'entrées que quelques droits municipaux ; en Navarre
l'entrée des Douanes n'est que de deux ou trois pour cent,
au lieu que tout ce qui entre dans ces mêmes Provinces
du côté de l'Espagne, paye quatorze à quinze pour
cent de droits dans les Douanes du Roi. Ce que je propose, corrigera ce vice en partie.

CHAPITRE XCI.

Des denrées dont il convient de modérer les droits d'entrée, & la forme d'executer ce réglement.

LA maxime générale eſt de percevoir des droits médiocres à l'entrée des denrées très-utiles & très-
néceſſaires. Ce Chapitre ſera court, parce que la Providence a été ſi libérale envers l'Eſpagne, qu'elle ſe peut
fournir elle - même tout le néceſſaire dans une qualité
ſupérieure ; les épiceries ſont peutêtre la ſeule choſe qui
lui manque, & c'eſt ſans doute une faveur que de l'a-
voir privée d'ingrédiens auſſi pernicieux à la ſanté des
hommes.

Quoique nous ne manquions d'aucune des choſes
néceſſaires à la vie & à la décence, je ne dis pas que
nous ne puiſſions recevoir quelques ſecours ; ce ſera ordinairement dans le ſuperflu, dans le luxe, ou pour
completter les aſſortimens dont les vaſtes régions de
l'Amérique ont beſoin. Ce ſeroit ſans doute un grand
bonheur pour la Monarchie, que ces ſecours étrangers
ne lui coutaſſent point comme aujourd'hui une partie de
ſes Tréſors ; mais puiſque l'oſtentation & la délicateſſe
du plus grand nombre ne ſe contentent pas des biens
qu'ils trouvent dans leur patrie, je vais m'étendre ſur le
petit nombre de denrées dont l'importation peut nous
convenir dans la conſtitution préſente ; me référant aux
autres Chapitres ſur ce qui regarde les épiceries & les
denrées comeſtibles.

Je ſuis diſpenſé de parler de l'entrée des laines ; nous
en avons une telle abondance, que l'excédent de notre
conſommation ſuffit pour celle de pluſieurs autres
Etats ;

Etats; ce font même, comme je l'ai dit, les armes avec lefquelles ils nous combattent.

Nous avons également autant de foies que nous en pouvons employer actuellement & même beaucoup plus, puifque du feul royaume de Murcie il en fort ordinairement par an deux cens milliers en matafle, ce qui revient environ à la valeur de fix cens mille piaftres; mais ce feroit une exportation de plus de deux millions de piaftres fi elles étoient manufacturées. Il n'eft pas douteux que fi l'on favorife les manufactures de foieries, nous pourrons employer toutes nos récoltes: nous pouvons aifément les augmenter à la faveur de notre climat, par la plantation des muriers & la multiplication des vers; mais, après tout, la confommation des étoffes de foie eft fi grande en Efpagne & dans nos Colonies, que nous pouvons permettre l'entrée des bonnes qualités de foie d'Italie à raifon de deux & demi pour cent. Les foies de Chine, de Perfe & de prefque toute l'Afie, font inférieures pour l'ordinaire, & je crois que l'on doit les prohiber auffi févérement que les étoffes de ces pays.

Nous manquons un peu de lin en Efpagne pour les linges fins, puifque nous ne nous contentons pas des qualités ordinaires que nous poffédons; vû la grande quantité qui s'en confomme à l'Amérique on pourra permettre l'entrée des lins en nature à raifon de deux & demi pour cent; & celle du fil ouvragé, à raifon de quatre pour cent.

Nous pourrions pratiquer la même régle pour le chanvre, le cotton, le poil de chevre & de chameau, le caftor, la laine de vigogne.

Quoique l'Efpagne & fes Colonies fourniffent, je crois, tous les ingrédiens propres à la teinture, fi à l'examen il s'en trouvoit quelqu'un qui nous manquât, on pourroit en permettre l'entrée à raifon de deux & demi pour cent.

Le fer & l'acier font des métaux infiniment plus uti-

K

les aux hommes que ne le font l'or & l'argent , puifqu'ils fervent à l'agriculture , à la conftruction des maifons, des navires, & à une infinité d'autres ufages où rien
ne les peut remplacer. Nous en avons des mines confidérables en Cantabrie , mais il n'eft pas poffible qu'elles fuffifent feules à la confommation immenfe du Royaume & de fes Colonies ; ainfi nous pouvons laiffer entrer le fer brut à raifon de cinq pour cent , à moins
que l'on ne reconnût que nos mines peuvent nous fuffire. Pour l'acier, comme il y entre déja quelque façon ,
il devroit payer fur le pied de fix pour cent.

Nous voyons l'immenfe confommation qui fe fait en
Efpagne d'ouvrages en cuivre & en laiton ; principalement de chandeliers, de boutons, de boucles, de ferrures, de cafferoles, chaudrons & autres uftenciles de cui-
fine. La majeure partie nous vient d'Allemagne, par la
voie de Hollande & prefque manufacturée , puifqu'en
Efpagne on ne fait plus que polir & donner les proportions que l'on veut.

Dans la fonte de l'artillerie & des cloches, on employe auffi beaucoup de cuivre réduit en bronze. Les
mines d'Efpagne nous en fourniffent affez peu , mais
celles de la Nouvelle Efpagne, des Ifles de Puerto-Rico
& de Cuba, de Chily, peuvent nous en donner de très-
grandes quantités. Les matieres en viennent fans autre
aprêt que la premiere fonte de la mine réduite en maf-
fes rondes, du poids de trois arrobes chaque environ ;
nos vaiffeaux en prennent pour left à leur retour, &
l'apportent fans frais. Il eft bon d'obferver que l'on a
différé longtems d'employer les cuivres de l'Amérique à
la fonte de l'artillerie d'Efpagne, parce que l'on n'avoit
pas trouvé l'art de les affiner & de les mêlanger à leur
point pour les réduire en bronze ; nous ne nous fervions
que de ceux de Suede & de Hongrie, ce qui étoit très-
fujet à inconvénient & fort difpendieux. La premiere fois que l'on employa les nôtres , ce fut dans les

fonderies d'artillerie de Seville en 1717 ; on fit différens essais sur une partie de sept cens vingt-huit quintaux des mines de Mechoacan, & l'on réussit à faire des canons & des mortiers.

Sur cette expérience & avec les connoissances que l'on avoit des mines des Indes Occidentales, Sa Majesté envoya des ordres très-formels aux Vicerois de la Nouvelle Espagne & du Perou, pour faire travailler ces mines & en envoyer la plus grande quantité que l'on pourroit. Cela fut exécuté ; le Roi envoya à Seville Don Joseph de Gayoso y Mendoza, Brigadier de ses Armées, & Lieutenant-Général d'Artillerie, pour y faire faire devant lui les divers affinages de ces cuivres, examiner leurs tares, & perfectionner la composition du bronze. On fit diverses expériences en 1720 sur des cuivres de Barbarie, sur ceux de nos Colonies, & l'on détermina le point de perfection où ils pouvoient être employés à la fonte de l'artillerie. Les cuivres de Barbarie se trouverent perdre de treize à quinze pour cent, cependant toujours aigres & durs sous le marteau : ceux de l'Amérique ne perdirent que dix à douze pour cent, & se trouverent lians, dociles au marteau, & d'une très-belle couleur. L'Entrepreneur de cette fonderie, Don Enrique Bernardo Abet a continué de s'en servir, & assure qu'ils surpassent infiniment en qualité les cuivres de Suede & de Hongrie pour l'artillerie ; les ouvrages qui en sont sortis ont tous très-bien résisté à l'épreuve de l'eau & du feu.

Je me suis étendu sur ces faits, pour que l'on comprenne mieux l'importance de nos mines de cuivre de l'Amérique : il seroit très-nécessaire de donner des ordres pressans pour leur exploitation, afin de ne plus payer au Nord & à la Suede d'aussi grandes sommes pour nos besoins. Il convient donc que le cuivre étranger, quoique matiere premiere, paye en entier tous les droits d'entrée qui se trouveront établis. Cependant le laiton qui est un mêlange de cuivre & de calamine, pourra entrer brut en Espagne, en payant deux & demi pour cent, parce que jusqu'à présent nous n'avons point établi en Espagne cette composition avec la calamine, qui vient d'Allemagne, & sur-tout des environs de Namur & de Limbourg.

On n'a point non plus en Espagne la fabrique du fer blanc ; il se fait avec du fer bien battu, jusqu'à le réduire en feuilles très-minces, qui se blanchissent avec l'étain, après avoir été préparées avec de l'eau-forte, pour mieux fixer le bain d'étain que l'on leur donne. L'on m'a assuré que ce secret avoit pénétré des manufactures de Saxe dans différentes Provinces de France ; & j'espere qu'il s'introduira aussi en Espagne. En attendant il sera très-convenable de laisser entrer cette marchandise sous les droits de deux & demi pour [a] cent.

Les ouvrages de plomb & d'étain coûtent si peu de façon, qu'il est peu de conséquence de régler la forme dans laquelle ils doivent entrer. Je ne trouve point d'inconvénient à ce que ces métaux payent ouvragés ou non les droits d'entrée en entier ; sans préjudice cependant des priviléges exclusifs. Les mines de Linares & de Bagnos peuvent fournir seules à notre consommation de plomb ; & un peu d'étain nous suffit pour la nécessité de quelques ouvrages. Nous pourrions encore faire valoir l'étain admirable des mines de Monterrey en Galice. Je ne puis concevoir pourquoi l'on en défend le travail, tandis que nous voyons les Etrangers nous en apporter pour de grandes sommes.

Quoique l'on sente assez la nécessité de permettre l'entrée de tous les instrumens propres à la fabrication, comme métiers, dévidoirs, moulins, navettes, cardes, peignes, cizeaux à tondre, & autres ; la défense rigoureuse que les autres Etats font de leur sortie, est une raison de plus pour nous d'en permettre l'entrée. En Angleterre il y va de la vie pour cette extraction, &

a Cette Manufacture est actuellement établie en Espagne.

partout on y veille févérement , quoiqu'avec moins
de rigueur, afin que les Etrangers n'en imitent point
l'art. Je proposerois volontiers que l'on en affranchît
l'entrée, fi ce n'étoit pour reconnoître la Souveraineté,
& l'on pourra modérer ce droit à un pour cent.

On pourra comprendre dans cette claffe, les matrices
pour la fonte des caracteres d'Imprimerie.

On a reconnu en France & ailleurs, que les lins font
plus beaux lorfque l'on tire leur femence des pays Septentrionaux, & principalement de la Curlande. Je penfe
qu'en Efpagne ce fera la même chofe, & il convient
d'y laiffer entrer la graine de lin & de chanvre, à raifon
d'un pour cent de droit.

Pour ce qui regarde les bois, ce que l'Efpagne en
produit , l'abondance & l'excellence de ceux de nos
Colonies, me font croire que nous n'avons pas befoin
d'en recevoir de l'Etranger ; ce qui nous en viendra des
autres pays, devra donc payer les droits en entier ; fi
cependant il nous manquoit quelques - unes de leurs
fortes de bois, on pourroit en permettre l'entrée, à raifon de deux & demi pour cent.

La cire qui fe recueille en Efpagne ne fuffit pas à
beaucoup près à notre confommation ; la cire jaune
peut être regardée comme matiere premiere par le bénéfice qu'on trouve à la blanchir , elle devroit donc entrer à raifon de cinq pour cent. Je ne propofe pas de
modérer ce droit à deux & demi pour cent, parce qu'il
n'y a point une affez grande différence entre le travail
& la matiere , & que d'ailleurs il eft jufte de donner
quelques avantages à nos propres laboureurs.

J'ai parlé au Chapitre LXXXII des motifs qui doivent nous porter à prohiber l'entrée des perruques ; à
permettre l'entrée des cheveux fous un droit qui ne foit
ni trop fort, ni trop modique. Les prix varient avec les
couleurs & les qualités ; il feroit difficile d'en faire l'ap-

préciation à la Douane, ainsi il sera bon d'en faire deux classes. Les cheveux blancs & blonds payeront deux cens maravedis d'entrée par livre pour tous droits ; les cheveux bruns & noirs en payeront la moitié. On en pourra permettre l'extraction aux mêmes conditions, puisque s'il sortoit ce seroit sans doute par entrepôt venant de l'Etranger, l'Espagne ne pouvant se fournir la cinquieme partie de ce qu'il lui faut de cheveux pour sa [a] consommation.

Il paroîtra peutêtre étrange de fixer à deux & demi pour cent les droits sur les vieux linges & chiffons à l'usage des papeteries, puisque nos Manufactures ne peuvent encore employer qu'une foible partie de ce que nous en avons : mais l'établissement des bonnes régles ne doit point s'astreindre au moment actuel, il doit prévenir les effets que l'on peut raisonnablement espérer ou craindre : nous pourrons peutêtre un jour avoir besoin de l'introduction de ces matieres.

Quoique les cuirs puissent aussi être regardés comme matiere premiere, il ne me paroît pas qu'il soit nécessaire de modérer les droits sur l'entrée, vû l'abondance & l'excellence des nôtres, tant d'Espagne que des Indes. Je me référe sur cet article aux Chapitres LXXXIX & XC.

L'Espagne & ses possessions ne produisent pas, ou du

a L'Auteur me paroît s'écarter des vrais principes sur l'extraction, ce seroit empêcher tout entrepôt dans un pays que de lever de gros droits à l'entrée & à la sortie ; cependant les entrepôts sont utiles, puisqu'aucune marchandise ne s'arrête en un endroit sans y laisser du profit. Dans quelques Etats on perçoit de gros droits d'entrée sur des marchandises étrangeres dont la consommation n'est pas nécessaire, mais on restitue ces mêmes droits à la sortie ; par cette conduite l'Etat profite de l'utilité d'un Commerce qui ne peut être avantageux qu'avec restriction. Dans d'autres endroits l'on a établi des Ports-Francs pour ne pas se priver du bénéfice qu'il peut y avoir sur le Commerce des marchandises mêmes dont la consommation seroit pernicieuse dans l'intérieur. Le bénéfice d'une cargaison dépend presque toujours de ses assortimens, & cette régle pratique se peut appliquer au commerce politique d'une nation.

moins jusqu'à préfent n'ont pas cultivé le poivre, le girofle, la muſcade, là canelle & autres épiceries; mais
ce n'eſt pas une raiſon pour en faciliter l'entrée, au
contraire, ces ingrédiens ſont très-pernicieux à la ſanté;
je m'en ſuis expliqué plus au long au Chap. LXXXIV.
Je me contente de remarquer ici que l'Eſpagne poſſéde
toutes les denrées néceſſaires aux vrais beſoins; ſi elle
doit recevoir quelques ſecours, c'eſt pour un ſuperflu
dont l'uſage s'eſt introduit, & pour completter les aſſortimens néceſſaires à la conſommation de ſes vaſtes domaines.

CHAPITRE XCII.

*Du réglement ſur les droits tant à l'entrée qu'à
la ſortie des grains, des vins, des eaux-de-
vie, de l'huile, du ſafran, des légumes, des
raiſins, des figues, & autres fruits; des diſpoſitions à faire en faveur de ces denrées.*

LEs régles que l'on doit ſuivre ſur l'importation &
l'exportation des marchandiſes comeſtibles, doivent être très-différentes de celles que j'ai propoſées ſur
le reſte. On ne doit pas également favoriſer en tout tems
l'extraction des vivres, mais ſeulement dans les années
abondantes & encore avec des limitations; les droits
doivent être proportionnés ſur le beſoin que les Etrangers peuvent avoir de nos denrées. Pour les droits d'entrée, l'on doit avoir égard à la néceſſité que reſſent le
Royaume. En général on peut dire que les régles & les
loix ſur cette matiere dépendent des circonſtances, varient avec elles; enfin que dans une même année, il
peut ſe rencontrer des intervalles où l'on ſoit obligé de
hauſſer, de modérer, de ſupprimer tour-à-tour les droits

d'entrée ou de fortie ; même de faire des prohibitions
rigoureufes. Nous en avons plufieurs exemples récens ;
quoique l'entrée des bleds étrangers foit défendue par
les loix du Royaume pour favorifer les laboureurs , on
la permit en 1723, avec une franchife abfolue , parce
que l'Andaloufie & diverfes Provinces manquoient. Il
n'y a pas bien longtems que l'on permit l'extraction des
grains de l'Andaloufie, de l'Eftramadoure, de la Caftille
Vieille , de l'avis du Confeil de Caftille ; le Préfident du
Confeil des Finances donna des ordres pour la perception des droits établis en pareil cas. Cette permiffion
étoit néceffaire pour le foulagement des laboureurs
furchargés de grains à vil prix ; puifque dans l'Eftramadoure , le diftrict de Salamanque, la Caftille Vieille &
ailleurs , la fanegue du froment ne valoit que cinq réaux
de veillon, & celle d'orge en valoit à peine deux. Les
Propriétaires ne retiroient pas les frais de la culture ; ils
ne pouvoient payer ni les impôts , ni leurs dettes particulieres, ni recommencer les travaux de leurs terres : &
cet abandon nous eût plongé dans une difette dont l'a-
bondance feule eût été la fource. Aujourd'hui cette
même extraction eft défendue par des raifons oppofées.

L'Angleterre a fur cet article une méthode qui paroît étrange au premier coup d'œil ; non feulement elle
permet dans l'abondance la fortie franche de fes grains ,
mais encore elle accorde la valeur de deux réaux & demi
de plate par fanegue de grains qui s'exporte, tant qu'il
ne paffe pas un certain prix. Le Gouvernement eft perfuadé que cette facilité, & même cette récompenfe qu'il
accorde à l'extraction du froment, eft ce qui en affure
le mieux l'abondance. Ils en donnent des raifons qui me
paroiffent fort folides, & que l'expérience a pris foin de
juftifier : depuis l'établiffement de cette police, l'Angleterre n'a effuyé aucune difette.

Malgré le fuccès de cet expédient & de divers autres que
je pourrois rapporter, je ne me hazarderai pas à donner
mon

mon avis fur une matiere auffi grave : c'eft une des plus délicates du Gouvernement économique , les mefures les plus fûres feront toujours celles qui procéderont du plus mûr examen , & des avis du Confeil de Caftille de l'infpection duquel eft cet objet important. Il fera toujours convenable de fe rappeller l'inftruction de Sa Majefté aux Intendans des Provinces, dont j'ai parlé au Chapitre XLVIII , & la Loi 29, Titre 18 , Livre 6. Elle ordonne en fubftance que dans tous les cas, où le Roi permettra l'extraction des grains , il faudra s'affurer auparavant de la quantité néceffaire pour la fubfiftance de l'année dans chaque endroit, & même de ce qui fera néceffaire pour la femence de l'année fuivante. On pourroit encore établir une autre précaution en faveur de la Bifcaye & du Guipuzcoa qui fe trouvent fouvent dans la difette , & qui payent de grandes fommes à la France , l'Angleterre, & autres parties du Nord , pour leur fubfiftance. Le but de Sa Majefté eft que toutes les Provinces fe fecourent mutuellement ; ainfi il paroîtroit convenable que la Jurifdiction de Burgos laifsât paffer franche tous les ans une quantité de bled limitée , pour l'approvifionnement de la Cantabrie : l'on pourroit au furplus prendre toutes les furetés néceffaires , & prefcrire les formalités & acquits à caution ordinaires.

Il me paroît auffi qu'il n'y auroit nul inconvénient à laiffer paffer fans droits de la Caftille & de l'Arragon , dans la Navarre , la quantité de bleds dont cette Province pourroit avoir befoin dans fes difettes ; elles y font rares à la vérité , & la fertilité de fes récoltes fera plus fouvent utile à l'Arragon & à la Caftille , comme pendant la derniere guerre ; ainfi je crois que le paffage de fes grains dans les autres Provinces doit être libre & franc. Il l'eft dans tout le refte du Royaume , par les ordres généraux qu'a donnés Sa Majefté pour le foulagement réciproque des diverfes contrées. Les unes vendent leur superflu, comme l'Andaloufie & le royaume de Murcie, qui dans les bonnes années ont coutume d'en avoir; & celles qui ne recueillent prefque jamais de quoi fe nourrir, comme la Catalogne & le royaume de Valence, en reçoivent un fecours prompt & utile à l'Etat.

Après avoir établi la liberté de ce commerce par terre, il feroit convenable que les provinces de Murcie & d'Andaloufie puffent dans l'occafion envoyer par mer à celles de Valence & de Catalogne, fans payer de droits d'entrée ni de fortie, mais toujours fur les permiffions du Confeil de Caftille, & avec les précautions néceffaires.

Je crois que l'entrée & la fortie des légumes féches doit dépendre des mêmes régles que les circonftances confeillent d'établir fur les grains. Il conviendra d'en défendre l'extraction, excepté celle de Province à Province lorfque les bleds manqueront; fur-tout celle du ris dont le royaume de Valence abonde ordinairement. Lorfque le Royaume ne fera pas dans la difette, il n'y a aucun rifque à permettre l'extraction des légumes fous les droits qui font actuellement établis.

Je crois ne pouvoir mieux montrer l'attention que l'agriculture a toujours méritée de la part de nos Rois & des Etats du Royaume, qu'en tranfcrivant ici la claufe 83 du contrat paffé le 18 Juillet 1650, pour la prolongation du fervice des millions.

» L'expérience a fouvent prouvé que l'entrée dans le
» Royaume, des fromens, des feigles & des orges venant de l'étranger, eft pernicieufe à la Monarchie.
» Outre que la qualité en eft fouvent mauvaife, ce qui
» occafionne des maladies contagieufes, cette importation épuife le Royaume de fes efpeces d'or & d'argent;
» elle nuit à l'agriculture qui en fait la force. Les terres
» reftent incultes, parce que leurs productions font fans
» valeur, les Eglifes perdent leurs dixmes, les Couvens
» & les particuliers leurs revenus en grains; nous reftons
» expofés à la difcrétion des Etrangers, qui dans les an-

» nées de befoin pourroient à leur gré nous laiffer périr
» de faim. Pour remédier à ces défordres, il eft expreffé-
» ment ftipulé que Sa Majefté ne permettra point l'en-
» trée des fromens, feigles & orges de l'étranger, par-
» ce qu'il n'eft pas jufte que tandis que les laboureurs du
» Royaume en ont à vendre à des prix modérés , les
» ennemis de la Couronne entreprennent de nous en
» fournir au détriment de l'agriculture. Par cette pré-
» caution, la culture de nos terres fera telle qu'elle étoit
» autrefois, & les années communes produiront affez
» pour remplacer celles qui feront ftériles. Dans les cas
» preffans cependant où les Provinces ne feroient pas en
» état de s'approvifionner entr'elles, à des prix modérés,
» Sa Majefté voudra bien fur la requête de la Province
» qui manquera, permettre pour un temps l'entrée d'une
» certaine quantité de grains par le port qu'elle indique-
» ra, & non ailleurs. Nous n'entendons pas cependant
» affujettir au contenu de ce contrat les royaumes de
» Murcie, de Galice, des Afturies, dé Bifcaye, du Gui-
» puzcoa & d'Alaba : ces Royaumes s'enrichiffant par
» cette voie, comme ils le faifoient auparavant ; le refte
» de leur commerce & les droits de leurs Douanes fub-
» fifteront toujours fur l'ancien pied.

Quoique l'entrée & la fortie des vins ne foient pas de
la même importance que celles des grains , cet objet
exige une attention toute particuliere ; outre qu'il eft
utile d'en recueillir pour nos befoins, il eft évident qu'une
partie du Royaume vit de cette récolte & de fon commerce, qu'on ne fçauroit trop augmenter ni favorifer.
Nos provinces méridionales font celles qui fourniffent
le plus de cette denrée ; il fort communément par an des
feuls environs de Malaga , pour la valeur d'un million
& demi de piaftres en vins & en raifins. Ce font les vaiffeaux Anglois, Hollandois, Hambourgeois, Suedois &
autres qui les enlevent.

L'utilité qu'en retirent ces cantons , & le grand

produit qui en revient au Tréfor Royal y ont augmenté confidérablement les vignes depuis vingt-cinq à trente ans. Des perfonnes bien au fait m'ont affuré que depuis que les vins y ont eu plus de débouché, & que l'on a éprouvé que les côteaux font plus favorables à la vigne, on en a planté une chaîne de montagnes de cinq lieues & demie de long fur cinq de large, ce qui fait trente-trois lieues quarrées, au lieu de deux lieues quarrées environ qu'elles occupoient autrefois dans la plaine, & où l'on cueille actuellement du bled. Cet exemple juftifie ce que j'ai dit ailleurs, que plus les productions d'un pays, ou fes manufactures ont d'encouragement & de débouché, plus leur abondance augmente & leur qualité fe perfectionne.

On peut ajouter que l'augmentation de ce commerce vient en partie de la bonne foi avec laquelle il fe fait : on ne fouffre point ces fraudes pratiquées dans beaucoup d'autres endroits, pour augmenter la quantité aux dépens de la qualité. Elles font prefque toujours la perte du Commerce, parce que les achetteurs une fois dégoûtés, vont fe pourvoir ailleurs, où la récolte & le Commerce augmentent; une fois l'habitude prife, on la change rarement. Les fraudes pratiquées en plufieurs endroits de l'Italie, lui ont fait perdre une partie de fon commerce de vins, ainfi il convient de veiller à ce que les mêmes raifons ne nous nuifent pas un jour.

Le Nord n'a point de vignes, & eft obligé de tirer fes boiffons de l'Efpagne, du Portugal, de la France, de l'Italie, des Canaries, de Hongrie, des bords du Rhin & de la Mofelle. Les droits exceffifs ou la mauvaife foi, font les feules caufes qui puiffent engager les peuples Septentrionaux à préférer un parage à un autre; ainfi je ne vois pas que nous foyons dans le cas de hauffer ni de baiffer les droits de fortie. On peut ajouter à cela que cette denrée n'eft pas dans le cas des matieres premieres, dont la fortie en nature convient mieux aux autres peuples. Je crois donc que l'on peut sans crainte percevoir les droits entiers établis dans les Douanes d'Espagne & des Canaries , tant sur les vins que sur les eaux-de-vie. Le commerce de cette derniere production est fort augmenté depuis que la vente exclusive en est supprimée. J'en parle plus au long aux Chapitres LIII & LIV.

Lorsque je propose de percevoir en entier les droits établis sur les vins & les eaux-de-vie , je n'entens parler que des droits ordinaires de la Douane ; car je sçai que dans le royaume de Seville , il y a différens droits établis & excessivement augmentés depuis quelques années ; ils ont fait beaucoup de tort à l'extraction des vins de cette contrée. Il seroit nécessaire d'en avoir une connoissance fort exacte, afin de prendre les mesures les plus convenables pour leur suppression. Cela est d'une très-grande conséquence pour une Province aussi étendue & aussi abondante, dont les vins font la principale richesse.

Nous ne devons pas craindre que l'extraction de cette denrée sous des droits modérés nuise à nos besoins ; nous en avons une assez grande abondance pour y fournir ; & dût-il en être un peu plus cher , ce n'est point un mal dans la police de l'Etat. Quoique notre Nation ne soit pas à beaucoup près portée aux excès du vin , on ne sçauroit croire combien l'usage même ordinaire en est contraire à la santé s'il n'est très-modéré ; la force de nos vins jointe à la chaleur du climat, brûle & corrompt aisément le sang. Les hommes n'en font pas moins robustes pour ne pas user de cette liqueur ; les habitans des côtes de Barbarie & les Mahometans de l'Asie en font une preuve. Pour passer de ces pays brûlans à ceux du Nord, on y voit des hommes & des femmes d'une complexion très-robuste , quoique la plupart n'usent point de vin ni d'eau-de-vie ; leur principale boisson est de la bierre fort légere , dont la composition est de l'eau bouillie, avec une espece de grain & quelques autres ingrédiens: mais ce mêlange eſt en ſi petite proportion avec la quantité de l'eau, que dans deux pintes il n'y a pas autant de ſubſtance, que dans la même portion d'eau où l'on auroit mêlé une demi-chopine de notre vin. Il eſt certain que la conſommation qui ſe fait du vin dans les pays Septentrionaux, ne s'étend gueres qu'aux riches; les pauvres qui partout ſont le plus grand nombre, ne ſont pas en état de le payer, parce qu'il y eſt fort cher, tant à cauſe des frais de tranſport, que des droits d'entrée qui y ſont conſidérables preſque partout: en Angleterre ces droits vont à cent pour cent de la valeur. Je conviens cependant que dans ce Royaume ainſi qu'en Flandre & en Hollande, on fait auſſi de la bierre plus forte que celle dont j'ai parlé; mais elle eſt également trop chere pour le menu peuple.

Tout cela me perſuade que nous devons plutôt faciliter la ſortie de nos vins, & de nos eaux-de-vie par la diminution des droits, que les retenir par une augmentation.

L'Arragon dans pluſieurs endroits eſt fertile en vins, qui n'ont pas de débouché par la diſtance où ils ſont des ports, & par l'abondance des Provinces voiſines: il ſeroit très-utile aux terres de ce Royaume, & au Tréſor Royal, de faciliter l'extraction de ſes vins & de ſes eaux-de-viepour la France, ſous le droit de deux & demi pour cent.

Les mêmes raiſons nous invitent à permettre ſous le même droit, la ſortie des vins & des eaux-de-vie de l'Eſtramadoure, des diſtricts de Salamanque, & de Zamora pour le Portugal, en cas que ce Royaume en ſupprime la prohibition. Mais les liqueurs qui en viendront, devront payer les droits entiers qui vont à douze pour cent.

La Galice fournit quelques vins à l'Angleterre, mais ce ſeroit en plus grande quantité ſans les embarras de ſon extraction. Une coutume ancienne oblige les habitans de prendre pour la fortie des vins une permiffion des Gouverneurs & Capitaines Généraux, qui fouvent la refufent ou la different. Outre la perte du tems que l'on met à folliciter cette grace, & les expéditions dans les Sécretaireries, il faut payer certains droits quoique modérés. Je ne vois aucune raifon pour que les Colons & les Négocians de cette Province foient privés de la liberté qu'ils ont dans le refte du Royaume : il eft à propos de fupprimer ces formalités onéreufes. Si on leur permet l'exportation de leurs vins & eaux-de-vie, fous les droits établis partout ; je ne doute point que les vignobles ne s'y multiplient comme cela eft arrivé à Malaga & ailleurs.

Quant aux roffolis & autres compofitions de liqueurs fortes, je me réfere à ce que j'en ai dit au Chapitre LIV. Il eft bon d'en prohiber la fabrication, l'ufage & l'introduction.

Il entre en Efpagne quelques parties de vins de France & d'Italie, mais en petite quantité & uniquement pour l'ufage de quelques Etrangers ou autres qui s'y font accoutumés hors du Royaume. On peut je crois en tolérer fans crainte l'introduction, en payant en entier les droits établis, fans préjudice cependant des priviléges des villes où il n'en peut entrer même du crû du Royaume, avant que ceux du pays foient confommés.

Il me paroît que nous devons obferver pour les huiles, la même méthode que j'ai propofée fur les vins, & les laiffer fortir en payant en entier les droits établis. Cette régle ne pourroit fouffrir quelque exception que dans le cas d'une difette extraordinaire, où le Roi, de l'avis du Confeil de Caftille, en prohiberoit l'extraction pour un temps. Je penfe que les huiles de l'Arragon devroient avoir les priviléges que j'ai propofés pour fes vins par les mêmes raifons.

Nous ne devons pas craindre que les huiles étrangeres nuifent aux nôtres ; s'il en entre, c'eft en très-petite quantité, & l'on peut en tolérer l'introduction, à condition de payer en entier les droits établis.

A l'égard des fruits fecs, comme raifins, figues, amandes, olives, noix, noifettes, citrons, oranges, nous ne devons je crois rien innover. On peut les laiffer entrer & fortir en payant en entier les droits établis. Nous n'en recevrons jamais du dehors autant que nous en vendrons par l'abondance que nous en avons, & parce que le Nord eft obligé de s'en pourvoir dans les pays méridionaux de l'Europe.

Il n'y a point non plus d'inconvéniens à laiffer fortir & entrer le fafran, fous le paiement entier des droits.

J'obferverai que tout ce qui feroit embarqué de ces denrées pour les Colonies, ne devroit payer que les droits établis dans le projet.

Je remets aux trois Chapitres fuivans à traiter des autres denrées comeftibles, que je n'ai point comprifes dans celui-ci.

CHAPITRE XCIII.

Sur l'entrée & la fortie des chevaux, des jumens, des poulains, des mules, des ânes, du gros & menu bétail, de toutes fortes de viandes, du fromage, du beurre, du thé & du caffé.

QUOIQUE dans un Chapitre que j'ai deftiné aux denrées comeftibles, il puiffe paroître étrange de me voir parler des chevaux, des jumens, des poulains, des mules, & des ânes; je ne puis me difpenfer de dire ici que l'on pourroit propofer des Réglemens pour l'entrée & la fortie, propres à augmenter nos haras & à les perfectionner. La matiere eft délicate & importante;

rante : je remets à la traiter dans un tems où j'y pourrai apporter tout l'examen qu'elle mérite ; car nous avons diverſes Loix à ce ſujet. En attendant je dirai que le plus ſûr moyen pour augmenter nos haras, ce ſeroit d'en permettre l'extraction aux conditions & par les raiſons que j'ai propoſées au Chapitre XXXVII au ſujet des armes.

Différentes Loix du Royaume défendent la ſortie du gros & menu bétail, des viandes fraîches & ſalées : je ne trouve point que leur exécution puiſſe préjudicier au Commerce, ſous les modifications dont je parlerai plus au long. Ces choſes ſont néceſſaires à la vie des peuples, c'eſt pourquoi le paſſage doit en être libre de droits d'une Province à l'autre, & aux Douanes principales. Il ſeroit également convenable que ce commerce fût reſpectivement libre entre les provinces de Caſtille, de l'Arragon, de la Navarre & de la Cantabrie, ſur-tout à l'égard des bœufs, des moutons & des cochons. Il ne faut pas craindre que le bétail paſſe de ces Provinces en France où l'on n'en a pas beſoin, & d'où elles ont coutume de les tirer, ce qui fait ſortir l'argent d'Eſpagne.

L'Irlande, la Flandre, la Hollande & d'autres parties du Nord, nous envoyent auſſi des viandes ſalées, du lard, des fromages, du beurre, de la bierre. Quoique la majeure partie de ces proviſions ſoit néceſſaire pour la navigation, & ſur-tout les viandes ſalées dont ils entendent ſi bien les apprêts qu'elles ſe conſervent longtems, je ne les crois pas d'une telle néceſſité, qu'il nous convienne d'en faciliter l'entrée par la modération des droits. Leur importation ne ſera pas non plus aſſez préjudiciable au Commerce pour la prohiber.

Il paſſe auſſi de l'Eſtramadoure & de la Galice en Portugal, quelque bétail ſous des droits qui ſont établis : je ne trouve point d'inconvénient à continuer la permiſſion de cet uſage, pourvû que les droits ſoient perçûs en entier. Ces Provinces ſont tellement abondantes en

Chapitre
XCIII.

M

gros & menu bétail, que malgré cette extraction & ce qui s'en conduit en Castille, la livre de bœuf de seize onces, n'y coûte que quatre *quartos*. Le mouton & le porc y sont à proportion; ces denrées seroient également à bon marché à Madrid, sans les droits royaux & municipaux qui y sont excessifs.

Depuis quelques années, on a introduit dans le Royaume quelques parties de thé & de caffé, cependant je ne crois pas que l'on doive craindre de voir leur usage aussi grand parmi nous, qu'il l'est en France, en Hollande & dans d'autres endroits du Nord. On y fait un grand usage de ces denrées réduites en breuvages, pour corriger en partie la froideur des boissons du pays, & suppléer à la rareté du vin. Ces boissons ne sont pas d'une grande nécessité; mais comme elles ne sont pas nuisibles à la santé, je crois qu'on peut laisser entrer ces denrées, sur le pied de quatorze pour cent de droits, à raison de ceux de Diefmos & Cientos; le droit de million n'a point encore été imposé sur ces articles. Ce que je propose n'empêche pas que l'on ne doive examiner si l'on n'en rendra pas la vente exclusive comme celle du tabac; & entre les mains des mêmes Régisseurs pour éviter la multiplicité des gardes & des autres employés qui est toujours onéreuse.

J'ai expliqué aux Chapitres LXXXIV & LXXXVII ce que j'avois à dire sur les épiceries & les poissons salés.

Je traiterai dans les Chapitres suivans ce qui concerne les sucres, les confitures seches & liquides, le prix & le commerce du sel.

L'importance dont il est de rétablir le commerce du cacao, tant dans les domaines de Sa Majesté, que dans les pays étrangers, mérite diverses réflexions sur lesquelles je m'étendrai lorsque je traiterai des dispositions convenables au commerce entre l'Espagne & l'Amérique.

CHAPITRE XCIV·

*De la grande confommation du fucre en Efpagne,
de l'immenfe quantité qu'il nous en vient du
dehors, de l'augmentation des rafineries de Grenade ; de la néceffité de défendre l'entrée des
fucreries étrangeres, & de faciliter la vente
des nôtres.*

QUOIQUE la confommation exorbitante du fucre en Efpagne foit affez connue, je ne laifferai
pas d'entrer dans un détail qui le prouvera encore
mieux.

L'ufage du chocolat eft très-commun, la quantité
confidérable de cacao qui fe confomme en eft une preuve : il eft en même tems certain qu'il y entre prefque autant de fucre que de cacao, dont chacun fçait
que la confommation eft immenfe. En outre nous em-
ployons du fucre rouge & autre dans les bifcuits, dans
le thé, le caffé, les liqueurs, les confitures feches, &
liquides, dans les remédes même & dans quelques ra-
goûts. Cela va au point que, fi l'on confomme cent
cinquante mille arrobes de cacao, on en confomme au
moins trois cens mille de fucre, fans compter même ce qui
nous vient des fucreries de Gênes, du Portugal & d'autres pays. La majeure partie de ce fucre nous vient
de l'Etranger par la diminution des rafineries de Grenade, & je ne ferois point étonné qu'il en coutât à l'Efpagne tous les ans plus d'un million de piaftres pour
ces denrées.

Quoique toutes ces évaluations puiffent avoir du
plus ou du moins, il n'en eft pas moins certain que
l'Efpagne confomme beaucoup de fucre, que nous en

M ij

payons aux Etrangers la valeur en efpeces, y compris le bénéfice du fret. Cela fuffit pour réveiller notre attention, & je ne trouve point de moyens plus prompts, plus naturels, & plus efficaces pour arrêter ce défordre, que de rétablir les plantations du royaume de Grenade, puifque la Providence nous a favorifé de la récolte de cette denrée dans nos terres.

Il eft conftant que dans d'autres tems ces fabriques ont fleuri à *Motril*, *Adra*, *Pataura*, *Lobres*, *Salobregua*, *Torrox* & *Almugnecar*; que la principale caufe de leur chute vient des impôts exceffifs dont on a chargé cette denrée, par les droits répétés d'Alcavala, de Cientos, & par celui de Million impofé en 1650. C'eft ce qu'on voit dans une des claufes du contrat de cette année entre Sa Majefté & les Etats : elle porte, que chaque arrobe de fucre fabriquée dans le Royaume, ou venant du dehors, valant de quarante-cinq à foixante-deux réaux l'arrobe, payera neuf réaux pour une fois ; ainfi que les confitures feches qui viendront du dehors, excepté les fucres rafinés en pain, ou broyés, des manufactures de Grenade, qui ne payeront que fept réaux par arrobe.

Les mofcouades qui valent trente-un réaux l'arrobe, en payeront quatre.

Les fucres d'écumes de fyrops & la caffonade brune, qui valent de douze à dix-huit réaux l'arrobe, en payeront deux.

L'arrobe de melaffe & de miel d'écume valant fix réaux, payera vingt-quatre maravedis.

La feconde claufe s'étend davantage fur la façon dont cette rente doit être adminiftrée; elle prefcrit aux Négocians de payer le droit indiqué, & fur un certificat du Receveur, elle permet de voiturer librement & de vendre le fucre dans tout le Royaume fans payer d'autres droits ; la même chofe eft ordonnée pour ce que l'on en embarquera. Je comprens cependant que cette exemption ne s'étend que fur le droit de million, & nullement fur

celui des Douanes à la fortie ; c'eft une branche fort
différente comme je vais l'expliquer.

Dans la premiere claufe des réglemens fur l'adminiftration de cette rente on évalue l'arrobe du fucre rafiné,
premiere qualité de Grenade, à foixante-deux réaux, la
feconde qualité à cinquante-huit réaux, la caffonade
blanche à quarante-cinq réaux : l'impôt de fept réaux par
arrobe fur ces trois qualités l'une dans l'autre, revient à
douze pour cent. Les droits de l'ancienne Alcavala & de
Cientos réunis, font de quatorze pour cent ; ce font par
conféquent au moins vingt-fix pour cent ; fans compter
les droits de la dixme que ces fucres ne laiffent pas de
payer, & en tout au moins trente cinq pour cent. Quoique ce recouvrement fe faffe avec quelque remife, il ne
laiffe pas d'être ruineux pour ces Manufactures, comme
l'expérience l'a prouvé. Il convient d'éteindre abfolument fur cette denrée le droit de million, dont la valeur
en 1714 fut de vingt-cinq mille piaftres environ ; avec
ces réglemens & d'autres que je propoferai, on peut efpérer que le Royaume gagnera plus de huit cens mille
piaftres par an, qui cefferont d'en fortir, fi l'on a l'attention de favorifer & de tenir nos rafineries en bon état.
Il paroîtra d'abord que les rentes diminueront de vingt-
cinq mille piaftres, dont les Fermiers demanderont un
dédommagement fi l'on ne baiffe pas leur ferme d'autant : mais je fuis perfuadé que le Tréfor Royal rega-
gnera cette fomme par an, & même beaucoup au-delà ;
ces huit cens mille piaftres reftant dans le Royaume cir-
culeront, les ventes & les confommations fe répéteront,
& les droits qui en réfulteront en faveur des revenus
publics & municipaux s'accroîtront fans ceffe. J'ai démontré ce principe dans les Chapitres V, VI, VII,
VIII, IX, X, & fur-tout dans le LI. J'efpere que
toutes les objections qu'on peut faire contre ma propofition s'y trouveront réfolues. Telle eft la maxime des

Nations les plus habiles dans le Commerce, comme je l'ai prouvé dans divers endroits.

Le ſucre de nos rafineries paye auſſi les droits d'Alcavala & de Cientos, dont la valeur en 1714 étoit d'un peu plus de douze mille piaſtres; l'on pourroit craindre que le Fermier de ce droit, voyant le ſucre déchargé de celui des millions, ne perçût en entier les quatorze pour cent qui répondent aux droits d'Alcavala & de Cientos, ce qui nuiroit beaucoup à leur fabrication & à leur commerce. Les motifs qui me font propoſer l'extinction du droit de million exigent auſſi que l'on donne des ordres très-précis pour exempter la premiere vente du ſucre des droits d'Alcavala & de Cientos, qui ſe percevroient ſur la ſeconde; j'entends néanmoins que les habitans de Motril & des autres villes de ce canton, continueront de jouir de l'exemption du droit d'Alcavala ſur cet article. Le droit de Cientos eſt général par tout le Royaume.

Quoique j'aie aſſez prouvé que les revenus publics ne ſouffriront point de ces arrangemens, il eſt encore une obſervation importante à faire.

Preſque la moitié de la dixme que payent les ſucres fabriqués dans le Royaume, appartient au Roi; ſur mille arrobes, par exemple, que raportera la dixme, on en ſépare dix pour la dixme de la dixme, & les neuf cens quatre-vingt-dix reſtantes ſont partagées par moitié égale, dont l'une appartient au Tréſor Royal, & l'autre à l'Archevêque en ſus des dix qu'il a reçues. L'on compte que cette dixme raporte actuellement une année dans l'autre quatre mille arrobes, dont quarante ſont miſes à part pour l'Archevêque, & dix-neuf cens quatre-vingt appartiennent à Sa Majeſté pour la moitié du ſurplus; tel eſt l'uſage établi dans l'Archevêché de Grenade, depuis la conquête de ce Royaume, au lieu que dans d'autres endroits, Sa Majeſté ne retire que les deux neuviemes du montant de la dixme.

Ces dix-neuf cens quatre-vingt arrobes à trois piaſtres
l'une dans l'autre, produiront cinq mille neuf cens quarante piaſtres : mais ſi dans ces fabriques & dans d'autres qui s'établiroient, on travailloit juſqu'à trois cens
mille arrobes comme on pourroit l'eſpérer, moyennant
les meſures que je propoſe ; la dixme monteroit à trente
mille arrobes, dont quatorze mille huit cens cinquante
appartiendroient à Sa Majeſté, au prix de trois piaſtres
l'arrobe, ce ſeroient quarante-quatre mille cinq cens cinquante piaſtres. Il eſt donc évident que cette augmentation ſeule dédommageroit avec uſure le Tréſor Royal
du droit de Million que je propoſe de ſupprimer, & de
la remiſe du droit d'Alcavala & de Cientos ſur la premiere vente.

Nous ne devons pas nous arrêter aux craintes que bien
des perſonnes ſemblent montrer ſur le peu de terres &
de plaines qu'elles prétendent que nous pourrons employer à cette culture. Le Général Don George-Proſper de
Verborn reconnut en 1723 la ſituation & les côtes, tant
du royaume de Grenade, que des autres provinces d'Eſpagne ; il paroît par ſa relation que dans les plaines des
diverſes Villes où l'on fabrique le ſucre, il y a beaucoup de terrain perdu que l'on pourroit aiſément rétablir. Voici le précis qu'il en dit : ›› La ville de *Motril* eſt
›› éloignée de ſix lieues de celle d'*Almugnecar*, à onze
›› de Grenade, & à une grande lieue de la riviere de
›› *Guadalfio*. Dans une de ces montagnes appellées *del*
›› *Toro*, il y a une carriere de marbre noir & d'autres
›› couleurs, d'où l'on tire des pieces de vingt & trente
›› pieds de long. Du côté du midi, vers la mer, ſe trou-
›› ve la plaine où l'on cultive les cannes de ſucre. La ma-
›› jeure partie des propriétaires ne demeure pas dans le
›› pays. La Ville contient huit cens feux ; ſon principal
›› commerce eſt celui des ſucres & des miels qui s'y fa-
›› briquent : il n'y reſte plus aujourd'hui que quatre at-
›› teliers ; l'excès des droits les a fait tomber, quoique les

» habitans foient exempts du droit de dix pour cent de
» l'ancienne Alcavala par un privilége fpécial.

 » Cette Ville feroit une des meilleures de l'Efpagne,
» fans les ravages de la riviere ; quoiqu'elle foit très-pro-
» fonde, il feroit aifé de lui faire reprendre fon ancien
» canal , & d'empêcher les défaftres qu'elle caufe dans
» fes inondations : elle entraîne fouvent les terres des
» plaines de *Panata*, de *Pataura*, & même de la ville
» de *Motril*; de l'autre côté fes débordemens endom-
» magent auffi les plaines de *Lobres* & de *Salobrena*. En
» 1716 , Sa Majefté donna ordre à la Chambre de Gre-
» nade, de nommer des Commiffaires pour examiner les
» travaux qu'il feroit convenable de faire: on nomma
» un Avocat dont l'inexpérience & l'indocilité firent
» commencer l'ouvrage par où il devoit finir , avec des
» matériaux de mauvaife qualité & peu proportionnés
» à la nature de l'objet. La premiere inondation qui
» furvint pendant le cours même de l'ouvrage, entraîna
» tous les travaux, ce qui caufa une perte de plus de
» trente mille réaux aux habitans du pays. Le mal même
» n'en devint que plus confidérable , parce que les eaux
» firent une irruption plus violente , & fubmergerent
» plus de fix mille ᵃ marjales de terre , outre environ
» dix mille qui étoient déja perdues. Le mal augmente
» tous les jours ; le peu d'utilité de ces manufactures a
» découragé les uns & mis les autres dans l'impoffibilité
» de faire la dépenfe des travaux néceffaires. Il feroit
» facile de remédier aux inondations du fleuve, en tra-
» vaillant depuis le printems jufqu'à l'automne où elles
» font moins fréquentes: il faudroit planter des bois le
» long du fleuve, comme l'a fait le propriétaire de la
» plaine de *Panata*, qui a déja gagné plus de quatre cens
» marjales de terres. Le plus court cependant & le plus
» facile, ce feroit de réduire le fleuve dans fon ancien

---

a Marjale, étendue de terre capa-   mence , ou quatre-vingt-trois pieds
pable de recevoir une fanegue de fe-   environ.

» lit.

» lit. On pourroit encore conſtruire quelques chauſſées
» pour élever les terres, qui dans le tems des crues ſe
» trouvent preſque au niveau de l'eau : les autres pro-
» priétaires malgré la perte d'une grande partie de leur
» terrain, ne s'appliquoient à conſerver le reſte que par
» les raiſons que j'ai déja dites. Il ſe préſente un homme
» qui s'offre d'exécuter à ſes frais tous les travaux néceſ-
» ſaires & dans la forme qui lui ſera preſcrite, ſi Sa
» Majeſté veut lui accorder en propriété la Seigneurie
» de *Pataura* & de toutes les terres perdues, à moins
» que leurs anciens maîtres ne veuillent entrer dans les
» frais de l'entrepriſe : il demande auſſi la permiſſion de
» prendre dans la forêt voiſine, tout le bois qui lui ſera
» néceſſaire pour cette opération, à laquelle tout le pays
» s'intéreſſe beaucoup.

» Dans le diſtrict de cette ville, à deux lieues de la
» mer, on trouve les ruines d'un grand pont de pierre ap-
» pellé *Belecillos de benandalla*, du nom d'un village voi-
» ſin ſur la route de cette ville à celle de Grenade ; ce
» pont fut emporté par une inondation, il y a envi-
» ron ſoixante ans ; cela trouble infiniment le Commer-
» ce, il ſe détruit même tous les jours à cauſe du grand
» nombre d'accidens arrivés au paſſage de la riviere ſur-
» tout dans le tems des grandes eaux. L'on dit que la
» ville a repréſenté en 1703 ce déſordre à Sa Majeſté,
» qui lui accorda un réal à prendre ſur chaque arrobe
» de ſucre pour le rétabliſſement du pont & des grands
» chemins qui ſont en fort mauvais état. Le droit ſe
» perçoit, mais il n'a point été appliqué à ſa deſtina-
» tion.

Cette relation prouve que le ſeul territoire de *Motril*
a perdu ſeize mille margeales, ſans compter ce qui a pû
être emporté depuis.

Dans les mémoires de cet Officier Général ſur la
ville d'*Almugnecar*, & d'autres de ces cantons, on voit

que différentes plaines font abandonnées, quoiqu'il fût aifé de les cultiver.

Je fais réflexion que l'impôt du Million fur ces fucres eft chargé de quarante-deux mille cinq cens quatre-vingt-quatorze maravedis en faveur des Engagiftes ; & que les droits d'Alcavala & Cientos font chargés pareillement de fept cens trente-cinq mille fept cens quarante-fept maravedis.

Ces deux fommes enfemble ne montent pas à feize cens piaftres ; il fera aifé de les tranfporter fur d'autres revenus de la même Province qui comporteront cette augmentation. Cette fubrogation ne peut être à charge aux intéreffés, & elle n'eft pas d'un nouvel exemple. Sa Majefté l'a pratiquée plufieurs fois, & entr'autres par fon décret du 11 Septembre 1717, raporté au Chapitre LII, pour la fuppreffion de la vente exclufive des eaux-de-vie & de quelques droits fur le poiffon. Ce que je propofe n'eft que dans le cas où l'on ne croiroit pas plus convenable de continuer le payement des Engagiftes fur les Alcavala & Cientos, à la feconde vente & à toutes celles qui fe répéteroient ; on y joindroit la petite partie de quarante-deux mille cinq cens quatre-vingt-quatorze maravedis qui font engagés fur l'impôt actuel du Million.

La ville de *Motril*, & toutes celles dont les plaines produifent le fucre, font fur la côte de Grenade ou aux environs ; il eft fort naturel que les propriétaires ou les négocians profitent du voifinage de la mer pour envoyer leurs fucres dans les différens ports de l'Efpagne ou au dehors, en ce cas il eft jufte de leur en permettre l'extraction en payant à la Douane cinq pour cent pour tous droits ; mais conformément aux ordres de Sa Majefté, ce qui s'exportera par terre dans les Provinces de l'intérieur, ne doit être fujet à aucun autre droit qu'à celui d'Alcavala & Cientos dans le lieu de la vente, encore ce dernier ne doit-il point avoir lieu dans les Villes où se fabrique le sucre.

Pour faciliter autant qu'il sera possible la plantation des cannes & la fabrique du sucre, il convient que les Fermiers ou les propriétaires des habitations où elles se trouvent, soient exempts de logement de gens de guerre; que l'on n'exige d'eux aucune répartition d'Alcavala, de Cientos & de Million à raison de ce qu'ils peuvent avoir gagné sur la fabrique ou la vente des sucres, ou à raison des terres plantées en cannes. Ils ne doivent payer que les droits sur la proportion de leur consommation personnelle comme les autres habitans, & à raison de leurs autres biens ou effets seulement.

Il y a six ou sept ans que le Portugal défendit l'introduction de nos vins; Sa Majesté de son côté prohiba l'entrée du sucre, des épiceries, des confitures venant du Portugal ou de ses colonies : je suis informé que cela ne s'exécute pas ponctuellement, & que sous divers prétextes les Commerçans éludent la loi. Cette fraude nuit à nos fabriques de Grenade, & au commerce que nous pourrions faire des sucres de nos Colonies : ces motifs & d'autres doivent nous engager à veiller plus exactement sur cette prohibition, au moins tant que celle de nos vins subsistera en Portugal. En quelque tems qu'on permette l'introduction des sucres étrangers, il convient de leur faire payer en entier les droits de Dixme, de Cientos & de Million, & tous ceux qui se trouveront établis, sans aucune remise sur le prix ni sur le poids, tant dans les ports de la couronne de Castille que dans ceux de l'Arragon, de Valence, de Catalogne, de Mayorque. Il convient en outre de révoquer la déclaration de 1671, qui réduisit à quatre réaux & demi le droit de neuf réaux qui se percevoit à l'entrée sur les sucres à raison du droit de Million.

Pour éviter autant qu'il sera possible les fraudes sur le sucre étranger, il sera nécessaire de faire observer la clauſe exprimée dans le contrat de 1650 : elle porte que le ſucre venant des colonies Eſpagnoles, ou de l'Etranger, ne pourra être dans des caiſſes au-deſſous du poids de quarante arrobes ſuivant l'ancien uſage, ſans quoi il ſera confiſqué ; attendu que l'on a diminué le volume pour frauder plus aiſément les droits.

En cas que l'on juge à propos de permettre l'entrée des ſucres étrangers, il faut avoir l'attention de bien examiner leur qualité ; parce qu'ordinairement ils y mêlent du ſable, de la farine, de la terre & d'autres ingrédiens très-préjudiciables à la ſanté.

Il ſera à propos de prohiber l'entrée de toutes les confitures ſéches & liquides, dragées, enfin de toutes les ſucreries ou compoſitions douces, même du miel, venant de Portugal, de Gênes, ou d'ailleurs : cet aliment n'eſt pas néceſſaire, ni même ſalutaire ; ces importations d'ailleurs font tort à nos fabriques de Grenade & de l'Amérique. Les confitures d'Eſpagne, où il s'en fait de très-bonnes, pourront ſortir ſous un droit de deux & demi pour cent.

CHAPITRE CXV.

*Sur l'importance du sel ; des principales salines
de l'Europe ; abondance & bonté de celles
d'Espagne ; prix du sel lors de l'extraction ;
réflexions sur sa consommation au dedans &
au dehors du Royaume.*

L'USAGE du sel est si général dans le monde, &
si nécessaire pour relever le goût de certains mets,
ou pour conserver les autres, que ses propriétés sont
trop connues pour en parler : je passe à l'importance dont
il est dans un Etat.

Les Souverains chez qui se fabrique le sel doivent y
porter une attention particuliere, soit pour le multiplier
& le vendre aux Etrangers, soit pour prohiber l'introduction du sel des autres pays.

Cette derniere clause est établie par les loix du Royaume ; entr'autres par la loi 52. titre 18. livre 6. de l'an
1484 ; elle porte la peine de mort à coups de fléches
contre les contrevenans.

En France, l'entrée des sels étrangers est prohibée
sous peine des galeres perpétuelles ; & pour éviter les
fraudes dans l'intérieur du Royaume il y a des peines rigoureuses, outre les précautions infinies que l'on prend
pour les prévenir.

Plusieurs endroits de l'Europe sont fertiles en sel de
bonne qualité, entr'autres les côtes de Guienne, de
Bretagne, Poitou, Normandie & de Languedoc où il
se fait avec de l'eau de mer.

Il y a deux fameuses mines de sel terrestre ou fos-
sile en Europe : l'une en Pologne, l'autre en Hongrie. Le travail en est si couteux, qu'il ne donne pas grand

N iij

bénéfice ; il ne fert qu'à l'approvifionnement des Provinces voifines qui font éloignées de la mer.

Il y a encore une autre efpece de fel que l'on tire des fontaines & des puits falés, entr'autres endroits dans la Franche-Comté & en Lorraine. Quoique ces Provinces en foient abondantes, elles ne fournifIent qu'aux environs qui font éloignés de la mer.

A Trapana en Sicile & en Sardaigne il y a de bonnes falines.

Ces trois efpeces de fel foffile, marin, & de fontaine fe trouvent répandues dans divers Etats de l'Europe, où l'on les recueille fouvent avec peine & en médiocre quantité. Mais l'Efpagne les raffemble toutes, tant dans l'intérieur des Provinces que le long de fes côtes; fur-tout fur celles de l'Andaloufie, de Valence, & de Catalogne, & hors du continent dans les Ifles de Mayorque, d'Ivice & de Fromentera. Toutes ces falines raportent affez pour la fourniture du Royaume & pour en revendre aux Etrangers, mais avec plus d'avantage & moins de travail la plûpart que celles de France : la chaleur & l'influence du foleil fupplée parmi nous au feu que l'on eft obligé d'employer en Normandie & dans d'autres Provinces plus rapprochées du Nord.

Ce feroit un détail fort long que d'expliquer le nombre, la qualité, & les autres circonftances de nos falines : je ne m'arrêterai qu'à celles de *Mata*, qui font les meilleures & les plus abondantes.

Cette fameufe faline fe trouve fituée fur les côtes du royaume de Valence, à une lieue de la ville de *Godamar*, à fept d'*Alicante*, & quatre d'*Orihuela*. Elle confifte dans un lac d'une lieue & demie de tour, formé par des fources d'eaux falées d'une telle force, qu'avec la qualité nitreufe du terrain les eaux de pluie s'y convertiffent en fel ; dans les années les plus chaudes & les plus feches, il en entre toujours une quantité confidérable dans ce lac, où l'on en fait ordinairement par année autour de neuf cens mille fanegues. Les frais en font fi peu confidérables, que ceux de la récolte & des monceaux que l'on en fait ne vont pas à plus de fix maravedis & demi de veillon par fanegue ; il fe vend un doublon le muid, ce qui revient à deux réaux & demi la fanegue, fur quoi il faut diminuer les petits frais de conduite jufqu'aux embarcaderes.

Lorfque les pluies font abondantes & les étés favorables, ce lac rend jufqu'à foixante mille muids de fel, & de très-bonne qualité, ce qui fait environ quinze cens mille fanegues.

Comme les pays du Nord ne produifent point cette importante denrée, foit faute de mine, foit parce que l'influence du foleil n'y eft point affez forte pour épaiffir l'eau de la mer ou des fontaines falées, ils font obligés de s'en pourvoir à grands frais dans les pays étrangers. Les Hollandois fur-tout en confomment de très-grandes quantités, tant pour leurs ufages domeftiques, que pour la falaifon de leurs poiffons : leur fituation eft trop froide pour que le fel fe congele fur leurs côtes ; mais ingénieux comme ils le font, ils ont trouvé le fecret d'augmenter & de bénéficier le fel qu'ils achettent. C'eft avec tant d'art qu'ils le rafinent, que par le fecours du feu & de l'eau de la mer, ils augmentent de quarante-cinq pour cent le fel d'Efpagne, de trente-cinq celui de Portugal, & de vingt-cinq celui de France. Cette préparation leur donne une meilleure qualité pour l'ufage commun du pays, & ils fçavent lui donner le point néceffaire pour bien faler & conferver les poiffons & les viandes.

J'ai fouvent entendu propofer de hauffer les droits ou le prix du fel qui s'exporte pour l'Etranger ; je fçai qu'il coûte très-peu à faire fur les côtes de l'Andaloufie, de Valence, de la Catalogne, des Ifles de Mayorque, d'Ivice & de Fromentera, & que l'excédent de notre

confommation pourroit en grande partie fuffire à l'apro-
vifionnement du Nord ; mais je crois que l'on doit procéder avec beaucoup de prudence à l'augmentation ou à la
diminution du prix. Cette denrée appartient excluſive-
ment à Sa Majeſté ; elle eſt maitreſſe abſolue d'en augmenter le prix, & même d'en prohiber l'extraction ſi
le bien de l'Etat l'exigeoit ; mais je penſe que l'on doit
toujours proportionner le prix de nos ſels aux prix de
ceux de France, de Sicile, de Sardaigne, de Portugal
& d'ailleurs, d'où ils ſortent à très-bon marché. Si
nous augmentions trop nos ſalines, il ſeroit très-naturel que les peuples du Nord fiſſent toutes leurs proviſions
dans les autres pays, & ſur-tout ſur les côtes occidentales de la France qui ſont très-abondantes, & plus à
leur portée, puiſque c'eſt d'elles qu'ils tirent la majeure
partie de leur confommation.

Je crois donc que pour ſe guider dans cette opération, il ſera néceſſaire de s'informer exactement tous les
ans des prix courans des ſels étrangers ; ſur cette com-
binaiſon, nous verrons s'il eſt poſſible d'augmenter le
prix des nôtres. Nous éviterons par là l'inconvénient
que l'on éprouva en 1716 dans l'Iſle d'Ivice : la vente
de ſes ſels diminua confidérablement, parce que l'on
avoit donné ordre de vendre quatre-vingt-trois réaux de
plate double le muid, qui n'en avoit ordinairement
coûté que trente-deux, quoique dans quelques occaſions de difette dans d'autres parages, on l'eût vendu
juſqu'à cinq piaſtres. Il eſt donc important de ſe régler
ſur le prix des autres Etats. J'ai expliqué au Chapitre
LXXXVII ce qui m'a paru le plus convenable de pratiquer ſur le prix & la diſtribution du ſel, dans les ports
de mer à ceux des ſujets de Sa Majeſté qui font la pêche. Quoique la vente du ſel dans l'intérieur du Royaume ait plus de rapport à la finance qu'au Commerce, je
ne puis me difpenſer de dire ici qu'il ſeroit très-néceſſaire de ne pas le vendre à des prix trop hauts. Nous
ne

ne devons pas nous arrêter à l'exemple de la France, où le droit du fel eft le plus exceffif & le plus violent. Indépendamment de cette maxime générale, de foulager en tout tems les peuples autant qu'il eft poffible, nous avons un motif de plus en Efpagne pour ne pas renchérir le fel. Il eft abfolument néceffaire pour la confervation & la nourriture des Moutons qui font notre principale richeffe; il feroit à craindre que le furhauffement du fel ne préjudiciât à cette culture.

Il eft une autre raifon d'humanité pour ce que je propofe; le bon marché du fel eft d'un grand foulagement pour les laboureurs, & autres gens qui vivent de leur travail. Ils ne font pas affez riches pour achetter journellement de la viande fraîche; pour la remplacer ils falent de tems-en-tems quelques vaches, quelques chévres ou brebis inutiles, même quelquefois un cochon; & ces falaifons font leur nourriture principale. Si le fel eft exceffivement cher, ils feront privés de cette reffource, & plufieurs périront de mifere.

Par un accord fait avec les Etats du Royaume en 1649, pour l'impofition de quelques parties du fervice des Millions, il fut ftipulé qu'en Galice, dans les Afturies, dans les pêcheries d'Andaloufie & de Caftille, dans les ports de mer & dans les montagnes, la fanegue de fel ne feroit payée que onze réaux de veillon, au lieu de vingt-neuf qu'on la payoit.

Dans la Caftille-Vieille & fur ces côtes, la fanegue fut fixée à dix-fept réaux; dans la Caftille-Nouvelle, les ports en-deça, & en Andaloufie, la fanegue fut fixée à vingt-deux réaux.

Ces prix comprenoient le droit ancien, ainfi que les frais de la fabrique & de la régie; mais non pas ceux de la voiture. Ils vont ordinairement à douze & treize maravedis par lieue, fur chaque fanegue, depuis les falines jufqu'à l'endroit où fe fait la confommation.

O

Les guerres fréquentes & coûteuses, dont ce Royaume a été affligé depuis le commencement de ce siécle, & dont nous ressentons encore les funestes effets, ont été un juste sujet d'augmenter le prix du sel. Cependant la tranquillité publique est rétablie, la bonté paternelle du Roi a déja supprimé quelques impôts, & modéré les autres jusqu'à ce que les besoins de l'Etat lui permettent d'accorder de nouveaux soulagemens : il faut espérer de l'amour de Sa Majesté pour ses peuples, que la modération des prix du sel sera un des premiers.

L'Auteur ajoûte dans une note, que le 4 Février 1725 le Roi avoit réduit le sel à l'ancien prix.

Malgré l'abondance & la bonté de nos sels, & même les salines qui sont en Galice, cette Province ne laisse pas d'en consommer de France & de Portugal, qui viennent dans les vaisseaux de ces deux Royaumes. Il seroit nécessaire de mettre en valeur les salines de Galice ; & si elles ne peuvent fournir au besoin de cette Province, qui peut consommer deux cens mille fanégues de sel, il sera bon d'y suppléer des salines de l'Andalousie, & de faire le transport dans les vaisseaux de Sa Majesté, comme je l'ai proposé au Chap. LXXIII : quand même il coûteroit un peu plus, il y auroit moins d'inconvénient qu'à l'achetter de l'Etranger.

CHAPITRE XCVI.

L'excès des droits d'Alcavala & de Cientos est une des principales causes de la ruine de nos Manufactures & du Commerce : nécessité de supprimer ces droits sur la premiere vente de quelques-uns de nos ouvrages dans la Couronne de Castille ; du peu de fondement qu'il y auroit à craindre que cette suppression ne fît tort aux revenus de l'Etat.

APRÈS un mûr examen des droits qui se perçoivent en Espagne, & dans d'autres Etats, sur les marchandises du pays, je ne trouve point que l'Angleterre, la Hollande & la France, qui entendent le mieux l'importance du Commerce, ayent jamais exigé aucuns droits, tant sur la premiere vente de leurs Manufactures, que sur les ventes suivantes. L'Espagne est le seul pays où cela se pratique, & avec une telle rigueur, que les droits d'Alcavala sont de dix pour cent dans leur taxation primitive ; on y a ajoûté le droit des quatre pour cent, & tous les deux se payent non seulement sur la premiere vente, mais encore se répétent à chacune. Je ne doute pas un moment que telle ne soit la cause de la destruction de nos Manufactures. Quoiqu'en général ces droits ne se perçoivent pas en entier, il est certain que l'on exige beaucoup trop. A cet excès l'on a ajoûté le service des millions, les excises, les droits municipaux, tous impôts considérables, assis sur presque toutes les denrées comestibles. On comprendra facilement que toutes ces charges augmentent considérablement le prix des ouvrages : par cette même raison, les

Manufactures étrangeres ont parmi nous la préférence sur les nôtres; ils les donnent à meilleur marché, parce qu'elles sont moins surchargées d'impôts, & qu'elles payent des droits modiques dans les Douanes d'Espagne.

Ce qui me confirme dans cette opinion, c'est que les manufactures de draps moyens, & autres étoffes de laine qui réussissent le mieux en Espagne, sont établies dans les domaines particuliers des Seigneurs qui leur ont accordé des remises considérables sur les droits de la premiere vente, quelquefois même celle du total & d'autres facilités. Cet exemple & les bons effets qui en résultent, invitent à employer les mêmes moyens dans les lieux dépendans du domaine de la Couronne. Il est bon d'observer que malgré la modération considérable des droits d'Alcavala & Cientos dans la plûpart des Villes, notre infortune ordinaire dans le Commerce a voulu que ces droits continuassent d'être perçûs en entier dans les Villes où les manufactures de soie fleurissoient davantage, comme à Seville, Grenade & ailleurs : c'est précisément où l'on devoit plutôt accorder les remises, que l'on a le plus vexé les ouvriers. Je ne puis m'empêcher de citer l'exemple de Seville, & la requête que les fabriquans en soie firent présenter en 1722, par leur Alcade & leur Garde-Juré, au Surintendant de ce Royaume.

Ils y alléguent que leur Manufacture se trouve déja réduite à moins de cent métiers; que cette diminution doit être attribuée aux quatorze pour cent, que l'on paye à Sa Majesté pour droits de revente, outre les quatorze pour cent de l'entrée de la Douane ; que tandis que le malheur des tems & l'anéantissement du Commerce semblent exiger que l'on diminue proportionnellement les droits, les Sousfermiers augmentent tous les ans les extorsions & les charges ; que depuis les années 1720, 1721 & 1722, l'administration a été plus

rigoureuſe que jamais ; que l'on a redoublé les recherches & les perquiſitions, augmenté les gardes, & que
ſouvent on enferme leurs étoffes ſous la clef, afin de
les forcer par ces violences à payer plus que ces quatorze
pour cent : que ce droit perçû en entier n'a produit que
trente & un mille ſept cens ſoixante-quatre réaux, ſur
quoi il faut déduire ſept mille trois cens quarante réaux
pour les frais de l'adminiſtration ; qu'en 1722 le produit
ne fut que de vingt-trois mille deux cens quarante-quatre réaux, que les frais réduiſirent à quinze mille neuf
cens quatre ; que chaque jour cette rente diminue, parce
que les ouvriers à qui il ne reſte aucun bénéfice après
avoir ſatisfait à toutes ces charges & aux autres, abandon-
nent la fabrication pour prendre d'autres métiers moins
utiles à l'Etat, mais plus utiles pour eux ; que ceux à qui
l'âge ne permet pas d'apprendre un autre art périſſent
dans la miſere : ces fabriquans repréſentoient au Surintendant, que ſi l'on vouloit leur accorder l'abonnement
par tête pour la ſomme de quinze mille neuf cens quatre réaux, à laquelle le produit du droit ſe trouvoit réduit en 1722, ces Manufactures pourroient ſe rétablir
& dans la ſuite rendre davantage.

Cette propoſition fut refuſée, & les raiſons du Sous-
fermier prévalurent ; il prétendit que c'étoit s'oppoſer
à la liberté de ſon adminiſtration : qu'il n'y avoit que
deux moyens à choiſir ; l'un, que les fabriquans s'ar-
rangeaſſent avec lui ; l'autre, qu'ils payaſſent en entier
les quatorze pour cent ſur leurs ventes. Les fabriquans
ne purent conſentir ni à l'une ni à l'autre propoſition :
l'abonnement que l'on exigeoit étoit exceſſif ; & ce travail ne rendant que huit pour cent de bénéfice environ,
ſans les pertes & autres frais qu'il occaſionne, outre le
loyer de leur maiſon, l'entretien de leurs familles & des
ouvriers néceſſaires, ils n'étoient pas en état de payer
les quatorze pour cent.

L'Alcade & les Gardes-Jurés repréſentoient en même tems, que quelques années auparavant il y avoit à Seville deux mille métiers en soie, qui employoient plus de seize mille personnes & deux cens milliers de soie ; que chaque livre payoit à la Douane deux réaux de vieille plate, ce qui produifoit fur cet objet feul cinquante mille piaftres par an, fans compter les autres utilités qui en revenoient à Sa Majefté & au public : il ne nous refte plus que le trifte fouvenir de ces avantages.

Il eft évident par ces faits que le principal bénéfice du Tréfor Royal dans les manufactures de foie de Seville n'eft que de quinze mille réaux de veillon, je laiffe l'excédent pour le bénéfice du Fermier. Comparons ce mince produit avec les grands avantages que le Tréfor Royal & le public retireroient des feize mille métiers que j'ai fuppofés établis dans cette Ville au commencement de cet Ouvrage, & je fuis certain que tout homme qui ne fe refufera point aux lumieres ordinaires de la raifon, reconnoîtra aifément que le Roi perd plufieurs millions, à caufe de la rigueur des droits qui fe perçoivent fur les ouvrages ; que cette Province & toutes celles de l'Etat y perdent confidérablement.

Ce fera donc augmenter les revenus Royaux & municipaux, auffi bien que l'aifance publique, toutes les fois que l'on voudra accorder aux Fabriquans l'exemption de ces mêmes droits : à plus forte raifon ne doit-on pas balancer à leur accorder une remife qui ne monte pas à plus de mille piaftres par an ; c'eft une femence précieufe qui au bout d'un an ou de deux au plus tard, rendroit une récolte très-riche. Après tout, quand même cette remife feroit de cent mille piaftres par an, cette fomme n'eft pas comparable au bénéfice général qui en réfulteroit pour l'Etat. C'eft la réflexion que le Roi d'Angleterre préfentoit à fon Parlement en 1721, comme je l'ai expliqué aux Chap. XXVIII & XCIV.

Ces motifs & d'autres encore me font croire qu'il eft

très-effentiel d'établir & d'obferver pour régle générale
dans la couronne de Caftille , que partout où les droits
d'Alcavala & Cientos appartiennent à Sa Majefté, ces
droits ne feront point perçûs fur la premiere vente en
gros des marchandifes fuivantes qui y auront été fabriquées. Sçavoir fur les tiffus de foie, de laine, de lin,
de chanvre, de poil de chévre & de chameau , & tous
autres tiffus quelconques, qui feront vendus par pieces
entieres & non par vares, à condition que ces marchandifes feront conformes aux Réglemens. Il faudra
étendre le même privilége fur les bonnets, les camifo-
les , les bas, les chemifes, & autres ouvrages faits au
métier ou à l'éguille : quoique les chapeaux & le papier
n'entrent point dans ces claffes de marchandifes, il convient qu'ils jouiffent de la même exemption.

On pourra exempter de la régle générale de ne pas
vendre à la vare , à Madrid & dans les autres Villes,
où le droit d'Alcavala & Cientos fe payent à l'entréc ;
& en ce cas on pourra permettre aux Fabriquans de vendre leurs étoffes en détail dans leur maifon , toujours
à condition qu'elles feront conformes aux Réglemens.

L'on pourroit faire un commerce très-utile des gans
fabriqués dans ce Royaume , particulierement pour les
Indes : nous avons une grande quantité de peaux très-
propres à cette fabrique ; & pour l'encourager , il fera
bon de lui accorder les mêmes exemptions.

J'en dirai autant des fabriques de fayance & de pot-
terie qui font établies à *Seville*, à *Talavera* & dans
d'autres endroits de la couronne de Caftille. Par cette
difpofition, nous les favoriferons au point de les avoir à
bon marché pour notre ufage & pour celui des Etrangers.

Il eft évident que nous pourrions établir dans ce
Royaume & dans les Indes, un commerce très-utile de
couteaux, de rafoirs, de cizeaux, de boucles & de boutons. Toutes les marchandifes où il entre de l'acier, du

fer, du cuivre & du laiton, doivent donc jouir des priviléges ci-dessus dans les Provinces de la couronne de Castille.

L'on doit les accorder aussi aux fabriquans d'éguilles, d'épingles, de peignes & de savon : j'entends cependant que la franchise du savon sur la premiere vente n'auroit lieu que dans le cas où elle se feroit chez le Fabriquant même.

Pour ces exemptions, je suppose que les marchandises seront conformes aux Réglemens, & qu'elles n'auront lieu que dans les endroits où les droits d'Alcavala & Cientos appartiennent à Sa Majesté, sans être engagés ni aliénés. J'en donnerai la raison à la fin de ce Chapitre.

Il conviendra aussi que les chiffons de linges, ou drapeaux propres à la fabrique du papier, soient exempts d'Alcavala & Cientos à chaque vente.

Quant à l'Alcavala sur les laines, je me référe à ce que j'en ai dit au Chapitre LXXXVIII, & à ce que je dirai dans les suivans, en faveur des Manufactures de laine & autres.

Je n'ai rien à ajouter à ce que j'ai dit au Chapitre LXXXIX, sur l'Alcavala & Cientos des soudes.

En parlant des étoffes, j'ai proposé d'accorder des priviléges sur la premiere vente en gros; mais l'on pourroit sur les autres ouvrages accorder le privilége à la vente en détail dans le lieu même de la fabrication. Pour éviter toutes équivoques, j'entends que ces franchises seront respectives au vendeur & à l'achetteur, & que les restrictions que je propose sont sans préjudice des franchises, dont les villes pourroient jouir, à raison de leurs foires ou autres priviléges. Il faut observer que les rentes seront répétées à proportion que nos Manufactures s'augmenteront; ainsi le produit des rentes Royales ne sera point diminué par ces exemptions, au contraire il augmentera, comme je l'ai prouvé en différens endroits. Les

Fermiers

Fermiers ne pourront donc prétendre aucun dédommagement ; & quand même ils le feroient parce que cette clause n'est point insérée dans leurs baux, cet objet seroit d'une médiocre conséquence en comparaison des avantages infinis qu'en retireroit le Tréfor Royal , & l'Etat en général. C'est ce qui me perfuade auffi que dans les renouvellemens des baux les revenus de l'Etat ne devront point fouffrir de diminution , & que les Fermiers trouveront affez d'autres dédommagemens. Le cours de cet Ouvrage , & ce Chapitre même en fourniffent plufieurs démonftrations.

Malgré l'exemption que je propofe fur la premiere vente , il pourroit arriver que dans les lieux qui font abonnés , & où la répartition fe fait par tête , on exigeroit quelque chofe des Fabriquans à raifon de leur induftrie en cas qu'il fallût un fupplément ; ainfi il eft jufte d'ordonner que les ouvriers des manufactures ne feront obligés de contribuer aux chargés communes , que comme le refte des habitans , à raifon de leur confomma-tion & de leurs biens feulemet , pourvû que ce ne foit jamais à raifon du bénéfice qu'ils font ou qu'ils ont pu faire fur leur ouvrage.

Je ne doute nullement qu'il ne convienne d'établir l'exemption dont je parle ; mais je conçois combien la pratique eft difficile. Les droits d'Alcavala & Cientos font d'un recouvrement très-embarraffant ; & quoique nous ayons diverfes Loix & plufieurs Traités fur cette matiere , il s'y préfente fans ceffe des doutes nouveaux : il eft rare d'ailleurs qu'une régle générale puiffe être appliquée fans modification ; ce font les circonftances qui enfeignent celle qu'il convient d'employer , & l'on ne parviendroit jamais à aucun changement utile , s'il falloit réfoudre d'avance toutes les objections qu'il peut fouffrir. On ne doit point trouver étrange que les moyens que je propofe foient fufceptibles de correction & d'une plus grande étendue ; je l'ai fait obferver dans tout le cours de mon Ouvrage, & je me foumets volontiers à ce que des gens plus habiles dans la partie des Finances, imagineront dans le même efprit & fur le même principe, pour l'avantage du Roi & de l'Etat.

Je ne propofe point d'établir ces franchifes dans les endroits qui ne font pas du domaine Royal, ni dans ceux où les droits d'Alcavala font engagés pour quelques raifons que ce foit, aux particuliers & aux Communautés ; les intéreffés pourroient fe plaindre, & demander des indemnités. Il eft très-naturel que ces Villes, quoique non comprifes dans la réfolution de Sa Majefté, accordent dans leurs diftricts les mêmes franchifes, puifqu'elles leur feront utiles : plufieurs Seigneurs particuliers l'ont déja éprouvé dans leurs Terres, & y trouvent un grand avantage.

CHAPITRE XCVII.

Sur l'importance d'éteindre les droits d'Alcavala & de Cientos fur la foie, le lin, & le chanvre qui croiffent en Efpagne, ainfi que les droits exceffifs fur les foies de Grenade ; diverfes difpofitions en faveur du Commerce & des Manufacturés.

LES raifons invincibles que j'ai apportées fur la fuppreffion des droits d'Alcavala & Cientos fur la premiére vente des étoffes, doivent être appliquées au commerce de la foie, du lin & du chanvre ; il convient même d'étendre la franchife fur toutes les ventes de ces denrées tant qu'elles font en nature. C'eft un moyen fûr de s'en procurer l'abondance & le bon marché. J'obferve cependant que la foie qui fe recueille dans le

royaume de Grenade, paye une quantité de droits excessifs outre ceux d'Alcavala ; les uns ont été établis par
les Rois Maures, & continués par les nôtres, d'autres
ont été imposés depuis. Une partie de ces rentes onéreuses est même engagée ; je m'étendrai nécessairement
sur ces détails & sur la suppression essentielle de ces
droits, qui ont en partie détruit la récolte des soies
dans cette Province, la seule où ils soient établis. Au
Chapitre LXXVIII j'ai raporté un certificat de 1720,
par lequel il paroît que chaque livre de soie de seize
onces paye les droits suivans :

Maravedis de veillon.

Pour Alcavala, ...	302.
Cientos, ...	104.
Droit de Tartil, ...	8.
Droit de Ville, ...	68.
Droit de Torres, ...	4 ½.
Droit de Gelis, ...	15 ½.
	502.

Ce sont quatorze réaux vingt-six maravedis, sans
compter le droit de la dixme en faveur du Roi, dont
la valeur change avec le prix de la soie ; elle produisit
dans cette année quatre-vingt-douze maravedis par livre, considérée sur le pied de vingt-sept réaux de veillon,
avant d'être chargée des droits ci-dessus. Le tout revient
à soixante pour cent environ de la valeur de la soie
avant que de l'employer : le fait parle de lui-même, sans
qu'on ait besoin d'en faire sentir la funeste conséquence.

Différentes Loix du Titre 30, Livre 9ᵉ de la derniere
compilation, traitent au long de l'établissement de ces
droits, de la forme de leur recouvrement, & de divers
points relatifs au bénéfice de la vente, & au trafic de la
soie de cette Province : on y trouve également les autres
impositions que ces soies doivent payer en cas d'extra-

ction , foit par mer foit par terre pour l'Efpagne, ou
pour les pays étrangers. On y voit que le droit de la
dixme en queftion , ainfi que ceux de Tartil & de Gelis,
furent établis par les Rois Maures. Ces contributions
extraordinaires & inufitées dans les autres provinces
d'Efpagne pourroient être fupprimées , pour traiter également les fujets de celle-ci ; je penfe cependant qu'il
fuffiroit pour le rétabliffement de leurs plantations & de
leurs manufactures , de fupprimer les droits d'Alcavala
& Cientos fur toutes les ventes, comme je l'ai propofé
en général dans toute l'Efpagne , ainfi que les droits de
Gelis & de Tartil. On pourroit conferver pour le préfent
le droit de la dixme , qui eft un droit Séculier & Royal ,
fuivant les Loix que j'ai citées , fans aucun mêlange de
dixme [a] Eccléfiaftique. Ce tribut pourra être regardé
comme un équivalent de cette derniere efpece de dixmes
que payent d'autres denrées ; cependant fi par la fuite
il eft contraire au bien des récoltes de foie & des manufactures , on pourra le réduire à cinq ou fix pour
cent ; en ce cas les avantages qui en réfulteroient, dé-
dommageroient de la remife.

Le droit de Ville confifte dans deux réaux de veillon
par livre ; cette charge eft affez confidérable , puifque la
livre n'étant évaluée couramment qu'à vingt-fept réaux ,
elles répondent à plus de fix pour cent, ainfi je fuis
d'avis qu'elle foit réduite à la moitié. J'en reviens toujours au principe , que cette rente ainfi réduite produira
davantage qu'elle ne faifoit , & que les engagiftes n'y
perdront pas.

Ce que je propofe n'empêche pas que l'on ne doive
examiner fi le motif de l'impôt fubfifte encore , & fi fon
produit a rempli , ou pourra fuffire pour achever le
payement des charges qui l'ont occafionné. Sur cette
connoiffance on pourra le fupprimer tout - à - fait, ou

---

[a] L'on a vû que la dixme fur les fucres eft mi-partie.

prendre telles précautions que l'on croira plus convenables.

Quoique le droit connu sous le nom de *Torres de la
mar*, ne soit que de quatre maravedis & demi par livre
de soie, il ne laisse pas d'être préjudiciable par les embarras, les formalités, & les recherches qu'il exige ;
ces choses sont toujours plus onéreuses que le droit
même. Celui-ci devroit être supprimé, à l'exemple de
celui d'un maravedis sur le poisson qui se consomme à
quarante lieues de la mer ; il l'a été le 15 Septembre
1717, comme je l'ai remarqué au Chapitre LII. Il étoit
appliqué à la réparation des tours sur les côtes de l'Andalousie, & il entroit dans la trésorerie de la guerre
comme celui-ci.

La remise que je propose ne va pas à deux mille
piastres par an, & peut être aisément remplacée sur
d'autres parties.

Pour que l'exemption que je propose des droits d'Alcavala & Cientos sur toutes les soies torses ou en ma-
tasses, sur les lins & les chanvres des provinces de la
couronne de Castille, ait son entiere exécution ; il convient d'ordonner que dans tous les lieux où il se fera
des répartitions par tête, on ne pourra rien imposer
sur les Colons & les Marchands, à raison de la récolte
ou du commerce des soies.

Je suis persuadé que dans peu d'années la dixme seule sur les soies de Grenade raportera les mêmes neuf
millions que produisent aujourd'hui tous ces divers
droits réunis.

La rente des soies de Grenade est engagée pour six
millions cent soixante & quatorze mille quatre cens
soixante & trois maravedis ; il est juste que les intéressés ne soient pas lésés, & Sa Majesté pourra prendre
avec eux les mêmes arrangemens qu'en 1717, dont j'ai
parlé au Chapitre LII, & que j'ai proposé au Chapitre
XCIV, en parlant des sucres de la même Province.

Au Titre 30., Livre 9e de la compilation que je viens de citer, il eſt parlé des droits que les ſoies de Grenade doivent payer à leur ſortie pour l'Etranger ou pour l'Eſpagne : ces Loix ſont inutiles déſormais, ſi Sa Majeſté fait exécuter l'Ordonnance de 1699, citée au Chapitre LXXXVIII ; & ſi elle accorde la franchiſe que je propoſe pour le tranſport dans l'intérieur, ne laiſſant ſubſiſter que le ſeul droit de la dixme.

CHAPITRE XCVIII.

La protection & les récompenſes que les Souverains accordent aux Arts & aux Sciences les font fleurir, & animent les hommes à bien ſervir l'Etat : des moyens les plus ſûrs pour attirer & conſerver de bons Artiſtes : de l'inconvénient, des priviléges excluſifs & autres obſervations générales ſur toutes ſortes d'exemptions : les Manufactures qui ſont établies aux frais des particuliers réuſſiſſent mieux que celles qui s'entreprennent pour le compte des Souverains.

C'EST une maxime généralement reçue que la protection & les récompenſes des Souverains donnent de l'activité aux arts, au commerce, & à toutes les parties du Gouvernement. Il eſt juſte aſſurément d'accorder des honneurs & des graces à ceux qui ont bien ſervi leur patrie par des découvertes utiles, par leur induſtrie & leurs dépenſes dans l'établiſſement & dans la conſervation des manufactures & autres arts. Je n'en parle qu'en général, parce qu'il n'eſt pas poſſible de ſuggérer des régles pour la pratique ; les récompenſes

& les honneurs se doivent proportionner à l'état &
aux circonstances personnelles, aux dépenses qui ont été
faites, & à l'utilité qui en revient au public : il est nécessaire de s'en remettre à la prudence des Ministres que
le Roi aura chargés de cette partie.

On a coutume, & il est très-convenable d'accorder
des pensions annuelles aux maîtres fabriquans, teinturiers & apprêteurs que l'on attire dans le Royaume,
pour y introduire ou perfectionner les Manufactures ;
on doit se régler en pareil cas sur l'utilité de l'art, &
sur la capacité du sujet.

On a coutume également d'accorder l'exemption des
charges de Communauté, & la franchise de certains
droits aux ouvriers & entrepreneurs des Manufactures
nouvelles & utiles ; j'en ai raporté divers exemples : on
est aussi dans l'usage de leur accorder quelques avances
d'argent pour les premiers frais qui sont les plus considérables, mais tous ces secours ne peuvent recevoir de
régle fixe. La plus sûre, c'est d'exiger une caution suffisante, de rendre à certains termes l'argent qu'on leur
a prêté, d'établir & de maintenir le nombre de mêtiers,
la qualité des ouvrages pendant tout le tems dont on
sera convenu ; il est nécessaire de bien spécifier chacune
de ces choses, parce que si les conditions ne sont pas
remplies de la part des Entrepreneurs, Sa Majesté n'est
pas obligée de perdre mal-à-propos les dépenses auxquelles Elle se seroit engagée. Dans ces cas, il faudroit
faire restituer sur le champ les avances d'argent, les
maisons & toutes les choses en nature dont on les auroit gratifiés : il sera cependant convenable de ne pas
user envers eux de la rigueur des Loix, lorsqu'il sera
bien avéré que leurs infractions ne seront pas volontaires, ni frauduleuses. Cette indulgence sera dûe à leur
bonne foi, & elle sera nécessaire pour ne pas effrayer ni
décourager ceux qui pourroient se présenter pour de pareilles entreprises.

Lorfque les Directeurs d'un établiffement rempliffent exactement leur marché, & que le public y trouve des avantages ; il eft convenable de leur faire don d'une partie ou du total des avances, foit pour les récompenfer, foit pour en encourager d'autres à les imiter.

On accorde quelquefois des priviléges exclufifs, mais ce doit être avec beaucoup de circonfpection. Lors même qu'on les eftime néceffaires, il eft fage de les limiter, & de prendre garde qu'ils ne fe convertiffent en un monopole très-utile aux particuliers, mais encore plus préjudiciable au public. Pour accorder ces priviléges, même avec toutes les reftrictions poffibles, il faut au moins que ce foit une manufacture nouvelle, difpendieufe, utile au Commerce & au Royaume. C'eft ce qui fe pratique en France ; & dernierement en Efpagne pour l'établiffement de la manufacture des glaces, le Roi a accordé un privilége exclufif, mais limité, en confidération des dépenfes confidérables, du grand travail, & de l'incertitude du fuccès. J'en ai parlé au Chapitre LXII.

Louis XIV en 1665, pendant le Miniftere de M. Colbert, accorda un privilége exclufif & d'autres avantages pour l'introduction de la fabrique du fer blanc dans divers endroits du Royaume, parce que c'eft une marchandife très-utile & d'une grande confommation. Le privilége fe renouvella en 1695, en faveur d'Ifaac Roblain, Ingénieur, Directeur des Fortifications de Bourgogne & de fes Affociés ; il fut encore prolongé en 1700, en faveur de la même Compagnie. Cette Manufacture n'eft donc pas uniquement connue en Saxe, comme bien des gens le croyent ; & puifqu'elle eft établie en divers endroits de la France, il n'eft pas difficile que le fecret en pénétre dans d'autres pays. Cet établiffement conviendroit fort en Efpagne, & l'on pourroit lui accorder les mêmes exemptions qu'en France, mais il feroit bon que le privilége fût limité en cas qu'il fût

exclufif.

exclufif. Il ne me paroît pas qu'il y ait d'autres Manufactures dont l'introduction exige parmi nous des priviléges exclufifs.

Lorfque certaines fabriques d'un genre déja connu parmi nous, s'établit feulement fur un pied plus parfait, ce n'eft point une raifon de lui accorder des priviléges de franchifes, ni d'autres fecours particuliers. Outre que ce font des chofes que l'on peut imiter aifément dans nos Manufactures, l'exclufif les renverferoit, & ce feroit détruire le principal pour favorifer l'acceffoire.

Quelques Entrepreneurs ont offert d'établir à Madrid vingt ou trente métiers d'étoffes de foie, dont quelques-unes en or & en argent, à condition que pendant un certain tems l'on ne pourroit travailler à ces mêmes étoffes vingt lieues à la ronde. Un pareil privilége ne doit jamais être accordé à mon avis; cette Manufacture n'étoit pas nouvelle, puifqu'il y avoit déja à Madrid un habile ouvrier de Lyon qui travailloit à ces mêmes étoffes, en vertu des ordres & fous la protection de Sa Majefté: ç'eût été d'ailleurs empêcher au centre de l'Efpagne, que d'autres ouvriers n'entrepriffent de pareilles fabriques, tant à Madrid, qu'à Tolede, Segovie, Guadalaxara, & autres villes confidérables comprifes dans ces vingt lieues de contour. Ce feroit donc pour favorifer vingt ou trente métiers, limiter l'induftrie publique, & retarder, pour ne pas dire arrêter le rétabliffement de nos Manufactures.

D'autres ont follicité, & quelques-uns même ont obtenu la faculté de rendre à Madrid, & dans le refte de l'Efpagne, les étoffes de leur fabrique fans payer aucuns droits d'Alcavala, Cientos, ni d'autres établis ou à établir fur la premiere vente, pendant le tems de leur privilége. Cette franchife eft fujette à beaucoup de fraudes; elle facilite l'introduction & la vente libre de droits des marchandifes étrangeres dans les villes & bourgs d'Efpagne. Les revenus du Roi & nos Manufactures en

Q

souffriroient, sans que l'on pût remédier au désordre par l'inspection des marques & des certificats : outre que ces choses peuvent se contrefaire aisément, elles ne font point connues dans la plupart des Villes éloignées. C'est pour cela que dans le Chapitre XCVI je propose l'exemption des Alcavala & Cientos sur la premiere vente seulement, dans le lieu même de la fabrication ; les fraudes sur la marque, les certificats, & toutes autres quelconques, seroient aisément reconnues par les Fermiers.

On n'a pas oublié non plus de demander le privilége d'embarquer pour les Indes les étoffes des fabriques particulieres, sans payer de droits à l'entrée de Cadix, & à la sortie : cette permission auroit plusieurs inconvéniens ; le premier, c'est que l'on parviendroit difficilement à empêcher sous ce prétexte l'introduction & l'embarquement libres de droits de beaucoup de marchandises étrangeres. Le second inconvénient, est que cette grace particuliere seroit nuisible aux fabriquans de Tolede, de Seville, de Grenade, & autres endroits dont les ouvriers méritent les mêmes égards, à moins que ce ne fût des marchandises d'une perfection bien plus grande que les leurs. C'est ce qui ne se rencontroit pas sur les étoffes que l'on vouloit affranchir, puisque celles de Valence, de Seville, & d'autres endroits les valoient à très-peu de chose près, particuliérement les étoffes de soie qui font celles dont nous manquons le plus, & qui ont le plus de consommation en tout tems & dans tous les pays, sur-tout depuis la sage prohibition des étoffes d'or & d'argent.

S'il étoit quelque préférence que l'on dût accorder, ce devroit être en faveur de quelques-unes des Villes que j'ai nommées ; il seroit bien injuste d'accorder à quelques particuliers, sans de grands motifs, une grace que l'on refuse à tout un Royaume.

Lorsque j'ai proposé quelque exemption en faveur des

Manufactures , c'étoit sans aucune exception , & je persisterai dans mon avis jusqu'à ce que l'on m'oppose des motifs particuliers qui rentrent dans l'ordre de la justice distributive, ou qui la compensent. Les soulagemens doivent être accordés avec la plus grande égalité , comme aussi l'on doit réserver les remédes les plus efficaces pour les grandes maladies , & ne pas les employer lorsque des remédes plus doux peuvent suffire.

Je ne puis conclure ce Chapitre sans faire observer que le moyen d'établir & de conserver une Manufacture par des franchises , & par d'autres secours proportionnés, est plus sûr & plus efficace, que celui de l'entreprise pour le compte des Souverains : cette forme d'entreprise est sujette à des dépenses , & à des pertes indispensables, que s'épargneroient des particuliers riches & capables, soutenus par des priviléges & d'autres graces. C'est ainsi qu'en France se sont établies les excellentes fabriques de draps de Sedan , d'Abbeville & autres , pendant le long & glorieux regne de Louis XIV ; j'ai fait la même remarque dans les autres Etats. Ces especes de travaux sont d'un détail couteux & embarrassant, encore est-il rare qu'avec de la dépense & des soins l'on réussisse , dans une grande Monarchie sur-tout, où la conduite importante du Gouvernement général ne permet pas d'employer la rigueur & l'exactitude convenables à ces détails. On l'éprouve dans les manufactures de *Guadalaxara* , qui coutent au Roi plus que les rentes provinciales de toute la Province : cela n'arriveroit pas si elles étoient aux frais d'un Entrepreneur qui s'appliqueroit uniquement à leur conduite , dont l'industrie lui fourniroit à propos les ressources convenables sans dépendre de la prévoyance d'autrui , qui est toujours plus lente & moins efficace.

CHAPITRE XCIX.

L'on prouve que les belles manufactures de soie & de laine fleurissent davantage dans les grandes Villes : de la nécessité d'accorder des franchises aux manufactures de soie de Madrid, & des autres grandes villes : importance des fabriques de tapisseries ; nécessité de les étendre et) de favoriser les Teinturiers habiles : de l'attention que l'on doit avoir de restraindre toutes les exemptions par certaines clauses.

MALGRÉ l'espérance que j'ai de voir augmenter les manufactures d'Espagne en conséquence des dispositions que j'ai proposées, je crois que pour les établir plus solidement, il sera nécessaire outre les précautions générales d'en employer de particulieres. Il est évident que les ouvrages fabriqués dans les grandes villes seront plus chers, parce que la nourriture & les autres besoins y couteront davantage à l'ouvrier : il seroit donc raisonnable, malgré l'égalité dont j'ai établi les principes, d'accorder aux Fabriquans de ces grandes villes quelques avantages plus grands qu'à ceux des petites villes, des bourgs & des villages. Ce sera même le moyen d'établir cette égalité, au moins à l'égard des manufactures de soie & des draps fins ; il convient d'encourager celles-là, parce que nous ne manquons point des autres pour notre consommation, & qu'il sera toujours aisé de les augmenter pour le commerce étranger.

La cherté des divers besoins dans les grandes villes a plusieurs causes. La principale est, que les droits Royaux quoiqu'établis par tout également, s'y recouvrent avec plus de rigueur. Les petites villes font abonnées, & font des répartitions par tête, ce qui n'eft pas pratiquable dans les grandes villes, où les rentes font adminiftrées pour l'ordinaire. A cela il faut ajouter que les droits municipaux font beaucoup plus nombreux & plus confidérables dans les grandes Communautés, parce que les dettes & les dépenfes font à proportion. C'eft ce que l'on voit à Madrid, principalement où les dépenfes publiques & la noble ambition de fournir des fecours extraordinaires au Roi, ont été fi fouvent répétées, que diverfes denrées comeftibles y payent beaucoup au-delà de leur valeur intrinféque, tant à caufe des droits Royaux, que des excifes de la ville.

Il eft encore une autre caufe de la cherté des vivres dans les grandes villes; les environs fournissent rarement affez de quoi les nourrir, ainfi il eft néceffaire que les provifions foient apportées de plus loin; leur paffage en diverfes mains, & leur tranfport les augmentent néceffairement.

Quelques perfonnes répondront fans doute, & je l'ai fouvent entendu dire, que les grandes villes ne font pas propres à l'établiffement & au féjour des manufactures, qui feront mieux placées dans les petites villes & dans les bourgs. Il ne fera pas difficile de montrer la foibleffe de cette opinion, puifqu'une expérience générale de plufieurs fiécles confond tous les raifonnémens de la théorie.

Il eft certain que les draps ou étoffes de moyenne & commune qualité, fe fabriquent aifément partout; l'art n'en eft point difficile, & on le pratique auffi bien dans la campagne que dans la ville. Mais les fabriques de foieries & de draps fins, font dans une poffeffion immémoriale de s'établir & de fe conferver mieux dans les grandes villes: elles y trouvent un plus grand débit, fans aucun embarras de Douane, fans les dépenfes &

les rifques d'un commiffionnaire ou d'un voyage ; il s'y trouve un grand nombre de négocians qui font fortis de leur ville, qui choififfent & font par eux-mêmes leurs achats ou leurs échanges, pour expédier enfuite leurs affortimens dans les différentes villes du Royaume ou de l'Etranger. Il eft peut-être encore d'autres caufes cachées qui échapent à nos yeux. Mais il eft certain que toutes les manufactures fines fe trouvent partout dans les grandes villes ; Amfterdam & Leïden en Hollande, Bruxelles, Anvers & Lille en Flandre, l'immenfe & riche ville de Londres en font la preuve.

Sans chercher auffi loin des exemples, Paris, Lyon, Rouen & Tours, qui font les villes de France les plus confidérables, font auffi celles qui s'enrichiffent le plus par les manufactures.

L'Italie, quoiqu'elle raffemble différens climats & différens génies, me fournit la même preuve ; excepté Rome, dont la grandeur a de plus nobles fondemens ; fes autres grandes villes, comme Turin, Milan, Gênes, Venife, Florence, Naples, Meffine, font les villes où fleuriffent le plus les riches manufactures.

Pour revenir à l'Efpagne, nous ne pouvons pas difconvenir qu'après Madrid, Seville, Grenade, Cordoue, Murcie & Valence, font les plus grandes villes, & c'eft là que pendant des fiécles entiers, ont fleuri nos meilleures manufactures ; c'eft où il en refte encore quelques veftiges. Si Tolede & Segovie ont eu longtems de nombreufes & d'excellentes manufactures de draps fins les plus renommés alors dans l'Europe & dans les Indes, on fçait que dans ces tems elles étoient beaucoup plus peuplées. Ces faits nous démontrent que le véritable centre des bonnes manufactures eft dans les grandes villes, foit par la facilité de les y introduire, foit parce qu'elles ont coutume d'aggrandir & d'enrichir les petites ; de façon que dans leurs principes & dans leurs effets, ces fabriques ne peuvent être un peu confidérables que dans les endroits fort peuplés. Par conféquent les vivres, les maifons & les autres befoins des fabriques y feront chers ; & il eft néceffaire de leur procurer quelques avantages de plus que dans le refte du Royaume, afin d'égalifer dans une certaine proportion, le prix de la main ᵃ d'œuvre.

J'ai déja parlé de l'excès des droits, tant royaux que municipaux, qui fe payent à Madrid. La Cour de nos Monarques cependant eft fomptueufe, nombreufe & au centre de l'Efpagne : cette ville feroit très-propre & très-commode à l'établiffement & au débit de plufieurs riches manufactures ; ainfi il eft néceffaire d'y attirer les ouvriers par quelques faveurs particulieres.

Le 6 Octobre 1712, Sa Majefté accorda un privilége à Francifco Vafquez, pour établir à Madrid au moins douze métiers d'étoffes en or, en argent, & en foie pendant vingt ans : fa franchife confiftoit dans la permiffion de faire entrer fans aucuns droits, cent livres de foie, dix arrobes de vin, dix d'huile, dix de favon par chacun des métiers qu'il entretiendroit pendant les vingt années ; il avoit l'exemption de quelques autres

---

a Tout ce que l'on peut conclure du raifonnement de l'Auteur, c'eft que prefque toujours les manufacturiers fe font établis dans les villes par des raifons de commodité pour la vente de leurs étoffes : mais cela ne prouve nullement qu'il ne fût très-avantageux à un Etat que fes fabriques, celles de laine fur-tout, fuffent répandues dans les gros villages & les bourgs. Les ouvriers en feroient moins diffipés, & dès-lors plus curieux de leur ouvrage ; ils en feroient plus riches, parce que les vivres, les loyers, les ouvriers y feroient moins chers ; les filages y feroient à meilleur marché, & la préfence du fabriquant les y perfectionneroit. Enfin leur commerce feroit circuler l'argent dans les campagnes, & rendroit un double fervice à l'agriculture. Il n'auroit pas été aifé de perfectionner des fabriques difperfées, & il a dû être commode au commencement de les raffembler ; c'eft je crois une des raifons de cet ufage qui pour être général n'en eft pas meilleur. Dans le petit nombre de manufactures qui fe trouvent répandues dans les campagnes, on remarque les avantages dont je viens de parler ; & il eft de fait que l'ouvrier de campagne eft dans l'aifance, tandis que celui de ville a peine à fe foutenir. Il ne feroit pas à propos fans doute que le manufacturier habitât avec le laboureur ; mais la place de ce dernier eft au milieu de fon champ, on en voit peu dans les bourgs & les gros villages.

droits établis fur ces chofes ; la liberté de vendre en gros ou en détail, dans la ville & hors de la ville fes propres étoffes, fans payer de droits d'Alcavala & Cientos fur la premiere vente : bien entendu qu'il juftifieroit que ces étoffes étoient de fa fabrique. Cette manufacture fut établie, & avoit bien continué jufqu'à cette année que Francifco Vafquez a été obligé de l'abandonner par des raifons qui n'ont rien de commun avec fon commerce.

J'ai démontré dans d'autres Chapitres, depuis le V^c jufqu'au X^c, que les revenus royaux & municipaux ne fouffrent pas de ces franchifes, qui leur font plutôt favorables ; il eft inutile d'infifter là-deffus. Cependant comme les manufactures en foie ont déja beaucoup augmenté, je penfe que même en modérant un peu ces faveurs, elles ne laifferont pas de s'accroître. L'on pourroit donc établir pour régle générale, que quiconque établira & entretiendra à Madrid, au moins fix métiers de tiffus, de perfiennes & autres étoffes de foie, mêlées d'or & d'argent ou non, de la largeur de deux tiers de vare Caftillane, jouira des priviléges fuivans. Il pourra faire entrer fans payer aucun droit, dix arrobes de vin, cinq d'huile, & huit de favon par chaque métier, à condition que les fix mentionnés feront toujours courants : il pourra également faire entrer quatre-vingt livres de foie par chaque métier, fans payer aucun droit de Douane ni de vente, comme cela eft expliqué au Chap. XCVII en faveur des foies non travaillées. Il fera néceffaire de ftipuler que ces fix métiers feront dans la même maifon, afin de faciliter les ventes que la Chambre du Commerce doit faire faire de tems-en-tems.

A l'égard de la franchife fur la premiere vente, je me référe au Chapitre XCVI.

Il feroit très-utile d'augmenter à Madrid la fabrique des bas de foie, dont la confommation eft fi grande ; mais il ne paroît pas jufte qu'une manufacture qui occupe

cupe moins de monde que celle des étoffes, jouisse tout-à-fait des mêmes exemptions. On pourra donc les stipuler par chaque deux métiers courans, sous la condition d'en entretenir douze dans une même maison.

L'usage des rubans en soie est aussi fort considérable, quoiqu'un peu diminué, puisqu'il dépend du cours de la mode; mais cette marchandise est d'un commerce très-utile partout. On pourra en encourager la fabrique à Madrid, & accorder les priviléges ci-dessus par chaque trois métiers, à condition d'en entretenir dix-huit dans la même maison. L'on pourra aussi régler que lors même que tous les métiers convenus pour chacune de ces fabriques n'appartiendroient pas à un même maître, ils pourront jouir des mêmes priviléges, dès qu'ils seront réunis dans une même maison.

Quoique les droits sur les denrées comestibles, ne soient pas aussi excessifs dans les autres parties de l'Espagne qu'à Madrid; ceux de Tolede, Jaen, Cordoue, Seville, Grenade, & Murcie, où se conservent encore les vestiges de nos manufactures, ne laissent pas d'être considérables. Les graces & les exemptions proposées pour Madrid, seront infiniment utiles aux fabriques de ces villes; on pourra seulement les modérer. Ainsi aux mêmes conditions & dans les mêmes proportions que j'ai expliquées, l'on pourroit accorder l'exemption sur soixante & douze livres de soie; sur huit arrobes de vin, sur six d'huile & autant de savon.

Si dans quelqu'autre grande ville de la couronne de Castille, où les vivres seroient un peu chers, il se présentoit des Entrepreneurs pour de pareilles manufactures, & qu'ils demandassent les mêmes exemptions, on pourroit examiner leurs raisons & se régler sur ce plan à proportion.

Dans les villes dont je viens de parler, il est moins difficile de vérifier & de visiter les métiers, parce qu'il y a un moindre concours, moins d'embarras & d'affaires;

ainſi il eſt inutile d'y aſtreindre le Fabriquant, à raſſembler autant de métiers dans une même maiſon qu'à Madrid. Les exemptions pourront avoir lieu, quoiqu'il ne s'en trouve que quatre d'étoffes larges, huit de bas, & douze de rubans : ces exemptions devront s'entendre de tous droits quelconques.

Quoique la ville de Valladolid mérite la même attention que les autres villes dont j'ai parlé, je n'ai pas cru devoir lui appliquer ces franchiſes, à cauſe de la diminution conſidérable que Sa Majeſté lui a accordée en 1722, ſur l'abonnement des rentes provinciales comme je l'ai dit au Chapitre XLIV.

Je n'ai pas compris non plus dans ces franchiſes la ville de Valence ni les autres de la couronne d'Arragon: j'en parlerai dans d'autres Chapitres, où je propoſerai les régles qui me paroîtront les plus convenables à leurs conſtitutions & à l'augmentation de leurs manufactures.

Nous avons aux environs de Madrid une manufacture de tapiſſeries à l'imitation de celles de Flandre; elle eſt établie aux frais de Sa Majeſté, & il n'eſt pas difficile de l'étendre avec l'abondance & l'excellence de nos matieres premieres : il eſt même naturel qu'avec ces avantages elles deviennent auſſi parfaites & auſſi étendues que dans les autres Etats.

Pour y réuſſir, il conviendra de faire venir de Flandre le plus grand nombre de maîtres & d'ouvriers qu'il ſera poſſible, moyennant des penſions & des priviléges; ou bien de s'arranger avec des particuliers riches & induſtrieux, qui ſe chargeroient de l'entrepriſe en leur donnant des ſecours proportionnés. Il faut ſur-tout avoir attention d'iṇitier dans cet art le plus grand nombre d'Eſpagnols, ou autres Sujets du Roi, qu'il ſera poſſible. L'on y parviendra aiſément, puiſque quelques enfans de la Nation que l'on a mis en apprentiſſage dans cette fabrique, ſe trouvent déja fort avancés, ſur-tout depuis qu'ils ont un habile maître de deſſein. Ce point eſt le fondement principal pour fabriquer des tapisseries qui luttent avec la peinture ; ainsi une des mesures les plus nécessaires pour l'extention & la perfection de cette manufacture, c'est d'avoir de bons Peintres, & de donner de bons maîtres de dessein à la jeunesse que l'on y instruit. Les beaux linges de table damassés qui se fabriquent à la Corogne en sont un exemple ; ils se font sur toutes sortes de desseins exécutés dans le pays, où quelques maîtres Flamands apporterent l'art du dessein il y a environ quarante ans. On ne se sert pas d'autre linge pour la table du Roi.

Louis XIV porta une attention particuliere à l'établissement & à la perfection de ces fabriques : elles surpasserent bientôt celles de Flandre, d'où ce Prince avoit fait venir des ouvriers habiles. Il orna ses somptueux Palais avec ces tapisseries ; & pour leur donner une plus grande réputation, il en faisoit des présens aux Ambassadeurs & autres Ministres étrangers.

Quoique les bons Teinturiers en laine & en soie soient partout assez rares, il faut observer que cet art est de la plus grande conséquence pour la réputation des manufactures. La bonne qualité d'une étoffe ne suffit pas, il faut que la couleur en plaise ; si la teinture ne vaut rien, elle est comme tachée.

Ce qui contribue le plus au succès général des étoffes de Lyon en France, c'est la vivacité & la belle distribution des couleurs. Il n'en coûtera pas beaucoup pour attirer & favoriser ces artistes, parce qu'ils sont en petit nombre ; mais il est essentiel d'en avoir pour donner à nos étoffes une des principales qualités qu'elles doivent avoir. On pourra ordonner qu'à raison de leur art, on n'exigera d'eux aucuns droits d'Alcavala, Cientos, Millions ou autres dans les répartitions par tête, & qu'ils ne payeront qu'à raison de leur consommation, comme les autres habitans.

Il faudra leur affranchir de tous droits une certaine quantité d'ingrédiens, proportionnellement à ce qu'ils

en pourront employer par an; ainſi qu'une quantité limitée de chaudieres & autres inſtrumens. Il ſera convenable de les exempter de logemens de gens de guerre,
& autres charges communes: ſi les grandes villes où s'é-
tabliront les Teinturiers leur fourniſſoient aux dépens
de la Communauté un logement pour établir les atteliers néceſſaires, les revenus royaux & municipaux y
gagneroient conſidérablement. Nos manufactures loin
de ſe perfectionner, tomberoient infailliblement en
ruine ſi elles manquoient de bonnes teintures : nous
avons peu de maîtres dans cet art, encore ſont-ils mé-
diocrement habiles. Avant d'accorder ces franchiſes, il
conviendra de s'aſſurer de la capacité de ceux qui ſe pré-
ſenteront, & de les faire examiner par les Inſpecteurs &
autres perſonnes chargées de ce miniſtere.

Il peut arriver que dans la pratique de tout ce que j'ai
propoſé pour l'avancement & la perfection des Manufactures, il ſurvienne des inconvéniens imprévûs qui obli-
geront de changer la nature de ces graces ou de ces ſecours. Les circonſtances apportent ſouvent des variations
dans l'exécution des loix les plus ſages ; ainſi je penſe
qu'il ſera peut-être convenable de corriger beaucoup de
choſes que m'a dictées mon zêle pour le ſervice du Roi
& de ma patrie. Il eſt bon d'ailleurs que l'on ne regarde
pas ces priviléges comme perpétuels ; & afin d'y pouvoir
changer lorſque l'on croira le devoir, il ſeroit bon que
dans les exemptions accordées par Sa Majeſté, Elle infé-
rât cette clauſe : *pour le préſent, & juſqu'à ce qu'il me
plaiſe d'en ordonner autrement.*

CHAPITRE C.

*Sur les fabriques de draps , de lamparilles , ca-
melots, chapeaux , bayettes , serges , draps fins,
papier , toiles à voiles , cordages : mesures à
prendre pour établir des manufactures dans
l'Hôpital de Madrid : les Manufactures sont
le soutien de l'agriculture.*

NOUS avons actuellement des draps communs &
moyens en assez grande quantité pour suffire à
notre consommation ; & moyennant la franchise sur la
premiere vente, la diminution des droits à la sortie ,
nous pourrons espérer d'en vendre aux Etrangers.

Les draps fins sont encore loin de la perfection de
ceux de France , d'Angleterre & de Hollande : ceux de
Guadalaxara sont d'assez belle apparence à la vérité , &
d'un bon usé , mais ils n'ont point l'œil & la finesse de
ceux dont je parle. Les établissemens de ce genre sont
longs pour l'ordinaire ; ils demandent une application
continuelle , & leurs commencemens sur-tout sont pénibles. Nous devons espérer qu'avec quelque constance,
& le secours des bons ouvriers pour la tonte, le foulage, le mêlange , & la teinture, nous parviendrons à les
fabriquer au moins égaux aux plus beaux de France &
d'Angleterre. Le plus sûr , comme je l'ai dit , ce seroit
d'engager quelque particulier riche & industrieux à se
charger de l'entreprise pour son compte.

Puisque nous avons déja un bon nombre de fabriques de draps moyens, qu'il seroit possible de perfectionner , il me paroît qu'il est inutile d'en établir de
nouvelles ; cela est toujours long & couteux. Il convient

donc de perfectionner les anciennes autant qu'il se
pourra, & d'augmenter le nombre des métiers. Segovie
est la ville d'Espagne où l'on doit le plus avoir cette attention; elle est au centre du Royaume; c'est de là que
sont toujours sortis nos plus beaux draps : les habitans
en sont industrieux; les eaux y sont excellentes &
commodes pour la teinture & pour le foulon; le pays est
fertile en laine de la premiere qualité; toutes les choses
nécessaires à la vie s'y trouvent en abondance & à bon
marché.

C'est par tant d'avantages que cette ville s'est si long-
tems maintenue en possession de fabriquer les meilleurs
draps de l'Europe; mais enfin les autres Souverains, à
force de dépenses & de soins, ont trouvé l'art d'établir
des manufactures supérieures. Segovie a continué la fabrique des siens qui ne sont plus que du second ordre,
en comparaison des autres qui sont plus apparens, plus
fins, d'un meilleur usage. Nous avons comme autrefois
les meilleures laines, les meilleures drogues pour la
teinture, & des hommes assez industrieux au moins pour
imiter; ainsi nous pouvons espérer les plus grands succès, lorsque la rigueur des impôts ne s'y opposera point,
Pour gagner du tems il sera bon de se procurer des Fabriquans habiles de France & d'Angleterre, des Teinturiers, des Apprêteurs, des Tondeurs, qui enseigneront
leur art à nos Espagnols, Il convient aussi de donner de
nouveaux Réglemens sur la qualité des matieres, le
nombre des fils, la largeur des rots, celle des étoffes
après l'aprêt, sur le foulage & la tonte; enfin sur toutes
les choses qui contribueront à la perfection: les usages
de France & d'Angleterre devront servir de base à ces
instructions. Cela est d'autant plus nécessaire, que les
Loix défendent à nos ouvriers de s'écarter des Réglemens qui leur sont prescrits, parce que dans le tems où
ils furent faits, les nôtres étoient les meilleurs; aujourd'hui encore ils ne sont pas libres de s'en écarter

pour imiter les étoffes de France & d'Angleterre.

Ces motifs me font croire qu'indépendamment des autres propofitions que j'ai faites pour l'avancement de nos manufactures, il feroit à propos d'accorder quelques franchifes particulieres aux villes qui font les plus propres aux fabriques de draps fins, afin d'y encourager la perfection de ces qualités. Segovie, par exemple, eft en poffeffion de cette renommée ; on pourroit y établir, ou dans fes Fauxbourgs, des atteliers, de quatre métiers au moins de draps fins, depuis la portée de trois mille fils & au-deffus, pour fabriquer fuivant les nouvelles régles. On pourroit accorder l'entrée libre de tous droits quelconques fur huit arrobes de vin, huit d'huile, huit de favon par chaque métier battant, des quatre qui feroient dans une même maifon. Je propofe cette augmentation fur les draps fins, parce qu'ils employent plus de monde & de matieres que les étoffes de foie.

A l'égard des laines qui s'employent à la fabrique des draps, je trouve que dans quelques endroits elles entrent fous les droits d'Alcavala & Cientos, & dans d'autres libres de droits. Cela vient des différentes manieres dont les impôts font affis ; dans quelques villes il y a des abonnemens par tête, dans d'autres une adminiftration. Pour égalifer la condition de tous les Fabriquans de draps fins, il pourra être ftatué qu'ils employeront fans payer de droits vingt arrobes de laine fine par an par chaque métier battant.

Je renvoye au Chapitre XCVI, pour ce qui regarde l'exemption des droits fur la vente.

Les villes de Burgos, de Palencia & de Soria, font dans la fituation la plus propre aux manufactures de draps fins ; celle de Burgos fur-tout auroit befoin de ce fecours, pour fe retirer de la mifere extrême où elle languit : l'on pourroit accorder à toutes ces villes les priviléges que j'ai propofés pour Segovie & fous les mêmes conditions.

CHAPITRE
C.

La situation de Guadalaxara n'est pas moins favorable ; mais tant que la fabrique des draps y subsistera pour le compte du Roi, il ne conviendra pas d'y favoriser celle que les particuliers pourroient établir, de peur qu'elles ne se nuisissent entr'elles.

Je ne propose point ces facilités pour la ville de Valladolid, parce qu'elle en a reçu d'autres que j'ai expliquées dans le Chapitre précédent en parlant des soies.

Je conçois que plusieurs autres villes de la couronne de Castille seront très-propres à l'établissement des fabriques de draps fins ; celles qui feront des propositions à ce sujet pourront être écoutées, mais il ne convient pas de leur accorder plus que je n'ai proposé pour Segovie. Il est bon sur-tout de prendre garde que les fabriques ne soient trop voisines & ne se nuisent ; la préférence est dûe à la situation. La Castille-Vieille est celle de toutes nos Provinces qui recueille les plus belles laines , & où l'on doit par conséquent établir le plus de manufactures de draps fins ; elle a sur cet article l'avantage qu'ont pour les soieries les royaumes de Seville , Grenade, Murcie , Valence & autres Provinces méridionales.

Quoique les flanelles & les lamparilles ne paroissent pas une manufacture riche, leur consommation est si grande , que je suis persuadé que nous payons plus aux Étrangers pour cette importation que pour celle des riches tissus. Nous devons donc faire les plus grands efforts pour nous procurer cette espece de marchandise ; & faire venir de Lille ou d'autres endroits, des Ouvriers habiles que l'on s'attacheroit par des franchises, des pensions , & en leur fournissant des logemens pour eux & leurs atteliers. Il ne convient pas d'accorder des priviléges exclusifs pour cette manufacture qui est d'un grand débit & d'un art peu difficile ; mais il seroit bon qu'elle s'établît aux frais de quelque riche citoyen, avec lequel on prendroit des arrangemens. On ne peut rien fixer à ce sujet, le moment & les circonstances en décideront.

Il

Il feroit auffi effentiel d'avoir des manufactures de ca-
melots, de ferges fines, & de bayettes à l'imitation de
celles que les Anglois appellent *Alconcher*; ces trois efpéces d'étoffes font d'une confommation immenfe en Efpagne & dans les Indes. Pour en établir la fabrique, on
pourroit pratiquer la méthode que j'ai indiquée pour les
flanelles & les lamparilles.

La fabrique des chapeaux eft encore un objet de
grande conféquence: nous avons d'excellentes laines en
Efpagne, & l'Amérique nous fournit celles de vigogne;
ainfi nous pourrions en faire d'affez bons pour la confommation du pays, & même pour en vendre au-dehors.
Dans le Chapitre XC, j'ai mis les chapeaux à la fuite
des tiffus de foie, de laine, & de vigogne, afin qu'ils
jouiffent de la modération des droits de fortie; dans le
chapitre XCVI j'ai propofé d'en affranchir la premiere
vente des droits d'Alcavala & de Cientos; mais outre
ces fecours, je crois qu'il faudroit encore accorder aux
ouvriers qui en entreprendroient la fabrique, quelque
franchife fur les denrées comeftibles.

Aux Chapitres LXXXV, LXXXVI, XC & XCVI,
j'ai propofé divers encouragemens pour les manufactures de papier fin, & je penfe que quelques-unes des
franchifes dont je parle ici, feroient très-convenables en
faveur des ouvriers & entrepreneurs. L'on pourroit les
exempter du droit de Millions, ou du moins les affranchir d'une certaine quantité de vin & d'huile, proportionnée à ce qu'ils manufacturent à peu près de papier
par an: il n'eft pas poffible de régler cette quantité comme à raifon des métiers, à caufe de l'inégalité du travail,
& parce que les papeteries fe trouvant placées loin des
Villes, à la chûte des ruiffeaux, il eft difficile de vérifier
leur travail.

Au fujet du fervice des deux millions & demi de ducats accordé par le Royaume en 1650, on propofa entre autres moyens le droit de deux réaux de veillon fur

chaque rame de papier gris, quatre réaux par rame de papier ordinaire, huit réaux par rame de papier moyen, & huit réaux par rame de papier impérial. Ce droit devoit être perçu en entier fur le papier étranger, & feulement à moitié fur celui d'Efpagne, avec condition de le réduire en rente exclufive à un prix fixe & modéré, fi l'on croyoit que cela fût plus avantageux. Il étoit ftipulé en même tems que le droit fur le papier du Royaume fe percevroit dans les moulins.

Pour le papier étranger, il fut ftatué qu'il payeroit les droits établis en entrant dans le Royaume ; on changea cette adminiftration comme il paroît par le contrat.

Bientôt l'on reconnut le tort que cette impofition faifoit aux papeteries d'Efpagne ; elle fut fupprimée par une Ordonnance du 30 Mai 1672 ; il convient qu'elle n'ait jamais lieu, & de faciliter au contraire ces Manufactures par tous les moyens poffibles. Rien n'y contribuera plus, que d'exiger les droits de Million en entier fur le papier étranger, avec les quinze pour cent de la Douane propre, ou des rentes générales.

Les toiles fines de lin font du petit nombre des chofes qui manquent à l'Efpagne : les réglemens que j'ai propofés pour l'encouragement de nos diverfes manufactures, feront utiles pour l'établiffement de celle-ci, & l'on pourra y ajouter ce que l'on croira convenable dans l'occafion. Il conviendra d'examiner auparavant les terrains les plus propres à la culture des lins, & de renouveller leur graine tous les ans avec celle du Nord, comme l'on fait en France, en Flandres, & en Hollande.

J'ai parlé affez au long au Chapitre LXXII de ce qui regarde les chanvres, & les manufactures de toiles à voile & de cordages. Ces objets font très-difpendieux à l'Efpagne, & méritent la plus grande protection.

Je me fuis étendu au Chapitre LIV fur la néceffité

de favorifer les Hôpitaux déja établis , & d'en fonder
d'autres. J'ai expliqué les progrès de celui de Madrid ,
& ceux que fait efpérer l'augmentation des revenus que
Sa Majefté a accordée à cette maifon. L'avancement de
cet établiffement eft auffi dû en partie aux aumônes
continuelles & à la fage direction de Don Diego de Af-
torga , Archevêque de Tolede , à qui le gouvernement
fpirituel & économique de cette maifon ont été confiés.

L'on y a déja introduit quelques fabriques de laine &
de toiles de lin , pour l'ufage de plus de mille pauvres
qui y font renfermés. On pourroit pouffer plus loin cette
entreprife , & y fabriquer différens ouvrages, que l'on vendroit au dehors , & en affez grande quantité pour fuffire à
l'entretien actuel ; l'excédent des revenus ferviroit à entretenir d'autres pauvres , & fur-tout à élever des orphelins à
qui l'on enfeigneroit des métiers. C'eft ce qui fe pratique
en différentes villes, & particulierement à Lyon en France, où plus de trois mille perfonnes font nourries de leur
propre travail , & font d'un fecours confidérable à la
Manufacture. On obferve la même police à Gênes, où
les aveugles mêmes & les eftropiés ne font pas difpen-
fés du travail qui leur convient.

Dans les hôpitaux de Pamplune & de Sarragoce, l'on
occupe les pauvres à filer , à fabriquer au métier , & à
tous les ouvrages qui y appartiennent ; à Sarragoce c'eft
un homme intelligent qui a la direction de l'entreprife
des ouvrages pour fon compte particulier, à la charge
de fournir à l'Hôpital un nombre de vares des étoffes
de laine & des toiles néceffaires au fervice de la maifon : en outre , il paye par jour quatre ou cinq quartos
pour la main d'œuvre de chaque perfonne qui travaille
aux heures marquées aux divers emplois qu'il diftribue.
On pourroit fuivre cette méthode dans l'hôpital de
Madrid , & faire un traité avec quelque particulier habile & riche ; il fe chargeroit à des prix communs , & à des

conditions ftipulées, de l'entreprife des diverfes fabriques. Le revenu en feroit clair, au lieu que l'adminiftration en eft couteufe, fur-tout dans un Hôpital où il
y a au moins fix cens perfonnes en état de travailler;
fans compter les boiteux & les manchots, qui ne feront
pas inutiles, fi l'on fçait en tirer parti.

Les nouveaux établiffemens font toujours très-difpendieux, & par cet arrangement ils cefferoient d'être à
charge au Tréfor Royal. Sa Majefté pourroit faire des
traités différens, donner à l'un la partie des toiles, à
l'autre celle des étoffes de laine, & prendre leurs marchandifes pour la fourniture du magafin royal des troupes, comme elle le fait quelquefois avec les villes &
les particuliers. Il feroit convenable de faire exactement
les payemens, afin que le bénéfice & les revenus de cette
fainte maifon en fuffent plus affurés.

Ce qui doit encore porter le Gouvernement à accorder toutes les franchifes que je propofe aux Manufactures & au Commerce, c'eft que de leur augmentation dépend l'aifance des laboureurs. Lorfque l'argent circule
en abondance par le Commerce, la confommation des
denrées eft plus grande, les ventes fe répétent, les payemens font plus prompts, plus affurés, les terres fe cul-
tivent avec plus de foin. La fanté du corps politique
reffemble à celle du corps humain, lorfque le fang circule bien il répand la vigueur & la force dans tous les
membres : Sa Majefté eft la premiere intéreffée au bonheur de l'Etat.

On peut remarquer qu'en divers cantons de la Caftille, la ruine du Commerce a entraîné celle de la culture
des terres; beaucoup en reçoivent une mauvaife, & les
autres en manquent tout-à-fait; conféquemment la Nobleffe, le Clergé & les particuliers, qui ont leurs revenus
en terres, vivent dans la détreffe.

CHAPITRE CI.

Des impôts établis en Catalogne , dans les royaumes d'Arragon, de Valence & de Mayorque ; de leur recouvrement : moyens particuliers pour y favoriser les Manufactures , la récolte des chanvres, des lins & de la soie : raisons du succès des manufactures de Valence.

CATALOGNE.

J'Ai dit au Chapitre XCVI au sujet de l'exemption des droits d'Alcavala & Cientos, sur la premiere vente, que cela ne devoit s'entendre que des Provinces de la couronne de Castille, où ces droits sont établis. Les dépendances de la couronne d'Arragon sont sous une autre forme d'imposition appellée cadastre.

La méthode en est toute différente ; & pour favoriser les manufactures de ces Provinces il faut avoir recours à d'autres expédiens. Il est très-nécessaire d'avoir pour elles cette attention, & sur - tout pour la Catalogne dont il sort tous les ans de grandes sommes en payement des importations étrangeres.

La disette d'argent qu'y occasionne ce désordre, met les habitans dans l'impossibilité de payer la contribution de leur cadastre, quoique réduit depuis quelques années à neuf cens mille piastres par an : outre les trois cens mille qu'ils payent pour le logement , les fourages , le bois, la lumiere & les ustenciles des troupes ; ils payent encore cent mille piastres pour le droit de bourse, les droits patrimoniaux & d'autres ; le tout monte à un million trois cens mille piastres. A ce produit il faut ajoûter celui des rentes du tabac, du sel, des douanes, des poſtes, du papier timbré, de la croiſade, du ſubſide, & de l'eſcuſado ; le tout monte par an à environ deux millions de piaſtres.

L'impôt du cadaſtre eſt ſi exceſſif, que ſon produit d'un million trois cens mille piaſtres revient environ à treize piaſtres par feu, ſur les cent-trois mille trois cens ſoixante qui ſont dans cette Principauté. Je ſçais par diverſes informations, que pluſieurs villes & bourgades qui n'ont pû payer ce tribut, ſe ſont détruites & dépeuplées entiérement. Si l'on ne modere bientôt l'excès de ce fardeau, le déſordre augmentera encore comme il fait tous les jours au grand détriment des revenus de l'Etat. Il faut donc protéger & favoriſer le commerce & les manufactures des habitans ; de façon que le produit de ces rentes ſuffiſe pour payer les troupes & toutes les dépenſes militaires que l'on fait dans cette Principauté, ſans que la Cour & les autres Provinces y faſſent de remiſes. Une grande partie de ce qu'on y envoye, eſt gagné par le travail des Catalans ; mais de leurs mains il paſſe en France, en Italie & ailleurs, pour payer les marchandiſes qu'ils en reçoivent.

Pour faire mieux comprendre les expédiens que je propoſe, il eſt bon de s'étendre ſur la nature & le recouvrement du cadaſtre.

Cette contribution eſt un impôt de dix pour cent, ſur le produit annuel de toutes les terres de labour & les pâturages ; de la dixme, des maiſons, des cens, des moulins, des auberges, des fours, des communes : c'eſt auſſi la contribution perſonnelle des commerçans & des artiſtes, à raiſon de dix pour cent des profits que l'on eſtime qu'ils font. Les journaliers de campagne payent à raiſon de huit un tiers pour cent ; & l'on évalue leurs jours de travail à cent ſur le pied de trois réaux par jour ; ce qui fait trois cens réaux, & revient pour leur taxe à vingt-cinq : les autres jours ſont regardés comme fêtes ou comme tems de maladie.

Les ouvriers des manufactures payent auffi huit un tiers pour cent de leur falaire, avec cette différence que l'on leur fuppofe cent quatre-vingt jours de travail à trois réaux par jour; ce qui fait cinq cens quarante réaux, & revient pour la taxe à quarante-cinq réaux par an.

Les quatorze réaux de Catalogne valent quinze réaux deux maravedis de veillon de Caftille.

Pour la conttibution du commerce on s'y prend différemment; l'on a fenti combien cette matiere eft délicate; que ce feroit expofer le crédit des négocians, & nuire à la confiance publique, que de les obliger de découvrir leurs affaires. L'on reçoit la déclaration de leur bénéfice, & l'on impofe fur les diverfes Communautés des arts & métiers, une fomme que leurs Commiffaires repartiffent fur les particuliers en proportion du réel, du perfonnel & de l'induftrie.

Pour que l'on puiffe connoître le montant de chacune de ces impofitions, je vais ici donner l'état du cadaftre dans l'année 1721.

Cadaftre de Catalogne.

Réaux de veillon.

Les terres fur la compenfation des bonnes ou mauvaifes années payent dix pour cent, & font évaluées à	5346341
Les dixmes que les particuliers perçoivent en fruits, ...	159021
Les maifons, leurs loyers & produits, . .	700956
Les émolumens des communes, . . .	256709
Les moulins, ...	83978
Les cens que perçoivent divers particuliers,	308608
Le perfonnel des journaliers de campagne, leur falaire à trois réaux par jour fur cent de travail; celui des ouvriers-artifans, le falaire à trois réaux par jour fur cent quatre-vingt, & le droit à huit & un tiers pour cent, ...	3099854

Les beſtiaux, ... 249193
Le Commerce à raiſon de dix pour cent ſur
  les profits, évalués à 175000

Total 10379660

L'on reconnut que ce produit étoit au-
deſſous de celui que l'on attendoit du cadaſtre ; ce qui ne provenoit que de la miſere de pluſieurs cantons & de la dépopulation des autres. L'on fit dans la même
année une ſeconde répartition ſur toutes
les claſſes ci-deſſus, proportionnellement de 2491117

Total du cadaſtre . . . 12870777

*Nombre & qualité des manufactures établies en Catalogne
en 1723.*

Qualités.	Nombre de métiers.
Draps de ſeize cens fils, ...	38
de deux mille deux cens fils, .	37
de deux mille quatre cens fils, .	21
de deux mille ſix cens fils, . .	12
de deux mille huit cens fils, . .	9
de trois mille fils, ...	11
Draps de Bure, ...	35
Etamines & Cordelates, ...	170
Baracans, ...	11
Coutis, ...	12
Bayettes, ...	62
Velours, ...	8
Sattin, ...	1
Damas, ...	10
Tiſſus de ſoie & ras, ...	21
Taffetas double, ...	9
Mouchoirs de ſoie, ...	23

Mouchoirs

Mouchoirs soie & coton, ...	15
Escumillon, ...	4
Burats à voile & manteaux	8
Tercianelles, ...	20
Gaze, ...	16
Total	553 métiers.

Quoique ce nombre de métiers puisse occuper & faire vivre autour de deux mille personnes, je ne crois pas que les ouvriers purement fabriquans passent six cens. On pourroit faire remise à chacun de ceux-là des quarante-cinq réaux qu'ils doivent par le cadastre, avec cette condition que le bénéfice de la remise seroit partagé entre l'ouvrier & le maître qui le rabattroit sur les journées. Je ne doute point que ce secours, qui ne couteroit pas deux mille piastres au Roi, n'attirât en Catalogne beaucoup d'ouvriers; bientôt on y verroit plus de quatre mille métiers battans, qui feroient vivre environ quinze mille personnes ; les consommations augmenteroient en tout genre, & par conséquent le cadastre & les autres rentes y gagneroient beaucoup : je ne doute pas même que l'argent ne cessât de sortir de cette principauté.

Pour ce qui regarde les maîtres des fabriques, la régle du cadastre est que l'on évalue le bénéfice qu'ils font couramment, & sur lequel on leve dix pour cent. Cette proportion me paroît très-onéreuse & contraire à l'avancement des manufactures & du commerce d'Espagne : pour favoriser l'un & l'autre objet, il me semble que l'on devroit réduire la contribution des maîtres ouvriers en laine & en soie à cinq pour cent sur leurs bénéfices, & en faire l'évaluation avec toute l'équité possible. L'on doit toujours partir de ce principe, que plus les manufactures fleuriront, plus les laboureurs gagneront.

Ce secours peut répondre à l'exemption des droits d'Alcavala & Cientos, que j'ai proposée sur les premie-

T

res ventes dans la couronne de Castille : quoique les maîtres soient supposés payer la moitié moins, & les ouvriers entiérement francs, les uns & les autres payent réellement un droit qui revient à celui des Millions en Castille ; puisque les terres payent dix pour cent, aussitôt que les fruits en sont recueillis & même avant par estimation. Chaque maison ou habitation paye la même contribution, à raison de la valeur de son loyer.

Le laboureur qui cultive les terres, paye aussi l'impôt personnellement à proportion de ses bœufs, de ses mules & autre bétail ; les journaliers de campagne payent aussi [a] personnellement.

Les cabarets, les moulins, les fours payent également l'impôt de dix pour cent, qui augmente le prix du pain & du vin. Les maîtres des fabriques payent également une contribution personnelle sur leur bénéfice, ce qui renchérit le prix des étoffes.

Les troupeaux payent l'imposition ainsi que le champ qui les nourrit ; la viande paye à Barcelone & dans les autres villes : de façon que toutes les fois que le maître fabriquant & l'ouvrier en laine ou en soie achettent quelqu'un de ses besoins, ils le payent chargé de tous les droits que je viens de dire, & qui vont sans comparaison plus haut que ceux de la couronne de Castille, y compris même les droits d'Alcavala & Cientos.

---

a L'Auteur me paroît négliger un peu en cet endroit les intérêts de l'agriculture. Il part sans doute d'un principe vrai & reconnu : l'Artiste est moins gêné par l'augmentation des denrées comestibles, que par les taxes personnelles qui le peuvent rebuter quelquefois. Mais la même raison doit étendre ce principe sur le laboureur ; s'il paye personnellement & qu'il ait devant les yeux un état franc, il quittera sa terre pour travailler aux arts ; ou du moins il y engagera ses enfans : les troupeaux diminueront, parce que ce laboureur qui ne cherche qu'à fuir la taxe en aura le moins qu'il pourra, afin de moins payer ; les Manufactures manqueront de matiere. Pour remédier à un pareil inconvénient, il seroit simple de comprendre dans la valeur des terres le nourri & les autres productions dont elles sont susceptibles, indépendamment des grains ou des fruits proprement dits. Chacun en ce cas s'applique à multiplier son produit, & il ne paroît pas injuste que ceux qui négligent de tirer de leur champ le meilleur parti possible, en soient doublement punis.

Il me paroît que l’exemption & la remise que je propose pour les ouvriers en soie & en laine, doit également avoir lieu pour les fabriquans de toiles de lin, de chanvre, de coton, de toutes sortes de tissus; de chapeaux, de gants, de papiers, & généralement pour tous les manufacturiers dont le travail est utile à la consommation intérieure ou extérieure. Ainsi cela doit être entendu des fabriquans de rasoirs, de couteaux, de ciseaux & tous autres ouvrages de fer, d’acier, ou de laiton dans lesquels les Catalans réussissent très-bien; enfin des peignes & autres merceries ou quincailleries dont le commerce est général & très-utile.

Il est si important de cultiver dans toutes les Provinces le lin, le chanvre & la soie, qu’il seroit convenable d’examiner en Catalogne quelles sont les terres qui conviendront le mieux à ces cultures, & de diminuer de moitié leur contribution au cadastre.

Le besoin que nous avons de bonnes teintures, doit faire comprendre les teinturiers & leurs ouvriers dans l’exemption personnelle & absolue du cadastre à raison de leur art: s’ils possédent d’autres biens, ils payeront dans la proportion ordinaire, à raison de ces biens seulement. Il conviendra aussi de les exempter de logement & bagages pour les gens de guerre, enfin de toutes charges de Communauté: dans les endroits où il y aura beaucoup de manufactures de soie & de laine, il sera bon de leur donner un logement commode aux dépens des revenus municipaux. Je suppose que pour jouir de ces priviléges, ils auront justifié de leur habileté devant ceux qui se trouveront chargés de la reconnoître.

Ces franchises s’entendent en général pour toute la principauté; mais il est juste d’accorder quelque chose de plus aux fabriques de soie & de draps fins dans la ville de Barcelone. Elle est fort peuplée, & les vivres y sont plus chers; ainsi les fabriquans en soie de cette ville, pourront jouir des priviléges que j’ai proposés au Chap.

XCIX, pour Tolede, Seville & autres endroits, sous
les précautions mentionnées ; à l'égard des draps fins,
depuis trois mille fils de chaînes inclusivement, on leur
accordera ce que j'ai proposé pour Segovie & autres
villes de la Castille-Vieille.

Ces remises & ces franchises en faveur des fabriquans,
ne devront pas faire augmenter la taxe des autres habitans : ils ne doivent payer que dans la proportion établie
par le cadastre sur le personnel, le réel & l'industrie.

L'augmentation du commerce & des manufactures,
augmentera nécessairement le nombre des contribuables
& la consommation des denrées : l'on sera bientôt dé-
dommagé avec usure de la remise actuelle. On perçoit
dans l'intérieur de la Catalogne, un ancien droit établi
sous le nom de *Bolla* ou marque, lors de la vente des
étoffes ; ce droit a bien des inconvéniens par sa nature,
& par les vexations qu'occasionne son recouvrement :
c'est une des principales causes de la ruine de ces manufactures ; cet objet mérite un grand détail, & je le differe
jusqu'au Chapitre suivant.

ARRAGON.

Le tribut établi en Arragon, est connu sous le nom
d'impôt extraordinaire : il est réduit aujourd'hui à cinq
cens mille écus de veillon, & en outre à cent mille écus
environ pour les cazernes, les lits, le bois, la lumiere
& autres ustenciles des troupes. Ce Royaume contient
soixante-quinze mille deux cens quarante-quatre feux ;
ainsi chacun paye un peu plus de cinq piastres l'un dans
l'autre. Quoique cette Province soit beaucoup plus
grande que la Catalogne, sa contribution sur les mêmes
objets est moindre de moitié. Cela vient de ce que les
Arragonois sont moins chargés dans les estimations &
le recouvrement, & de ce qu'il y a beaucoup moins de
monde & de commerce. Rien ne prouve mieux que la
richesse & le pouvoir des Souverains consistent plus dans

le nombre & le commerce de leurs Sujets, que dans
l'étendue de leurs domaines.

L'affiette & le recouvrement du tribut de l'Arragon,
font fort différens du cadaftre de Catalogne. Lorfque le
Roi a réglé la fomme que doit payer le Royaume, (ce
qui depuis plufieurs années va réguliérement à cinq
cens mille écus de veillon) l'Intendant confere avec les
perfonnes les plus au fait du pays, les plus intelligentes, & les plus fûres pour connoître la population, les
fruits, l'induftrie & le commerce de chaque lieu. C'eft
fur ce raport que l'on arrête les départemens; on envoye
la cotte de chaque Communauté aux Corrégidors &
autres Juges, qui la repartiffent par tête dans leurs diftricts, eu égard à ce que chaque particulier a de terres
labourables, de pâturages, de commerce, de rente ou
autres effets. On y apporte toutes les précautions qu'exige la juftice diftributive, quoique dans ce qui eft arbi-
traire, il foit impoffible d'éviter les abus. Auffi eft-il peu
de tributs dont le recouvrement n'excite des plaintes,
ou qui foit même exempt d'injuftices, malgré les diverfes inftructions que d'excellens Miniftres ont données
pour y remédier. Ces difficultés ne doivent pas refroidir
le zêle, ni nous empêcher de tendre fans ceffe au plus
utile & au plus parfait, autant que le permet la foibleffe
humaine.

Les encouragemens que l'on doit donner aux manufactures d'Arragon, doivent être différens de ceux de
Catalogne, puifque les impôts & les recouvremens le
font. Le tribut que l'on paye dans l'Arragon eft perfonnel
& par feux, de façon que les habitans font folidaires entr'eux du total de la fomme impofée; ainfi l'on ne peut
fixer pofitivement ce que doivent payer les fabriquans
& leurs ouvriers. Il fuffira ce me femble que l'on eftime le
profit de tous les maîtres manufacturiers, comme les
revenus des autres habitans, & que la taxe foit pour eux
moins forte d'un tiers qu'elle ne l'eft fur les facultés de

T iij

tout le refte : fi l'impôt à repartir revient par exemple à fix pour cent du revenu des habitans de l'Arragon, les manufacturiers ne payeroient qu'à raifon de quatre pour cent ; à moins qu'ils n'euffent d'autres biens pour lefquels ils payeroient leur quotité comme tous les autres.

L'on obferveroit la même méthode à l'égard des ouvriers travaillant dans les manufactures, avec cette différence qu'ils ne payeroient que la moitié de la cotte qui devroit leur être repartie au prorata de leur induftrie ; & le bénéfice de cette remife feroit partagé entre le maître & l'ouvrier.

Il conviendra auffi d'affranchir un tiers du produit des terres qui raporteront le lin, le chanvre & la foie.

On pourra accorder aux teinturiers les mêmes priviléges qu'en Catalogne.

Les fabriquans en foie & de draps fins de Sarragoce, jouiront des priviléges de ceux de Barcelone. J'ai dit à l'article de la Catalogne, qu'il ne feroit pas jufte de répartir fur le refte des habitans, la remife faite aux manufacturiers & ouvriers : mais en Arragon où la fomme eft impofée fur le général, quand même elle ne feroit pas dans une proportion exacte, cela ne peut avoir lieu. Il faudra donc que l'Intendant foit exactement inftruit du nombre de métiers & d'ouvriers qui fe trouvent en chaque endroit, & il fera une diminution proportionnée à leur nombre fur la cotte générale : cette diminution n'aura lieu que pendant un ou deux ans, parce que l'augmentation du commerce influera fur celle des habitans ; & dès-lors les villes ou bourgs feront en état de payer l'ancienne cotte & même davantage.

VALENCE.

Dans l'affiette & le recouvrement des impôts du Royaume de Valence, l'on fuit à peu près la méthode de l'Arragon ; avec cette différence que l'*Impofition* ou

Equivalent, eft de fept cens cinquante mille écus de veillon, & en outre cent mille environ pour le logement & les uftenciles des gens de guerre. Ce Royaume renferme foixante & trois mille fept cens foixante - dix feux; par conféquent les huit cens cinquante mille écus reviennent à une taxe de neuf piaftres par feu.

Quoique cette Province foit beaucoup plus petite que l'Arragon, que les terres y foient peu propres à la nourriture des troupeaux, & affez ftériles en bled; la contribution de l'Equivalent & celle des autres rentes générales y eft beaucoup plus forte. Le commerce en eft la feule caufe : la ville de Valence renferme aujourd'hui plus de deux mille métiers qui fabriquent par an pour la valeur de deux millions de piaftres au moins : ce bénéfice circule dans la Province & dans le refte de l'Efpagne, avec un avantage infini pour le peuple & pour le Tréfor Royal. L'on attribue l'augmentation des manufactures de Seville, à l'équité avec laquelle on y traite les Fabriquans, & aux Réglemens que Sa Majefté a faits pour leur foulagement. Elle a modéré les droits fur la viande & autres denrées comeftibles; Elle a éteint celui qui fe levoit depuis plufieurs fiécles fur le pain, & ceux qui étoient connus fous le nom de droits anciens & généralités.

Ces droits étoient au nombre de trois, celui de *Bolla* dont j'ai parlé à l'article de Catalogne; il fe percevoit à raifon de cinq pour cent, fur toutes les marchandifes qui fe vendoient dans le Royaume, & occafionnoit une infinité d'extorfions. Le fecond droit étoit connu fous le nom de Général des Marchands; il étoit de cinq pour cent fur toutes les marchandifes & fruits qui fortoient tant par mer que par terre. Le troifiéme, appellé impôt particulier, étoit de cinq pour cent, fur quelques denrées particulieres à leur extraction par mer ou par terre; tous ces droits fe levoient indépendamment des quinze pour cent de la Douane. Le Roi a fubftitué à ceux qu'il supprimoit l'impôt sur la neige & sur les cartes; il a laiflé auffi le fel à fon ancien prix. Ces difpofitions fi favorables au Commerce l'ont entiérement rétabli ; les peuples & les revenus royaux y ont gagné.

Quoique les impofitions fe reffemblent dans les Royaumes de Valence & d'Arragon, il y a quelque différence à faire dans les fecours que l'on peut donner aux manufactures de l'un & de l'autre.

La ville de Valence n'a befoin d'aucune difpofition nouvelle , puifque celles dont elle jouit ont fi bien réuffi. Le feul objet que l'on doit avoir, c'eft de les perfectionner & de les conferver ; de donner des ordres au Corrégidor pour y maintenir l'abondance de toutes fortes de vivres : cette ville les tire de la Manche, de Murcie, de l'Andaloufie, de l'Eftramadoure & autres Provinces; c'eft ce qui m'a fait dire que le Royaume fe reffentoit de fon aifance.

Pour les étoffes de toute efpece qui fe fabriquent dans le refte de cette Province, il paroît que l'on doit leur accorder les mêmes avantages qu'en Arragon; mêmes difpofitions pour les Teinturiers : mais fur les ouvrages de quincaillerie , elles doivent être générales à la différence des fabriques de foieries, qui dans la ville de Valence n'ont befoin d'aucun autre arrangement.

La ville de Manizes dans le diftrict de Valence , a une excellente manufacture de fayance; mais les impôts exceffifs, ainfi que le haut prix du plomb qui s'y employe, la renchériffent, au point qu'elle languit. Il feroit néceffaire d'accorder aux fabriquans & aux ouvriers, les mêmes diminutions que je propofe pour toutes les autres fabriques. J'en dis autant pour toutes les fayanceries qui pourroient fe trouver dans les trois Provinces. Il conviendra d'y comprendre celle que le Comte d'Aranda a établie à fes frais à Alçora, à l'imitation des fayances de France , de Gênes, & des porcelaines de la Chine : elle eft infiniment au-deffus de celle de Talavera,

MAYORQUE.

M A Y O R Q U E.

Ce Royaume ne paroît pas avoir befoin de fecours en faveur de fes manufactures, parce que les tributs y font fort légers. On eftime fa population à vingt & un mille cent-dix feux, entre l'Ifle principale & les autres ; cependant elle ne paye d'équivalent que quarante-huit mille écus de veillon, & peut-être foixante mille avec les uftenciles des garnifons : les petites Ifles de la jurifdiction de Mayorque font d'un médiocre raport, excepté celle d'Ivice dont les falines font fort abondantes & d'une excellente qualité.

L'Ifle de Mayorque ne laiffe pas d'être fertile, & d'avoir quelques manufactures en foie & en laine : il conviendra d'obferver dans fes Douanes les mêmes droits d'entrée & de fortie, que dans celles de Catalogne & de Valence.

CHAPITRE CII.

Sur le préjudice que porte aux manufactures de Catalogne le droit de Bolla ou marque ; reméde aux défordres qu'il occafionne.

LEs Communautés des fabriquans de Barcelone préfenterent en 1722 un mémoire à Sa Majefté, qui leur avoit ordonné de propofer ce qu'elles croiroient convenable pour le rétabliffement des manufactures & du commerce de Catalogne.

» Elles repréfentent qu'autrefois ces manufactures
» fleuriffoient en fe conformant, comme elles font en-
» core, aux ftatuts & réglemens ; mais que l'on n'obfer-
» ve plus d'y aftreindre celles qui viennent de l'Etranger,
» qui par cette raifon n'étant ni auffi bonnes, ni auffi
» larges, ni du même poids, font données à meilleur

V

» compte : que les dix fols par livre qui devoient fe lever
» fur les étoffes étrangeres ne fe perçoivent plus ; qu'au
» contraire chaque livre de foie paye deux fols neuf
» deniers d'entrée, le coton en laine à raifon de cinquan-
» te-fix pour cent, excepté celui de Malte qui paye dix-
» neuf deniers par livre ; que ce tarif exceffif fur les matie-
» res augmente tellement les marchandifes des fabriques
» de Catalogne, qu'elles ne peuvent foûtenir le commer-
» ce des étoffes étrangeres, quand même elles payeroient les
» dix pour cent d'entrée; que les indiennes mêmes ne payent
» que cela, malgré leur prohibition, fous prétexte qu'el-
» les font de fabrique Hollandoife, & que Sa Majefté
» n'a défendu que celles des[a] Indes. Ces défordres, ajou-
» tent les Fabriquans, ne font point encore la principale
» caufe de la ruine de nos Manufactures ; c'eft le droit
» de bulle & la rigueur avec laquelle on l'exerce qui a
» anéanti l'induftrie. L'avarice des fermiers & leurs ex-
» torfions l'ont fait monter de quinze pour cent à vingt-
» cinq, par l'eftimation criante qu'ils font des étoffes lors
» de la vente, fans égard à la taxe ftipulée par Sa Majefté
» en 1728; de façon que quelques articles payent vingt-un
» pour cent & d'autres jufqu'à vingt-fept. Pour le recou-
» vrement de ce droit les ouvriers font obligés d'enre-
» giftrer leurs métiers avec les circonftances du lieu, de
» la rue, & de la maifon où ils demeurent, même lorf-
» que les métiers font vuides ; dès-lors cela réduit la
» manufacture aux endroits où réfident les Receveurs, à
» Gironne, Manrefa, Mataro, Reus. Les ouvriers font
» forcés de faire plomber la tête des pieces qu'ils com-
» mencent à fabriquer, & la fin auffitôt qu'elles s'ache-
» vent, faifant toujours précéder l'enregiftrement. Cette
» même précaution s'exige lorfque la piece fe vend à
» quelque Marchand, ou paffe d'un lieu à un autre ;
» dans ce dernier cas on ajoute un nouveau plomb, &
» l'on prend un acquit à caution ; fi l'on vend en détail,

a On vient d'en établir une manu- du l'introduction des toiles peintes
facture en Efpagne, & l'on y a défen- étrangeres.

» il faut cacheter la piece à l'endroit de la vente & faire
» sa déclaration ; si la piece est vendue en entier, un
» simple billet de vente suffit. Toutes ces formalités exi-
» gées sous des peines rigoureuses, découragent entié-
» rement le Fabriquant ; il perd une partie de son tems
» à faire enregistrer, mesurer, & marquer ses étoffes, à
» essuyer des recherches de nuit & de jour, à se défen-
» dre des imputations & de la calomnie. Ces gênes font
» souvent perdre la vente, parce que les Receveurs ne
» se trouvant pas au moment, le vendeur est obligé
» d'attendre leur commodité ; & souvent quoique le prix
» soit convenu, l'achetteur ne veut plus la reprendre,
» parce qu'il s'est arrangé autrement. Delà vient l'anéan-
» tissement de l'industrie & la misere de toutes les person-
» nes que les fabriques faisoient vivre. L'excès de l'im-
» pôt le détruit ; quelque haut qu'il soit, il ne rend pas
» tous les ans plus de vingt-cinq mille ducats sur les
» étoffes de soie & de laine du pays ; tandis que les
» droits sur les marchandises étrangeres montent, sans
» compter les fraudes, à soixante mille ducats au moins;
» ce qui revient à un capital de six cens mille piastres.
» Les fabriquans de Catalogne supplient Sa Majesté de
» supprimer ce droit de Bolla sur les étoffes de la prin-
» cipauté, & de ne le conserver que sur les étoffes étran-
» geres.

Des Ministres exacts & bien instruits de l'état de la
Catalogne, ont également assuré qu'autrefois elle étoit
riche & peuplée, parce que ses habitans sont naturellement industrieux ; que les guerres & les maladies con-
tagieuses ont fait quelque tort à cette Province, mais
beaucoup moins que les droits onéreux & violens que
l'on exige sur les matieres premieres, & sur les étoffes
fabriquées dans le pays ; qu'il en résulte une introduction considérable de marchandises étrangeres, & une
très-grande rareté d'especes.

» Le droit de Bolla, disent ces Ministres, s'oppose

» abſolument au progrès des Manufactures : il conſiſte
» dans une ſomme de quinze pour cent ſur toutes les
» marchandiſes, au moment de leur emploi & de leur
» uſage pour qui que ce ſoit , même pour les Ec-
» cléſiaſtiques. Cette Province ſera pauvre tant que
» ce droit ne ſera pas ſupprimé , comme l'a été celui
» de Général des marchands dans le royaume de Va-
» lence. Le droit de Bolla eſt affermé un peu plus de
» cinquante mille piaſtres, dont vingt-ſept mille appar-
» tiennent au Tréſor Royal. Quand même ce produit
» ne ſeroit point remplacé par une nouvelle impoſition,
» le Roi n'y perdroit rien à cauſe de l'augmentation que
» le Commerce fleuriſſant donneroit aux autres revenus.
» Pour remplacer les cens hypothéqués & aliénés juſ-
» qu'à la ſomme de vingt-trois mille piaſtres ſur cette fer-
» me, l'on pourroit percevoir quinze pour cent générale-
» ment dans les douanes de cette Principauté, ſur tout
» ce qui entre & ce qui ſort. Il ſeroit bon auſſi de ré-
» gler les tarifs de Catalogne, de façon à éviter la con-
» fuſion qu'occaſionne la différence des poids, des me-
» ſures, & de la monnoie de cette Principauté avec les
» autres.

» Les étoffes de laine du pays, outre le droit de Bol-
» la, ſont ſujettes à un autre impôt appellé *Plomos de*
» *ramos :* il eſt de ſix deniers par chaque canne de draps,
» de quatre pour les bayettes, & de trois pour les au-
» tres étoffes moins larges : il ſe perçoit à la ſortie du
» métier.

» Dans la douane de Barcelone, outre les droits or-
» dinaires, on perçoit celui de *Porte*, qui eſt de trois &
» trois quarts pour cent, & celui de *Fief* qui eſt de cinq
» ſixiémes pour cent. Ces deux droits ne s'exigent point
» ſur les denrées qui payent quinze pour cent , d'au-
» tant plus que ce qui vient des autres douanes de l'Eſ-
» pagne a déja payé un pareil droit ; l'augmentation dont
» jouiroit le Tréſor Royal , en fixant les droits d'entrée

» à quinze pour cent fur toutes les marchandifes, fe-
» roit,

» De cinq pour cent fur les toiles de lin, de chan-
» vre, & de coton, ainfi que fur les vins qui vien-
» droient de dehors du Royaume.

» D'un & deux tiers pour cent fur les cuirs, la cire
» qui viennent du Levant; le coton de Malte, le brai,
» la cochenille, le bois de campêche, l'indigot, la cou-
» perofe, le plomb, la poudre & l'étain brut.

» D'un & deux tiers pour cent fur les étoffes de
» foie, de poil & de laine; fur toutes fortes de falai-
» fons de viande ou de poiffon; de fils de foie teints,
» de rubans, de chapeaux, de bas; de ferremens, de
» quincailleries, d'acier, de cuivre brut, de merrains;
» de fruits fecs, de drogueries, de gros & menu bé-
» tail.

» Comme l'étain & le cuivre travaillés, le coton filé
» du Levant, & toutes fortes d'habillemens coufus
» payent environ cinquante-deux pour cent d'entrée; il
» en vient fi peu, que la réduction de ce droit à quinze
» pour cent ne peut qu'en augmenter le produit.

» Le Roi gagneroit auffi fur les droits de fortie,

» Huit & un tiers pour cent fur les vins, eaux-de-
» vie, vinaigres, huiles, bifcuits, favons, parchemins,
» amandes, noifettes, pignons, noix, châtaignes, li-
» mons, oranges, cedras, fur toutes fortes de légumes &
» de graines.

» Six pour cent environ fur le fafran & autres pro-
» ductions du pays.

» Le Roi gagneroit encore au moins onze & deux
» tiers pour cent fur les eftimations, en réformant les
» tarifs de Catalogne.

» En fupprimant le droit de Bolla fur les tiffus de laine
» & de foie, il paroîtroit jufte d'accorder auffi l'extin-
» ction d'un fol Catalan, ou demi-réal de veillon, qui
» fe perçoit à raifon du même droit fur chaque cha-

» peau, foit fabriqué dans le pays, foit étranger. L'on
» perçoit encore, à raifon du même impôt, un réal de
» Catalogne fur chaque jeu de carte, foit étranger, foit
» du pays; mais les Fermiers pour éviter la fraude fur
» les cartes étrangeres leur font une remife de moitié.

» Il feroit utile de prohiber les cartes étrangeres, & de
» continuer à percevoir le droit fur celles du pays, com-
» me dans prefque tout le refte de l'Efpagne, même de
» l'augmenter pour remplacer celui que payent actuelle-
» ment les chapeaux.

» La Nobleffe & le Clergé font exempts des droits
» de porte & de fief; mais ces corps payent le droit de
» Bulle qui eft beaucoup plus onéreux que les quinze
» pour cent, que l'on propofe de fubftituer à tous les
» droits quelconques; ainfi les difficultés qu'ils pour-
» roient former feroient fans fondement, puifque l'im-
» pôt ne feroit que changer de forme & de nom.

» Les Nations étrangeres ne pourroient non plus fe
» plaindre légitimement que l'on augmente les droits
» qui fe payoient fous le régne de Charles II; il eft con-
» ftant que leurs denrées étoient foumifes fous ce Prince,
» à tous ceux que je viens d'expliquer, & qu'ils montent
» beaucoup plus haut que les quinze pour cent que je
» propofe : d'autant plus que quelques-unes payoient juf-
» qu'à cinquante-deux pour cent, & fe trouveroient ré-
» duites au taux commun.

Jufqu'à préfent j'ai raporté les plaintes des manufacturiers de Catalogne, & les relations qu'ont données
des Miniftres au fait de cette Province, & très-zêlés
pour le fervice du Roi. J'y ajoûterai quelques réflexions.

Je crois que l'on ne peut balancer à fupprimer le droit
de *Bolla* : à l'égard du produit réel de vingt-fept mille
piaftres au Tréfor Royal, & de vingt-trois mille piaftres
de cens aliénés, je ne crois pas qu'il foit néceffaire de
leur fubftituer aucun autre impôt. Le feul obftacle que
trouve le rétabliffement des manufactures étant levé, je

ne doute pas qu'avec les autres encouragemens que j'ai proposés, le Roi ne retire bientôt de la Catalogne plus de deux cens mille doublons.

Il est juste que les engagistes ayent un fond assuré pour leurs rentes ; mais il ne me paroît point du tout convenable de percevoir pour cela quinze pour cent, indifféremment sur toutes les marchandises qui entrent ou qui sortent. L'on doit suivre dans toutes les Douanes, tant des ports que des frontieres, la régle générale de faciliter l'exportation des denrées du Royaume, & de charger l'importation étrangere, avec les distinctions que j'ai observées depuis le Chapitre LXXXI, jusqu'au XCIV. Ainsi le seul changement à faire, c'est d'égaliser les droits de Douane proprement dits, ceux de Diesmos & des Millions, sous la proportion observée dans la couronne de Castille, & dans le royaume de Valence : il convient aussi d'employer les précautions que j'ai expliquées aux Chapitres LXXXV & LXXXVII, pour que les pêches de cette Principauté, ainsi que celles du Royaume de Valence, ne soient point imposées, puisque le Cadastre ou l'Equivalent renferment à la fois les droits d'Alcavala, de Cientos & de Millions que payent les Provinces de la couronne de Castille. Il est bon d'observer encore qu'en Catalogne quelques articles payent à la Douane quinze pour cent & d'autres beaucoup moins, sans que j'en puisse trouver la raison. Il faut que les tarifs d'un Etat soient égaux par tout, sans favoriser ou troubler le commerce d'une ville plutôt que d'une autre : les suites de ces différences sont toujours funestes au général.

Le droit de *Plomos de Ramos*, auquel sont astreintes les étoffes de laine, tant étrangeres que du pays, doit aussi être éteint au moins sur les fabriques du Royaume.

Pour revenir à l'assignation d'un fond pour les vingt-trois mille piastres aliénées sur le droit de Bulle, on pourroit pratiquer le même arrangement que Sa Majesté a pris pour les rentes aliénées du Royaume de Valence, comme on l'a vû au Chapitre CI. Il feroit convenable également de prohiber les cartes étrangeres, d'en déclarer la vente exclufive, & de les charger d'un réal & demi de veillon par jeu, à raifon du droit de Bolla.

Il feroit à propos de ne laiffer fubfifter le droit de *Porte* & de *Fief* de Barcelone que fur les marchandifes étrangeres; dans ce cas toutes fortes de perfonnes devroient le payer, fans que cela puiffe être regardé comme une nouveauté, puifque l'on peut regarder ces droits comme des revenus municipaux, ainfi qu'il y en a dans prefque toutes les villes.

L'on pourroit par la même raifon laiffer fubfifter le droit de *Bolla* fur les chapeaux étrangers feulement.

Le produit de ces quatre petites rentes feroit affigné aux engagiftes; & s'il ne fuffit pas, on pourra augmenter dans la Principauté chaque fanegue de fel de deux réaux de veillon. Les Eccléfiaftiques & la Nobleffe ne peuvent fe plaindre de ces différences légeres en elles-mêmes, puifqu'elles leur épargneront le droit de Bolla infiniment plus onéreux,

Si ces divers produits ne fuffifent pas pour fatisfaire aux rentes aliénées, le furplus pourra être affis fur les Douanes; leur augmentation deviendra affez confidérable par celle du commerce, pour que le Roi entre dans ces compenfations. Si au contraire les produits excédent la dépenfe, on pourra appliquer le bénéfice au Tréfor Royal, ou diminuer au prorata le prix du fel.

Quant aux franchifes des ouvriers & manufacturiers de Catalogne, je n'ai rien à ajoûter à ce que j'ai dit dans le dernier Chapitre & dans d'autres.

CHAPITRE

CHAPITRE CIII.

*Des moyens d'augmenter en Espagne le produit de
la rente du Tabac.*

J'AI dit à la fin du Chapitre XIX, que des personnes
très-intelligentes m'avoient assuré que l'on pourroit
aisément faire monter la rente du tabac à cinq ou six
millions d'écus ; je ne m'étendis pas davantage sur cette
matiere, parce que je n'avois rien d'assez positif à dire.
Pendant le cours de l'impression de cet ouvrage, Don
Francisco de Varas y Valdes, si au fait du commerce de
nos Colonies, a bien voulu me donner des connoissances
sur cette matiere ; je les insere ici avec plaisir, parce que
je les crois utiles au service du Roi & de l'Etat. Tout
ce que je vais dire est dû aux lumieres & au zêle de ce
Ministre, à quelques observations près que j'ai crû devoir y ajouter, quoique de très-peu d'importance.

La rente du tabac est la plus utile & la plus assurée
dont le Roi jouisse ; elle augmentera chaque jour si l'on
y apporte les soins qu'elle mérite.

En diverses occasions, on s'est plaint de la diminution
de cette rente, de la mauvaise qualité des tabacs, de la
petite quantité de tabacs forts & en feuilles que l'on
recevoit de la Havane. On a proposé à Sa Majesté d'envoyer tous les ans trois ou quatre ourques dans ces ports
pour en apporter ce qui seroit nécessaire : d'autres ont
proposé de faire marché avec les Etrangers pour certaines quantités de tabacs forts & en feuilles, qui sont les
qualités dont nos fabriques manquent le plus pour leur
assortiment, comme si nos propres vaisseaux ne pouvoient suffire à nous apporter ce qu'il nous en faut.

Ces deux projets ainsi que presque tous ceux que l'on

a préfentés, feroient très-dangereux dans l'exécution. Le premier feroit un tort confidérable au commerce des flotes & des galions, qui méritent toujours la premiere attention, indépendamment de la dépenfe de ces ourques. Le fecond ne feroit pas moins funefte, puifqu'il dépouilleroit les Sujets de Sa Majefté du bénéfice de ce commerce, qui pafferoit fans raifon dans la main des Etrangers.

Il eft certain que les défauts dont on fe plaint, ne procédent que de notre négligence: il eft aifé de les corriger & de fe procurer telles provifions que l'on voudra de tabacs forts en feuilles pour prendre en fumée ou en machicatoire. Actuellement fur-tout que la navigation eft courante, nos vaiffeaux peuvent en apporter par an une fois autant qu'il s'en confomme dans toutes les fabriques du Royaume. Il s'en confomme actuellement trois millions cinq cens mille livres pefant; or il eft évident que les vaiffeaux de Sa Majefté & ceux des particuliers en peuvent apporter tous les ans fix millions de livres. Cette quantité fera fuffifante pour la confommation du Royaume & même des Etrangers, fans avoir recours à eux, ni altérer la difpofition des flotes, des galions, des vaiffeaux de regître & des avifos. Tous ces vaiffeaux font en état de charger à l'aife toutes les quantités dont nous aurons befoin, en faifant une efcale à la Havane: leurs chargemens en retour font fi peu de chofe, que celui-là n'y fera point de tort.

Pour augmenter le produit de cette rente, & la maintenir à fon point de perfection, il faut fe pourvoir abondamment de tabacs fins lavés, & d'un bon parfum: pour les aprêter plus avantageufement, il faut avoir en proportion de tabacs forts en manoques & en poudre; ainfi que la quantité néceffaire de feuilles pour prendre en fumée ou en machicatoire. Tous ces affortimens font indifpenfables: Sa Majefté en fera achetter un tiers; les deux autres tiers pourront être achettés par les mar-

chands Espagnols qui les revendront à la ferme, suivant
la qualité, comme cela s'est pratiqué jusqu'ici. Par cet
arrangement le Roi y gagnera, & les particuliers pourront échanger leurs marchandises dans les Colonies contre des tabacs.

Ces vaisseaux de guerre apporteront les parties que Sa
Majesté aura fait achetter, & l'excédent sera chargé à
fret sur les vaisseaux des marchands, à huit réaux de
plate par arrobe, comme cela s'est fait derniérement. Ce
prix est si avantageux, qu'ils préféreront ce chargement
à tout autre.

Pour ne jamais manquer de tabacs fins lavés, il conviendra que Sa Majesté ait à la Havane un homme de
confiance & intelligent qui y achettera tous les ans au
tems de la récolte, huit mille quintaux de tabac en
feuilles, & deux mille quintaux de tabac fort en poudre,
ou plus s'il est nécessaire ; mais l'un & l'autre de la plus
parfaite qualité. Cela ne sera pas difficile en faisant
l'achat au comptant, & dans le tems de la récolte.
Avec ce million de livres & ce que les particuliers en
apporteront, l'on sera toujours dans l'abondance ; & si
à mesure que la qualité se perfectionnera, la consommation augmente comme cela est naturel, on fera les
achats plus considérables, soit ici, soit à la Havane.

Pour établir cette manufacture sur un bon pied, il
faut augmenter le nombre des moulins & les autres
atteliers de Seville : il n'y en a point assez actuellement
pour suffire à la consommation actuelle. On est forcé
d'y travailler nuit & jour, ce qui fait une consommation couteuse de six à sept cens lumieres par nuit, outre
que la confusion parmi tant d'ouvriers, & la précipitation empêchent qu'on ne perfectionne le travail.

Pour remédier à cet inconvénient, on a proposé d'é-
tablir une nouvelle fabrique avec toutes ses dépendances, dans un terrain appartenant à Sa Majesté, avec les
matériaux de l'ancienne. J'en ai parlé à l'Ingénieur

X ij

Général Don Jorge Profpero de Verbom, qui eft très au fait de l'importance de cet objet : il m'a dit avoir bien examiné la fituation la plus commode & la plus propre pour cette manufacture ; qu'il avoit même fait un plan conforme à l'étendue qu'elle doit avoir, à la diftribution des atteliers, enfin à toutes les commodités néceffaires. Ce plan couteroit beaucoup, mais en peu de mois la dépenfe en feroit gagnée par l'utilité qui en réfulteroit. On auroit plus de commodités pour perfectionner cette manufacture ; on épargneroit une infinité de voitures & de journées d'hommes qu'occafionnent la petiteffe & les autres défauts des atteliers actuels. Le plus grand eft le voifinage des autres maifons qui facilite une infinité de malverfations.

Ce n'eft point encore affez d'étendre & d'améliorer la manufacture de Seville ; puifqu'elle ne peut fuffire qu'à la confommation du Royaume, il faut auffi fonger à celle du dehors. Tous les jours les négocians en demandent pour les pays étrangers, quelquefois même fans fixer le prix, pourvû qu'il foit de la meilleure qualité. Pour augmenter le bénéfice de cette rente, l'on pourroit établir une feconde manufacture aux environs de Madrid ; elle fourniroit la Cour & les Provinces voifines, tandis que celle de Seville fourniroit le refte du Royaume, les Colonies & l'Etranger.

La confommation du tabac en rôle, mérite une attention particuliere ; elle eft confidérable & nous l'avons jufqu'à préfent achetté fort cher des Etrangers, parce qu'on n'en fabrique point en Efpagne. L'on reconnut en 1717 combien cette importation étoit couteufe, & l'on entreprit d'établir cette manufacture à la Havane. On y envoya deux ouvriers qui paffoient pour habiles ; cependant leurs effais étoient de fi mauvaife qualité, que l'on ne put en faire ufage. Les perfonnes les plus au fait affuroient que la feuille n'avoit pas été cueillie dans la faifon, que l'on n'avoit pas fait le mêlange du

syrop & du jus de tabac au point néceſſaire pour donner
aux feuilles la ſaveur & la conſiſtance qu'elles doivent
avoir. Il eſt ſûr que la feuille de nos plantes vaut mieux
que celles du Breſil ; ainſi nous parviendrons aiſément à
faire de bon tabac en rôle, ſi nous y portons nos ſoins,
& ſi nous envoyons à la Havane quelques ouvriers de
Portugal. Il n'eſt pas douteux qu'en payant leur voyage,
& leur donnant un ſalaire honnête, ils ſeront fort con-
tens d'y établir cette manufacture & d'enſeigner leur
art aux naturels du pays.

Enfin je crois que la bonne adminiſtration dans
l'achat, la fabrique, la vente, & le commerce de la
Havane, eſt un des grands objets de cette Monarchie,
& ſon plus beau revenu. Il n'eſt onéreux à perſonne,
parce qu'il eſt répandu ſur beaucoup ; & de plus il eſt
volontaire, puiſqu'il n'eſt pas néceſſaire aux beſoins de
l'humanité.

Chapitre
CIII.

CHAPITRE CIV.

Sur le titre, le poids & autres circonstances des monnoies ; expédiens pour engager les Négocians à porter avec plaisir à la monnoie l'or & l'argent qui viennent des Colonies en barre, ou lingot, en œuvre, & même monnoiés. Diverses réflexions à ce sujet.

LE titre & le poids des monnoies ont un tel raport avec le commerce, qu'il est juste d'en toucher quelque chose : je ne hazarderai cependant pas mes propres idées sur une matiere aussi délicate que celle de donner des régles sur leur proportion & leur fabrication. Je ne ferai que transcrire ce que Don Diego de Saavedra dit au sujet de la découverte des mines, dans le soixante-neuviéme emblême, intitulé : *Le fer & l'or.*

» Les hommes esperent ordinairement tirer plus de
» parti de leur fortune qu'ils ne le peuvent réellement ;
» les dépenses & l'appareil de nos Rois, les gages, les
» graces qu'ils accordoient, & les autres dépenses de la
» Couronne augmenterent, sur l'espoir flateur dont les
» remplirent ces nouvelles richesses étrangeres : la mau-
» vaise administration de ces Trésors ne put suffire aux
» dépenses extraordinaires ; il falut les engager, & de
» l'emprunt résulterent les intérêts & les usures. La
» nécessité s'accrut, l'on eut recours à des moyens ex-
» traordinaires toujours pernicieux. Le plus funeste de
» tous, ce fut l'altération des monnoies : on ne fit pas
» réflexion qu'elles doivent être maintenues pures com-
» me la Religion ; que les Rois Alfonse le Sage,
» Alfonse II & Henry II, avoient mis leurs Etats &

» leur Perſonne en grand danger pour y avoir touché.
» Les exemples & l'expérience ne tiennent point contre
» la fatalité. Philippe III, ſourd à la voix de la raiſon,
» doubla la valeur du billon, qui juſques-là avoit été
» proportionnée à celle des autres matieres. Les Etran-
» gers s'en apperçurent, & nous apporterent du cuivre
» en échange de l'or & de l'argent : le déſordre & la
» confuſion s'emparerent de la Monarchie ; le commerce
» s'embarraſſa, les prix des marchandiſes hauſſerent,
» elles diſparurent même comme du tems d'Alfonſe le
» Sage ; les ventes & les achats ceſſerent, & avec elles
» les revenus de l'Etat. L'on eut recours à des impoſi-
» tions nouvelles qui acheverent de conſumer la ſub-
» ſtance de la Caſtille ; la ceſſation du commerce en-
» traîna le renouvellement des déſordres qui s'enchaîne-
» rent mutuellement en un cercle vicieux, & notre
» ruine eſt certaine ſi l'on ne baiſſe la valeur du billon
» à ſa proportion.

» Je n'entreprendrai point de traiter de la réforme des
» monnoies ; ce ſont les prunelles des yeux de la répu-
» blique, & l'on les bleſſe dès qu'on y porte la main.
» Nul homme n'eſt en état de prévoir les ſuites du
» changement que l'on y fait ; l'expérience ſeule en in-
» ſtruit ; comme elles ſont la meſure & la régle des con-
» trats, leur déſordre trouble l'ordre de la ſociété, & la
» jette dans la confuſion.

» Rien de plus ſage que le ferment que les Etats
» d'Arragon exigerent de leurs Rois après la renoncia-
» tion de Pierre II ; ils les obligerent de jurer avant de
» prendre la Couronne qu'ils ne feroient aucun change-
» ment aux monnoies. C'eſt une obligation du Prince,
» comme l'écrivoit le Pape Innocent III à ce Prince,
» pendant la révolte de ſon Royaume ; la raiſon en eſt
» ſimple : le Prince eſt ſujet au droit des gens ; & établi
» comme il l'eſt pour maintenir la confiance publique,

» il ne doit altérer ni la quantité, ni la forme, ni la
» qualité des efpeces.

» J'ajouterai encore deux chofes fur cette matiere im-
» portante. La premiere eft que la monnoie d'un Etat fera
» dans l'ordre, lorfqu'elle ne fera chargée que des feuls
» frais du monnoyage, [a] & que l'alliage fera propor-
» tionné ou égal à celui des monnoies étrangeres. La
» feconde, eft que la monnoie doit être du même prix
» que celle des autres Princes, & qu'il n'y a aucun in-
» convénient à laiffer dans le commerce les monnoies
» étrangeres : ce n'eft point un acte dérogeant à l'auto-
» rité que de permettre le coin d'un Prince étranger
» dans fes Etats, parce que fes armes ne fervent qu'à
» répondre du poids & de la valeur. Cela me paroît
» plus convenable dans les Monarchies qui commercent
» avec les autres Nations.

Le Roi Philippe II reconnut la vérité de cette importante maxime, puifqu'il permit le cours & l'ufage des
monnoies étrangeres au même titre & du même poids
que la fienne.

Je me contenterai d'expofer l'état actuel de nos monnoies, & les fuites fâcheufes de leur inégalité.

Par les ordres donnés aux Directeurs des monnoies
que l'on appelle provinciales, il paroît qu'elles doivent
tenir dix deniers de fin, de la taille de foixante-quinze
réaux de plate au marc. Je ne fçais fi c'eft par négligence ou par tolérance ; mais fuivant les divers effais que
l'on a faits, les réaux prennent un ou deux grains de
moins que le titre, & font de foixante-dix-fept au marc.
La valeur intrinféque de cette monnoie eft de vingt-
cinq pour cent au-deffous de celle des Colonies qui fuit

a En Angleterre l'Etat en fait la dépenfe ; il y a des fonds affignés pour cela ; & quand même le peuple payeroit en général quelque chofe de plus à raifon de ce remplacement, qu'il ne le feroit en fupportant les frais du monnoyage, il y gagneroit beaucoup du côté de la fureté.

la

la loi de onze deniers quatre grains de fin , & la taille de foixante-fept réaux au marc , fuivant l'ufage de
Caftille.

Les anciens réaux & demi réaux font de meilleur
titre , mais fi ufés & fi rognés , qu'ils donnent à peu
près la même tare.

Ces différences font tort à la monnoie forte , & en
occafionnent l'extraction , parce qu'on l'achette avec de
la monnoie foible. Je crois que pour les égalifer toutes , il conviendroit d'augmenter proportionnellement
l'ancienne monnoie plutôt que de diminuer la monnoie foible. Outre l'embarras des différences , je penfe
que cette diminution ne fe pourroit faire fans une perte
confidérable pour le roi , & des plaintes générales dans
la pofition actuelle de la Monarchie. Je fçais que cette
augmentation influeroit fur celle des changes , & fur
le prix des marchandifes étrangeres : mais outre que ce
n'eft point un mal à beaucoup près , puifque cela feroit
valoir les nôtres ; il n'y auroit pas de comparaifon entre ce léger inconvénient & celui qu'entraîneroit le
parti contraire pour le Tréfor Royal , & pour les propriétaires de ces efpeces foibles , les feules que nous
poffédions. Ce parti paroîtra encore plus prudent, fi l'on
fait attention que cette proportion de nos monnoies
arrétera le genre d'extraction le plus pernicieux de tous ;
c'eft-à-dire ce commerce de monnoie à monnoie que favorife l'inégalité actuelle.

On fçait que depuis l'an 1686 l'on a permis, malgré
une loi du 7 Octobre de la même année , de confidé-
rer la proportion de l'or à l'argent , comme de 1 à 16 ;
c'eft-à-dire , qu'une once d'or de vingt-deux carats monnoyés , équivaut à feize onces d'argent de onze deniers
quatre grains de fin monnoyés. Si l'on fait le compte
de la nouvelle monnoie de plate , on trouvera que les
feize onces n'équivalent qu'à douze de l'ancienne ; cependant elles font dans la même proportion avec l'or.

Y

C'eſt le même déſordre ſur la menue monnoie anciénne, puiſque les ſeize réaux de huit, quoique réduits à un peu plus du poids de douze onces, ne laiſſent pas de valoir un doublon de huit ou une once d'or de ſeize réaux de l'ancien titre. Ces inégalités, cauſées ſur l'ancienne monnoie par la mauvaiſe foi ou par les outrages du tems, & ſur la nouvelle par les néceſſités du Royaume ou le peu d'intelligence des monnoyeurs, exigent la plus ſérieuſe attention. Il n'eſt qu'un ſeul reméde pour éviter la ruine dont nous menace ce déſordre, c'eſt d'augmenter l'or & les eſpeces de bon titre en proportion du déchet réel des autres eſpeces.

Notre monnoie de cuivre, d'alliage, ou de veillon, paſſe pour bonne ; cependant des perſonnes habiles m'ont aſſuré que ſa valeur intrinſéque eſt d'un peu plus de moitié au deſſous du cours qu'elle a dans le Commerce.

La preuve en eſt que l'alliage du veillon eſt de ſix grains d'argent fin par marc : ces ſix grains valent quarante-neuf maravedis & demi de vieille plate, ſur le pied de deux mille trois cens ſoixante & ſeize au marc ; par conſéquent les douze grains que contient la livre valent quatre-vingt-dix-neuf maravedis d'argent, & cent quatre-vingt-neuf & un tiers de veillon, ou cinq réaux dix-neuf maravedis & un tiers.

Si l'on y ajoute ſix réaux de veillon pour la valeur du cuivre, les deux métaux monteront enſemble à la valeur effective de onze réaux dix-neuf maravedis & un tiers de veillon.

Or dans la livre il entre ordinairement plus de ſeize réaux & demi ; d'où il eſt facile de conclure que la valeur du cours excéde de plus de quarante-cinq pour cent la valeur effective.

Ce calcul démontre qu'il n'y a pas aſſez de diſproportion entre nos eſpeces d'or & d'argent avec celles-là, & nous voyons d'un coup d'œil le profit conſidérable que les Étrangers ont fait & peuvent faire avec nous, en échangeant le cuivre de la Suede, & d'ailleurs contre nos bonnes efpeces d'or ou d'argent.

Une chofe qui mérite encore attention, c'eft que la majeure partie des payemens fe fait en Efpagne avec du veillon; fon tranfport eft très-embarraffant & couteux: d'ailleurs l'ufage eft de le recevoir au poids, à moins de vouloir perdre trois ou quatre pour cent pour la refonte. Cela n'arrive point en France, ni en Hollande, où il n'eft permis de faire des payemens qu'en bonne monnoie d'or & d'argent; le billon n'y fert que pour les petites emplettes & les apoints. Cet ufage devroit moins s'introduire en Efpagne que partout ailleurs; puifqu'elle eft la maitreffe des plus riches mines du monde; nos loix d'ailleurs y avoient pourvû en ordonnant que l'on ne monnoyeroit de cuivre que la quantité abfolument néceffaire.

Pour diftinguer les bonnes efpeces d'avec celles qui font détériorées, il feroit à fouhaiter que toutes celles d'or & d'argent tant anciennes que modernes, fuffent refondues & réduites à une même forme. Il feroit néceffaire d'y mettre un cordon comme aux efpeces de France, d'Angleterre & d'ailleurs, pour que l'on ne puiffe les rogner au moins fans que l'on s'en apperçoive. On pefe l'or, à la vérité, mais nos anciennes monnoies d'argent de forme irréguliere, nos piaftres, réaux & demi réaux, ne font pas quelquefois de la moitié de leur poids. Le mal augmente chaque jour, & demande un prompt reméde.

Il eft bon d'obferver que dans les autres Royaumes on fabrique beaucoup de petites pieces d'argent, comme nos réaux & demi réaux de Segovie: je croirois qu'il feroit utile d'en fabriquer beaucoup en Efpagne, & que ce feroit un des moyens propres à empêcher la fortie de l'argent du Royaume.

Les Loix du Royaume, & particuliérement la 15e du 21e Liv, Titre 5, l'ont prefcrit: plufieurs fois les Etats en ont demandé l'exécution, comme on le voit par une Ordonnance Royale du 22 Novembre 1608. Elle fut rendue à la requête des Etats affemblés pour l'octroi du fervice des Millions, dont le contrat portoit ›› que Sa ›› Majefté ordonneroit que l'argent des deux premieres ›› flotes qui viendroient feroit converti, un tiers en réaux ›› de deux, un autre tiers en réaux fimples, & l'autre ›› tiers comme il plairoit à Sa Majefté ; que pour l'avenir ›› tout l'argent des flotes foit celui du Roi, foit celui des ›› particuliers, feroit monnoyé un quart en réaux de huit ; ›› un quart en réaux de quatre ; un quart en réaux de ›› deux ; un quart en réaux fimples ; à caufe du befoin ›› extrême qu'a le Royaume de menue monnoie d'argent ; ›› & cela jufqu'à ce que les Etats affemblés fuppliaffent ›› Sa Majefté de difcontinuer cet ufage, fi les circonftan- ›› ces l'exigeoient.

L'endroit le plus commode pour la monnoie eft Seville fans contredit : cette ville eft à portée des né-gocians qui font le commerce des Indes ; l'argent s'y conduit à peu de frais par la riviere. Segovie & Cuença font trop éloignées, le tranfport eft long & couteux ; il fe paffe quatre mois quelquefois avant que l'efpece foit rentrée. On remédieroit à ces inconvéniens, fi à l'Hôtel des monnoies de Seville, on faifoit quelque travail qui raportât deux ou trois mille doublons, pour la con-ftruction des deux nouveaux atteliers.

On pourroit employer tous les atteliers de Seville pour le monnoyage de l'argent des particuliers : les atteliers de Madrid pourroient être également deftinés au fervice des particuliers & des Communautés ; il ne laiffe pas d'y en être adreffé beaucoup qui fe négocie à Cadix, pour éviter les longueurs & les inconvéniens ; fi une fois on trouvoit quelqu'avantage à le faire venir à Madrid, il n'eft pas douteux que l'on prendroit ce parti. Il faudroit veiller à l'activité du travail, & fur-tout à obferver la bonne foi qui n'a pas toujours été entiere.

Les monnoies de Segovie & de Cuença, ne feront occupées que pour le Roi ; fi même celle de Segovie qui eft la plus commode fuffifoit, on pourroit laiffer travailler à Cuença pour les particuliers.

Je crois qu'il feroit convenable d'arranger les chofes de façon que vers le tems de l'arrivée des flotes & des galions à Cadix, l'on eût à l'Hôtel des monnoies de Seville, deux à trois cens mille piaftres en caiffe, pour achetter la monnoie & l'argent qui arrivent des Colonies : cela établiroit la confiance ; & je crois qu'il n'eft point difficile de fe procurer cette fomme chez les négocians, en leur paffant demi pour cent par mois, jufqu'à ce que l'on les rembourfe avec cette même monnoie que l'on aura fabriquée. Je ne fuppofe cet emprunt que dans le cas où les néceffités de l'Etat ne permettroient pas d'employer le revenu des Douanes, & autres rentes de l'Andaloufie.

On pourroit auffi à Madrid fe précautionner d'une fomme de cent mille piaftres, par les mêmes moyens & pour le même ufage. Mais ces avances fuffent-elles impoffibles, il fera toujours néceffaire d'augmenter les atteliers, comme je l'ai dit ; la dépenfe en eft peu de chofe & fort utile.

Les loix & l'ufage du Royaume établiffent que l'on forcera les particuliers de porter à la monnoie les matieres d'or ou d'argent non-monnoyées qui leur arrivent : on a depuis quelques années négligé cette pratique, contre les intérêts du Roi & de fes Sujets. Il convient de donner des ordres précis pour fon exécution à l'avenir.

CHAPITRE CV.

*Etat des rentes provinciales en 1714, avant
qu'elles fussent réunies dans chaque district
sous une même ferme : état de 1722.*

J'AI rapporté au Chap. LVII l'Edit du 26 Décembre 1713, par lequel Sa Majesté ordonne que toutes les rentes provinciales d'une même Province seroient adjugées désormais à un seul fermier pour éviter l'embarras, la confusion & la gêne dans les recouvremens. Sa Majesté remit au Conseil un état détaillé de chaque partie de ces rentes, avec la distinction des abonnemens que l'on a laissé subsister.

L'on verra par les deux tables qui suivent la différence survenue dans la forme d'administrer ces rentes.

Le Traducteur a cru devoir supprimer le détail couteux & embarrassant du nom de chaque Fermier & de chaque ferme particuliere : l'un & l'autre est inutile aujourd'hui ; il suffit pour connoître le désordre qui régnoit dans les Finances, de connoître le nombre des divers Regisseurs dans chaque Province.

PROVINCE DE BURGOS.

Total des Rentes.	Aliénations.	Produit net en maravedis de veillon.
151620933.	18990143.	132630489.

L'administration des impôts de cette Province étoit divisée en onze fermes differentes.

ROYAUME DE LEON,

Total des Rentes.	Aliénations.	Produit net en maravedis de veillon.
90805235.	10874584.	79918651,

L'administration des impôts de ce Royaume étoit divisée en sept fermes différentes.

ROYAUME DE GALICE.

Total des Rentes.	Aliénations.	Produit net en marave- dis de veillon.
149818596.	24836707.	124973889.

L'adminiſtration des impôts de ce Royaume étoit divifée en quatre fermes différentes.

PROVINCE DE ZAMORA.

Total des Rentes.	Aliénations.	Produit net en marave- dis de veillon.
23463812.	4721300.	18742392.

L'adminiſtration des impôts de cette Province étoit divifée en cinq fermes différentes.

PROVINCE DE TORO.

Total des Rentes.	Aliénations.	Produit net en marave- dis de veillon.
34671049.	6744558.	27926491.

L'adminiſtration des impôts de cette Province étoit divifée en huit fermes différentes.

PROVINCE DE PALENCIA.

Total des Rentes.	Aliénations.	Pro uit net en marave- dis de veillon.
53459335.	6352425.	47104910.

L'adminiſtration des impôts de cette Province étoit divifée en fix fermes différentes.

PROVINCE DE VALLADOLID.

Total des Rentes.	Aliénations.	Produit net en marave- dis de veillon.
103984029.	12651754.	91332175.

L'adminiſtration des impôts de cette Province étoit divifée en dix fermes différentes.

PROVINCE D'AVILA.

Total des Rentes.	Aliénations.	Produit net en marave- dis de veillon.
59103015.	7443012.	51660003.

L'adminiſtration des impôts de cette Province étoit divifée en ſept fermes différentes.

PROVINCE DE SORIA.

Total des Rentes.	Aliénations.	Produit net en marave- dis de veillon.
35206706.	5069778.	30136928.

L'adminiſtration des impôts de cette Province étoit divifée en cinq fermes différentes.

PROVINCE DE SALAMANCA.

Total des Rentes.	Aliénations.	Produit net en marave- dis de veillon.
57145177⅜	8585930.	48559247.

L'adminiſtration des impôts de cette Province étoit divifée en cinq fermes différentes.

PROVINCE DE SEGOVIA.

Total des Rentes.	Aliénations.	Produit net en marave- dis de veillon.
85828041.	12997898.	72830143.

L'adminiſtration des impôts de cette Province étoit divifée en cinq fermes différentes.

ROYAUME DE MURCIA.

Total des Rentes.	Aliénations.	Produit net en marave- dis de veillon.
38248468.	6043966.	32205502.

L'adminiſtration des impôts de ce Royaume étoit divifée en ſix fermes différentes,

PROVINCE

PROVINCE DE MADRID.

Total des Rentes.	Aliénations.	Produit net en marave- dis de veillon.
201725025.	35865173.	165159852.

L'adminiſtration des impôts de cette Province étoit diviſée en onze fermes différentes.

ROYAUME DE TOLEDE.

Total des Rentes.	Aliénations.	Produit net en marave- dis de veillon.
275686573.	43010751.	232046973.

L'adminiſtration des impôts de ce Royaume étoit diviſée en vingt-cinq fermes différentes.

PROVINCE DE GUADALAXARA.

Total des Rentes.	Aliénations.	Produit net en marave- dis de veillon.
56552427.	5768767.	50783639.

L'adminiſtration des impôts de cette Province étoit diviſée en huit fermes différentes.

PROVINCE DE CUENÇA.

Total des Rentes.	Aliénations.	Produit net en marave- dis de veillon.
88403396.	13605818.	75246578.

L'adminiſtration des impôts de cette Province étoit diviſée en douze fermes différentes.

PROVINCE D'ESTRAMADOURA.

Total des Rentes.	Aliénations.	Produit net en marave- dis de veillon.
145519912.	16378843.	129142069.

L'adminiſtration des impôts de cette Province étoit diviſée en ſix fermes différentes.

ROYAUME DE SEVILLA.

Total des Rentes.	Aliénations.	Produit net en marave-dis de veillon.
315365977.	55893643.	259469334.

L'adminiſtration des impôts de ce Royaume étoit diviſée en vingt-deux fermes différentes.

ROYAUME DE CORDOUA.

Total des Rentes.	Aliénations.	Produit net en marave-dis de veillon.
112123684.	13018117	99106017.

L'adminiſtration des impôts de ce Royaume étoit diviſée en cinq fermes différentes.

ROYAUME DE GRENADA.

Total des Rentes.	Aliénations.	Produit net en marave-dis de veillon.
242001475.	38716045.	203285430.

L'adminiſtration des impôts de ce Royaume étoit diviſée en vingt-trois fermes différentes.

ROYAUME DE JAEN.

Total des Rentes.	Aliénations.	Produit net en marave-dis de veillon.
78692981.	10566773.	68162208.

L'adminiſtration des impôts de ce Royaume étoit diviſée en quatre fermes différentes.

TOTAL GÉNÉRAL DES RENTES PROVINCIALES EN 1714,

Diſtribué en cent quatre-vingt-quinze fermes différentes.

Total des Rentes.	Aliénations.	Produit net en marave-dis de veillon.
2399425846.	358135985.	2040422920.

ETAT DES RENTES PROVINCIALES EN 1722.

FERMIERS.	VILLES.	TOTAL.	ALIENA-TIONS.	PRODUIT NET.
D. JUAN DE ANSALAS.	Burgos. . .	158690224	31553296	127136928
D. ANTONIO PANDO.	Valladolid. .	109247386	21176496	88070890
	Segovia. . .	87872802	18084434	69788368
	Avila. . . .	64746863	14794254	49952609
D. JUAN ROMERO DE SALAZAR.	Salamanca. .	66633347	15567913	51065434
D. JUAN BANTISTA BONAVIA	Eftramadura.	153682971	21473616	132209355
D. JOSEPH RUANO. .	Toro. . .	40282267	9236575.	31045692
	Zamora. . .	25338164	6697534	18640630
	Palencia. .	52627191	13670101	38957090
D. MIGUEL SANZ DORADOR. . . .	Soria. . . .	37809534	6630116	31179418
D. FERNANDO GON-ZALEZ.	Leon. . .	101320299	17269167	84051132
D. MIGUEL FRANCIS-CO DE ALDECOA. .	Mancha. .	77251179	14146782	63104397
	Jaen. . .	93944891	14202878	79741013
D. ANTONIO PUCHE.	Toledo. .	197502616	52979313	144523303
D. ALBERTO GOMEZ DE ANDRADE. . .	Sevilla. . .	358380449	61885438	296495011
D. PETRO TREBANI. .	Gordova. .	123747029	16529922	107217107
	Murcia. .	59691605	9486968	50204637
D. JUAN GARCIA SAN-ROMAN. . .	Madrid. .	219461906	66055512	153406394
D. FRANCISCO CAL-DERON Y ANDRADE.	Galicia. .	175547464	35079348	140468116
D. FRANCISCO GOMEZ DE BUSTAMANTE. .	Cuenca. .	90771114	17233786	73537328
D. ANTONIO DE BAR-CENA.	Guadalaxara.	48328416	8119005	40209411
LA MAISON DU COM-TE DE BUENAVISTA.	Grenada. .	281391122	51139856	230251266
16. FERMIERS.	TOTAL	2624268839	523012310	2101255529

CHAPITRE CVI.

*De l'importance dont il est d'avoir un commerce
actif (t) non passif : dispositions faites en Espagne
à ce sujet ; méthode des François, des Anglois,
& des Hollandois pour y réussir.*

POUR que le commerce d'un Etat soit utile, il faut
que celui des sujets soit actif au moins en général,
& non passif comme est le nôtre malheureusement. Les
Etrangers nous importent leurs denrées & exportent les
nôtres dans leurs vaisseaux ; leurs achats & leurs ventes
se font par des commissionnaires, des facteurs, ou des asso
ciés de leur Nation ; ainsi ils gagnent en entier le fret,
les commissions & autres dépenses qui vont presqu'aussi
loin que la valeur intrinséque du premier achat.

Nos Rois ont fait divers Réglemens pour conserver
l'activité du commerce & de la navigation de leurs
sujets : j'en ai raporté quelques-uns ; & pour les réunir
tous sous les yeux, j'en vais dire un mot de chacun.

Au Chapitre XLIII, j'ai cité diverses Ordonnances
de nos Rois sur le fait du Commerce : mais à l'égard du
commerce actif particuliérement, les Rois Catholiques
Don Ferdinand & Doña Isabella, promirent en 1478
des récompenses à ceux qui feroient naviger des vaisseaux de six cens à mille tonneaux. En 1494, ils accorderent diverses prérogatives aux Juges & Consuls des
Marchands de diverses villes pour la facilité du Commerce, & défendirent de charger sur d'autres vaisseaux
que sur ceux de la Nation.

Dans la même Ordonnance, il est parlé des Consuls
& des Facteurs que la Nation entretenoit dans diverses
villes de l'Europe ; d'où l'on doit présumer que nous

jouiſſions alors de tous les avantages d'un commerce actif.

En 1500 il fut ordonné qu'aucune marchandiſe ne ſeroit embarquée ſur des navires étrangers, lorſqu'il y en auroit d'appartenans aux Eſpagnols. En 1501, il fut défendu de vendre aucun vaiſſeau aux Etrangers même naturaliſés.

En 1525 l'Empereur Charles V permit à ſes ſujets d'armer en courſe contre les Maures & autres Corſaires, & leur remit le cinquiéme des priſes qui lui appartenoit.

Dans le même Chapitre XLIII je parle de divers autres Réglemens qui ne favoriſent pas auſſi directement le commerce actif, mais qui y influent néceſſairement.

Je ne parle point de l'excluſion des Etrangers dans le commerce de nos Colonies : elle eſt aſſez connue, & ſtipulée dans tous les Traités.

Dans le Chapitre XLIV j'ai raporté diverſes Ordonnances du Roi Philippe V pour le rétabliſſement du Commerce ; je toucherai ſeulement ce qui a un raport direct avec le commerce actif.

En 1718 Sa Majeſté réprima les abus que les Etrangers avoient introduits dans le commerce entre les Canaries & l'Amérique.

En 1720 elle régla tout ce qui a raport à la navigation des Colonies ; une de ſes Ordonnances porte cette clauſe expreſſe, qu'aucun de ſes Sujets ne pourra faire cette navigation avec des vaiſſeaux de fabrique étrangere, mais ſeulement avec des vaiſſeaux fabriqués dans les ports de ſa domination : que ces vaiſſeaux allant à l'Amérique, payeront trente-trois réaux de plate vieille double par tonneau ; mais que ſi pour de juſtes cauſes Sa Majeſté jugeoit à propos d'accorder quelque diſpenſe de ce Réglement, les vaiſſeaux de fabrique étrangere munis de la permiſſion, payeront cent réaux de plate vieille double par tonneau.

Sa Majesté pour rétablir le commerce du cacao, dont les Etrangers s'étoient emparés, tant en Espagne que dans le reste de l'Europe, modéra en 1720 les droits sur cette denrée, lorsqu'elle arriveroit dans des vaisseaux Espagnols.

Dans la même année, il fut ordonné aux Intendans d'engager les manufacturiers d'Espagne à charger leurs étoffes sur les flotes & les galions ; & l'on donna des ordres pour que ces marchandises eussent la préférence du chargement.

Le 23 Août 1721 Sa Majesté informée que les provisions de froment & d'orge pour la subsistance des troupes en Catalogne, étoient transportées dans des vaisseaux étrangers, ordonna de donner la préférence du chargement aux vaisseaux de ses sujets, & leur payer pour le fret un cinquiéme au - dessus du prix que l'on donne aux Etrangers.

Louis XIV exempta dans son Royaume de tous droits d'entrée la morue & les huiles provenant de la pêche de ses sujets ; il permit aussi que les vivres, les munitions & le sel nécessaire pour ces pêches sortissent libres de droits.

Ce Prince imposa un droit de vingt pour cent sur toutes les marchandises du Levant, apportées sur les navires étrangers, & en exempta les vaisseaux de ses sujets.

Il assura leur navigation par des escortes & par d'autres Réglemens : il permit à la Noblesse de faire le commerce en gros, & fit diverses dispositions pour encourager le commerce actif.

Le Gouvernement d'Angleterre toujours appliqué à favoriser le commerce actif des sujets exige sept pour cent de moins sur les droits d'entrée des marchandises qui arrivent dans des vaisseaux de la Nation ; il est diverses denrées qui ne peuvent y être introduites que dans des vaisseaux Anglois. Toutes sortes de poissons &

d'huiles de baleine d'une pêche étrangere payent la Douane double : le cabotage tant en Angleterre qu'en Irlande est défendu aux navires étrangers sous peine de confiscation.

Aucune Nation ne jouit du bénéfice d'un commerce actif, comme les peuples des Provinces - Unies : leur principale attention est de procurer le fret de leur navire à plus bas prix qu'aucun autre Etat ; tout ce qui sert à la navigation ne paye aucun droit de sortie : le petit nombre de leurs équipages contribue encore au bon marché de leur [a] fret.

Les harengs de la pêche des Hollandois ne payent aucun droit d'entrée : & l'huile de baleine apportée par les Etrangers paye dix pour cent d'entrée, tandis que son transport sur les vaisseaux du pays est exempt de tout droit. Toutes les épiceries qui arrivent par les vaisseaux de la Compagnie des Indes Orientales , ne payent aucune entrée ; mais le poivre étranger paye dix pour cent.

Les poissons frais de pêche Hollandoise ne payent aucun droit. Enfin toutes leurs loix favorisent le commerce actif des sujets , tant pour l'importation que pour l'exportation. Les trois Nations dont je viens de parler, ont des Consuls dans les principaux ports de l'Europe, de l'Asie & de l'Afrique, pour y soutenir leur commerce & conserver les avantages qu'ils ont sçû stipuler dans les Traités de paix , & souvent en se prévalant de nos détresses. Ce dernier objet mériteroit une explication étendue , tant pour son intelligence que pour discourir de la maniere dont nous pourrions les modérer dans les circonstances favorables qui se présenteront : j'en parlerai plus au long dans un autre endroit.

---

a Le petit nombre de leurs équipages vient de la légéreté des cables & des manœuvres en général. Un cable sera plus léger & plus fort qu'un autre , lorsqu'il est fait avec du chanvre plus net : cette dépense est une œconomie d'expérience.

CHAPITRE CVII·

De l'importance d'observer les réglemens déja éta-
blis en Espagne pour le commerce actif : autres
moyens proposés : des raisons que l'on a de ter-
miner ce Volume ; des points principaux qui
lui manquent dont l'extention est remise à un
supplément.

CET ouvrage tend à l'amélioration du Commerce,
& à fournir les moyens de le faire avec nos propres
denrées ; & le dernier Chapitre traite de la nécessité de
le rendre actif de passif qu'il est actuellement. Dans celui-
ci je m'étendrai sur les expédiens que nous pourrons
employer pour y parvenir, & jouir au moins en partie
de l'heureuse position, de l'abondance & des richesses de
ce Royaume. Ce seroit un projet trop ambitieux, &
même peu raisonnable que de prétendre faire par nous
seuls toutes nos ventes, nos échanges, nos achats, nos
transports & nos négociations ; mais il est honteux &
injuste que nous laissions les Etrangers en possession de
le faire pour nous.

Je ne trouve aucun inconvénient à faire exécuter les
anciennes loix du Royaume qui facilitent la navigation
des sujets.

Je ne propose point d'imiter les exemples des autres
Etats sur ce point ; quelques-uns sont trop violens, & les
autres pourroient blesser la foi des Traités qui ont raport au Commerce.

C'est l'examen de leurs clauses qu'il est important de
faire avant de proposer aucun changement ; & cette matiere ne pourroit ici recevoir l'extention qu'elle mérite.

Tout

Tout ce que je propose dans le cours de ce Traité, peut servir à donner de l'activité au Commerce ; mais le rétablissement de la marine du Roi, des vaisseaux garde-côtes en Europe & en Amérique, enfin celui de la pêche sont les principaux expédiens qui nous y conduiront.

Puisqu'il est si essentiel de faire nous-mêmes nos transports, il convient de favoriser la construction des vaisseaux dans les ports d'Espagne, & d'accorder une franchise entiere ou du moins une modération considérable sur les droits, à toutes les denrées de notre crû & de notre fabrique, qui sont nécessaires à leur équipement.

Il est très-nécessaire à l'activité du Commerce, qu'il ait des facteurs dans les villes les plus commerçantes de l'Europe suivant l'ancien usage : faute de cette précaution, les Espagnols ne peuvent y avoir de magasins & de maisons sous leur nom ; & lorsqu'ils ont besoin de quelques articles, ils n'en peuvent confier l'achat à personne de confiance de leur Nation. Les Etrangers nous les apportent, & nous les vendent à de hauts prix. Par la même raison ils ne peuvent pas envoyer au-dehors leurs marchandises, pour en faire les échanges convenables ou les y vendre.

Quoique nous ayons encore des Consuls dans quelques ports, ils ne peuvent suppléer aux commissionnaires de la Nation : outre qu'ils sont étrangers la plûpart, & peu attachés aux intérêts de la Nation, le commerce leur est interdit. Ils en sont les juges, & ils ne doivent pas être parties intéressées dans les causes qui sont portées devant eux.

Il est inutile d'établir des facteurs pour le commerce dans les pays où il y a des familles nationales établies ; elles remplissent alors le même objet, comme nous voyons en Espagne une quantité de négocians de tous les pays, faire en quelque façon une résidence fixe.

Il y a aussi quelques Etrangers, qui de leur pays sont

dans une relation réciproque avec des négocians Espagnols, mais en très-petit nombre.

Il est donc nécessaire d'envoyer dans les principales villes de l'Europe des facteurs pour recevoir les commissions de nos négocians ; le Roi pourroit leur faire un état fixe, jusqu'à ce que l'activité du Commerce soit rétablie, & que les familles se soient bien établies.

Quoique les divers peuples fassent un commerce très-utile le long des côtes immenses de l'Europe, de l'Asie, & de l'Afrique, nous ne pourrons jouir que d'une partie de ces avantages, tant que nous suivrons le principe de faire une guerre continuelle aux Infideles. Le motif de cette guerre est louable, mais il est sûr qu'elle nous fait plus de tort qu'à ces ennemis de la foi.

Notre commerce dans la Méditerranée se bornera donc aux côtes de la Provence & de l'Italie. La ressemblance du climat y fait croître les mêmes fruits à peu près, ainsi il n'y a pas grand profit dans cette navigation. Cependant nous ne devons pas la négliger.

Le commerce du Nord nous sera plus utile que celui de la Méditerranée : ces contrées ont besoin de nos vins, eaux-de-vie, huiles & autres productions ; nous pourrions même leur vendre des étoffes de laine & de soie, lorsque nos manufactures seront rétablies & nos droits de sortie modérés ; nous en raporterions les épiceries, & les toiles dont nous pourrions avoir besoin.

Nous pourrions aussi faire un commerce utile de nos étoffes à Lisbonne, tant pour l'usage du pays que pour ses flotes ; & même pour d'autres endroits de l'Europe, par le commerce des vaisseaux étrangers qui s'y rendent continuellement. Il est bon d'observer que malgré le mauvais ordre de nos tarifs, il s'y consomme quelques étoffes de soie de Grenade & de Valence.

Les villes où je crois qu'il seroit utile d'établir des facteurs sont :

Lisbonne,	Rouen,	Copenhague,	Marseille,
Bordeaux,	Londres,	Dantzick,	Gênes,
Bayonne,	Ostende,	Stokolm,	Livourne,
Nantes,	Amsterdam,	Petersbourg,	Naples,
	Hambourg,		Messine.

Ordinairement ces facteurs s'établissent à leurs frais &
à la faveur des commissions qu'ils reçoivent de leur pays;
mais notre Nation a si peu de commerce actif, que pour
favoriser l'établissement il seroit nécessaire que le Roi
donnât une somme fixe à chacun de ces facteurs. La dépense est légere en comparaison du bénéfice qui en re-
viendroit aux sujets, & par conséquent aux revenus de
l'Etat. On pourroit assigner à chacun huit cens piastres
par an; dont trois cens pour l'entretien personnel, deux
cens pour celui d'un teneur de Livres qui serviroit de
second, & les autres trois cens piastres pour le loyer
d'un magasin convenable, & du logement de tous les
deux.

Tandis que les facteurs seroient pensionnés du Roi,
il seroit convenable que leurs correspondans Espagnols
ne payassent que la moitié de la commission ordinaire;
& lorsque Sa Majesté cesseroit ces pensions, ils la percevroient sur le pied ordinaire. Ils ne seroient pas utiles
seulement au commerce; le service du Roi pourroit en
tirer un très-bon parti. Quoique l'Espagne produise tous
ses besoins, notre négligence a laissé anéantir plusieurs
manufactures,& l'Etat est obligé d'achetter au dehors une
partie des munitions de guerre, soit de terre, soit de
mer; comme l'étain, le cuivre pour la fonte de l'artillerie
& autres usages, le chanvre, les cordages, les toiles à
voile, le brai, le goudron, le fer blanc, la résine, le
suif, les bordages, les merrains pour le service des
vaisseaux de guerre & des gâleres. Souvent on achette
ces denrées des Etrangers à Cadix où elles sont toujours
fort cheres, ce qui multiplie les frais de nos armemens.

A a ij

Le miniftre pourroit fe faire repréfenter l'état de ce qu'il
faut de chacune de ces denrées, de la quantité que
l'Efpagne en peut fournir, & le furplus feroit achetté
pour le compte du Roi par les facteurs. Pour ne jamais
fe trouver au dépourvû, l'on devroit tenir fans ceffe les
magafins remplis pour quatre ou cinq ans ; & à mefure
que les matieres s'employeroient, on ordonneroit de
nouveaux achats. Par ce moyen l'on a le choix, l'on
profite des bons momens ; au lieu que dans le moment
de la néceffité, on paye tout fort cher, & fouvent on
eft mal fervi. Le Roi n'auroit à rembourfer aux facteurs que leurs frais précifément, tant que Sa Majefté
les penfionneroit ; indépendamment de ces avantages la
Nation fe mettroit par ce moyen au fait de l'art, & de
la méthode des Etrangers dans le commerce ; de ce que
chacune de nos Provinces en pourroit faire avec les
Etrangers.

La Cour fera encore inftruite exactement, & à peu de
frais, de ce qui fe paffe dans les autres Etats ; connoiffance qui peut être très-utile.

Tant d'avantages compenferont affurément la dépenfe de trois mille quatre cens doublons que pourront
couter les dix - huit facteurs que je propofe ; & l'on
donne tous les jours beaucoup davantage à des Miniftres dans les Cours étrangeres, pour des affaires moins
intéreffantes pour le Royaume. Quand même tous ces
établiffemens ne réuffiroient pas également, ce fera
beaucoup que quelques-uns ayent contribué à rendre
notre commerce plus actif.

Il feroit fort inutile d'établir des factories, fi ceux
qu'on enverroit pour les remplir, n'étoient bien verfés
dans la pratique du Commerce ; ainfi pour s'en affurer
mieux, & en même tems pour leur acquerir la confiance publique, il feroit à propos que les villes principales fiffent elles-mêmes le choix des fujets.

Je crois que notre principal commerce avec les pays du

Nord, se fait dans les ports du Royaume de Seville : celui de la Cantabrie, de la Galice & des Asturies est médiocre.

L'Angleterre tire pour des sommes considérables de vins, d'huiles, & de raisins de Malaga ; Grenade, quoiqu'un peu éloignée de la mer, entretient un certain commerce de ses étoffes de soie avec Lisbonne ; le commerce de l'Italie regarde Barcelone, Alicante & Cartagene, excepté pour ce que ce pays envoye dans nos Colonies par l'Andalousie.

D'après ces principes on pourroit tirer les facteurs des diverses Villes à peu près dans cette forme :

De Grenade, . . . le facteur pour . Lisbonne.

De Pamplune, pour . . . . Bayonne.

De Seville, pour . . . . { Bordeaux. Nantes. Hambourg.

De Cadix, pour . . . . { Rouen. Amsterdam.

De Malaga, pour . . . . Londres.

De San-Lucar de Barrameda, pour . . Dantzick.

De S. Ander, pour . . . . Copenhague.

De la Corogne, pour . . . . Ostende.

De S. Sebastien, pour . . . . . . Stokolm.

De Bilbao, pour . . . . Petersbourg.

De Cartagene, pour . . . . Gênes.

D'Alicante, pour . . . . Livourne.

De Barcelone, pour . . . . { Marseille. Naples. Messine.

Quoique je propose cet ordre, c'est pour donner une forme à l'établissement, & l'on pourroit sans inconvé-

A a iij

nient y changer ce qui feroit convenable aux circonftances; d'autant plus que ces facteurs feroient deftinés non
feulement au commerce de leurs villes refpectives, mais
encore à celui de toute la Nation.

Il conviendroit que le fujet choifi fût Efpagnol, ou
au moins naturalifé & âgé de trente ans.

Quoique j'en fuppofe l'élection abandonnée aux
villes, il n'en feroit pas moins néceffaire que Sa Majefté
accordât auparavant fon agrément. Le Secretaire d'Etat
lui donneroit enfuite l'attache de facteur de la Nation,
fignée de la main du Roi, avec les conditions de fa
miffion.

Chaque facteur auffitôt fon élection, nommeroit fon
teneur de Livres, & ne pourroit le changer fans en rendre raifon à la ville dont il tiendroit fa factorie.

Dans les villes où il y a un Confulat établi, il feroit
plus convenable que ce fût lui qui fît la nomination des
facteurs; s'il n'y en a point, ou que les négocians ne
foient pas d'accord, la ville pourra nommer.

Le commerce ne fe perfectionnera & ne fe confervera
dans le Royaume, que par l'abondance des fabriquans
& des laboureurs; mais quel que foit leur nombre, il ne
produira jamais tout fon effet, tant qu'il y aura auffi peu
de jours de travail que nous en avons dans l'année. Plufieurs Auteurs accrédités rejettent la diminution & la
rareté de ce genre d'hommes, fur le nombre confidérable de nos fêtes, & fur la multiplicité exceffive des Couvens & des autres Eccléfiaftiques en comparaifon des Sé-
culiers.

Ces deux points font fi graves & fi délicats que je n'y
toucherois pas, fi ce n'étoit pour raporter le fentiment
de quelques Miniftres très-accrédités, qui les ont traités
dans leurs écrits. Le Confeil de Caftille fur-tout s'en eft
expliqué ouvertement dans le projet de réforme, qui fut
préfenté à Philippe III en 1619.

» Il fupplie le Roi d'obtenir du Pape qu'il mette des

» bornes à ce nombre exceſſif de Religieux, d'Ordres &
» de Couvens qui s'accroît tous les jours, & de lui re-
» préſenter les inconvéniens qui en réſultent. Celui qui
» réjaillit ſur l'état Monaſtique même, ajoûte le Conſeil,
» n'eſt pas le moindre de tous ; le relâchement s'y intro-
» duit, parce que le plus grand nombre y cherche moins
» une pieuſe retraite, que l'oiſiveté, & un abri contre la
» néceſſité. Cet abus a les. plus funeſtes conſéquences
» pour l'Etat & pour le ſervice de Votre Majeſté ; la
» force & la conſervation du Royaume conſiſtent dans
» le grand nombre des hommes utiles & occupés. Nous
» en manquons & par cette cauſe & par d'autres ; les Sé-
» culiers cependant s'appauvriſſent de plus en plus : les
» charges de l'Etat retombent uniquement ſur eux, tan-
» dis que les Couvens en ſont exempts, ainſi que les
» biens conſidérables & qu'ils accumulent & qui ne peu-
» vent plus ſortir de leurs mains. Il ſeroit donc très-conve-
» nable que Sa Sainteté informée de ces déſordres, réglât
» que les vœux ne pourront être faits avant l'âge de vingt
» ans, & que l'on ne pourra entrer au Noviciat avant
» l'âge de ſeize ans. Un grand nombre de Sujets ne
» prendroient plus alors cet état qui, pour être plus par-
» fait & plus ſûr, n'en eſt pas moins le plus préjudicia-
» ble à la ſociété..

  » Il ſeroit également néceſſaire dans ces vûes de ſup-
» primer quelques Colléges établis dans les petites villes ;
» leur voiſinage détourne les enfans des laboureurs des
» occupations dans leſquelles ils ont été nourris, & les
» en dégoûte : preſque tous d'ailleurs en ſortent igno-
» rans, parce que les maîtres le ſont. Il ſuffiroit qu'il y
» eût de ces établiſſemens dans les grandes villes ou dans
» les capitales qui en ont toujours eu.

  » Ce ne ſeroit pas non plus un grand inconvénient,
» & même il ſeroit fort utile de diminuer le nombre du
» Clergé ou de le limiter : cette propoſition eſt conforme
» à la doctrine des Saints, des Conciles, & de pluſieurs

» Empereurs, qui ont porté une sérieuse attention à
» cette importante matiere.

Les Etats du Royaume assemblés en 1650, pour la
prolongation du service des vingt-quatre Millions, sup-
plierent le Roi Philippe IV de ne permettre aucune
fondation nouvelle pendant la durée de cet impôt ; Sa
Majesté consentit à cette clause, & cette même année
rendit une déclaration de conformité.

Cette représentation des Etats se trouve avec un
Commentaire dans un Livre intitulé : *Conservation des
Monarchies*, qui parut en 1626. Il est du Licentié Don
Pedro Fernandes Navarette, Chanoine Apostolique de
l'Eglise de Santjago, & Consultant du Saint Office. Il
s'étend fort au long sur cette matiere dans ses discours
42, 43, 44, 45 & 46 : on peut les consulter ; il appuye
les ordres du Conseil Royal de plusieurs raisons & de
plusieurs faits.

Les réflexions politiques & chrétiennes du même Auteur jettent un grand jour sur les inconvéniens du
nombre excessif des Fêtes ; sur l'abus des Confrairies qui
emportent tous les ans la moitié du tems d'un ouvrier,
& qui fournissent plus d'occasions de scandale que d'é-
dification.

Cet objet n'a point échappé à l'illustre Don Diego de
Saavedra ; dans son emblême 66, entr'autres réflexions il
fait celle-ci. » Je laisse à ceux dont c'est le devoir, à exa-
» miner si le nombre excessif des Ecclésiastiques & des
» Couvens, est proportionné aux facultés de la société
» des Laïques qui doit les entretenir ; & s'il n'est pas
» contraire aux vûes mêmes de l'Eglise. Les Saints Ca-
» nons & les Décrets Apostoliques ont en quelque fa-
» çon indiqué le reméde. « Dans l'emblême 67 le même
Auteur s'explique ainsi,

» Le travail est si essentiel à la conservation d'une
» Monarchie qu'un Prince doit veiller à ce qu'il ne soit
» point interrompu par un trop grand nombre de jours
» destinés

» deſtinés aux divertiſſemens publics ; ou voués par une
» pieuſe légéreté à des Confrairies, dont le peuple eſt
» avide par goût pour les ſpectacles, plutôt que par un
» motif de religion.

» Il n'eſt point de plus grand tribut que celui d'un
» jour de Fête, où tous les arts ſont dans l'inaction ; &
» comme le dit ſaint Chryſoſtome, les Martyrs n'aiment
» point à être honorés avec l'argent que pleurent les
» pauvres. Il paroit donc convenable de diſpoſer les
» jours de Fête de façon, que l'on ne manque ni au
» culte, ni aux beſoins de la ſociété.

La foibleſſe de mes lumieres & le peu de tems que me
laiſſent mes fonctions, m'avoient perſuadé en commen-
çant cet ouvrage qu'il auroit moins d'étendue : cependant comme un objet mene à l'autre par des liaiſons in-
ſenſibles, je me ſuis laiſſé entraîner juſqu'à former un
aſſez gros volume. Je ſens cependant qu'il y manque encore beaucoup de choſes ; mais mes emplois & ma ſanté
ne me permettent pas de pouſſer plus loin cet ouvrage
pour le préſent. J'ai le plan général d'une ſeconde partie, à laquelle je donnerai toute l'extenſion que je croi-
rai néceſſaire au bien public & au ſervice du [a] Roi.

Un des articles intéreſſans à traiter, eſt celui des
Ambaſſadeurs & autres Miniſtres, qu'il eſt néceſſaire
d'entretenir dans les Pays étrangers ; & des inſtructions
qu'il convient de leur donner pour protéger le Commerce ſans ſouffrir que l'on contrevienne aux traités. Afin
d'éviter les frais inutiles, on pourroit n'en envoyer que
dans les endroits où ils ſeroient le plus néceſſaires.

Quoique j'aye parlé de l'établiſſement des Conſuls,
cet article exigeroit plus d'extenſion, ſur-tout en ce qui
regarde l'exercice de leurs fonctions, & les places où il
faudroit en avoir.

Il ſeroit très-utile de recueillir toutes les clauſes des

a J'ai fait de vaines recherches ſur cette ſeconde partie, elle n'a ſans dou-te pas été publiée.

B b

Traités qui ont raport au commerce & à la navigation.
Il y en a d'ambigues qui demandent à être expliquées;
d'autres qui doivent être réciproques, & qui ne font obfervées que par nous. Il conviendroit auffi de tenir note
exacte de toutes les conditions dures & abufives que la
néceffité des tems a pû nous impofer, afin de les corriger dans l'occafion. Elle fe préfentera fûrement fi nous
fçavons tirer parti de notre fituation, & fur-tout fi
nous entretenons des forces navales comme je l'ai propofé. Il eft injufte & indécent que les Etrangers ayent
parmi nous une condition qu'ils nous refufent chez eux.

Quoique la chambre du Commerce foit compofée de
Miniftres d'un grand mérite, je crois qu'il conviendroit
d'y appeller plus de perfonnes au fait du Commerce,
foit qu'elles l'ayent fait en gros, foit qu'elles ayent eu
des emplois relatifs à fon objet, foit enfin qu'elles en
ayent fait une étude particuliere.

Dans les villes commerçantes de France, il y a des
Tribunaux appellés confulats qui jugent expéditive-
ment les caufes des marchands, & qui font utiles à l'a-
vancement du Commerce. Il y en a eu autrefois d'établis à Burgos, & l'on devroit renouveller cet ufage dans
nos villes les mieux fituées pour le Commerce. Il faut
que ces confulats foient fous la jurifdiction de la Chambre du Commerce & en correfpondance avec elle.

Il ne faut pas fur-tout oublier l'établiffement des Hôpitaux, afin de réprimer la multitude de vagabonds &
des gens oififs qui font répandus de toutes parts.

J'ai parlé au Chapitre LXXII des avantages que
l'amélioration de la navigation de l'Ebre apporteroit au
Royaume; cela feroit également utile & praticable à
l'égard de plufieurs autres rivieres. Mais la matiere
exige un long examen.

Une autre confidération importante, c'eft de rétablir
les grands chemins, & de les rendre plus fûrs : les longs
détours augmentent beaucoup les diftances & les frais.

Il eſt encore très-néceſſaire d'améliorer les ports de Carthagene, d'Alicante, de Barcelone & des Alfacs de Tortoſe : je ne parle point de celui de Malaga, parce que l'on y travaille depuis quelques années.

Je n'ai parlé du commerce & de la navigation des Indes que par la connexion que ces objets ont avec le rétabliſſement des Manufactures. Il eſt certain qu'elles ſont le principe & la baſe de tous les commerces que nous pouvons faire ; ils ſe perfectionneront tous, ſi nous nous attachons à cette maxime. Cependant le commerce particulier des Indes exigeroit un plus grand examen, parce qu'il a pluſieurs branches très-conſidérables.

Quelques perſonnes trouveront peut-être étrange que dans un Traité de Commerce & de Marine, je parle de l'établiſſement dès Académies à l'imitation de celles de France & d'Italie ; mais elles doivent faire attention que ſous ce mot générique, l'on comprend des ſociétés d'hommes verſés dans les arts & dans les ſciences, qui travaillent ſans ceſſe à perfectionner, à inventer, à dé-couvrir des choſes utiles aux manufactures, à la naviga-tion, au travail des terres, & aux beſoins des hommes.

La communication que ces Sçavans ſe font de leurs idées éclairciſſent la matiere, réſolvent les doutes, mettent la vérité dans un plus grand jour. L'on doit des éloges au citoyen qui s'enferme pour acquérir des connoiſſances avantageuſes à ſa patrie ; mais combien ne lui deviendra-t-il pas plus utile, lorſque dans le commerce des hommes profonds ſoit dans la théorie, ſoit dans la pratique, il aura perfectionné ſon travail. L'inſtruction de la jeuneſſe eſt l'objet principal de ces établiſſemens.

Je ne parle point ici de l'Académie Royale de Madrid érigée à l'imitation de celle de France, ſous la direc-tion de Don Juan Manuel Fernandes Pacheco, Marquis de Villena ; elle eſt conſacrée à la conſervation de la pureté de notre langue, & de l'éloquence. Je crois que nous ferions bien d'introduire parmi nous trois autres Académies qui fleuriffent actuellement à Paris. L'une eft l'Académie des Sciences inftituée en 1666 ; elle eft remplie par des Sujets de la plus grande capacité dans la Cofmographie, l'Aftronomie, la Géométrie, la Phyfique & autres fciences.

La feconde eft celle des fameux Peintres & Sculpteurs, où s'admettent également les excellens Graveurs. Ces arts & la fcience du deffein fur-tout, font tous très-utiles au Commerce intérieur & extérieur : Louis XIV en a fi bien connu la néceffité, qu'il a fondé aux dépens du Tréfor Royal une Académie de deffein & de peinture à Rome pour y perfectionner les jeunes Artiftes.

La troifiéme Académie eft celle d'Architecture ; fcience également utile dans tous les pays.

Quand même l'utilité de ces établiffemens ne feroit pas évidente, il fuffit pour les accréditer qu'ils foient l'ouvrage de M. Colbert, le Miniftre le plus zêlé & le plus habile que l'Europe ait encore vû dans la matiere du commerce & de la navigation.

Toutes ces chofes demanderoient un ample examen, & je ne les infere ici que pour les indiquer. Il feroit facile de corriger les défauts qui ont pû fe glifler en France dans l'exécution ; les établiffemens nouveaux deviennent prefque toujours fufceptibles de quelque réforme, que les bornes étroites de l'entendement humain ne peuvent prévoir.

Tant d'objets traités avec l'étendue qui leur convient, formeront un fupplément confidérable ; l'ouvrage en fera moins imparfait, & le zêle qui me l'a fait entreprendre fera plus fatisfait de lui-même.

F I N.

TABLE

DES
CHAPITRES.

Fin de la Table.

un tiers à l'Hôtel-Dieu de Paris, & l'autre tiers audit Expofant
ou à celui qui aura droit de lui ; & de tous dépens, dommages
& intérêts ; à la charge que ces Préfentes feront enregiftrées tout
au long fur le Regiftre de la Communauté des Libraires & Imprimeurs de Paris, dans trois mois de la date d'icelles ; que l'impreffion dudit Ouvrage fera faite dans notre Royaume & non ailleurs,
en bon papier & en beaux caractéres, conformément à la feuille imprimée attachée pour modéle fous le contrefcel defdites Préfentes.
Que l'impétrant fe conformera en tout aux Réglemens de la Librai-
rie, & notamment à celui du 10 Avril 1725 ; qu'avant que de l'expofer en vente, le Manufcrit qui aura fervi de copie à l'impreffion
dudit Ouvrage, fera remis dans le même état où l'approbation
y aura été donnée, ès mains de notre très-cher & féal Chevalier
Chancelier de France le Sieur DELAMOIGNON : & qu'il en fera
remis deux Exemplaires dans notre Bibliothéque publique, un
dans celle de notre Château du Loùvre, un dans celle de notre-
dit très-cher & féal Chevalier Chancelier de France le Sieur DE-
LAMOIGNON, & un dans celle de notre très-cher & féal Chevalier
Garde des Sceaux de France le Sieur DE MACHAULT, Comman-
deur de nos Ordres ; le tout à peine de nullité des Préfentes. Du
contenu defquelles vous mandons & enjoignons de faire jouir ledit
Expofant & fes ayans caufes, pleinement & paifiblement, fans
fouffrir qu'il leur foit fait aucun trouble ou empêchement. Voulons
que la copie des Préfentes, qui fera imprimée tout au long, au
commencement ou à la fin dudit ouvrage, foit tenue pour dûe-
ment fignifiée, & qu'aux Copies collationnées par l'un de nos
amés, féaux Confeillers & Secretaires, foi foit ajoûtée comme à
l'original. Commandons au premier notre Huiffier ou Sergent,
fur ce requis, de faire pour l'exécution d'icelles tous actes requis
& néceffaires, fans demander autre permiffion, & nonobftant cla-
meur de Haro, Charte Normande & Lettres à ce contraires : CAR
tel eft notre plaifir. DONNE' à Verfailles le neuviéme jour du mois
de Décembre, l'an de grace mil fept cens cinquante-deux, & de
notre Régne le trente-huitiéme. Par le Roy en fon Confeil.

Signé, SAINSON.

*Regiftré fur le Regiftre XIII. de la Chambre Royale des Libraires
& Imprimeurs de Paris, No. 83. folio 55, conformément aux anciens Réglemens, confirmés par celui du 28 Février 1723. A Paris le
22 Décembre 1752.*

HERISSANT, *Adjoint.*

De l'imprimerie de la Veuve QUILLAU.